国防科工委"十五"规划教材.仪器科学与技术

测试信号处理与分析

朱明武　李永新　卜雄洙　编著

北京航空航天大学出版社

北京理工大学出版社　　西北工业大学出版社
哈尔滨工业大学出版社　哈尔滨工程大学出版社

内容简介

本书主要根据测试工作中经常遇到的信号处理与分析方面的实际需要，并针对测控技术与仪器专业课程体系的特点进行内容选择和编写；强调理论与实际技能并重、时域分析与频域分析并重、模拟信号处理与数字信号处理相结合，并在以经典处理方法为主的条件下适当介绍现代处理方法。本书还强调利用 Matlab。

本书除了介绍传统的信号处理技术的有关内容，还根据测试工作的实际需要介绍了一些通常属于数值计算方法、时间序列分析、动态数据和系统建模等方面的内容。相反，本书在涉及积分变换、z 变换等内容方面基本不作介绍，或为了叙述方便作简单的复习性的介绍。因此，最好在学习或掌握了有关"信号与系统"类课程内容之后再来学习或阅读本书。

本书可作为测控技术与仪器、机电工程、自动化等本科专业的教材，也可作为相关学科的研究生和工程技术人员的参考书。

图书在版编目（CIP）数据

测试信号处理与分析/朱明武，李永新，卜雄洙编著．
北京：北京航空航天大学出版社，2006.12
 ISBN 978 – 7 – 81077 – 923 – 4

Ⅰ．测… Ⅱ．①朱…②李…③卜… Ⅲ．①测试—信号处理 ②测试—信号分析 Ⅳ．TM930.1

中国版本图书馆 CIP 数据核字（2006）第 120249 号

测试信号处理与分析

朱明武　李永新　卜雄洙　编著
责任编辑　　刘晓明
北京航空航天大学出版社出版发行
北京市海淀区学院路 37 号(100083)
发行部电话:010 - 82317024　传真:010 - 82328026
http://www.buaapress.com.cn　E-mail:bhpress@263.net
北京时代华都印刷有限公司印装　各地书店经销
开本:787×960　1/16
印张:18.5　字数:414 千字
2006 年 12 月第 1 版　2008 年 10 月第 2 次印刷
印数:3 001~5 500 册
ISBN 978 – 7 – 81077 – 923 – 4　　定价:34.00 元

国防科工委"十五"规划教材编委会

（按姓氏笔画排序）

主　　任：张华祝
副主任：王泽山　陈懋章　屠森林
编　　委：王　祁　　王文生　　王泽山　　田　莳　　史仪凯
　　　　　乔少杰　　仲顺安　　张华祝　　张近乐　　张耀春
　　　　　杨志宏　　肖锦清　　苏秀华　　辛玖林　　陈光禹
　　　　　陈国平　　陈懋章　　庞思勤　　武博祎　　金鸿章
　　　　　贺安之　　夏人伟　　徐德民　　聂　宏　　贾宝山
　　　　　郭黎利　　屠森林　　崔锐捷　　黄文良　　葛小春

总　　序

　　国防科技工业是国家战略性产业,是国防现代化的重要工业和技术基础,也是国民经济发展和科学技术现代化的重要推动力量。半个多世纪以来,在党中央、国务院的正确领导和亲切关怀下,国防科技工业广大干部职工在知识的传承、科技的攀登与时代的洗礼中,取得了举世瞩目的辉煌成就;研制、生产了大量武器装备,满足了我军由单一陆军,发展成为包括空军、海军、第二炮兵和其他技术兵种在内的合成军队的需要,特别是在尖端技术方面,成功地掌握了原子弹、氢弹、洲际导弹、人造卫星和核潜艇技术,使我军拥有了一批克敌制胜的高技术武器装备,使我国成为世界上少数几个独立掌握核技术和外层空间技术的国家之一。国防科技工业沿着独立自主、自力更生的发展道路,建立了专业门类基本齐全,科研、试验、生产手段基本配套的国防科技工业体系,奠定了进行国防现代化建设最重要的物质基础;掌握了大量新技术、新工艺,研制了许多新设备、新材料,以"两弹一星"、"神舟"号载人航天为代表的国防尖端技术,大大提高了国家的科技水平和竞争力,使中国在世界高科技领域占有了一席之地。十一届三中全会以来,伴随着改革开放的伟大实践,国防科技工业适时地实行战略转移,大量军工技术转向民用,为发展国民经济作出了重要贡献。

　　国防科技工业是知识密集型产业,国防科技工业发展中的一切问题归根到底都是人才问题。50多年来,国防科技工业培养和造就了一支以"两弹一星"元勋为代表的优秀的科技人才队伍,他们具有强烈的爱国主义思想和艰苦奋斗、无私奉献的精神,勇挑重担,敢于攻关,为攀登国防科技高峰进行了创造性劳动,成为推动我国科技进步的重要力量。面向新世纪的机遇与挑战,高等院校在培养国防科技人才,传播国防科技新知识、新思想,攻克国防基础科研和高技术研究难题当中,具有不可替代的作用。国防科工委高度重视,积极探索,锐意改革,大力推进国防科技教育特别是高等教育事业的发展。

高等院校国防特色专业教材及专著是国防科技人才培养当中重要的知识载体和教学工具,但受种种客观因素的影响,现有的教材与专著整体上已落后于当今国防科技的发展水平,不适应国防现代化的形势要求,对国防科技高层次人才的培养造成了相当不利的影响。为尽快改变这种状况,建立起质量上乘、品种齐全、特点突出、适应当代国防科技发展的国防特色专业教材体系,国防科工委全额资助编写、出版200种国防特色专业重点教材和专著。为保证教材及专著的质量,在广泛动员全国相关专业领域的专家、学者竞投编著工作的基础上,以陈懋章、王泽山、陈一坚院士为代表的100多位专家、学者,对经各单位精选的近550种教材和专著进行了严格的评审,评选出近200种教材和学术专著,覆盖航空宇航科学与技术、控制科学与工程、仪器科学与技术、信息与通信技术、电子科学与技术、力学、材料科学与工程、机械工程、电气工程、兵器科学与技术、船舶与海洋工程、动力机械及工程热物理、光学工程、化学工程与技术、核科学与技术等学科领域。一批长期从事国防特色学科教学和科研工作的两院院士、资深专家和一线教师成为编著者,他们分别来自清华大学、北京航空航天大学、北京理工大学、华北工学院、沈阳航空工业学院、哈尔滨工业大学、哈尔滨工程大学、上海交通大学、南京航空航天大学、南京理工大学、苏州大学、华东船舶工业学院、东华理工学院、电子科技大学、西南交通大学、西北工业大学、西安交通大学等,具有较为广泛的代表性。在全面振兴国防科技工业的伟大事业中,国防特色专业重点教材和专著的出版,将为国防科技创新人才的培养起到积极的促进作用。

党的十六大提出,进入21世纪,我国进入了全面建设小康社会、加快推进社会主义现代化的新的发展阶段。全面建设小康社会的宏伟目标,对国防科技工业发展提出了新的更高的要求。推动经济与社会发展,提升国防实力,需要造就宏大的人才队伍,而教育是奠基的柱石。全面振兴国防科技工业必须始终把发展作为第一要务,落实科教兴国和人才强国战略,推动国防科技工业走新型工业化道路,加快国防科技工业科技创新步伐。国防科技工业为有志青年展示才华,实现志向,提供了缤纷的舞台,希望广大青年学子刻苦学习科学文化知识,树立正确的世界观、人生观、价值观,努力担当起振兴国防科技工业、振兴中华的历史重任,创造出无愧于祖国和人民的业绩。祖国的未来无限美好,国防科技工业的明天将再创辉煌。

前　言

　　测试信号处理与分析的知识和技能，不仅对于测试工作人员是不可或缺的，对于从事自控、仪表、机电工程等专业的工程技术人员以及从事各种科学技术实验研究的人员也都有重要的用途。本书是根据国防科工委"十五"重点教材建设计划的要求，为有关专业的本科生编写的教材，也可以作为研究生的教学及科研参考书。

　　本书从实际需要出发进行编写，因而具有以下一些特点：

1. 时域分析与频域分析的内容相对比较平衡；
2. 模拟信号分析与数字信号分析相结合；
3. 介绍 Matlab 在信号分析、处理中的应用；
4. 注意与先修的"信号与系统"等课程相衔接；
5. 加入了部分"数值计算方法"和"时间序列分析"的内容。

　　本书第 7 章和第 8 章介绍了一些现代的处理方法，可能并不适合于大多数本科生，可以作为选学内容或供有兴趣、有条件的学生作为自学的入门教材。相信随着这些方法的日益扩大应用，终有一天这些内容会成为本科生的必学内容。

　　本书由朱明武主编并负责编写第 1 章和第 3 章；李永新编写第 4 章和第 5 章；卜雄洙编写第 2 章、第 6 章、第 7 章和第 8 章。编写过程始终得到南京理工大学有关领导的大力支持，两位主审的意见和建议给了我们许多重要的启示和指导，在此一并表示感谢。

　　由于作者的水平有限，本书一定会有不少缺点、错误，热切希望读者批评指正，不胜感激。

作　者

2006 年 9 月

目 录

第1章 绪 论
- 1.1 测试信号及其分类 ··· 2
- 1.2 测试信号处理及分析的主要目的 ·· 2
  - 1.2.1 信号的变换 ··· 3
  - 1.2.2 信号特征值的分析 ·· 3
  - 1.2.3 信号的频谱分析 ··· 3
  - 1.2.4 信号的滤波 ··· 3
  - 1.2.5 信号的恢复或重构 ·· 4
- 1.3 测试信号处理与分析的基本方法 ·· 4
- 1.4 本教材的特点与学习方法 ··· 5

第2章 测试信号的误差分析与预处理
- 2.1 测量不确定度及其表示方法 ·· 7
  - 2.1.1 测量不确定度 ·· 7
  - 2.1.2 静态不确定度的估计 ··· 8
  - 2.1.3 不确定度的合成 ··· 12
- 2.2 动态不确定度的估计 ·· 14
  - 2.2.1 动态测量的概念与定义 ·· 14
  - 2.2.2 动态误差产生的原因 ··· 14
  - 2.2.3 动态误差的定义 ··· 14
  - 2.2.4 动态均方根误差与频响函数的关系 ··································· 15
- 2.3 粗大误差的判断与处理 ·· 19
  - 2.3.1 粗大值的判断 ·· 19
  - 2.3.2 防止及消除粗大误差的方法 ·· 20
- 2.4 趋势项的去除 ·· 20
- 2.5 野值、跳点的剔除与补正 ··· 21
  - 2.5.1 异常值的识别 ·· 22
  - 2.5.2 异常值的估计 ·· 23
- 参考文献 ·· 26

第3章 测试信号的时域分析与处理
- 3.1 信号时域特征的获取方法 ··· 27
  - 3.1.1 采样信号的主要特点 ··· 27

3.1.2 时域信号的特征值获取方法 ………………………………………… 29
3.1.3 随机信号统计特性的获取 …………………………………………… 31
3.2 信号与数据的插值方法 ………………………………………………… 34
3.2.1 代数插值方法概述 …………………………………………………… 34
3.2.2 Lagrange(拉格朗日)插值 …………………………………………… 35
3.2.3 Newton(牛顿)插值法 ………………………………………………… 38
3.2.4 多项式插值的误差 …………………………………………………… 41
3.2.5 分段插值和样条函数 ………………………………………………… 44
3.3 信号与数据的拟合方法 ………………………………………………… 47
3.3.1 最小二乘拟合曲线 …………………………………………………… 47
3.3.2 多项式拟合的 Matlab 实现 ………………………………………… 49
3.4 数值微分和数值积分 …………………………………………………… 51
3.4.1 差分近似微分 ………………………………………………………… 51
3.4.2 插值多项式的导数 …………………………………………………… 52
3.4.3 数值积分法 …………………………………………………………… 53
3.5 时域信号的平滑与建模 ………………………………………………… 57
3.5.1 滑动平均(MA)模型 ………………………………………………… 58
3.5.2 自回归(AR)模型 …………………………………………………… 61
3.5.3 自回归滑动平均模型 ………………………………………………… 67
3.5.4 AR 及 ARMA 模型适用性检验 ……………………………………… 69
参考文献 ……………………………………………………………………… 71

第4章 测试信号的频谱分析

4.1 信号频谱的形式与物理意义 …………………………………………… 72
4.1.1 周期信号的频谱 ……………………………………………………… 74
4.1.2 周期信号的功率谱 …………………………………………………… 77
4.1.3 非周期信号的频谱密度 ……………………………………………… 78
4.1.4 非周期信号的能量谱(密度) ………………………………………… 80
4.1.5 各态历经平稳随机信号的功率谱(密度) …………………………… 81
4.2 频谱分析的作用与频谱求取方法 ……………………………………… 84
4.2.1 频谱分析的作用 ……………………………………………………… 84
4.2.2 信号频谱的求取方法 ………………………………………………… 86
4.3 信号频谱的数字计算 …………………………………………………… 89
4.3.1 Shannon 采样定理 …………………………………………………… 89
4.3.2 周期信号频谱的数字计算 …………………………………………… 91
4.3.3 非周期信号频谱的数字计算 ………………………………………… 96
4.3.4 频谱泄漏与合理取样 ………………………………………………… 104
4.3.5 数字计算频谱的预处理 ……………………………………………… 113

4.4 快速傅里叶变换(FFT)的应用 ································ 115
 4.4.1 FFT 的由来 ································ 115
 4.4.2 基 2-FFT 时间抽取算法的基本关系 ································ 116
 4.4.3 逆 FFT(IFFT) ································ 118
 4.4.4 FFT&IFFT 的 Matlab 实现 ································ 118
 4.4.5 实信号(实序列)FFT 的节省算法 ································ 119
4.5 频谱的数字细分方法(Chirp算法) ································ 121
4.6 随机信号的功率谱估计(计算) ································ 124
 4.6.1 功率谱估计方法概述 ································ 124
 4.6.2 功率谱(密度)的古典估计 ································ 128
 4.6.3 功率谱(密度)的现代估计 ································ 131
4.7 信号的倒频谱分析 ································ 134
 4.7.1 信号的卷积失真 ································ 134
 4.7.2 倒频谱 ································ 135
 4.7.3 倒频谱应用例 ································ 136
参考文献 ································ 140

第 5 章 信号的相关分析

5.1 信号相关分析的主要任务 ································ 141
5.2 互相关函数 ································ 142
 5.2.1 能量信号的互相关函数 ································ 142
 5.2.2 功率信号的互相关函数 ································ 144
 5.2.3 周期信号的互相关函数 ································ 145
 5.2.4 互相关函数 $R_{yx}(\tau)$ 及 $\rho_{yx}(\tau)$ 的特性 ································ 145
5.3 自相关函数及其性质 ································ 146
5.4 维纳-欣钦(Wiener-Khintchine)定理 ································ 148
 5.4.1 能量信号的 Wiener-Khintchine 定理 ································ 148
 5.4.2 功率信号的 Wiener-Khintchine 定理 ································ 148
5.5 互谱密度函数与互相干函数 ································ 149
 5.5.1 互谱密度函数 ································ 149
 5.5.2 互相干函数 ································ 150
5.6 相关量的数字计算 ································ 157
 5.6.1 相关量的求取方法 ································ 157
 5.6.2 自相关函数的数字计算 ································ 158
 5.6.3 互相关函数的数字计算 ································ 160
 5.6.4 相关函数计算的 Matlab 实现 ································ 161
 5.6.5 互谱密度函数及互相干函数的数字计算 ································ 163
5.7 相关分析在工程测试中的应用 ································ 164

5.7.1　互相关辨识测量系统的动态特性 …………………………………………… 164
　　5.7.2　互相关确定信号时差及其推广应用 …………………………………………… 165
　　5.7.3　自相关提取微弱周期信号 …………………………………………………… 168
参考文献 ……………………………………………………………………………………… 168

第6章　信号滤波

6.1　滤波器基本知识 …………………………………………………………………… 169
　　6.1.1　滤波器的分类 ……………………………………………………………… 169
　　6.1.2　理想滤波器的幅频特性 …………………………………………………… 170
　　6.1.3　实际滤波器的幅频特性 …………………………………………………… 171
　　6.1.4　信号滤波的作用 …………………………………………………………… 172
6.2　模拟滤波器简介 …………………………………………………………………… 175
　　6.2.1　模拟滤波器设计 …………………………………………………………… 175
　　6.2.2　应用Matlab设计模拟滤波器 ……………………………………………… 183
6.3　数字滤波技术及其应用 …………………………………………………………… 186
　　6.3.1　无限冲激响应(IIR)数字滤波器设计 ……………………………………… 187
　　6.3.2　有限冲激响应(FIR)数字滤波器设计 ……………………………………… 198
　　6.3.3　其他数字滤波器设计 ……………………………………………………… 217
6.4　数字滤波的Matlab实现 …………………………………………………………… 217
　　6.4.1　根据单位冲激响应实现 …………………………………………………… 217
　　6.4.2　根据离散传递函数实现 …………………………………………………… 218
　　6.4.3　频率域滤波的实现 ………………………………………………………… 219
参考文献 ……………………………………………………………………………………… 220

第7章　现代滤波技术及信号重构简介

7.1　已知信号的最佳滤波——匹配滤波 ……………………………………………… 221
7.2　随机信号的最佳滤波(Ⅰ)——维纳滤波 ………………………………………… 224
7.3　随机信号的最佳滤波(Ⅱ)——卡尔曼滤波 ……………………………………… 227
　　7.3.1　连续时间系统的卡尔曼滤波 ……………………………………………… 228
　　7.3.2　离散系统的卡尔曼滤波 …………………………………………………… 229
　　7.3.3　卡尔曼滤波的Matlab实现 ………………………………………………… 230
7.4　乘积和卷积噪声的滤波问题 ……………………………………………………… 232
　　7.4.1　乘积噪声的同态滤波 ……………………………………………………… 233
　　7.4.2　卷积信号的同态滤波 ……………………………………………………… 234
7.5　动态系统的补偿和信号重构 ……………………………………………………… 236
　　7.5.1　测量系统的频域补偿 ……………………………………………………… 236
　　7.5.2　测量信号的重构 …………………………………………………………… 239
参考文献 ……………………………………………………………………………………… 242

第8章 信号处理新技术简介

- 8.1 小波分析原理 ………………………………………………………………………… 243
  - 8.1.1 小波分析的由来 …………………………………………………………… 243
  - 8.1.2 常用小波函数介绍 ………………………………………………………… 247
  - 8.1.3 连续小波变换 ……………………………………………………………… 251
  - 8.1.4 离散小波变换 ……………………………………………………………… 251
  - 8.1.5 多分辨分析 ………………………………………………………………… 252
  - 8.1.6 小波分析的 Matlab 实现 …………………………………………………… 255
  - 8.1.7 小波包分析 ………………………………………………………………… 257
  - 8.1.8 小波分析在测试信号分析中的应用 ……………………………………… 258
- 8.2 人工神经网络(ANN)简介 …………………………………………………………… 260
  - 8.2.1 神经网络的发展概况 ……………………………………………………… 261
  - 8.2.2 神经网络的结构及类型 …………………………………………………… 262
  - 8.2.3 感知器 ……………………………………………………………………… 263
  - 8.2.4 线性神经网络 ……………………………………………………………… 264
  - 8.2.5 BP 网络 ……………………………………………………………………… 266
  - 8.2.6 BP 神经网络的 Matlab 实现 ………………………………………………… 272
  - 8.2.7 神经网络在信号处理中的应用 …………………………………………… 273
- 8.3 名词注释 ……………………………………………………………………………… 276
  - 8.3.1 函数空间 …………………………………………………………………… 276
  - 8.3.2 基 底 ……………………………………………………………………… 278
  - 8.3.3 框架、Riesz 基 ……………………………………………………………… 279
- 参考文献 …………………………………………………………………………………… 280

第1章 绪 论

人类通过各种测试而得到的数据、曲线、序列等是认识世界的重要依据,因此测试技术的每一个进步都会带来人们对世界认识的进步。尽管测试技术不断地取得重大进步,特别是20世纪50年代以来,随着电子技术的迅猛发展,测试技术也有了长足的进步;然而客观世界仍然有着大量的参量,其中包括物理的、化学的和生物的参量无法直接用传感器或仪器进行测量,只能利用已有的科学知识建立可测参量与不可测参量之间的数学关系,然后通过间接测试的途径来解决了解客观世界的任务。即使是目前的测试技术能测的参量,其测试结果也往往由于仪器本身的缺陷、外界不可避免的干扰等原因,使客观的变化规律隐藏在看起来是无序而杂乱的数据和信号之中,需要通过科学的方法去提取。所有这些都说明,对测试数据和信号进行处理与分析是测试技术不可分割的重要内容。这被称为"二次探测技术"或"软测量技术"。这两种名称可以从两个不同角度说明信号分析处理的意义。所谓二次探测,是说明在一次探测的基础上,通过对测试信号的处理和分析能探测到更多、更深入的数据和信息;所谓软测量是说明与一次探测不同,不是依靠传感器、仪表等硬设备,而是主要依靠信号处理的理论、方法和软件等软设备对信号进行探测,从而挖掘出所需的数据和信息。

要通过信号处理达到二次探测或软测量的目的,往往需要对测试对象有深入的了解。例如,在测得弹体飞行的6个自由度运动参数后,可以进一步分析弹丸的气动力特性、弹道轨迹、散布规律、控制误差等一系列重要数据和信息,然而这种分析必须建立在对弹道学、气体动力学、制导与控制理论的掌握及运用的基础上才能实现。又如通过对火炮膛内压力变化及弹丸炮口速度的测试信号,可以分析膛内火药燃烧规律、弹丸启动压力和弹丸运动阻力等一系列重要技术状况。这就必须具有燃烧学、动力学和内弹道学的理论知识。通过对构件若干点的激振和振动信号的测试,再经过分析而得到结构的振动模态的数据和信息,为判断及改善结构工作性能提供依据,而这种分析必须具有机械振动及振动模态方面的理论知识。化工生产过程的流化、催化、裂化装置,其内部工艺过程十分复杂,许多参数至今无法直接测量,只能根据设备的工作原理及相关的物理、化学原理设计相应的间接测量方案,以保证生产过程的控制和优化。软测量技术也正是在这个领域首先得到推广应用的。

由以上几个例子不难看到,对于从事仪表及测试技术方面工作的技术人员,应对自己主要的测试对象有尽可能多的了解,更应该注意与相关领域的专家合作。由于测试的对象涵盖所有的科学技术领域,本书不可能广泛涉及,故本书只介绍最具普遍性和共性的信号处理知识。

1.1 测试信号及其分类

通过测试获得的结果就其形式来讲,可分为数据和图像两大类。图像处理是一个相对独立的课题,不可能在本书内加以介绍。数据类测试结果大体上也可分为两大类:一类是没有时间顺序关系的数据集,例如对一个零件的各个几何尺寸进行测试而获得的一组数据,这种数据与时间无关;另一类是与时间顺序有关的数据,例如发动机燃烧室由点火燃烧到燃烧结束的全过程中,对压力和温度进行测试,其结果是随时间变化的曲线。如果用现代数据采集系统加以采集存储,则成为一个按时间顺序排列的数据序列,称为时间序列。通常把这种随时间变化的数据称为信号。信号可以是连续时间的,通常称为时域函数(尽管可能没有函数式)或模拟信号;也可以是离散时间的,通常称为时间序列(简称序列),或离散信号。由于被测信号绝大部分本质上是连续时间的曲线,仅仅是在测试过程中应用了数字化仪表按一定时间间隔采样和存储数据,而使得最后得到的是离散时间序列。因此可以把离散的时间序列看成是连续时间信号的一种近似。

测试信号的物理特性是千差万别的,但按其变化的特点来看可以分为三类:第一类是瞬变信号,这类信号持续时间有限,有始有终,又称时限信号;第二类是周期信号,其波形每经过一个周期 T 重复一次,所以只要了解其中一个周期的波形就可以了解其全部波形;第三类是随机信号,这种信号波形的变化没有规则,在无限长时间内波形不会出现重复。然而随机信号的许多统计特征量却往往是相对稳定的,或作有规律的变化。相对于随机信号,人们又把非随机的信号称为确定性信号。

1.2 测试信号处理及分析的主要目的

无论是在科研、生产或是生活中,人们进行测试的目的总是企图借此获取某些有用信息;然而测试信号并不直接给出这种信息,信息往往是隐含在信号之中的。进行信号分析和处理的目的就是要用各种方法从信号中提取有用信息。本书就是介绍最常用的信号处理分析的方法。

由于测试对象的不同和测试的目的不同,人们感兴趣的信息也不同,这些信息与测试信号之间的关系也不同,因此在什么情况下用什么方法去处理信号,是个"方法论"的问题。本书难以对此进行详述,只有靠读者在学习基本方法后,在实践中去探索和灵活应用。

由于信号处理的最终目的是千变万化的,因而任何一本书都难以作详尽全面的阐述。然而信号处理的直接目的却总可以归结为几个具体的内容,对此可以简述如下。

1.2.1 信号的变换

通过测试获取的信号往往主要是时域信号,而且本质上是连续时间的信号,可以简记为 $x(t),y(t)$ 等。通过现代的数据采集系统,对上述连续时间信号通过足够高的采样频率进行采样后变换成离散时间信号,可以简记为 $x[n],y[n]$ 等。这种变换由于是相关的仪器硬件直接完成的,通常不被看成是信号处理的内容。然而要将离散时间信号再变换成连续时间信号,就要用插值或拟合的方法;另外,测试所得的信号通常只是一些曲线或时间序列,但为了利用这些信号进行趋势预报,或者为了便于作其他更深入的分析,需要建立信号的数学模型,这些将在第3章作介绍。

最重要也是最大量应用的信号变换是时域信号与频域信号的相互转换,这种转换在理论上是建立在傅里叶级数和傅里叶变换的基础上的。在此基础上进一步拓展,可以利用拉普拉斯变换将连续时间信号与复频域(s域)信号相互转换;或利用 z 变换将离散时间信号与复频域(z域)信号相互转换。这些在"信号与系统"类的课程中有详细的介绍。本书只在第4章重点介绍适于计算机处理的离散变换的原理和方法。

1.2.2 信号特征值的分析

测试信号的最大值、最小值、变化率和幅值分布规律等是最常见的特征值;随机信号的统计特征值,如均值、方差等,以及两个信号的相关特性分析等,都属于信号特征值分析的内容。

1.2.3 信号的频谱分析

测试过程获得的信号大多是时域信号,经过傅里叶变换成为频域信号,也就是以频率为自变量而变化的函数(以方程、曲线、数列等形式表示)。这个函数反映了信号中不同频率谐波的强度分布状况,称为频谱。对这种频谱函数的变化趋势、有效频带范围、频谱峰值和谷值出现的频率位置,以及峰、谷的幅值大小等进行分析,将获得十分丰富的科技信息。

1.2.4 信号的滤波

测试信号往往是与干扰噪声共存的,除了在测试系统的硬件上千方百计地增强有用信号,抑制干扰噪声,从而提高测试信号的信噪比之外,对测试信号进行滤波也是一个提高信噪比的有力手段。因为有用信号的频带与干扰噪声的频带往往是有差异的,合理地利用这种差异,在保证有用信号不失真的前提下,尽可能地抑制其他频带上的噪声信号,可以明显地提高信噪比。

如上所述,在信号处理中,滤波的主要功能是提高信噪比。但它也还有一些其他的作用,例如通过一系列窄带的带通滤波器可以进行信号的频谱分析等,但是由于频谱分析的其他手段更快捷、完善,因而现在已经很少有人应用滤波的方法去分析频谱了。

1.2.5 信号的恢复或重构

在动态测试过程中，如果测试系统的动态响应特性不够理想，就会导致被测信号的某些谐波分量被仪器不恰当地增强或削弱，从而造成波形失真。在这种情况下，如果能对测试系统的动态响应特性（例如频率响应特性）有足够细致的了解，就可以将失真的信号经过处理而恢复或重构，从而得到能够更真实地反映客观事物的信号。

本书的内容就是围绕着上述五个具体目的进行编写的。

1.3 测试信号处理与分析的基本方法

测试信号处理与分析的主要目的已如 1.2 节所述，那么本书将介绍一些什么方法帮助读者去实现这些目的呢？

本书第 2 章将介绍在对信号进行深入细致地处理和分析之前，对测试信号进行评估和预处理的一些知识，着重介绍动态测试的不确定度的估计、粗大误差及野值点的判断和剔除，以及趋势项的修正方法等。不对测试信号的不确定度作出合理的估计，就不可能对信号处理的精度要求作出正确的定位。不对野值点作出判断和剔除，同样会给后续的分析带来不应有的误差甚至错误。这些内容在一般信号处理的书中往往不包含，读者只能自己通过实践或研读其他文献来充实，而本书将这些内容列了专门的一章，以便于读者通过学习更快地"入门"。

第 3 章着重介绍信号的时域分析处理的内容和方法。其内容大体分为两个部分。第一部分讲时域信号的一些特征值的获取方法，如零线的判读、峰（谷）值的判读和过零点的判读等。这些问题看似简单，但由于这些数据往往在科学技术上有十分重要的意义，故要想准确判读，实际上是需要借助一定的科学方法的。另一部分内容是时域信号参数化问题。测试所得的时域信号通常都是以曲线或时间序列的形式给出的，但为了便于深入的分析，往往需要用一些方程去描述这些信号。由于方程中不可避免地要包含一些参数，故称为参数模型。该章介绍了对确定性信号进行插值和拟合而得到插值（拟合）多项式的方法；介绍了对随机信号建立滑动平均（MA）模型、自回归（AR）模型和自回归滑动平均（ARMA）模型的方法。插值和拟合的问题通常在数值计算以及实验数据处理的书中介绍，而信号建模（MA，AR，ARMA 等）一般在时间序列分析或随机信号处理的书中介绍，在数字信号处理的书中很少涉及。本书从测试信号处理与分析的需要出发在该章对此作了简要介绍，否则测试、仪表类专业的本科生在课程中可能会接触不到这些极其有用的科学方法。

第 4 章介绍了测试信号的频谱分析方法。这一章内容是建立在傅里叶级数及傅里叶变换的理论基础上的。与此有关的理论对于测试、仪表类专业的本科生在"积分变换"、"电路理论"、"信号与系统"、"自动控制理论"等课程中已经系统地学习过。本书则着重从信号处理的角度对其物理意义和利用计算机进行离散频谱分析的方法及需注意的事项进行介绍。

第 5 章介绍了信号相关分析的知识，相关分析在工程上有许多重要用途。它本质上是一种时域分析的方法。但考虑到信号的相关函数与信号的功率谱是一个傅里叶变换对，因而在信号处理中往往先求信号的功率谱，再通过傅里叶逆变换而求得相关函数。因此特将本章放在频谱分析之后再讲。

第 6 章介绍了信号滤波问题。信号的滤波既可以通过软件实现，也可以通过硬件实现。考虑到现代的测试系统往往通过数据采集系统将连续信号变成离散的序列加以存储，这种信号非常便于与计算机进行通信而借助于计算机进行处理，因此本章着重介绍数字滤波的技术问题。

第 7 章介绍了现代滤波与信号重构问题，同样也着重介绍了数字处理的技术问题。

数字计算机的飞速发展和普及，使信号处理的理论顺利地变为广大科技人员的实用工具；反过来它又迅猛地推动了各种信号处理新理论和新方法的研究。如小波分析、人工神经网络、遗传算法和模糊分析等新技术迅速涌现，并以前所未有的速度发展成科技人员进行信号分析的新利器，为信号分析开拓了极其诱人的新天地。然而要在本科生的教材中详述这些理论和方法似有一定困难。本书第 8 章尝试以浅显的方法介绍这些理论与方法的实质、特点及用途，并通过用 Matlab 编写的例子显示这些新方法的优势和特色，期望借此使读者对其能有一个粗浅的认识，并引起读者通过更专门的书籍去深入学习的兴趣。

1.4　本教材的特点与学习方法

本教材是针对仪表、测试类专业的本科生编写的专业课教材，读者应学习过"高等数学"、"线性代数"、"信号与系统"（或"自动控制原理"），并具有初步的测试实验经验。

本教材力图较全面地介绍测试信号处理与分析的各方面的主要知识和技术，从现代测试信号处理的实际出发，相对平衡地介绍时域信号处理和频域信号处理技术，避免倚轻倚重的弊病。考虑到被测动态信号绝大部分在本质上属于连续时间信号，而在信号采集存储过程中却往往都将这种连续时间信号通过等周期采样，变换成离散的数字信号（时间序列），然后借助于计算机进行处理和分析，因此本书重点介绍的是离散时间信号的处理方法，然而始终把这种处理看成是对连续时间信号处理的一种近似，把连续时间信号处理与离散时间信号处理有机地结合起来介绍，以求使读者更好地了解二者之间的异同，特别是了解离散信号处理如何才能足够精确地逼近连续时间信号处理的结果；虽然在分析手段上主要借助于数字计算机进行离散时间信号处理，但目的却主要是希望通过处理与分析，对客观世界存在的大量本质上属于连续时间的信号有更深入的了解，并从中挖掘出各种重要的数据和信息。

本教材是一本理论性和实践性都很强的教材。然而考虑到这是一本工学专业的专业教材，大部分读者对实用的兴趣应当高于理论的兴趣，因此本书在引出每一个新的理论和方法时，都力图从其物理背景和实用需要来引出，最后又落实到应用；而对有关理论的介绍有的只

测试信号处理与分析

是引用相关的先修课程的结论,有的虽作了理论上的推导,但主要着眼于使读者更好地理解和接受,而不追求其理论体系完备和严格,因此数学家看了本书可能会认为理论上很不完备,很不严格;而工程师看了却会认为理论过多、过繁,不如再增加一些应用实例。如果这两种意见都存在,而且大体平衡,我们将会感到欣慰。作为测试和仪表领域的科技人员应在理论素养和工程应用能力两方面有一个合理的平衡和有机的结合。

本教材将信号处理的理论和方法与 Matlab 软件应用结合起来,在书中给出了大量用 Matlab 软件编写的程序和算例,使读者在学习相关理论的同时,也学习 Matlab 用于信号处理的方法,使二者互相促进。利用 Matlab 的强大计算功能,读者可以方便地借鉴书中介绍的程序进行各种信号处理方法的仿真和演练,可以观察在各种情况下各种信号处理方法所产生的效果,以及各种不同处理方法间的异同和优劣。这不仅可以加深对各种信号处理理论的理解和认识,而且可以锻炼实际处理信号的能力。

信号的处理与分析及其相应的软件在现代测试系统中所起的作用越来越大,成为仪表和测试系统中不可或缺的重要组成部分。最大限度地用这种软件代替仪表硬件的功能,成为当今仪表和测试技术发展的主要趋势之一。"虚拟仪表"的大行其道正是这一趋势的一个反映。而"软件就是仪器"的口号又似乎过于夸大了这个趋势,因为仪器的硬件终究不可能完全被软件所取代。可以肯定的是,从事仪表开发和测试技术工作的科技人员必须有熟练驾驭由硬件和软件组成的"双驱车"的能力,否则很难在现代仪表发展的主干道上高速前进。

第 2 章 测试信号的误差分析与预处理

测量技术在科学研究与生产实践中占据极为重要的地位。人类为了认识自然和改造自然,需要不断地对自然界的各种现象进行测量和研究。由于实验方法和实验设备的不完善,周围环境的影响,以及受人们认识能力所限等,测量和实验所得数据与被测量的真值之间,不可避免地存在着差异。这在数值上表现为误差。虽然随着科学技术的日益发展和人们认识水平的不断提高,可将误差控制得愈来愈小,但终究不能完全消除它。误差存在的必然性和普遍性,已为大量实践所证明;但是,由于测量误差的随机性和复杂性,要确定测量误差的值是困难的,因而测量结果(数据、信号等)总是具有不确定性,用不确定度来表示。测量信号的不确定度估计,往往就是测量信号处理的首项任务。

测量信号中还可能出现一些偶然的粗大误差和野值以及有规律的零点漂移等不应有的趋势项等,在对信号进行深入的分析前应该预先加以消除。

本章主要介绍测量结果不确定度的估计和表示、粗大误差和野值的剔除以及趋势项的消除等三个方面的基本知识和方法。其实,数据和信号预处理的内容要广泛得多,例如信号的零均值化和白噪声化等放在后面有关章节介绍更为方便;而有更多的预处理需要有关测试对象的技术知识。这已超过了本书的范围。

2.1 测量不确定度及其表示方法

2.1.1 测量不确定度

由于测量误差的存在,被测量的真值难以获得,测量结果带有不确定性。长期以来,人们不断追求以最佳方式估计被测量的值,以最科学的方法评价测量结果质量高低的程度。本节介绍的测量不确定度就是评定测量结果质量高低的一个重要指标。在相同的置信概率的情况下,不确定度越小,测量结果的质量越高,使用价值越大,其测量水平也越高;否则相反。

不确定度是表征被测量的真值所处量值范围的评定,即反映了被测量值的真值不能肯定的误差范围的一种评定,是测量结果中无法修正的部分。这种测量不确定度的定义表明,一个完整的测量结果应包含被测量值的估计和分散性参数两部分。例如被测量 Y 的测量结果为 $y \pm \Delta$,其中 y 是被测量值的估计,而其测量不确定度为 Δ。不确定度可以是标准差或其倍数,也可以是置信区间的半宽。以标准差表示的不确定度称为标准不确定度,以 u 表示。以标准差的倍数表示的不确定度称为扩展不确定度,以 U 表示。扩展不确定度表明了具有较大置信概率区间的半宽度。不确定度通常由多个分量组成,对每一分量均要评定其标准不确定度。评定方法分为A,B两类:A类评定是用对观测列进行统计分析的方法,以实验标准差表征;B类评定则用不同于A类的其他方法估计的标准差表征。各标准不确定度分量的合成称为合成标准不确定度,以u_c表示,它是测量结果标准差的估计值。

不确定度的表示形式有绝对、相对两种,绝对形式表示的不确定度与被测量的量纲相同,相对形式量纲为1。

误差应该是一个确定的值,是客观存在的测量结果与真值之差。但由于真值往往不知道,故误差无法准确得到。测量不确定度是测量误差范围的估计值,是由人们经过分析和评定得到的,因而与人们的认识程度有关。测量结果可能非常接近真值(即误差很小),但由于认识不足,评定得到的不确定度可能较大。也可能测量误差实际上较大,但由于分析估计不足,给出的不确定度却偏小。因此,在进行不确定度分析时,应充分考虑各种影响因素,并对不确定度的评定加以验证。误差与不确定度是两个不同的概念,不应混淆或误用。测量误差与测量不确定度的主要区别如表2-1所列。

表2-1 测量误差与测量不确定度的主要区别

序号	测量误差	测量不确定度
1	有正号或负号的量值,其值为测量结果减去被测量的真值	无符号的参数,用标准差或标准差的倍数或置信区间的半宽表示
2	表明测量结果偏离真值	表明被测量值的分散性
3	客观存在,不因人的认识程度而改变	与人们对被测量、影响量及测量过程的认识有关
4	由于真值未知,往往不能准确得到,当用约定真值代替真值时,可以得到其估计值	可以由人们根据实验、资料、经验等信息进行评定,从而可以定量确定。评定方法有A,B两类
5	按性质可分为随机误差和系统误差两类,按定义随机误差和系统误差都是无穷多次测量情况下的理想概念	不确定度分量评定时一般不必区分其性质,若需要区分时应表述为:由随机效应引入的不确定度分量和由系统效应引入的不确定度分量
6	已知系统误差的估计值时,可以对测量结果进行修正,得到已修正的测量结果	不能用不确定度对测量结果进行修正,在已修正测量结果的不确定度中应考虑修正不完善而引入的不确定度

尽管不确定度与误差是两个不同的概念,但是两者还是有着内在的联系,测量值的不确定度蕴含着测量值的可能误差的含义;换句话说,蕴含着真值所在的可能区域的含义。

2.1.2 静态不确定度的估计

1. 标准不确定度的A类评定

A类不确定度分量是统计方法算出的分量,根据测量结果的统计分布进行估计,并可用实

验标准差 s 及其自由度 v 来表征。

对被测量 X，在重复性条件或复现性条件下进行 n 次独立重复观测，得观测值为 $x_i(i=1,2,\cdots,n)$。算术平均值 $\bar{x}$ 为

$$\bar{x} = \frac{1}{n}\sum_{i=1}^{n} x_i \tag{2.1-1}$$

由贝塞尔公式计算得到单次测量的实验标准差为

$$s(x_i) = \sqrt{\frac{1}{n-1}\sum_{i=1}^{n}(x_i-\bar{x})^2} \stackrel{\text{def}}{=\!=\!=} \sigma_x \tag{2.1-2}$$

且平均值的实验标准差为

$$s(\bar{x}) = \frac{s(x_i)}{\sqrt{n}} \stackrel{\text{def}}{=\!=\!=} \sigma_{\bar{x}} \tag{2.1-3}$$

某物理量的观测值,若已消除了系统误差,只存在随机误差,则观测值散布在其期望值附近。当取若干组观测值时,它们各自的平均值也散布在期望值附近,但比单个观测值更靠近期望值。也就是说,多次测量的平均值比一次测量值更准确,随着测量次数的增多,平均值收敛于期望值。因此,通常以样本的算术平均值作为被测量值的估计（即测量结果）,以平均值的实验标准差 $s(\bar{x})$ 作为测量结果的标准不确定度,即 A 类标准不确定度。

除了贝塞尔公式外,计算标准差还有别捷尔斯法、极差法及最大残差法,如表 2-2 所列。

表 2-2　标准差的其他算法

方　法	标准差	特　点
别捷尔斯法	$\sigma = 1.253 \dfrac{\sum_{i=1}^{n}\|x_i-\bar{x}\|}{\sqrt{n(n-1)}}$	它可由残余误差的绝对值之和求出单次测量的标准差
极差法	$\sigma = \dfrac{x_{\max}-x_{\min}}{d_n}$	简单、迅速算出标准差,并具有一定的精度。一般在 $n<10$ 时均可采用。d_n 的数值见表 2-3
最大残差法	$\sigma = \dfrac{\|x_i-\bar{x}\|_{\max}}{K_n'}$	简单、迅速、方便,容易掌握,因而有广泛用途。当 $n<10$ 时,最大残差法具有一定的精度。K_n' 的倒数见表 2-4

表 2-3　d_n 的数值

n	2	3	4	5	6	7	8	9	10	11	12	13	14	15	16	17	18	19	20
d_n	1.13	1.69	2.06	2.33	2.53	2.70	2.85	2.97	3.08	3.17	3.26	3.34	3.41	3.47	3.53	3.59	3.64	3.69	3.74

以上介绍的几种标准差其他算法,简便易行,且具有一定的精度,但其可靠性均较贝塞尔公式要低,因此对重要的测量或当几种方法计算的结果出现矛盾时,仍以贝塞尔公式为准。

表 2-4 $1/K_n'$ 的数值

n	2	3	4	5	6	7	8	9	10	15	20	25	30
$1/K_n'$	1.77	1.02	0.83	0.74	0.68	0.64	0.61	0.59	0.57	0.51	0.48	0.46	0.44

2. 标准不确定度的 B 类评定

B 类评定不用统计分析法,而是基于其他方法估计概率分布或分布假设来评定标准差并得到标准不确定度。常有以下几种情况:

① 当测量估计值 x 受到多个独立因素影响,且影响大小相近时,则假设为正态分布,由所取置信概率 P 的置信区间半宽 a 和置信因子 k_p 来估计标准不确定度,即

$$u_x = \frac{a}{k_p}$$

式中,置信因子 k_p 的数值由正态分布积分表查得。

② 根据信息,已知测量估计值 x 落在区间 $(x-a, x+a)$ 内的概率为 1,且在区间内的各处出现的机会相等,则 x 服从均匀分布,此时其标准不确定度为

$$u_x = \frac{a}{\sqrt{3}}$$

在测量实践中,均匀分布是经常遇到的一种分布。例如仪器度盘刻度误差所引起的误差;仪器传动机构的空程误差;大地测量中基线尺受滑轮摩擦力影响的长度误差;数字式仪器在 ±1 个最小位以内不能分辨的误差;数据计算中的舍入误差等,均为均匀分布的误差。

③ 当测量估计值 x 受到两个独立且皆是具有均匀分布的因素影响时,则 x 服从在区间 $(x-a, x+a)$ 内的三角分布,其标准不确定度为

$$u_x = \frac{a}{\sqrt{6}}$$

在实际测量中,若整个测量过程必须进行两次才能完成,而每次测量的随机误差服从相同的均匀分布,则总的测量误差为三角形分布误差。例如进行两次测量过程时数据凑整的误差;用代替法检定标准砝码、标准电阻时两次调零不准所引起的误差等,均为三角形分布误差。

B 类评定在不确定度评定中占有重要地位,因为有的不确定度无法用统计方法来评定;或者虽可用统计法,但不经济可行,所以在实际工作中,采用 B 类评定方法居多。

设被测量 X 的估计值为 x,其标准不确定度的 B 类评定是借助于影响 x 可能变化的全部信息进行科学判定的。这些信息可能是:以前的测量数据、经验或资料;有关仪器和装置的一般知识;制造说明书和检定证书或其他报告所提供的数据;由手册提供的参考数据等。为了合理使用信息,正确进行标准不确定度的 B 类评定,要求有一定的经验及对测试仪器和测试对象有透彻的了解。

3. 自由度及其确定

根据概率论与数理统计所定义的自由度是：在 n 个变量 v_i 的平方和 $\sum_{i=1}^{n} v_i^2$ 中，如果 n 个 v_i 之间存在着 k 个独立的线性约束条件，即 n 个变量中独立变量的个数仅为 $n-k$，则称平方和 $\sum_{i=1}^{n} v_i^2$ 的自由度为 $n-k$。因此若用贝塞尔公式(2.1-2)计算单次测量标准差 σ，式中 $\sum_{i=1}^{n} v_i^2 = \sum_{i=1}^{n} (x_i - \bar{x})^2$ 的 n 个变量之间存在唯一的线性约束条件 $\sum_{i=1}^{n} v_i = \sum_{i=1}^{n} (x_i - \bar{x}) = 0$，所以平方和 $\sum_{i=1}^{n} v_i^2$ 的自由度为 $n-1$，用贝塞尔公式计算的标准差 σ 的自由度也等于 $n-1$。可以看出，系列测量的标准差的可信赖程度与自由度有密切关系，自由度愈大，标准差愈可信赖。由于不确定度是用标准差来表征，因此不确定度评定的质量如何，也可用自由度来说明。每个不确定度都对应着一个自由度，将不确定度计算表达式中总和所包含的项数减去各项之间存在的约束条件数，所得差值称为不确定度的自由度。

(1) 标准不确定度 A 类评定的自由度

对 A 类评定的标准不确定度，其自由度 v 即为标准差 σ 的自由度。由于标准差有不同的方法，其自由度也有所不同，并且可由相应公式计算出不同的自由度。例如，用贝塞尔法计算的标准差，其自由度 $v=n-1$；而用其他方法计算标准差，其自由度有所不同。为方便起见，将已计算好的自由度列表使用。表 2-5 给出其他几种方法计算标准差的自由度。

表 2-5　几种方法计算标准差的自由度

计算方法 \ n	1	2	3	4	5	6	7	8	9	10	15	20
别捷尔斯法		0.9	1.8	2.7	3.6	4.5	5.4	6.2	7.1	8.0	12.4	16.7
极差法		0.9	1.8	2.7	3.6	4.5	5.3	6.0	6.8	7.5	10.5	13.1
最大残差法	0.9	1.9	2.6	3.3	3.9	4.6	5.2	5.8	6.4	6.9	8.3	9.5

(2) 标准不确定度 B 类评定的自由度

对 B 类评定的标准不确定度 u，由估计 u 的相对标准差来确定自由度。其自由度定义为

$$v = \frac{1}{2\left(\dfrac{\sigma_u}{u}\right)} \tag{2.1-4}$$

式中　σ_u ——评定 u 的标准差；

$\dfrac{\sigma_u}{u}$ ——评定 u 的相对标准差。

表 2-6 给出标准不确定度 B 类评定时不同的相对标准差所对应的自由度。

表 2-6 B 类评定时不同的相对标准差所对应的自由度

σ_u/u	0.71	0.50	0.41	0.35	0.32	0.29	0.27	0.25	0.24	0.22	0.18	0.16	0.10	0.07
v	1	2	3	4	5	6	7	8	9	10	15	20	50	100

2.1.3 不确定度的合成

1. 合成标准不确定度

当测量结果受多种因素影响形成了若干个不确定度分量时，测量结果的标准不确定度用各标准不确定度分量合成后所得的合成标准不确定度（combined standard uncertainty）u_c 表示。为了求得 u_c，首先须分析各种影响因素与测量结果的关系，以便准确评定各不确定度分量，然后才能进行合成标准不确定度的计算。如在间接测量中，被测量 Y 的估计值 y 是由 N 个其他量的测得值的函数求得，即

$$y = f(x_1, x_2, \cdots, x_N)$$

且各直接测得值的测量标准不确定度为 u_{xi}，它对被测量估计值影响的传递系数为 $\partial f/\partial x_i$，则由 x_i 引起被测量 Y 的标准不确定度分量为

$$u_i = \left|\frac{\partial f}{\partial x_i}\right| u_{xi} \qquad (2.1-5)$$

而测量结果 y 的不确定度 u_y 应是所有不确定度分量的合成，用合成标准不确定度 u_c 来表示，计算公式为

$$u_c = \sqrt{\sum_{i=1}^{N}\left(\frac{\partial f}{\partial x_i}\right)^2 (u_{xi})^2 + 2\sum_{1 \leq i < j}^{N}\frac{\partial f}{\partial x_i}\frac{\partial f}{\partial x_j}\rho_{ij}u_{xi}u_{xj}} \qquad (2.1-6)$$

式中，ρ_{ij} 表示第 i 个随机变量（测得值）和第 j 个随机变量（测得值）之间的相关系数。对于随机变量 X 和 Y，其定义为

$$\rho_{xy} = \frac{E\{[X-E(x)][Y-E(Y)]\}}{\sqrt{E\{[X-E(X)]^2\}E\{[Y-E(Y)]^2\}}} = \frac{\text{cov}(X,Y)}{\sigma_x \sigma_y}$$

式中，cov(X,Y) 为随机变量 X 和 Y 的协方差。

相关系数相当于将随机变量标准化后求得的协方差，有 $-1 \leq \rho_{xy} \leq 1$。ρ_{xy} 的绝对值愈接近于 1，称为强相关；愈接近于 0，称为弱相关；若等于 1 或 0 时，分别称为完全相关或不相关（相互独立）。ρ_{xy} 为正时，称为正相关，即一个随机变量增大时，另一个随机变量取值平均地增大；ρ_{xy} 为负时，称为负相关，即一个随机变量增大时，另一个随机变量取值平均地减小。

若引起不确定度分量的各种因素与测量结果没有确定的函数关系，则应根据具体情况按 A 类评定或 B 类评定方法来确定各不确定度分量 u_i 的值，然后按上述不确定度合成方法求得合成标准不确定度为

$$u_c = \sqrt{\sum_{i=1}^{N} u_i^2 + 2\sum_{1 \leq i < j}^{N} \rho_{ij} u_i u_j} \qquad (2.1-7)$$

式(2.1-7)中的相关项反映了各随机误差相互间的线性关联对合成不确定度的影响大小。

用合成标准不确定度作为被测量 Y 估计值 y 的测量不确定度,其测量结果可表示为

$$Y = y \pm u_c \qquad (2.1-8)$$

为了正确给出测量结果的不确定度,还应全面分析影响测量结果的各种因素,从而列出测量结果的所有不确定度来源,做到不遗漏,不重复。因为遗漏会使测量结果的合成不确定度减小,重复则会使测量结果的合成不确定度增大,都会影响不确定度的评定质量。

2. 扩展不确定度

合成标准不确定度可表示测量结果的不确定度,但它仅对应于标准差,由其所表示的测量结果 $y \pm u_c$ 含被测量 Y 的真值的概率仅为 68%。然而在一些实际工作中,如高精度比对以及一些与安全生产和身体健康有关的测量,要求给出的测量结果区间包含被测量真值的置信概率较大,即给出一个测量结果的区间,使被测量的值大部分位于其中,为此须用扩展不确定度(expanded uncertainty)(也可称为伸展不确定度)表示测量结果。

扩展不确定度由合成标准不确定度 u_c 乘以置信因子 k 得到,记为 U 即

$$U = k u_c \qquad (2.1-9)$$

用扩展不确定度作为不确定度,则测量结果表示为

$$Y = y \pm U$$

置信因子 k 由 t 分布的临界值 $t_p(v)$ 给出,即

$$k = t_p(v)$$

式中,v 是合成不确定度 u_c 的自由度。根据给定的置信概率 P 与自由度 v 查 t 分布表,得到 $t_p(v)$ 的值。当各不确定度分量相互独立时,合成不确定度的自由度由下式计算,即

$$v = \frac{u_c^4}{\sum_{i=1}^{N} \dfrac{u_i^4}{v_i}} \qquad (2.1-10)$$

式中,v_i 为各标准不确定度分量 u_i 的自由度。

对于置信因子,惯用的简便方法是:当 Y 服从于正态分布时,要求置信概率 $P=95\%$,取 $k=2$;而置信概率 $P=99\%$ 时,取 $k=3$。

最终的合成不确定度或扩展不确定度,其有效数字一般不超过两位,不确定度的数值与被测量的估计值末位对齐。若计算出的 u_c 或 U 的位数较多,则作为最后的报告值时就要修约,依据"三分之一准则"将多余的位数舍去。修约时,先令测量估计值最末位的一个单位作为测量不确定度的基本单位,再将不确定度取至基本单位的整数位,其余位数按微小误差取舍准则,若小于基本单位的1/3,则舍去;若大于或等于基本单位的1/3,舍去后将最末整数位加1。

2.2 动态不确定度的估计

2.2.1 动态测量的概念与定义

若被测物理量在测量过程中保持静止不变,则把测量过程称为静态测量。静态测量的结果通常得到一些数值。若被测物理量在测量过程中不断地变化着,那么测量结果就必然是得到一个随时间变化的变量,这样的测量过程为动态测量。

事实上,一切物理量都是变化的,绝对静止的量并不存在。但从技术上讲,有些物理量在测量过程中变化甚小以致测量仪器不能察觉其变化,或者虽能察觉但在实际工程分析或科学研究上可以忽略不计,那么还是可以看作是静态测量。由于人们对自然界的认识越来越深入而广泛,特别是对许多细微的变化过程和极快变化的时间历程的深入了解变得日益迫切,因而动态测量技术的应用也日益广泛。

2.2.2 动态误差产生的原因

动态测量所存在的一个特殊的重要问题是由于测量仪器的"惯性"带来的动态误差问题。同样的仪器在作静态测量时是不会出现这种误差的。例如通过一个开关将一个稳定的直流电压突然通到一个普通的直流电压表上,表的指针通常要摆到过高的电压值处,然后向回摆到过低的电压值,这样来回摆几次才稳定在一个测量值上。如果表针的阻尼比较大,则指针不出现振荡现象,而是在开关接通后缓慢地趋向测量值。不管哪一种情况,这种电压表由于惯性过大,都无法准确地反映开关接通后电压上升过程的变化规律,也就是说不适于测量这种变化的动态过程,尽管它最后指示的电压稳定值(静态值)可能是足够准确的。如果用上述惯性较大的直流电压表去测量频率为 50 Hz 的市电电压,其指针不可能按这个频率来回摆动,而是干脆不动(指示值为零)。因为当电压上升时表的指针由于惯性大,还没有产生足以察觉的位移时,电压却已经下降并变为负值了。类似直流电压表的这种表现在许多其他静态测量仪器上都能发现,例如液柱式温度计、弹簧秤等都会有类似现象。分析这种动态误差形成的原因、误差的形式和特点、消除或减小动态误差的途径、仪器动态特性的确定以及动态误差的修正方法等问题超出了本节的讨论范围。本节将只讨论由于仪器的动态误差引起的测量结果的不确定度的估计方法。

2.2.3 动态误差的定义

2.2.2 节的分析,只说明系统动态误差形成的原因;而信号与系统类课程则分析了波形因动态误差的存在而失真的基本规律以及减少这种失真的主要途径。然而,无论是在时域还是在频域,描述动态特性的指标(例如时域的上升时间、过冲等,频域的频带、截止频率等)都是描述性的,即对失真的某些特征作出描述,并不能明确回答测量结果的动态误差究竟多大,所以还不能以动态不确定度的形式去说明测量结果的动态误差可能的大小,不能写成 $y(t)±δ$ 的形式。这里 $±δ$ 应表明真实曲线 $x(t)$ 与实际测得的 $y(t)$ 之间可能相差的程度。本节则介绍一种动态误差的定义,即动态均方根误差及其估算的方法。

首先定义一个时域的动态误差函数 $ε(t)$,如图 2-1 所示。当被测信号为 $x(t)$ 时,实际的测试系统的输出记为 $y_r(t)$,而理想的(不失真的)系统的输出记为 $y_i(t)$,则动态误差函数 $ε(t)$ 就定义为两个输出信号之差,即

$$ε(t) = y_r(t) - y_i(t) \qquad (2.2-1)$$

需要说明的是,为了便于分析,假设实际测量系统的静态误差可以忽略不计。另外动态误差一般可分为两种,一种是系统特性造成的所谓系统动态误差;另一种是由随机干扰所造成的误差。而这里先只考虑系统动态误差。

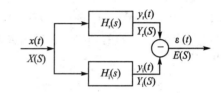

图 2-1 动态误差的定义

动态误差函数 $ε(t)$ 是关于系统动态误差的主要信息,$ε(t)$ 是时间的函数而不是一个确定的值,因此不适宜于直接作为动态误差的判据。而可以作为动态误差判据的有:$ε(t)$ 的总能量(当 $ε(t)$ 为有限能量信号时)和 $ε(t)$ 的平均功率(当 $ε(t)$ 为有限功率信号时):

$$W_ε = \int_{-\infty}^{+\infty} ε^2(t)\,dt \qquad (2.2-2)$$

$$P_ε = \lim_{T\to\infty} \frac{1}{2T} \int_{-T}^{+T} ε^2(t)\,dt \qquad (2.2-3)$$

然而 $W_ε$ 只能作为动态误差的判据,还不能当作动态误差的定义,因为其量纲与输出信号 $y(t)$ 并不相同。观察 $P_ε$ 的定义式可知,$\sqrt{P_ε}$ 与 $y(t)$ 有相同的量纲,而这正好是动态误差量 $ε(t)$ 的均方根值,可以称为动态均方根误差,或动态误差有效值。测量结果及其动态误差可以记为

$$y(t) ± \sqrt{P_ε} \qquad 或 \qquad x(t) ± \frac{\sqrt{P_ε}}{k_r} \qquad (2.2-4)$$

式中,k_r 是测量系统的静态灵敏度。如果输入信号是时限信号,那么 $ε(t)$ 一般也是时限信号,此时其 $P_ε=0$,为此必须对 $P_ε$ 的定义作某些修改:

$$P_{εd} = \frac{1}{T_0} \int_{-\infty}^{+\infty} ε^2(t)\,dt = \frac{W_ε}{T_0} \qquad (2.2-5)$$

式中,T_0 是输入信号的延续时间。

2.2.4 动态均方根误差与频响函数的关系

如果 $ε(t)$ 是有限功率信号,则 $P_ε$ 就是其平均功率。根据帕什瓦公式得

$$P_\varepsilon = \overline{\varepsilon^2} = \int_{-\infty}^{+\infty} G_\varepsilon(\omega) \mathrm{d}f \qquad (2.2-6)$$

式中,$G_\varepsilon(\omega)$ 是 $\varepsilon(t)$ 的功率谱密度函数,即

$$G_\varepsilon(\omega) = \lim_{T \to \infty} \frac{|E_T(\mathrm{j}\omega)|^2}{2T} \qquad (2.2-7)$$

式中,$E_T(\mathrm{j}\omega)$ 是 $\varepsilon_T(t)$ 的频谱密度函数,而

$$\varepsilon_T(t) = \begin{cases} \varepsilon(t) & (-T \leqslant t \leqslant T) \\ 0 & (其余) \end{cases}$$

考虑图 2-1 中理想系统 $H_i(s)$ 和实际系统 $H_r(s)$ 并联组成的系统。组合系统的频响函数为 $H_\Delta(\mathrm{j}\omega) = H_r(\mathrm{j}\omega) - H_i(\mathrm{j}\omega) = \Delta H(\mathrm{j}\omega)$,其输入、输出分别为 $x(t)$ 和 $\varepsilon(t)$。

记输入信号 $x(t)$ 的功率谱密度函数为 $G_x(\omega) = |X(\mathrm{j}\omega)|^2$,根据频响函数与信号功率谱关系得

$$G_\varepsilon(\omega) = G_x(\omega) \cdot |\Delta H(\mathrm{j}\omega)|^2 \qquad (2.2-8)$$

将式(2.2-8)代入式(2.2-6)得

$$P_\varepsilon = \int_{-\infty}^{+\infty} G_x(\omega) \cdot |\Delta H(\mathrm{j}\omega)|^2 \mathrm{d}f \qquad (2.2-9)$$

对于输入 $x(t)$ 为时限信号的情况,按式(2.2-5)的定义,不难由帕什瓦定理求得

$$P_{\varepsilon d} = \frac{W_\varepsilon}{T_0} = \frac{1}{T_0} \int_{-\infty}^{+\infty} |X(\mathrm{j}\omega)|^2 |\Delta H(\mathrm{j}\omega)|^2 \mathrm{d}f \qquad (2.2-10)$$

由式(2.2-9)及式(2.2-10)可知,P_ε 和 $P_{\varepsilon d}$ 值首先与输入信号的频谱密度或功率谱密度有关,这显然是正确的。因为同一套仪器测静态信号就不存在动态误差,对缓变信号测量则有较小的动态误差,对快变信号测量就可能出现较大的动态误差。

最后,为了利用式(2.2-9)和式(2.2-10),还必须求出

$$H_\Delta(\mathrm{j}\omega) = H_r(\mathrm{j}\omega) - H_i(\mathrm{j}\omega) = \Delta H(\mathrm{j}\omega)$$

式中,实际系统的频响函数 $H_r(\mathrm{j}\omega)$ 假设为已知,而且按常规以幅频特性和相频特性的形式给出:

$$H_r(\mathrm{j}\omega) = K_r(\omega) \mathrm{e}^{\mathrm{j}\varphi_r(\omega)}$$

而理想系统的频响函数 $H_i(\mathrm{j}\omega)$ 可表示为

$$H_i(\mathrm{j}\omega) = K_i \mathrm{e}^{\mathrm{j}\omega t_d}$$

式中,幅频特性值 K_i 通常取为实际系统静态灵敏度值 $K_r(0)$,而相位特性取为 ωt_d。t_d 是 $y_i(t)$ 相对于 $x(t)$ 延迟的时间。时延 t_d 为任意值,都是理想的,这就有个选择合理 t_d 值的问题。在已知实际系统相频特性曲线的情况下,可在有实用价值的频率范围内对实际相频曲线拟合一条过零点的最小二乘直线,取直线的斜率作为理想系统的时延 t_d,如图 2-2(b)所示。另外令实际系统的动态特性曲线与理想特性之差为 $\Delta K(\omega)$,如图 2-2(a)所示。

$$\Delta K(\omega) = |H_r(\mathrm{j}\omega)| - |H_i(\mathrm{j}\omega)| = K_r(\omega) - K_i$$

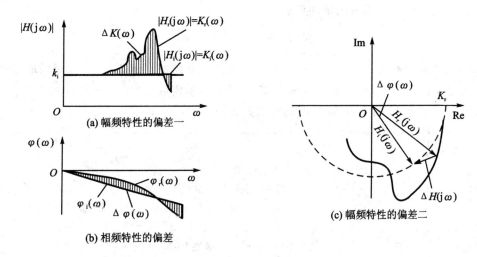

图 2-2 实际幅频、相频特性曲线与理想特性曲线之差和奈奎斯图

而相位差为

$$\Delta\varphi(\omega) = \arg[H_r(j\omega)] - \arg[H_i(j\omega)] = \varphi_r(\omega) - \omega t_d$$

作了上述处理之后,求 $\Delta H(j\omega)$ 的问题就是一个求解任意三角形的问题。由图 2-2(c)的奈奎斯特(Nyquist)图可知,$H_r(j\omega)$ 和 $H_i(j\omega)$ 是两个矢量,而 $\Delta H(j\omega)$ 就是这两个矢量之差。因而根据任意三角形边长公式可知

$$|\Delta H(j\omega)|^2 = 2[K_r^2 + K_r \Delta K](1 - \cos\Delta\varphi) + \Delta K^2 \tag{2.2-11}$$

将式(2.2-11)代入式(2.2-9)和式(2.2-10)可得

$$P_\varepsilon = \int_{-\infty}^{+\infty} G_x(\omega)\{2[K_r^2 + K_r \Delta K](1 - \cos\Delta\varphi) + \Delta K^2\}df \tag{2.2-12}$$

$$P_{\varepsilon d} = \frac{W_\varepsilon}{T_0} = \frac{1}{T_0}\int_{-\infty}^{+\infty} |X(j\omega)|^2 \{2[K_r^2 + K_r \Delta K](1 - \cos\Delta\varphi) + \Delta K^2\}df \tag{2.2-13}$$

在式(2.2-12)、式(2.2-13)和式(2.2-11)中,$K = K(\omega)$,$\Delta K(\omega) = K(\omega) - K_i$,$\Delta\varphi = \Delta\varphi(\omega)$。由式(2.2-12)和式(2.2-13)并按 $\omega = 2\pi f$ 消去式中的 ω 后对 f 求积分即可求出系统在任意信号输入时动态误差的能量或功率。

当输入信号为未知时,可用下面的表达式代替式(2.2-10)中的 $|X(j\omega)|^2$,即

$$|X(j\omega)|^2 = \frac{|Y(j\omega)|^2}{|H(j\omega)|^2} \tag{2.2-14}$$

式中,$Y(j\omega)$ 表示输出信号的傅里叶变换。

最后必须指出,由于动态均方根误差计算所需的各原始数据的获取过程也存在着许多未知的干扰和误差,因而只能算是一种估计值,所以称之为动态不确定度更为合适。

[例 2-1] 设某一系统的传递函数为

$$H(s) = \frac{k\omega_n^2}{s^2 + 2\zeta\omega_n s + \omega_n^2}$$

式中,设 $k=1$,阻尼比 $\zeta=0.02$,$\omega_n=1\,000$ rad/s,理想系统的时延 $t_d=0$。试用频域方法求阶跃信号通过该系统时的 P_{ed}。采样周期为 $T=0.5$ ms,采样点数为 2 048 点。

由于计算复杂,下面给出 Matlab 的实现方案,见脚本 2-1。

```
Matlab 实现:
%y″(t)+2*zeta*wn*y′(t)+wn^2*y(t)=k*wn^2*x(t)
N=2048;                                %采样点数为 2 048 点
T=0.0005;                              %设采样时间为 0.000 5 s
zeta=0.02;                             %设阻尼比为 0.02
wn=1000;                               %系统固有频率为 1 000 rad/s
k=1; td=0;                             %增益为 1,时延 td=0
num=[k*wn^2];
den=[1,2*zeta*wn,wn^2];
w=0:2*pi/T/N:2*pi/T/N*(N/2-1);         %计算角频率的采样点
Hr=freqs(num,den,w);                   %计算系统的频率响应
magr=abs(Hr);                          %计算幅度响应
phase=angle(Hr)*180/pi;                %计算相位响应
%下面计算理想系统幅度与相位响应
td=0;
Hi=exp(j*w*td);                        %计算理想系统的频率响应
magi=abs(Hi);                          %计算理想系统的幅度响应
phasei=angle(Hi)*180/pi;               %计算理想系统的相位响应
axis([0,3000,0,30]);semilogx(w,magr,w,magi);pause    %画图
axis([0,3000,-200,20]);semilogx(w,phase,w,phasei);pause
H=Hr-Hi;                               %计算实际系统与理想系统的频率响应之差 ΔH(jω)
deltaH=abs(H);                         %计算 |ΔH(jω)|
t0=(N-1)*T;                            %计算延续时间
HX=freqs(1,[1 0],w);                   %计算输入信号的频谱特性,这里设输入信号为单位阶跃信号
Hx=(abs(HX)).^2.*deltaH.^2;
Hx(1)=0;                               %在 w=0 处,Hx 值为零
Ped=1/t0*sum(Hx)/T/N;                  %计算公式(2.2-5)
```

脚本 2-1　例 2-1 的 Matlab 实现

2.3 粗大误差的判断与处理

2.3.1 粗大值的判断

判定某个数据为含有粗大误差的异常值(或称离群值)是一件慎重的事。应该剔除而未剔除时,会使测量不确定度增加。反过来,本来客观地反映了测量随机性波动特性的数据,人为地为求得表面上精密度更高而加以剔除,所得到的精密度也只能是虚假的,经不起以后实践的考验。在按次序统计量的排列中,异常值不是出在首数,就是末数。在样本量大时,还可能是最前的几个数或最后的几个数,有时还不排斥最大数和最小数成对出现的情况。出现异常值属于小概率事件,所以检验异常值的基本思想是,根据被检验的样本数据属于同一正态总体随机取得的这个假设,凡偏差超过某合理选择的小概率界限,就可以认为是异常的。这个小概率值在统计检验上称为显著性水平,记为 a,表示将非异常值判为异常的概率,一般可取 $a=0.05$ 和 0.01。判断异常值可以有多种方法,其检验统计量均具有偏差值与标准差值相比的性质。偏差值指与平均值之差,也可能指与相邻次序量之差;标准差值可能由于长期实践而认为已知,也可能需要使用它的估计值。估计方法很多,因此统计学者们提出过许多检验统计量及相应的拒绝域的临界值,泛称为准则(也称判据)且多数以人命名。下面介绍几种常用的准则。

1. 3σ 准则

3σ 准则(莱以特准则)是最常用也是最简单的判别粗大误差的准则。它是以测量次数充分大为前提,但通常测量次数皆较少,因此 3σ 准则只是一个近似的准则。

对于某一测量列,若各测得值只含有随机误差,则根据随机误差的正态分布规律,其残差落在 $\pm 3\sigma$ 以外的概率约为 0.3%,即在 370 次测量中只有 1 次其残差 $|v_i|>3\sigma$。如果在测量列中,发现有残差大于 3σ 的测得值,即

$$|v_i| > 3\sigma \tag{2.3-1}$$

则可以认为它含有粗大误差,应予剔除。

2. 罗曼诺夫斯基准则

当测量次数较少时,按 t 分布的实际误差分布范围来判别粗大误差较为合理。罗曼诺夫斯基准则又称 t 检验准则,其特点是首先剔除一个可疑的测得值,然后按 t 分布检验被剔除的测量值是否含有粗大误差。

设对某量作多次等精度独立测量,得 $x_1, x_2, \cdots, x_n$。若认为测量值 x_j 为可疑数据,将其剔除后计算平均值(计算时不包括 x_j)为

$$\bar{x} = \frac{1}{n-1} \sum_{\substack{i=1 \\ i \neq j}}^{n} x_i \tag{2.3-2}$$

并求得测量列的标准差(计算时不包括 $v_j=x_j-\bar{x}$)为

$$\sigma=\sqrt{\frac{\sum\limits_{\substack{i=1\\i\neq j}}^{n}v_i^2}{n-2}} \qquad (2.3-3)$$

根据测量次数 n 和选取的显著度 a，即可由查表得到 t 分布的检验系数 $K(n,a)$。

若

$$|x_j-\bar{x}|>K\sigma \qquad (2.3-4)$$

则认为测量值 x_j 含有粗大误差，剔除 x_j 是正确的；否则认为 x_j 不含有粗大误差，应予保留。

除了上述方法外，还有其他的方法，如格罗布斯准则或狄克松准则等。

上面介绍的四种粗大误差的判别准则，其中 3σ 准则适用测量次数较多的测量列，一般情况的测量次数皆较少，因而这种判别准则的可靠性不高；但它使用简便，不需查表，故在要求不高时经常应用。对测量次数较少而要求较高的测量列，应采用罗曼诺夫斯基准则、格罗布斯准则或狄克松准则等。其中以格罗布斯准则的可靠性最高，通常测量次数 $n=20\sim100$，其判别效果较好。当测量次数很小时，可采用罗曼诺夫斯基准则。若需要从测量列中迅速判别含有粗大误差的测得值，则可采用狄克松准则。

必须指出，按上述准则若判别出测量列中有两个以上测得值含有粗大误差，则只能首先剔除含有最大误差的测得值，然后重新计算测量列的算术平均值及其标准差，再对余下的测得值进行判别，依此程序逐步剔除，直至所有测得值皆不含粗大误差时为止。

2.3.2 防止及消除粗大误差的方法

对粗大误差，除了设法从测量结果中发现和鉴别而加以剔除外，更重要的是要加强测量者的工作责任心和以严格的科学态度对待测量工作；此外，还要保证测量条件的稳定，或者避免在外界条件发生激烈变化时进行测量。如能达到以上要求，一般情况下是可以防止粗大误差产生的。

在某些情况下，为了及时发现与防止测得值中含有粗大误差，可采用不等精度测量和互相之间进行校验的方法。例如，对某一被测值，可由两位测量者进行测量、读数和记录；或者用两种不同仪器、两种不同方法进行测量(如测量薄壁圆筒内径，可通过直接测量内径或测量外径和壁厚，再经过计算求得内径，两者作互相校验)。

2.4 趋势项的去除

由于测量系统中的电极接触不好，或由于直流放大器的零点漂移，有可能使记录到的信号 $x(t)$ 包含有一慢变的趋势项 $y(t)$。它可能随时间作线性增长，也可能按平方关系增长。因此进行数据处理中，如果不进行修正，将产生较大的误差，尤其积分后得到的结果误差更大。

消除这类趋势项,往往是通过对物理模型、信号特征的分析,以一定合理的边界条件、初始条件和统计特性求出修正函数的系数。修正函数一般采用多项式。一旦多项式被确定,那么从 $x(t)$ 中减去该趋势项,就可以近似得到真正的信号。

设测试所得的信号为 $x(t)$,等间隔取样可得一系列数据点 $x(t_i),(i=0,1,2,\cdots,n)$,用最小二乘法构造一个 p 阶多项式(参看第 3 章)

$$y(t) = a_0 + a_1 t + a_2 t^2 + \cdots + a_p t^p = \sum_{k=0}^{p} a_k t^p \qquad (2.4-1)$$

式中,t 是时间,p 是正整数,如果判定趋势项是线性的,则令 $p=1$;如果判定趋势项不是线性的,则令 $p=2$。这样的低阶曲线能够较好地描述信号的趋势项。然后,令 $x(t)$ 减去趋势项得

$$\hat{y}(t) = x(t) - y(t) \qquad (2.4-2)$$

式中,$\hat{y}(t)$ 即是消除了趋势项的信号。

例如,在做心电图(ECG)检查时,由于体位的移动,常常会发生基线漂移现象,使记录到的信号跑出纸外,如图 2-3(a)实线所示。

对图中的信号曲线拟合一个二次多项式,其结果反映了信号中的趋势项,如图 2-3(a)虚线所示;减去趋势项,即得到去除趋势项的心电信号,如图 2-3(b)所示。

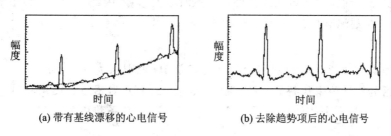

(a) 带有基线漂移的心电信号　　(b) 去除趋势项后的心电信号

图 2-3　去除趋势项示意图

2.5　野值、跳点的剔除与补正

在某些情况下,测试系统的观测数据往往带有误差偏大的异常值。产生异常值的原因有多种,有设备故障或数据记录、判读等过程异常,周围环境的突发性变化和干扰,以及操作人员的过失等。同一测试系统,数据异常值的表现形式、大小各不相同,不同设备观测数据的异常值变化更是各不相同。因而,要寻找一种完美的判别和纠正异常值的处理方法是非常困难的。观测数据含有异常值,将使测量值严重失真,从而降低观测数据的置信度,势必严重影响数据处理结果的质量。因此,数据处理时,必须首先对观测数据异常值进行判别和处理,以合理、可信的数据替代它,保证测试数据处理结果的质量。

本节将介绍试验中常用的观测数据异常值检验方法,即外推拟合方法的原理和公式。该

方法操作和使用简便,但当外推值和观测值之差超过门限值的数据量过多时,异常值的判别常会受人为因素的影响。观测数据异常值识别和检验的最常用方法为外推拟合法,或是差分拟合法。

2.5.1 异常值的识别

在测量过程中观测数据是动态的,且在误差允许范围之内随时间连续变化。当观测数据存在异常值时,就存在超范围的突变,因此,可以建立下面的准则来识别观测数据是否为可疑的异常值。以前面连续正常的观测数据为依据,建立最小二乘多项式,籍此外推后一时刻的观测数据估计值,与该时刻的实测数据作差,识别差值是否超过给定的门限 δ;假若超过门限 δ,则认为该观测数据是可疑异常值,否则认为是正常值。通常取前面 4 点或 6 点连续正常的观测数据,采用一阶或二阶多项式进行计算。

假设连续 4 个观测数据记为 $x_{i-4}, x_{i-3}, x_{i-2}, x_{i-1}$,由最小二乘估计线性外推(见第 3 章)获取第 i 时刻观测数据的估值 $\hat{x}_i$ 为

$$\hat{x}_i = x_{i-1} + \frac{1}{2} x_{i-2} - \frac{1}{2} x_{i-4} \qquad (2.5-1)$$

式中,观测数据 x_{i-3} 前面的系数在线性外推一点时数值为零,因此式(2.5-1)中未出现 x_{i-3}。

当获得第 i 时刻观测数据时,则观察下式:

$$|x_i - \hat{x}_i| \leqslant \delta \qquad (2.5-2)$$

是否成立,假如满足式(2.5-2),则认为 x_i 是正常值;否则认为 x_i 是可疑异常值,应将它剔除,并用拟合后的估计值来代替它。δ 一般为 3σ 或 5σ,而 σ 为相应观测量数据的均方差。当应用其他点数或二阶多项式外推时,只要将式(2.5-1)及其系数由最小二乘估计的外推原理所得到的数值代替即可。

在有些场合,有时利用差分方法来判别观测数据是否为异常值。例如仍取连续 4 点 $x_i, x_{i+1}, x_{i+2}, x_{i+3}$ 作三阶前向差分。

一阶前向差分为

$$(x_i - x_{i+1}), \quad (x_{i+1} - x_{i+2}), \quad (x_{i+2} - x_{i+3})$$

二阶前向差分为

$$(x_i - 2x_{i+1} + x_{i+2}), \quad (x_{i+1} - 2x_{i+2} + x_{i+3})$$

三阶前向差分为

$$\Delta_i = x_i - 3x_{i+1} + 3x_{i+2} - x_{i+3} \qquad (2.5-3)$$

如果 $|\Delta_i| \leqslant \delta$,则认为 $x_i, x_{i+1}, x_{i+2}, x_{i+3}$ 中无异常值,否则,再判别 $|\Delta_{i-1}| \leqslant \delta$ 是否成立,如果成立,则认为观测数据 x_{i+3} 为可疑异常值,否则认为观测数据 x_i 为可疑异常值。

综上所述,异常值的识别方法,主要是依靠过去的正常数据,建立数据的数学模型,然后根据数学模型外推当前的数据估计值,并求出估计值与当前实测值之差,最后按某种估计准则判

定这个差值是否过大,若过大则认为当前实测值异常。建立数据的数学模型,除了上面介绍的几种方法之外,还可以用其他的方法(参看第3章)。

2.5.2 异常值的估计

将 2.5.1 节中用外推拟合法识别后的观测数据序列重新整理,并且分三种情况讨论。

① 如果被检测序列的最前端有 k 个连续可疑异常值数据 $x_1, x_2, \cdots, x_k$,则由后面 4 个正常值数据 $x_{k+1}, x_{k+2}, x_{k+3}$ 和 x_{k+4},利用第 3 章介绍的二阶多项式最小二乘估计拟合曲线,外推第 k 个观测数据 x_k 的估计值 $\hat{x}_k$,然后判断下式

$$|x_k - \hat{x}_k| \leqslant \delta \tag{2.5-4}$$

是否成立。如果不成立,则由 $\hat{x}_k$ 代替 x_k;否则仍然取 x_k,接着向前对前一个可疑异常值数据 x_{k-1} 进行拟合和判断,直到 x_1 为止。

② 被检验序列 x_j 与 x_{j+k+1} 之间有连续多个可疑异常值数据 $x_{j+1}, x_{j+2}, x_{j+3}, \cdots, x_{j+k}$,则由前面 4 个正常值数据(或已纠正后的数据)和 x_{j+k} 后的连续 $l(1 \leqslant l \leqslant 4)$ 个正常值数据,应用二阶多项式最小二乘拟合曲线得到 k 个观察数据 $x_{j+i}, (i=1,2,\cdots,k)$ 的估计值 $\hat{x}_{j+i}$,然后,再判断下式

$$|x_{j+1} - \hat{x}_{j+i}| \leqslant \delta \quad (i=1,2,\cdots,k) \tag{2.5-5}$$

是否成立。如果成立,仍取 x_{j+i};否则用估计值 $\hat{x}_{j+i}$ 代替观测数据 x_{j+i}。

③ 当被检验序列最后有连续 k 个可疑异常值数据时,则利用可疑异常值数据前面的 4 个正常值数据(或已纠正的数据)$x_{-3}, x_{-2}, x_{-1}, x_0$,应用二阶多项式向前外推观测数据的 x_1 估计值 $\hat{x}_1$,接着判断下式

$$|x_1 - \hat{x}_1| \leqslant \delta \tag{2.5-6}$$

是否成立。如果成立,则仍取 x_1;否则用估计值 $\hat{x}_1$ 代替 x_1,而且再对下一个可疑异常值数据进行估计,并作上述判断,直至判别到观测数据 x_k 为止。

当差值在门限周围变化时,外推拟合法就难以确定该观测数据是否是异常值。此时,应采用能抵抗异常值影响的稳健滤波的 M 估计技术来处理这类问题[1]。另外还有两种比较有效的异常值检验新方法——多项式回归模型检验法和 ARIMA 模型检验法。如有兴趣的读者请参看文献[1]。

图 2-4 给出用 Matlab 实现剔除试验数据中野值的算例。图中实线是某试验的仿真数据,采用异常值识别方法剔除数据中的野值,并用异常值估计方法进行修补,虚线是补正后的数据。该程序只适合于异常值估计中的第二种情况。具体的 Matlab 的实现见脚本 2-2,相关函数的实现见脚本 2-3、脚本 2-4、脚本 2-5。

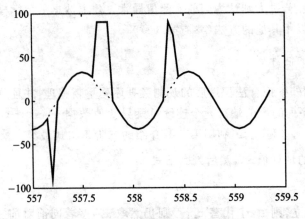

图 2-4 实验数据剔除野值的算例

```
clear all;
filename='c:\matlab6p1\work\tiaodian.dat';
yy=dlmread(filename);                    %读数据
t=557:0.05:559.3;
y=yy;
L=length(y);                             %求出矢量 y 的长度
i=5;
while i<L;
    [u,delta,i]=pand(y,i,L);             %判断粗大误差的起始位置(见脚本 2-3)
    if i==L
    else
        j=i-1;
        w=delta;
        [u,delta,i]=pand1(y,i,L);        %判断粗大误差的截止位置(见脚本 2-4)
        k=i-j;                           %粗大误差的个数
        y=guji(k,j,y,w);                 %得到估计值并替换(见脚本 2-5)
        i=k+j;
    end
end
plot(t,y,':',t,yy); %画图,'y'表示计算后的值,'yy'表示原始值
```

脚本 2-2 用 Matlab 实现剔除试验数据中野值的算例

```
function [u,delta,i]=pand(y,i,L)
%如有粗大误差,该程序发现粗大误差的起始位置,并返回该位置
u=y(i-1)+0.5*y(i-2)-0.5*y(i-4);        %观测数据估计值
delta=3*std(y(i-4:i-1));               %计算3倍的标准差
    while (abs(u-y(i))<=delta)&(i<L)   %如果满足要求是正常值,i加1,否则跳出循环。
                                       i-1是粗大误差的起始位置
        i=i+1;
        u=y(i-1)+0.5*y(i-2)-0.5*y(i-4);
        delta=3*std(y(i-4:i-1));
    end
```

脚本 2-3 发现粗大误差的起始位置的函数

```
function [u,delta,i]=pand1(y,i,L)
%该程序发现粗大误差的截止位置,并返回该位置
u=y(i-1)+0.5*y(i-2)-0.5*y(i-4);        %观测数据估计值
delta=3*std(y(i-4:i-1));               %计算3倍的标准差
while (abs(u-y(i))>delta)&(i<=L)       %如果满足要求是粗大误差,i加1,否则跳出循环。
                                       i是粗大误差的截止位置
    i=i+1;
    if y(i)==y(i-1)
        i=i+1
    else
        u=y(i-1)+0.5*y(i-2)-0.5*y(i-4);
        delta=3*std(y(i-4:i-1));
    end
end
end
```

脚本 2-4 发现粗大误差的截止位置的函数

```
function y=guji(k,j,y,w);
%该程序计算式(2.5-5)
for i=1:4
    a(i,1)=1;
    a(i,2)=k+5-i;
    a(i,3)=(k+5-i)^2;              %建立a矩阵1到4行
    l(i,1)=y(j+k+5-i);             %建立l矩阵1到4行
```

```
       end
    for i=5:8
        a(i,1)=1;
        a(i,2)=5-i;
        a(i,3)=(5-i)^2;          %建立 a 矩阵常数部分
        l(i,1)=y(j+5-i);         %建立 l 矩阵 5 到 8 行
    end
    for i=1:k
        b(i,1)=1;
        b(i,2)=k+1-i;
        b(i,3)=(k+1-i)^2;        %建立 b 矩阵
    end
    h=b*(a'*a)^(-1)*a'*l;        %求估计值
    for i=1:k
        if abs(y(j+k+1-i)-h(i))>w
            y(j+k+1-i)=h(i);     %判断若满足要求用估计值代替观测值
        end
    end
end
```

脚本 2-5 计算估计值并替换粗大值的函数

参考文献

[1] 中国人民解放军总装备部军事训练教材编辑工作委员会. 外弹道测量数据处理. 北京:国防工业出版社,2002.

[2] 费业泰主编. 误差理论与数据处理. 北京:机械工业出版社,2000.

[3] 宋文爱,卜雄洙. 工程实验理论基础. 北京:兵器工业出版社,2000.

[4] 朱明武,李永新. 动态测量原理. 北京:北京理工大学出版社,1993.

[5] 国家质量技术监督局计量司组编. 测量不确定度评定与表示指南. 北京:中国计量出版社,2001.

[6] 宗孔德,胡广书. 数字信号处理. 北京:清华大学出版社,1988.

第3章 测试信号的时域分析与处理

无论是对自然现象还是社会现象进行观测，得到的往往是一些随时间变化的曲线，被称为时域信号，因此信号的时域处理是处理观测结果的首当其冲的任务。

在确定性的时域信号（曲线）中获取一些特征值，如在不同时间段内的最大值、最小值、过零点及它们出现的时间等，是最常见的处理要求。这些处理看起来十分直观简单，但如果对数据的精度要求较高时还是要选择合理的方法才行。对于随机信号，其统计特性的获取方法是时域处理的重要内容。本章3.1节将对此作必要的说明。

通过测试或观测获得的时域信号，往往是以曲线或数表形式给出的。若要将这些数据用于更深入的分析、计算或工程设计，往往希望能用一个方程的形式来描述这些信号，这个过程被称为信号建模（注意，不要与系统建模混淆）。本章第3.2节介绍用插值法对精确的确定性信号建模的方法。第3.3节介绍用最小二乘法对具有随机干扰的确定性信号建模的方法。第3.4节介绍信号微分和积分的计算方法。第3.5节则介绍用滑动平均和自回归方法对随机信号建模从而提取其内在的有用信息的方法。

3.1 信号时域特征的获取方法

通过测试获得的动态信号，其原始形式大都是随时间变化的时域信号。这些信号本质上又往往是连续时间信号，可以用 $x(t),y(t)$ 等函数符来代表（尽管不一定能给出具体的方程式）。然而现代的数据采集和记录系统多半通过模/数变换电路（简称 ADC）将其变成按一定采样周期进行采样的时间序列，通常用 $x[n],y[n]$ 或 x_t,y_t 等符号表示。而大量用于信号处理的数字计算机能够处理的，也只是这种时间序列，故本章也将以讨论时间序列处理方法为主要内容。

3.1.1 采样信号的主要特点

假设要采集的信号是经过传感器和调理电路的模拟电压信号 $x(t)$，经过 ADC 后变为按一定时间间隔 T_s 采样的时间序列 $x[n]$，其中每个数据都是一个 N 位的二进制数。如 ADC 容许的工作范围（满量程值）记为 Q，在这个范围内模拟信号将被划分为差值相等的 (2^N-1) 个数，因此采样信号的分辨率可定为

$$q = \frac{Q}{2^N - 1} \qquad (3.1-1)$$

图 3-1 示意地表示了一个满量程为 $Q=10$ V,3 bit($N=3$) 的 ADC 输入、输出的关系。由式(3.1-1)可得 $q=(10/7)$ V$=1.428$ V。由图可知在任一采样间隔内,$x(t)$ 可能是连续变化的;而采样值 $x[n]$ 保持为常数,而且 $x[n]$ 的值(图中用圆点表示)只能是 q 的整数倍。采样瞬间信号 $x(t)$ 的真实值(图中用"*"表示)与 $x[n]$ 的差值为 $e=x(t)-x[n]$。对于大量采样点而言,e 值在 $\pm q/2$ 范围内随机地作均匀分布。根据概率与统计的理论可以推断出 e 的均值,即

$$\bar{e} = \mathrm{E}(e) = 0 \qquad (3.1-2)$$

式中,$\mathrm{E}(\cdot)$ 代表括号内变量期望值,e 的方差值为

$$\sigma_e^2 = \mathrm{E}\{(e-\bar{e})^2\} = q^2/12 \qquad (3.1-3)$$

相应地

$$\sigma_e = q/(2\sqrt{3}) \qquad (3.1-4)$$

σ_e 称为量化噪声的标准差,可以作为量化过程形成的不确定度的一个(理论上的)因子。实际的量化不确定度还要考虑 q 的误差。这里均值、方差和标准差的定义见 3.1.3 节。由量化噪声形成的信噪比 SNR 可定义为信号 $x(t)$ 的均方值与 σ_e^2 之比。

$$\mathrm{SNR} = \frac{1}{b-a}\int_a^b x^2(t)\mathrm{d}t / \sigma_e^2 \qquad (3.1-5)$$

式中,(a,b) 是任选的积分区间。

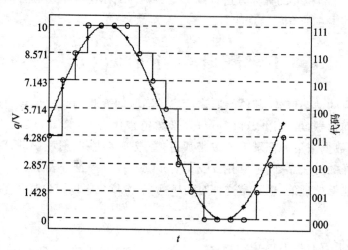

图 3-1 采样过程示意图

例如,研究对正弦信号经过采样后的信噪比。设输入信号 $x(t)$ 是一个带偏置的正弦信号,其负峰值为 0,而正峰值为 $Q=(2^N-1)q$(其图形见图 3-1),不难计算出其均方值

$$E_x = \frac{1}{T}\int_0^T \left[\frac{(2^N-1)q}{2}\right]^2 \sin^2\left(2\pi\frac{t}{T}\right)\mathrm{d}t = \frac{1}{2}\left[\frac{(2^N-1)q}{2}\right]^2$$

信噪比
$$\text{SNR} = \frac{E_x}{\sigma_e^2} = \frac{3}{2}(2^N-1)^2$$

按分贝计的信噪比(单位为 dB)
$$L_{\text{SNR}} = 10\lg(\text{SNR}) = 10\lg\left[\frac{3}{2}(2^N-1)^2\right]$$

当 $N \gg 1$ 时
$$L_{\text{SNR}} = 1.76 + 6.02N$$

例如采用 10 bit 的 ADC(即 $N=10$),则采样量化噪声的信噪比 $L_{\text{SNR}}=62$ dB。

3.1.2 时域信号的特征值获取方法

1. 零线的获取方法

测试信号的零线通常并不与数据采集系统的零点重合,因为测试信号可能是有正有负的,必须加偏置令其零点处于采集系统量程的中间某个位置。在记录后就需要找出并恢复零线以便作为信号幅度值测量的起点。为此,在测试时必须先记录一段零信号,如图 3-2 中左边的那段水平线所示。然而由于干扰噪声的存在,这一段水平线其实并不保持常数,而是随机跳动的。如果假设这种干扰信号是零均值的随机噪声,通常就在该水平段范围内取足够数量的采样求其算术平均值作为曲线的零线,其他各点的幅值均由采样值减去零线的值而得。

2. 峰值的获取方法

对采样所得的时间序列,逐点进行判读,记下出现最大或最小值的点,减去零线值就得到峰(或谷)值。在有多峰的情况下,可以人工干预将序列分段,每段只含一个峰,然后进行

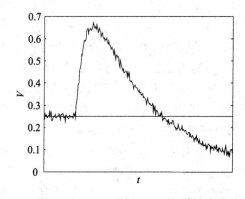

图 3-2 零线获取方法

搜索。然而这种简单搜索方法往往难以保证精度。造成误差的主要原因有两个:其一是当 $x(t)$ 出现峰值的时间正好处于二次采样间隔之间,ADC 实际采到的是峰值前后稍小的值;其二是采集得到的信号往往都是有用信号与干扰噪声信号的叠加,如果在峰值附近有一个幅度较大的干扰毛刺,则这个毛刺将造成峰值判读的明显误差。图 3-2 的曲线峰值附近就存在这种情况。

下面分别加以讨论。

(1) 采样率与峰值判读的误差关系

上面提到过,N 位的数据采集系统,其量化误差 e 在 $\pm q/2$ 的范围内。然而对于峰值判读并非如此,因为很难保证采样点刚好与峰值点重合。当这个真正的峰值点刚好处于两个采样

点的中间,采样点的信号值必然小于峰值;至于小多少则要看峰值附近曲线的变化率大小。下面以正弦曲线的峰值判读为例作一个典型分析。设有带偏置的正弦曲线

$$x(t) = A\sin(2\pi ft) + A$$

式中,幅度 $A=Q/2=(2^N-1)q/2$,其波形如图 3-1 所示,正好占满了数据采集系统的整个量程,从而可以获得最高的分辨率。N 为数据采集系统的位数,设采样率 $f_s=Kf$,按采样定理应有 $K>2$,实际应用中 K 往往要比 2 大得多。假设最坏的情况,在峰值 A 出现时刻 t_A 的前后 $t_A \pm T_s/2$(采样周期 $T_s=1/f_s$)处出现两个采样点,那么采样点处的信号值与峰值之差 ΔA 为

$$\Delta A = A - A\sin 2\pi f(t_A \pm T_s/2)$$

注意到 $\sin 2\pi ft_A=1, \cos 2\pi ft_A=0$ 和 $fT_s=1/K$,则

$$\Delta A = A\sin^2\left(\frac{\pi}{2K}\right)$$

当 $K \gg \pi$ 时,$\pi/2K \ll 1$,故 $\sin\left(\frac{\pi}{2K}\right) \approx \frac{\pi}{2K}$,代入上式可得

$$\frac{\Delta A}{A} \approx \left(\frac{\pi}{2K}\right)^2$$

如果要求峰值测量的分辨率达到 N 位数据采集系统的最高分辨率,即要求 $\Delta A \leqslant q/2 = A/(2^N-1)$,考虑到 $2^N \gg 1$,故可近似为要求 $\Delta A = A/2^N$。由此可知:当选用 10 bit 的 A/D 变换器($N=10$)时,应有 $K \geqslant 50$,即采样频率 f_s 为信号频率的 50 倍时,通过简单的数据搜索获得的峰值,其误差才能与量化噪声 e 相当。如果希望再提高精度而采用 $N=12$ 的数据采集系统,即分辨率提高 4 倍,那么采样频率 $f_s \geqslant 100f$ 才能保证峰值判读精度也提高 4 倍。

由以上对正弦信号采样的分析,可以看到,为了通过简单搜索的方法获得峰值数据,采样频率应远远大于采样定理所规定的 2 倍关系,而且要增大一至两个数量级。这不仅对于采集系统的性能指标提出了较高要求,而且会导致记录的数据量的膨胀。这在很多情况下并不合理。那么在采样频率不能达到上述分析要求的情况下又如何提高峰值读取的精度呢?基本的方法就是在峰值点前后各取几个数据点,然后建立插值多项式,计算该多项式的顶点值作为峰值。至于插值多项式的建立方法见 3.2 节。

(2) 干扰噪声对峰值判读的影响

干扰噪声的幅度大到一定程度,想通过对 $x[n]$ 的判读而获得 $x(t)$ 的数据,其精度将严重地受噪声的限制。峰值判读也不例外。为此不能用插值多项式来获取峰值,而要采用拟合曲线的方法;或者采用其他的数据平滑措施后再判读峰值。例如在时域可以先通过滑动平均(MA)处理,或时序建模后再求峰值;在频域可先进行滤波,然后求峰值。这些方法都将在以后的有关章节介绍。

3. 信号周期、上升时间和脉冲宽度的获取方法

时域信号的周期、上升时间和脉冲宽度的数据获得,是建立在对信号过零点及峰值点的判

读基础上的。峰值点的判读上一节已经讨论过了,本节将着重讨论过零点的判读方法。

在 3.1.2 节第 1 条中已经讨论了零线的确定方法。过零点即信号序列 $x[n]$ 与零线相交的点。设零线值为 x_0,可以选定一个零点判读容许的误差限 $\pm\delta$,然后对序列 $x[n]$ 进行搜索,凡是满足条件 $x_0-\delta<x[n]<x_0+\delta$ 的点就判定为过零点。然而当规定的误差限 δ 小于采集系统的分辨率 q 时,很可能会搜索不到零点。所以当要求准确判定零点时,只能搜索在零线上下最靠近零线的上下两个点,然后通过线性插值来求得零点。然而与峰值判读误差相似,过零点判读不仅与分辨率 q 有关,而且还与采样率有关。当采样率不足时,零点判读也会出现严重误差。这里还以正弦曲线的过零点判读为例来讨论。设测试信号为

$$x(t) = A\sin(2\pi ft)$$

则其导数

$$\dot{x}(t) = 2\pi f A\cos(2\pi ft)$$

信号变化率最大值就出现在过零点处 $\dot{x}_{\max}=2\pi fA$。采样点与过零点的幅值差 $d \leqslant \dot{x}_{\max}(T_s/2)$,若要求 $d \leqslant q$(q 为 A/D 变换器的分辨率),则应有

$$\dot{x}_{\max}T_s/2 \leqslant 2A/(2^N-1)$$

则不难得到(注意到 $T_s=1/f_s$,且当 $N \gg 1$ 时,$(2^N-1) \approx 2^N$)

$$f_s/f \geqslant 2^{N-1}\pi$$

当采用 10 bit 的 A/D 变换器时,应有 $f_s/f > 1\,600$。也就是说,采样频率应为正弦信号频率的 1 600 倍才能保证搜零的精度达到 A/D 变换器分辨率 q 的水平。这显然对数据采集系统提出了过于苛刻的条件。这进一步说明,为了精确判读过零点,最合理的方法是先进行插值,然后根据插值方程式(直线方程或多项式)求出零点位置作为过零点。而当干扰噪声较大时,则改用拟合直线或拟合多项式来计算。

3.1.3 随机信号统计特性的获取

在严格控制实验条件的情况下,对同一个研究对象进行重复多次测试,有时能得到基本相同的测试信号,称为确定性信号;有时却得到多个看起来迥然相异的信号,称为随机信号。随机信号形成原因大致可分为两类:一类是被测对象本身就是一个随机的变化过程,所以测得的信号也是随机的,例如喷气发动机喷口外的噪声测试的结果;另一类是在测试确定性信号过程中混进了随机的干扰噪声而变成随机信号。严格讲,任一个测试信号都是随机信号,确定性信号总隐藏在随机信号之中,当随机干扰信号的幅度远小于确定性信号时就称为确定性信号。例如在造纸机上连续地测量纸张的厚度,得到的就是一个随机信号。因为任何貌似平滑的纸张在低倍显微镜下其表面都是布满不规则凹凸的,因而测得其厚度信号是个随机信号就是必然的。又如自由落体速度随下落时间的变化应满足 $v=gt$ 的确定关系,然而用精密的激光多普勒测速仪多次重复测得的曲线,总有不规则的微小差别。究其原因,一方面大气的不规则气流会造成自由落体速度的变化,另一方面仪器不可避免地具有内部噪声;再者仪器接收到的反射光信号,不仅有自由落体反射的,还有大气中尘埃粒子反射的信号,这些都属于随机信号的

成因。然而测试信号尽管是随机的,但却包含着许多重要的信息。第一个例子所述的纸张厚度信号,是判定纸张厚度及表面质量是否合格的重要依据;第二个例子所述的速度信号,则是研究空气中自由落体运动规律的重要信息来源。从随机信号中提取有用信息,首先要做的就是提取其统计特征值。下面就简单介绍有关知识。

本书只讨论各态遍历的平稳随机信号的特征值问题,这是工程测试中应用最广,理论上相对成熟,而计算上又比较简单的随机信号。其主要特点就是其统计特征量不随时间或样本不同而变化。本章只侧重于讨论随机的时间序列 $x[n],(n=1,\cdots,N)$ 的特征值。

1. 均 值

均值又称算术平均值

$$\bar{x} = \frac{1}{N}\sum_{n=1}^{N} x[n] \tag{3.1-6}$$

对于平稳随机信号来讲,均值就等于其期望值,即 $\bar{x}=\mathrm{E}(x[n])$,式中 $\mathrm{E}(\cdot)$ 表示括号内的数据的期望值。在上面关于纸厚测试的例子中测试信号的均值将作为这一卷纸的厚度值;而在自由落体速度的测试信号处理时,均值的求法要作一些变化,设共进行了 K 次测试,每次测试得到的序列记为

$$x_i[n] \quad (i=1,2,\cdots,K; \quad n=0,1,2,\cdots,N)$$

然后对每一个时间点的 K 个数据进行平均

$$\bar{x}(n) = \frac{1}{K}\sum_{i=1}^{K} x_i[n] \quad (n=0,1,2,\cdots,N) \tag{3.1-7}$$

这样将得到 $(N+1)$ 个时刻的均值,作为速度变化的时间序列。它能更好地反映随机信号中的确定性部分。按式(3.1-6)计算的均值又称为时间均值;按式(3.1-7)计算的均值则称为样本均值。

然而均值不能反映随机序列幅度变化的大小,而用方差值及标准差可以给出这方面的信息。

2. 方差及标准差

时间序列 $x[n],(n=0,1,2,\cdots,N)$ 的方差值(variance)记为 σ_x^2 或 $\mathrm{var}(x[n])$,其定义为

$$\sigma_x^2 = \mathrm{var}(x[n]) = \frac{1}{N+1}\sum_{n=0}^{N}(x[n]-\bar{x})^2 \tag{3.1-8}$$

方差又被看成是 $x[n]$ 对其均值 $\bar{x}$ 的偏差平方的平均值,即

$$\sigma_x^2 = \mathrm{var}(x[n]) = \mathrm{E}((x[n]-\bar{x})^2) \tag{3.1-9}$$

如果将均值 $\bar{x}$ 看成是 $x[n]$ 的直流分量的幅度,那么方差值描述了交变分量的强度。而标准差则定义为方差值的平方根,即

$$\sigma_x = \sqrt{\mathrm{var}(x[n])} \tag{3.1-10}$$

方差值及标准差都是在"平均"的意义上描述随机信号交变分量的,它不能反映交变分量的变化的快慢以及信号幅值分布的状况。这还要分别由自协方差(或自相关系数)以及概率分布来

描述。

3. 自协方差及自相关系数

序列 $x[n],(n=0,1,2,\cdots,N)$ 的自协方差的定义为

$$\psi_x(k) = \text{cov}(x) = \frac{1}{N}\sum_{n=k+1}^{N}(x[n]-\bar{x})(x[n-k]-\bar{x}) \qquad (3.1-11)$$

式中,$k<N$。

当 $k=0$ 时,$\psi_x(0)=\sigma_x^2$。当 $x[n]$ 为白噪声序列时,则有

$$\psi_x(k) = \begin{cases} \sigma_x^2 & (k=0) \\ 0 & (k=1,2,\cdots,N) \end{cases}$$

这是白噪声最重要的特性之一,说明白噪声序列的每一个值都是独立的,序列完全没有记忆,其变化极快,具有无限宽的信号带宽。严格意义的白噪声只是一种理想的噪声信号;而工程技术测试中遇到的随机信号其变化率总是有限的,因而当采样间隔 T_s 足够小时,每一个采样值 $x[n]$ 与其邻近的采样值 $x[n-k],(k=1,2,\cdots)$ 相差不大,从而使式(3.1-11)右边两个因子同号,保证了序列 $\psi_x(k)$ 在 k 较小时取正值。$\psi_x(k)$ 随着 k 增大而趋零的速度越慢,则表明信号的记忆性较强,变化也较慢。

自相关系数则定义为

$$\rho_x(k) = \frac{\psi_x(k)}{\psi_x(0)} = \frac{\psi_x(k)}{\sigma_x^2} \qquad (3.1-12)$$

自相关系数可以看成是归一化的自协方差。对于白噪声序列应有

$$\rho_x(k) = \begin{cases} 1 & (k=0) \\ 0 & (k=1,2,\cdots) \end{cases}$$

关于相关的意义和用途在本书第 5 章加以讨论。

4. 概率分布

随机序列的幅度分布状况用概率分布函数来描述。这种分布可以用直方图来表示,也可以按一些特定的函数加以描述。已有的概率分布函数很多,最著名的是正态分布(高斯分布)和均匀分布。白噪声就应符合正态分布,在工程上凡是分布状态不明的都假设为正态分布;而前面提到的量化误差 e 在 $\pm q/2$ 范围内符合均匀分布。关于分布函数的详细说明超出了本书的主题,请参阅有关概率与统计的书籍。

5. 统计特征值计算的 Matlab 实现

(1) 均值计算

调用 mean 函数,其格式为

$$x\text{bar} = \text{mean}(x)$$

式中,输入值 x,若将序列 $x[n],(n=1,2,\cdots,N)$ 按矢量形式 $\boldsymbol{x}=[x[1],x[2],\cdots,x[N]]$ 输入,则输出(返回)值 $x\text{bar}$ 是一个数,即均值。若 $\boldsymbol{x}$ 为矩阵形式,则 $x\text{bar}$ 为一行向量,其每一元素

为矩阵 x 中每一列元素的均值。

（2）方差计算

调用 var 函数，其格式为
$$y = \text{var}(x)$$
式中，输入值为 x，输出 y 即 x 的方差值；如果 x 是矩阵，则 y 为一个行向量，每个元素即为矩阵 x 中每一列元素的方差值。

（3）标准差计算

调用 std 函数，其格式为
$$y = \text{std}(x)$$
式中，输入值为 x，输出值 y 即为 x 的标准差值；如果 x 是矩阵，则 y 为一个行向量，每个元素即为矩阵 x 中每一列元素的标准差。

（4）自协方差计算

调用 cov 函数，其格式为
$$c = \text{cov}(x)$$
如果 x 是单一向量，则 c 返回协方差的一个度量；如果 x 是矩阵，其中每行为观察量，列为相应的数据，则 c 返回一个协方差矩阵。

（5）相关系数计算

调用 corrcoef 函数，其格式为
$$R = \text{corrcoef}(x)$$
其输入、输出格式同上。

3.2　信号与数据的插值方法

通过实验和测试往往会获得一系列离散的数据对
$$(x_i, y_i) \quad (i = 0, 1, \cdots, n)$$
它们反映了两个物理量之间的函数关系 $y = f(x)$ 在自变量 x 的一系列离散点上的函数值。然而函数的具体形式可能并不知道，或者知之不详（例如只知道它们应符合某个公式，但公式中的有关参数不知道）。在这种情况下，若想知道对应于 x 其他值的函数值 y，就必须求助于插值方法。

3.2.1　代数插值方法概述

代数插值的数学提法如下：

设 $y = f(x)$ 是区间 $[a,b]$ 上的连续函数，已知离散数据 (x_i, y_i) 满足
$$y_i = f(x_i) \quad (i = 0, 1, \cdots, n) \tag{3.2-1}$$

式中,$x_0,x_1,\cdots,x_n$ 是 $[a,b]$ 中的 $n+1$ 个相异的实数,称为插值的基点。不失一般性,可设 $a=x_0<x_1<\cdots<x_n=b$。

代数插值就是要寻找一个代数式 $p(x)$ 满足条件

$$p(x_i) = y_i \quad (i=0,1,\cdots,n) \tag{3.2-2}$$

工程上一般选用多项式作为 $p(x)$ 的函数形式,主要原因有两点:一是用多项式插值计算起来相对简单,而且其微分和积分仍然是多项式;二是多项式被证明(Weierstrass 逼近定理)可以在闭区间上逼近任何连续函数并达到所要求的精度。多项式的一般形式是

$$p_n(x) = c_n x^n + c_{n-1} x^{n-1} + \cdots + c_1 x + c_0 \tag{3.2-3}$$

若满足插值条件 $p(x_i)=y_i,(i=0,1,\cdots,n)$,则可得一组 $(n+1)$ 个方程

$$c_n x_i^n + c_{n-1} x_i^{n-1} + \cdots + c_1 x_i + c_0 = y_i \quad (i=0,1,\cdots,n) \tag{3.2-4}$$

由线性代数可知,要由这一组方程唯一地确定 $n+1$ 个未知数 $c_0,c_1,\cdots,c_n$,则方程组(3.2-4)的系数行列式

$$\begin{vmatrix} x_0^n & x_0^{n-1} & \cdots & x_0 & 1 \\ x_1^n & x_1^{n-1} & \cdots & x_1 & 1 \\ \vdots & \vdots & & \vdots & \vdots \\ x_n^n & x_n^{n-1} & \cdots & x_n & 1 \end{vmatrix} \tag{3.2-5}$$

一定要不为零(该行列式是著名的 Vandermonde 行列式)。可以证明当 $x_i \neq x_j, (i \neq j)$ 时,Vandermonde 行列式不为零,因而 $c_i,(i=0,1,\cdots,n)$ 有唯一解。换句话讲,只要基点 x_i 没有相同的,就有一个唯一的多项式 $p(x)$ 满足插值条件式(3.2-2)。

然而用通常的代数方法,通过求解形如式(3.2-4)的方组程,其计算过于繁复,因而影响计算精度。长期以来中外数学家研究了多种适于插值的计算方法。早在公元 6 世纪,我国隋朝数学家刘焯(公元 544—610 年)就发明了等间距内插公式用于天文计算,而唐朝数学家张遂(又名僧一行,公元 683—727 年)发明了不等间距内插公式。相同的算法后来由 17 世纪的 Newton(牛顿)和 18 世纪的 Lagrange(拉格朗日)先后提出。此后,插值方法的研究随着工程和科学计算的需要,有很大发展。

3.2.2 Lagrange(拉格朗口)插值

为了便于求得插值多项式,将式(3.2-3)中的多项式改为 Lagrange 插值多项式:

$$p_n(x) = y_0 l_0(x) + y_1 l_1(x) + \cdots + y_n l_n(x) \tag{3.2-6}$$

式中,$l_i,(i=0,1,\cdots,n)$ 称为 Lagrange 基本多项式。显然,为了保证式(3.2-6)满足式(3.2-2)所示的插值条件,可以取

$$l_i(x) = \frac{(x-x_0)(x-x_1)\cdots(x-x_{i-1})(x-x_{i+1})\cdots(x-x_n)}{(x_i-x_0)(x_i-x_1)\cdots(x_i-x_{i-1})(x_i-x_{i+1})\cdots(x_i-x_n)} \tag{3.2-7}$$

就能够满足要求。注意,上式分子中没有 $(x-x_i)$ 项,分母中没有 (x_i-x_i) 项。

于是 Lagrange 插值多项式可以写成

$$p_n(x) = \sum_{i=0}^{n} y_i \prod_{\substack{j=0 \\ j \neq i}}^{n} \frac{(x-x_j)}{(x_i-x_j)} \quad (i=0,1,\cdots,n) \quad (3.2-8)$$

1. Lagrange 线性插值

设已得未知函数 $y=f(x)$ 的两点 (x_0,y_0) 和 (x_1,y_1)。求通过这两个基点的 Lagrange 插值多项式,为此可在式(3.2-8)中取 $n=1$,则得

$$p(x) = y_0\frac{(x-x_1)}{(x_0-x_1)} + y_1\frac{(x-x_0)}{(x_1-x_0)} = y_0 + \frac{y_1-y_0}{x_1-x_0}(x-x_0) \quad (3.2-9)$$

显然,这是经过已知两点的直线方程,所以这种插值方法称为线性插值,参看图 3-3(a)。

2. 二次(抛物线)插值

设已得未知函数 $y=f(x)$ 的三个基点 (x_0,y_0),(x_1,y_1) 和 (x_2,y_2)。求通过这三点的 Lagrange 插值多项式。为此可在式(3.2-8)中取 $n=2$,则得

$$p_2(x) = y_0\frac{(x-x_1)(x-x_2)}{(x_0-x_1)(x_0-x_2)} + y_1\frac{(x-x_0)(x-x_2)}{(x_1-x_0)(x_1-x_2)} +$$
$$y_2\frac{(x-x_0)(x-x_1)}{(x_2-x_0)(x_2-x_1)} \quad (3.2-10)$$

这是一个 x 的二次多项式,若上述已知三点不在一条直线上,则上式是经过该三点的一条抛物线(见图 3-3b),因此这种插值方法称为二次插值或抛物线插值。

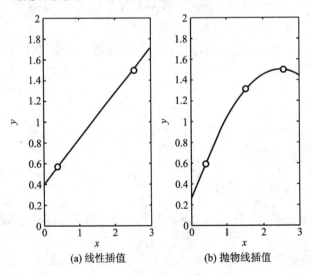

(a) 线性插值　　(b) 抛物线插值

图 3-3　插值示意图

不难理解,在已知数据中 $(n+1)$ 个插值基点互异(即 $x_i \neq x_j, i \neq j$)且 $y_i,(i=0,1,\cdots,n)$ 不全为零,则 Lagrange 插值多项式 $p(x)$ 是次数不超过 n 的多项式。从工程上讲这个多项式总

可以足够精确地通过已知的数据点。然而插值的目的主要是希望得到在基点以外的 x 点 ($x \neq x_i, i=0,1,\cdots,n$) 上的 y 值。那么通过 $y=p(x)$ 的计算结果究竟效果如何,不妨先通过一个例子来观察一下。

[**例 3-1**] 假设已知 $y=f(x)=1/x$,要求在区间 $[2,4]$ 内插值,并选取三个基点 $x_0=2$, $x_1=2.5, x_2=3.5$,不难求得 $y_0=0.5, y_1=0.4, y_2=0.2857$。对这三个数据点进行二次插值,则

$$p_2(x) = 0.5\frac{(x-2.5)(x-3.5)}{(2-2.5)(2-3.5)} + 0.4\frac{(x-2)(x-3.5)}{(2.5-2)(2.5-3.5)} +$$
$$0.25\frac{(x-2)(x-2.5)}{(3.5-2)(3.5-2.5)} = 0.0571x^2 - 0.4571x + 1.185$$

利用 $y=p(x)$ 内插的效果如图 3-4 所示。图中 $\Delta = \dfrac{p(x)-y(x)}{y(x)} \times 100\%$,称为插值余项的相对值。

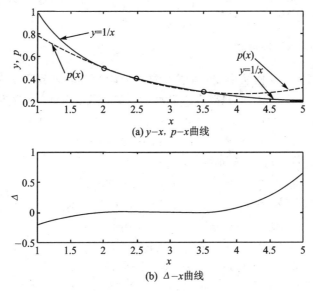

图 3-4 例 3-1 的插值效果

由图 3-4 可以看到几个特点:
① 在基点上(即 $x=2,2.5,3.5$)插值结果是准确的。
② 在非基点上插值结果与原函数的值有一定的误差,即余项不为零。
③ 由图可清楚地看到在插值区间 $(2,3.5)$ 之外进行外插,将出现误差失控的可能(如在 $x<1$ 和 $x>4$ 时)。

应当指出的是,当插值基点已知时,插值多项式 $p(x)$ 是唯一的;然而通过这些插值点的 $f(x)$ 却有无穷多种可能的曲线。直观地讲,在不知 $f(x)$ 的确切函数式的情况下,通过已知的几个数据点可以作出任意多条曲线。在这种情况下又如何估计插值的余项呢?事实上可以证

明（证明略）：若在插值区间$[a,b]$上具有n阶连续导数，且在(a,b)内存在$n+1$阶有界导数，那么余项

$$\Delta_n(x) = \frac{M}{(n+1)}\omega_{n+1}(x) \qquad (3.2-11)$$

式中
$$M = \max[f^{(n+1)}(x)] \qquad (x \in [a,b])$$
$$\omega_{n+1}(x) = (x-x_0)(x-x_1)\cdots(x-x_n)$$

然而在对测试数据进行处理时，往往只得到$f(x)$的一些实测数，并不知道$f(x)$的解析式，也难以获得$f^{(n+1)}(x)$的上界M。对插值余项的估计只能采用后验估计法。一般，先选定插值点$x\in(a,b)$，比较$p_{n-1}(x)$和$p_n(x)$是否近似相等：若相等，则取$p_n(x)$作为插值多项式；否则，增加基点计算$p_{n+1}(x)$，并与$p_n(x)$比较，一直到精度满意为止。

然而 Lagrange 插值算法在增加基点时必须从头开始重新计算，即计算$p_n(x)$的结果，在计算$p_{n+1}(x)$时毫无用处。为了克服这个缺点，可以采用各种迭代插值方法，比较常用的有 Neville 法、Aitken 法和 Newton 法等。

3.2.3 Newton(牛顿)插值法

如上节所述，Newton 插值法中，当插值多项式的阶数随着基点数 n 的增加而增加时，多项式的系数并不需要全部重算，而只要求出新增的系数即可。Newton 插值多项式的形式为

$$N_n(x) = a_0 + a_1(x-x_0) + a_2(x-x_0)(x-x_1) + \cdots +$$
$$a_n(x-x_0)(x-x_1)\cdots(x-x_{n-1}) \qquad (3.2-12)$$

若不厌其烦地写出由低阶到高阶的多项式

$$N_1(x) = a_0 + a_1(x-x_0)$$
$$N_2(x) = a_0 + a_1(x-x_0) + a_2(x-x_0)(x-x_1)$$
$$N_3(x) = a_0 + a_1(x-x_0) + a_2(x-x_0)(x-x_1) +$$
$$a_3(x-x_0)(x-x_1)(x-x_2)$$

不难看出$N_n(x)$可由$N_{n-1}(x)$通过增加一个新项而得，即

$$N_n(x) = N_{n-1}(x) + a_n(x-x_0)(x-x_1)\cdots(x-x_{n-1}) \qquad (3.2-13)$$

当已经求得$N_{n-1}(x)$时，只要求得a_n即可通过上述递归关系求得$N_n(x)$；而$N_{n-1}(x)$多项式中的各个系数$a_0,a_1,\cdots,a_{n-1}$并不需要重新计算。这就是 Newton 插值法的主要优点。

当已知$n+1$个数据点$(x_i,y_i),(i=1,2,\cdots,n)$，要求插值多项式$N_n(x)$通过这组数据点时，关键是求出一组合适的系数$a_0,a_1,a_2,\cdots,a_n$，使之满足$N_n(x_i) = f(x_i) = y_i$。在式(3.2-12)中代入$x=x_0,x_1,\cdots,x_n$得到一个线性方程组。

$$\left.\begin{array}{l} a_0 = y_0 \\ a_0 + (x_1-x_0)a_1 = y_1 \\ a_0 + (x_2-x_0)a_1 + (x_2-x_0)(x_2-x_1)a_2 = y_2 \\ a_0 + (x_n-x_0)a_1 + \cdots + (x_n-x_0)\cdots(x_n-x_{n-1})a_n = y_n \end{array}\right\} \qquad (3.2-14)$$

可以用各种线性代数方法通过式(3.2-14)求出系数 $a_0, a_1, \cdots, a_n$。注意到这是一个下三角方程，所以可以用递推的方法来求。

将式(3.2-14)的第一式代入第二式可得

$$a_1 = \frac{y_1 - y_0}{x_1 - x_0}$$

再将 a_0, a_1 代入第三式，可得

$$a_2 = \left[\frac{y_2 - y_1}{x_2 - x_1} - \frac{y_1 - y_0}{x_1 - x_0}\right]\frac{1}{x_2 - x_0}$$

在 a_1, a_2 表达式中出现形如 $(y_j - y_i)/(x_j - x_i)$ 的差商，可称它为 $y(y=f(x))$ 关于基点 x_i, x_j 的一阶均差，记为 $f[x_i, x_j]$，即

$$f[x_i, x_j] = \frac{f(x_j) - f(x_i)}{x_j - x_i} = \frac{y_j - y_i}{x_j - x_i}$$

它表示 $f(x)$ 在区间 $[x_i, x_j]$ 上的平均变化率。与此相仿，可以定义 $f(x)$ 关于 x_i, x_j, x_k 的三阶均差

$$f[x_i, x_j, x_k] = \frac{f[x_j, x_k] - f[x_i, x_j]}{x_k - x_i}$$

以此类推，可定义 n 阶均差

$$f[x_0, x_1, \cdots, x_n] = \frac{f[x_1, x_2, \cdots, x_n] - f[x_0, x_1, \cdots, x_{n-1}]}{x_n - x_0} \tag{3.2-15}$$

反之，可以规定零阶均差

$$f[x_i] = f(x_i)$$

用归纳法不难证明

$$a_0 = f[x_0]$$
$$a_1 = f[x_0, x_1]$$
$$a_2 = f[x_0, x_1, x_2]$$
$$\vdots$$
$$a_n = f[x_0, x_1, \cdots, x_n] \tag{3.2-16}$$

为了有条不紊地求出式(3.2-16)中的各阶均差，可构造如表 3-1 那样的计算表。

表 3-1 $y=f(x)$ 的均差表

x_k	零阶均差	一阶均差	二阶均差	三阶均差	四阶均差
x_0	$f[x_0]$				
x_1	$f[x_1]$	$f[x_0, x_1]$			
x_2	$f[x_2]$	$f[x_1, x_2]$	$f[x_0, x_1, x_2]$		
x_3	$f[x_3]$	$f[x_2, x_3]$	$f[x_1, x_2, x_3]$	$f[x_0, x_1, x_2, x_3]$	
x_4	$f[x_4]$	$f[x_3, x_4]$	$f[x_2, x_3, x_4]$	$f[x_1, x_2, x_3, x_4]$	$f[x_0, x_1, x_2, x_3, x_4]$

由式(3.2-15)可知,表3-1中每一个均差值是其左边两个低阶均差值的差除以自变量之商(即差商),而表中对角线上的均差分别等于各系数 $a_0, a_1, \cdots, a_n$。

[**例3-2**] 将例3-1中的三个基点改用Newton法建立插值多项式

$$N_2(x) = a_0 + a_1(x - x_0) + a_2(x - x_0)(x - x_1)$$

先建立 $y = f(x)$ 的均差表,如表3-2所列。

表3-2 例3-2的均差表

x_k	零阶均差	一阶均差	二阶均差
$x_0 = 2$	0.5		
$x_1 = 2.5$	0.4	−0.2	
$x_2 = 3.5$	0.285 7	−0.114 3	0.057 1

故 $a_0 = 0.5, a_1 = -0.2, a_2 = 0.05$,代入 $N_2(x)$ 并化简得

$$N_2(x) = 0.057\ 1x^2 - 0.457\ 1x + 1.185$$

显然这个结果与例3-1用Lagrange插值法的结果是等价的,即 $p_2(x) = N_2(x)$。为了便于编程计算,均差的表达式应当更为规范化。令下标 j 表示均差阶数,k 代表自变量的排序。j 阶均差记为

$$f[x_{k-j}, x_{k-j+1}, \cdots, x_k] = \frac{f[x_{k-j+1}, \cdots, x_k] - f[x_{k-j}, \cdots, x_{k-1}]}{x_k - x_{k-j}}$$

为了便于计算,将均差值存储在数组 $F(k, j)$ 中:

$$F(k, j) = f[x_{k-j}, x_{k-j+1}, \cdots, x_k] \quad (j \leqslant k)$$

$$F(k, j) = \frac{F(k, j-1) - F(k-1, j-1)}{x_k - x_{k-j}}$$

而Newton多项式的系数 $a_k = F(k, k)$,即表3-1中的对角线元素。

Newton插值多项式的Matlab实现。

在给定数据点 $(x_k, y_k), y_k = f(x_k), (k = 0, 1, \cdots, N)$ 的条件下,构造牛顿插值多项式,令其通过上述数据点:

$$P(x) = a_0 + a_1(x - x_0) + a_2(x - x_0)(x - x_1) + \cdots +$$
$$a_n(x - x_0)(x - x_1) \cdots (x - x_{N-1})$$

式中,$a_k = F(k, k), (k = 0, 1, \cdots, n)$。

根据以上思路,用例3-2的数据为例编写Matlab的程序如下:

```
>>x=[2,2.5,3.5];
>>y=[0.5,0.4,0.2857];
>>c=newtonpoly(x,y)
c=
0.0571    −0.4571    1.1857
```

可知插值多项式为 $0.057\,1x^2 - 0.457\,1x + 1.185\,7$，与例 3-2 的 Lagrang 插值结果完全一致。Newton 插值多项式的实现见脚本 3-1。

```
function[A,F]=newtonpoly(x,y)
n=length(x);
F=zeros(n,n);
F(:,1)=y';
for j=2:n
    for k=j:n
        F(k,j)=(F(k,j-1)-F(k-1,j-1))/(x(k)-x(k-j+1));
    end
end
A=F(n,n);
for k=(n-1):-1:1
    A=conv(A,poly(x(k)));
    m=length(A);
    A(m)=A(m)+F(k,k);
end
%输入 x,y 是维数相同的行矢量，其中包含一系列数据。调用函数 newtonpoly(x,y)后以矢量形式输出插值多项式的系数，由高阶项到低阶项依次排列
```

脚本 3-1　Newton 插值多项式的实现

3.2.4　多项式插值的误差

如前所述，多项式插值的结果在基点(数据点)处的误差为零，插值误差主要是指插值多项式在各基点之间的误差。为了研究这个问题，不妨先选定一个典型的函数 $f(x)$，然后在选定的区间 $[a,b]$ 内取几个数据点作为插值基点，求得插值多项式 $p_n(x)$，并观察其误差 $e_n(x) = p_n(x) - f(x)$。

[例 3-3]　选取正弦曲线 $y = \sin x$。在 $0 \leqslant x \leqslant \pi$ 上选取等间隔的 3 点、5 点、7 点和 9 点，并计算其 y 值，然后求其相应的插值多项式 $p_2(x), p_4(x), p_6(x), p_8(x)$。其结果如图 3-5 所示。图中圆点是插值点，通过插值点的是多项式的曲线，另一条是插值误差曲线 $e_2(x), e_4(x), e_6(x)$ 和 $e_8(x)$。

[例 3-4]　选取函数

$$y = \frac{1}{1+x^2}$$

在 $[-5,5]$ 区间上以 7 点和 11 点用等距基点插值。其结果如图 3-6 所示。

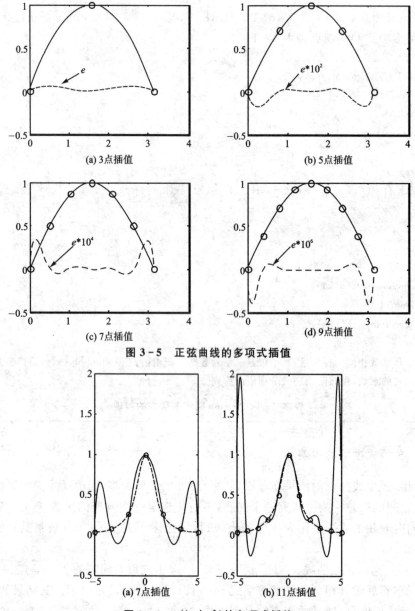

图 3-5 正弦曲线的多项式插值

图 3-6 $1/(1+x^2)$ 的多项式插值

由以上两个例子可以看到,在插值区间的中间部分,多项式插值的误差较小,而且有随多项式阶数增加而误差减小的趋势;然而,在插值区间的两端误差较大,而且随着阶数的增加有严重恶化的可能,如例 3-4。可以用更多的例子来演示这种现象,称为 Runge 现象,因为 Runge 在 20 世纪初就研究过这个现象。

由于 Runge 现象的存在,7 阶以上的插值多项式实际上很少被采用,在数据点很多的情况下,通常采取两种方法克服 Runge 现象形成的误差。其一,采用低阶(3 阶以下)多项式插值,这将在下一节详细讨论。其二,是在插值区间的中间减少数据点且在边上适当加密。目前公认较好的方法是采用切比雪夫(Chebyshev)点。n 阶的切比雪夫多项式在 $(-1,1)$ 区间内有 n 个根(过零点),称为切比雪夫点,以此作为插值基点的 $x_i,(i=1,2,\cdots,n)$ 可以有效地降低区间两端的插值误差。n 阶切比雪夫多项式为

$$T_n(t) = \cos(n\arccos(t)) \qquad (-1 \leqslant t \leqslant 1) \qquad (3.2-17)$$

其根为

$$t_i = \cos\left(\frac{n+0.5-i}{n}\pi\right) \qquad (i=1,2,\cdots,n) \qquad (3.2-18)$$

当插值区间不是 $(-1,1)$ 而是任意的 (a,b) 时,要作区间变换:

$$x_i = \frac{(b-a)}{2}t_i + \frac{b+a}{2} \qquad (i=1,2,\cdots,n) \qquad (3.2-19)$$

将式(3.2-18)的 t_i 代入得

$$x_i = \frac{1}{2}\left[(b-a)\cos\left(\frac{n+0.5-i}{n}\pi\right)+a+b\right] \qquad (i=1,2,\cdots,n) \qquad (3.2-20)$$

[**例 3-5**] 将例 3-4 的插值重新按 7 和 11 个切比雪夫点建立多项式插值。首先求 $n=7$ 的切比雪夫点。

$$t = [-0.974\ 9, -0.781\ 8, -0.433\ 9, 0.000, 0.433\ 9, 0.781\ 8, 0.974\ 9]$$

相应地可得

$$x = 5[t]$$

$$y = [0.040\ 4, 0.061\ 4, 0.175\ 2, 1.000\ 0, 0.175\ 2, 0.061\ 4, 0.040\ 4]$$

多项式系数

$$p = [-0.000\ 4, 0.000\ 0, 0.019\ 5, -0.000\ 0, -0.257\ 2, 0.000\ 0, 1]$$

插值效果见图 3-7。与图 3-6 比较可知,在插值区间两端的严重误差有显著改善。

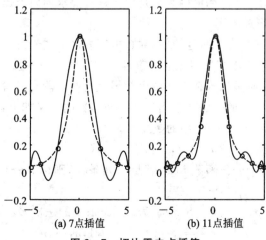

(a) 7点插值　　(b) 11点插值

图 3-7　切比雪夫点插值

然而当插值区间较大,数据点很多时,用一个低阶多项式在整个区间内插值,其效果还是很难令人满意。而分段插值可以较好地解决这个问题。

3.2.5 分段插值和样条函数

当插值的基点很多时,用单一的高阶多项式插值,效果并不好,这已如上节所述。分段插值可以较好地改善插值精度。

将插值区间 (a,b) 划分为一系列的子区间,每个子区间只包含少量的基点,在子区间内用低阶多项式插值,就叫分段插值。例如,可以令一个子区间含 4 个基点,用 3 次多项式插值。子区间可以是相互衔接而不重叠的,如

$$(x_0,x_3),(x_3,x_6),\cdots,(x_{i-3},x_i),\cdots$$

并由此建立一系列插值多项式

$$p_1(x),p_2(x),\cdots$$

子区间也可以是相互重叠的,如

$$(x_0,x_3),(x_1,x_4),\cdots,(x_i,x_{i+3}),(x_{i+1},x_{i+4}),\cdots$$

这种重叠的子区间,使区间 (a,b) 中的大部分区域可以利用三个稍有不同的多项式进行插值,例如在区间 (x_2,x_3) 之间可以利用 $p_1(x)$、$p_2(x)$ 和 $p_3(x)$ 三个多项式进行插值,并取 3 个插值结果的平均值作为最终插值结果。

然而上述分段插值的结果有一个严重的缺陷,即插值结果所得的分多项式在区间交界点上其导数是不连续的。而在工程上往往希望插值函数具有二阶连续的导数。例如通过测试获得物体位移曲线 $y(t)$ 的离散时间序列 $y(t_i),(i=0,1,2,\cdots,n)$,希望通过插值不仅可以获得 (t_0,t_n) 区间内任一点的位移值,而且往往还希望得到任意点的速度 $v=y'(t)$ 和加速度 $a=y''(t)$ 的值。又如在飞机、轮船和汽车的流线形外廓设计时,往往希望通过插值函数得到具有二阶连续导数的光滑曲线。样条插值函数正是根据这种要求而研究出来的。

1. 样条插值函数的形成原理

众所周知,三阶多项式具有二阶连续的导数,可以满足上述光滑曲线的要求。然而在两个数据点 (x_i,y_i) 和 (x_{i+1},y_{i+1}) 之间只能建立一条唯一的直线,而通过这两点的三阶多项式却可以有无穷多条。只有当三阶多项式在上述两个数据点处的一阶和二阶导数都有明确规定的情况下,该多项式才可能是唯一的。为此给出三次样条函数的定义如下:

设在 Oxy 平面上给出 $n+1$ 个有序的数据点。

$$(x_0,y_0),(x_1,y_1),\cdots,(x_n,y_n) \tag{3.2-21}$$

式中,$a=x_0<x_1<\cdots<x_n=b$,若函数 $S(x)$ 满足下列条件,则称 $S(x)$ 是关于上述有序数据点的三次样条插值函数。

① 在每一个小区间 $[x_i,x_{i+1}]$ 上 $S(x)$ 记为 $S_i(x)$ 是 x 的三次多项式。

② $\quad S_i(x_i) = y_i \quad (i=0,1,2,\cdots,n)$ $\tag{3.2-22}$

③ $S'(x)$ 和 $S''(x)$ 在区间 $[a,b]$ 内连续。

条件①说明在每一个小区间 $[x_i, x_{i+1}]$ 上 $S(x)$ 的表达式不同,共由 n 个三次多项式组成。

$$S(x) = \begin{cases} S_1(x) & (a = x_0 \leqslant x \leqslant x_1) \\ S_2(x) & (x_1 \leqslant x \leqslant x_2) \\ \vdots \\ S_i(x) & (x_{i-1} \leqslant x \leqslant x_i) \\ \vdots \\ S_n(x) & x_{n-1} \leqslant x \leqslant x_n = b \end{cases}$$

条件②说明 $S(x)$ 通过所有 $n+1$ 个已知数据点,但对其一阶和二导数 $S'(x)$ 和 $S''(x)$ 没有限定。

条件③规定 $S(x)$ 是二阶连续的。考虑到每一个子多项式 $S_i(x)$ 在其子区间内部一定是二阶连续的,因而条件③主要是要求在各子区间的接点上应满足下列条件:

$$\left. \begin{aligned} S(x_i - 0) &= S(x_i + 0) & (i = 1,2,\cdots,n-1) \\ S'(x_i - 0) &= S'(x_i + 0) & (i = 1,2,\cdots,n-1) \\ S''(x_i - 0) &= S''(x_i + 0) & (i = 1,2,\cdots,n-1) \end{aligned} \right\} \quad (3.2-23)$$

现在检查一下求 $S(x)$ 的条件是否足够。由于 $S(x)$ 由 n 个三阶多项式组成,每个三阶多项式有 4 个系数,故共有 $4n$ 个系数是待求的。根据条件②,由式(3.2-22)可以建立 $n+1$ 个方程;根据条件③由式(3.2-23)可以建立 $3(n+1)$ 个方程,共计有 $4n-2$ 个方程,要求解 $4n$ 个系数还缺两个方程。通常通过对 $S(x)$ 在端点 a 和 b 处给出两个约束条件(方程)来加以补足,称为边界条件。常见的边界条件有以下三种:

① 给定端点一阶导数值(固支边界条件)

$$S'(x_0) = m_0, \quad S'(x_n) = m_n \quad (3.2-24)$$

② 给定端点二阶导数值

$$S''(x_0) = M_0, \quad S''(x_n) = M_n \quad (3.2-25)$$

特别,当 $S''(x_0) = 0, S''(x_n) = 0$ 时,则称为自然边界条件。

③ 周期边界条件。

当已知 $y = f(x)$ 是以 $(b-a)$ 为周期的周期函数时,则应要求 $S(x)$ 也是以 $(b-a)$ 为周期的周期函数,其边界条件应满足

$$\left. \begin{aligned} S(x_0) &= S(x_n) \\ S'(x_0 + 0) &= S'(x_n - 0) \\ S''(x_0 + 0) &= S''(x_n - 0) \end{aligned} \right\} \quad (3.2-26)$$

称为周期边界条件。应当指出的是当 $y = f(x)$ 确为周期函数时,式(3.2-26)的第一式是自然成立的,并非附加的约束方程。因此附加约束条件只有式(3.2-26)的后两式。

选定任一种边界条件就增加了两个方程,$S(x)$ 就有唯一解,由上述 $4n$ 个方程求解 $4n$ 个

系数的方法通常有两种,即三弯距法和三转角法,此处不作详述,有兴趣的读者可参考"计算方法"或"数值分析"课程的教科书。这里只介绍如何利用 Matlab 实现三次样条函数的求解。

2. 三次样条插值函数的 Matlab 实现

Matlab 中有几个函数可以用于样条插值。

(1) 调用 interp1

这是一维插值的函数(另有 interp2 和 interp3 分别用于二维及三维插值,在此不作详述)。在给出数据点向量(按升序或降序排列)

$$x = [x_1, x_2, \cdots, x_n], \quad y = [y_1, y_2, \cdots, y_n]$$

后,调用 interp1

$$y_0 = \text{interp1}(x, y, x_0, '方法选项')$$

式中,x_0 是给出的插值点,输出 $y_0 = f(x_0)$ 即插值结果(x_0 可以是数,也可以是向量或矩阵)。

"方法选项"有四种可选。

① 'nearest':最近点插值(即取离插值点最近的数据点的值);

② 'linear':分段线性插值;

③ 'cubic':分段三次插值;

④ 'spline':分段三次样条插值。

为了用曲线图显示插值效果,可调用

$$\text{plot}(x, y, '+', x_0, y_0, 'r--')$$

(2) 调用 spline 函数

在给出数据点向量 x, y 的基础上可以有几种调用 spline 的方式。

① $y_0 = \text{spline}(x, y, x_0)$。这相当于前面的调用

$$\text{interp1}(x, y, x_0, 'spline')$$

② pp = spline(x, y)。返回的 pp 是向量形式的三次样条插值多项式,若想得多项式的系数,可调用 pp.coefs 返回一个 $n \times 4$ 的矩阵。其中每一行有 4 个数分别是相应区间的三阶多项式的 4 个系数(由高次到低次排列)。如果想得到插值结果,可先给出插值点 x_0(数或矢量)调用

$$y_0 = \text{ppval}(pp, x_0)$$

③ 调用 csape 或 csapi 函数。

在给出数据 x, y 之后,调用 csape 的格式有三种:

$$pp = \text{csape}(x, y, \text{conds}, \text{valconds})$$

或

$$pp = \text{csape}(x, y, \text{conds})$$

或

$$pp = \text{csape}(x, y)$$

返回的 pp 含义是向量形式的三次样条多项式,式中 conds 可有五种选择,代表选用五种不同的边界条件,而 valconds 则具体给出边界条件的数据。

Conds(边界条件)可以有五种选择。

① 'complete'或'clamped':选定固支边界条件,即给定其两个端点的一阶导数值,具体值在 valconds 处给出;如果未给出,则自动给缺省值。

② 'not-a-knot'令样条函数在第一个和最后一个子区间内满足三阶连续条件(而 valconds 给定的值将被忽略)。

③ 'periodic':令两个端点一、二阶导数值都相等(由 valconds 给值),即周期边界条件。

④ 'second':给定两个端点的二阶导数值(由 valconds 给值,如果给出值为[0,0],那么结果与'variational'一样)。

⑤ 'variational':给定两个端点的二阶导数值都为 0(valconds 如给值将被忽略)

csapi 函数的调用格式有两种:

$$pp = \text{csapi}(x, y) \qquad \text{及} \qquad y_0 = \text{csapi}(x, y, x_0)$$

调用 csapi 的结果与调用 csape 并选用'not-a knot'边界条件的结果相同。

3.3 信号与数据的拟合方法

通过实验和测试所获得的离散信号及离散数据,在使用时往往需要用一个代数式去描述其变化规律。上一节介绍的插值方法就是完成这一任务的一种方法。然而插值过程要求所得的函数必须严格通过所有的数据点,当插值点的测量误差很小时,这种要求是合理的;当数据具有不可忽略的随机误差时,这样做的结果会使插值曲线徒然地变得复杂而不合理,因为所有的误差都保留在插值函数(曲线)中。而更合理的做法是设法找到一条曲线,它并不通过所有的数据点,但所有的点与曲线都相当贴近。这样的曲线称为拟合曲线,而求取曲线的过程称为曲线拟合。

3.3.1 最小二乘拟合曲线

在试验和测试中,产生一组数据

$$(x_i, y_i) \qquad (i = 1, 2, \cdots, N) \tag{3.3-1}$$

式中,x_i 通常是比较精确的,而 y_i 具有不可忽视的随机误差。例如在仪器校准的过程中,x_i 是标准的校准设备产生的量值,具有较高的精度,而 y_i 则代表被校准仪器相应的输出值,其误差通常是 x_i 误差的数倍;又如用数据采集系统对动态信号进行采集时,x_i 代表时间,由于通常数据采集系统的采样周期是由石英晶体振荡器确定的,其相对误差在 $10^{-5} \sim 10^{-6}$ 之间,而动态信号 y_i 的相对误差一般在 $10^{-2} \sim 10^{-4}$ 之间,比 x_i 的误差大了一到几个数量级。在这种情况下要根据已得的数据,找到函数关系 $y = f(x)$,最好采用拟合方法而不是采用插值方法。最常用的是用最小二乘法进行曲线拟合。

在有了数据 (x_i, y_i),$(i = 1, 2, \cdots, N)$ 之后首先选定 $f(x)$ 的函数形式。这一步往往是最难的,主要依靠两种方法。一种方法是依靠对被测对象的已有知识,如果能找到描述被测过程的数学模型,而且其函数形式比较简明就可以作为 $f(x)$ 的具体形式,然后根据已有数据确定其中的待定系数。另一种方法是将数据点都按比例作出曲线,或在仪器显示器上加以显示,根据其特点选定一个轨迹相近的函数,考虑到多项式在改变阶数及其系数时能呈现极其丰富多样的曲线形式,因而被大量地选用。

如上所述拟合曲线 $y=f(x)$ 并不要求严格通过所有的数据点,因而将各数据点代入 $f(x)$ 将得到 N 个如下形式的方程:

$$y_i = f(x_i) + e_i \quad (i = 1, 2, \cdots, N) \tag{3.3-2}$$

式中,e_i 称为残差。笼统地讲,若这 N 个残差值都比较小,就可以认为拟合曲线 $f(x)$ 比较好。然而定量地判定拟合曲线的优劣就必须有一个严格的判据。常用的判据有以下几种:

最大误差 $\quad E_\infty(f) = \max\{|f(x_i) - y_i|\} \quad (1 \leqslant i \leqslant N)$

平均误差 $\quad E_1(f) = \dfrac{1}{N} \sum_{i=1}^{N} |f(x_i) - y_i|$

均方根误差 $\quad E_2(f) = \left\{ \dfrac{1}{N} \sum_{i=1}^{N} [f(x_i) - y_i]^2 \right\}^{1/2}$

最大误差只以一个数据点的残差判断曲线优劣,显得以偏概全,不够全面。平均误差则显得比较全面,而从统计学角度看均方根误差有其重要的含义,因而通常把 $E_2(f)$ 最小的曲线认为是最佳的曲线。然而分析式 $E_2(f)$ 的右端可知,当 N 一定时,只要 $\sum_{i=1}^{N} [f(x_i) - y_i]^2$ 最小就保证了 $E_2(f)$ 最小,这叫最小二乘原理。下面先从最小二乘拟合直线的求法开始讨论。

1. 最小二乘直线拟合

已知一组数据 (x_i, y_i),$(i=1, 2, \cdots, N)$,欲求最小二乘直线

$$y = f(x) = Ax + B \tag{3.3-3}$$

即要求系数 A, B 能保证

$$E(A, B) = \sum_{i=1}^{N} [f(x_i) - y_i]^2 = \sum_{i=1}^{N} (Ax_i + B - y_i)^2 \tag{3.3-4}$$

为最小值。为此应令 $E(A, B)$ 对 A 和 B 的偏导数均为零

$$\dfrac{\partial E(A, B)}{\partial A} = 0 \quad \text{和} \quad \dfrac{\partial E(A, B)}{\partial B} = 0$$

由此可得

$$\left. \begin{array}{l} A \sum\limits_{i=1}^{N} x_i^2 + B \sum\limits_{i=1}^{N} x_i = \sum\limits_{i=1}^{N} x_i y_i \\[2mm] A \sum\limits_{i=1}^{N} x_i + NB = \sum\limits_{i=1}^{N} y_i \end{array} \right\} \tag{3.3-5}$$

这一组方程称为最小二乘直线的正规方程(或法方程)。由这一组方程可以求出 A, B,并保证

拟合直线能满足 $E(A,B)$ 最小的条件。

2. 最小二乘多项式拟合

已知一组数据如式(3.3-1)所列,并选定拟合函数 $f(x)$ 的形式为 K 阶多项式

$$f(x) = c_1 x^K + c_2 x^{K-1} + \cdots + c_{K+1} \tag{3.3-6}$$

曲线(函数)与数据点的残差为

$$e_i = y_i - f(x_i) \quad (i=1,2,\cdots,N)$$

式中,N 为数据点总数。

残差平方和为

$$E(c) = \sum_{i=1}^{N} e_i^2$$

式中

$$c = [c_1, c_2, \cdots, c_{k+1}]$$

为使 $E(c)$ 最小化,可令 E 关于 c_i 的偏导数为零,即

$$\frac{\partial E(c)}{\partial c_i} = 0 \quad (i=1,2,\cdots,k+1) \tag{3.3-7}$$

这一组 $K+1$ 个方程称为正规方程,可用于求出 $K+1$ 个待定系数 c_i,$(i=1,2,\cdots,k+1)$,代入式(3.3-6)即得最小二乘多项式。

3.3.2 多项式拟合的 Matlab 实现

在 Matlab 中,可以调用 polyfit 函数来进行最小二乘多项式拟合。其调用格式有两种:

$$\boldsymbol{P} = \text{polyfit}(\boldsymbol{x}, \boldsymbol{y}, K) \quad \text{和} \quad [\boldsymbol{P}, E] = \text{polyfit}(\boldsymbol{x}, \boldsymbol{y}, K)$$

式中,x 和 y 是矢量形式或数组形式给出的数据,注意二者的元素应一一对应。K 是指定的多项式阶数,当 $K=1$ 时就变成了直线拟合;而当 $K=N-1$(N 是 x 的长度)时拟合多项式实际已变成插值多项式。P 是由多项式系数(由高阶到低阶)组成的矢量,E 为拟合误差估计的依据。如果进一步调用多项式计算函数 polyval,则可得到在指定横坐标处的值,其格式有两种:

$$Y_1 = \text{polyval}(p, X_1) \quad \text{和} \quad [Y_1, \text{delta}] = \text{polyval}(p, X_1, E)$$

前者只给出指定的横坐标 X_1(可以是矢量或数组)处的多项式计算值 Y_1;后者除了给出 Y_1 而且给出误差估计值 delta 外,当数据 y 具有独立且正态分布的误差时,$Y_1 \pm \text{delta}$ 有 50% 的置信概率。

[例3-6] 已知数据点 x_i, y_i 如下,求拟合多项式。

x	0.1	0.4	0.5	0.6	0.7
y	0.63	0.94	1.05	1.43	2.05

例 3-6 拟合多项式见脚本 3-2。

```
Matlab 程序：
clear
x0=[0.1  0.4  0.5  0.6  0.9];           %输入数据 x0
y0=[0.63  0.94  1.05  1.43  2.05];      %输入数据 y0
p1=polyfit(x0,y0,1);                    %求一阶拟合多项式
p2=polyfit(x0,y0,2);                    %求二阶拟合多项式
p3=polyfit(x0,y0,3);                    %求三阶拟合多项式
x=0:0.01:1.0;
y1=polyval(p1,x);                       %按 x 求多项式 p1 的值
y2=polyval(p2,x);                       %按 x 求多项式 p2 的值
y3=polyval(p3,x);                       %按 x 求多项式 p3 的值
subplot(1,3,1);plot(x,y1,x0,y0,'o');
subplot(1,3,2);plot(x,y2,x0,y0,'o');
subplot(1,3,3);plot(x,y3,x0,y0,'o');
```

脚本 3-2　例 3-6 拟合多项式

拟合直线和二次、三次多项式如图 3-8 所示。

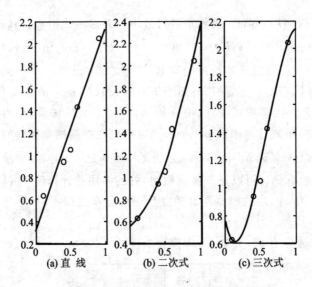

图 3-8　拟合直线和二次、三次多项式

3.4 数值微分和数值积分

通过现代数据采集系统记录的变化曲线,实际上都是按一定周期 T_s 采样所得的时间序列。而数据处理时经常会要求对这些"曲线"进行微分或积分。例如直接记录的是位移-时间曲线,而感兴趣的却还有速度和加速度,这就需要对位移曲线进行一次和二次微分;相反在直接记录了加速度曲线时却希望得到速度和位移曲线,就需要进行积分。然而实验曲线并没有具体的函数式,因而不能用一般的微分和积分方法,而只能求助于数值微分和数值积分。

3.4.1 差分近似微分

在求一阶、二阶等低阶导数时,用差分来近似导数是可行的。常用的有以下三种差分近似求法,如图 3-9 所示。

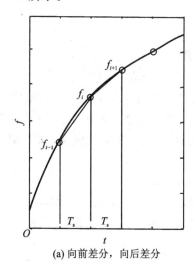
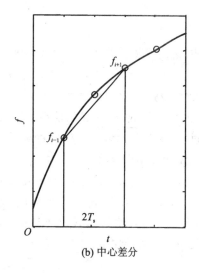

(a) 向前差分,向后差分   (b) 中心差分

图 3-9 差分近似微分

① 向前差分近似(见图 3-9(a))

$$f'(t_i) = f'_i \approx \frac{f_{i+1} - f_i}{T_s} \qquad (3.4-1)$$

② 向后差分近似(见图 3-9(a))

$$f'_i \approx \frac{f_i - f_{i-1}}{T_s} \qquad (3.4-2)$$

③ 中心差分近似(见图 3-9(b))

$$f'_i \approx \frac{f_{i+1} - f_{i-1}}{2T_s} \qquad (3.4-3)$$

至于二阶导数,可用二阶差分来近似。以向前差分为例

$$f'' \approx \frac{f'_{i+1} - f'_i}{T_s} = \frac{f_{i+2} - 2f_{i+1} + f_i}{T_s^2} \tag{3.4-4}$$

直观地看,T_s 越小,差分与微分越接近,即误差越小。然而由上述差分公式可以看到 T_s 和 T_s^2 都在分母里,当其值很小时计算的舍入误差会随着 T_s 的过分减小而失控。

3.4.2 插值多项式的导数

对已知数据点 (x_i, y_i),$(i=1,2,\cdots,n+1)$ 可以通过插值或拟合而得到能反映 $y=f(x)$ 关系的多项式:

$$p(x) = c_1 x^n + c_2 x^{n-1} + \cdots + c_n x + c_{n+1} \tag{3.4-5}$$

在 $x=0$ 处,$p(x)$ 的 k 阶导数 $p^{(k)}(x) = c_{n+1-k} k!$ (其中 c_{n+1-k} 是 x^k 项的系数),利用 n 次多项式 $p(x)$ 可以求得 n 阶以下的各阶导数。如果希望求 $x=a$ 处的各阶导数,那么可以作一次坐标变换,即

$$z = x - a \tag{3.4-6}$$

然后对数据点 (z_i, y_i),$(i=1,2,\cdots,n+1)$,建立插值或拟合多项式

$$p(y) = d_1 z^n + d_2 z^{n-1} + \cdots + d_n z + 1 \tag{3.4-7}$$

$z=0$ 处的导数与上述多项式系数的关系同前。考虑到插值区间中间部位的精度较高,因此为了求 $x=a$ 点的各阶导数,应在 a 的前后各取大体相等的数据点来建立插值(或拟合)多项式。

上述通过插值或拟合多项式 $p(x)$ 的导数去逼近 $f(x)$ 的导数的做法,利用 Matlab 实现只需按以下格式调用 polyfit 函数

$$p = \text{polyfit}(x - a, y, K) \tag{3.4-8}$$

式中,K 是多项式的阶数,K 应大于或等于拟求导数的阶数。例如希望求得 $x=a$ 点的一阶和二阶导数,那么 $K \geq 2$,当然 $K \leq n$(数据点总数减1);$K = n$ 时得插值多项式,$K < n$ 时得拟合多项式。返回的 p 是矢量形式的多项式系数。

$$p = [d_1, d_2, \cdots, d_{n+1}] \tag{3.4-9}$$

显然 d_{n+1} 是 $x=a$ 点的函数值,d_n 是该点的一阶导数值。以此类推,$d_1 n!$ 是该点的 n 阶导数值。

如果不仅仅对 $x=a$ 一点的导数感兴趣,而且对其附近的导数变化规律也有兴趣,可以对求得的多项式 $p(x)$ 求导而得 $p'(x)$。为此,可调用 Matlab 的 polyder(p) 函数,其格式为

$$pp = \text{polyder}(p)$$

式中,p 是式(3.4-9)所得的插值(或拟合)多项式,而 pp 返回的是 p 的一阶导数,这是较 p 低一阶的多项式。重复调用 polyder 函数可以得到更高阶的导数式。

[例 3-7] 对余弦函数在 $(0,3)$ 范围内,每隔 0.3 取值,得到一系列 x_i, y_i。其中 $y_i = \cos(x_i)$;然后建立三阶拟合多项式 $y = p(x)$,并对 $p(x)$ 求导,得 $y' = p'(x)$,计算结果示于

图 3-10 中。其中图 3-10(a)是拟合多项式的曲线与 $\cos x$ 计算值(圆点)的比较,图 3-10(b)是 $p'(x)$ 曲线。注意当 $x=0$ 时,理论的导数值应为 0,而多项式导数却大于 0(0.056 5);当 $x=\pi/2$ 时,导数理论值应为 -1,而多项式的导数为 $-0.982\ 3$(相差 0.017 7)。

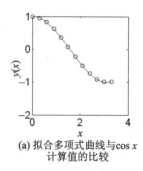
(a) 拟合多项式曲线与 $\cos x$ 计算值的比较

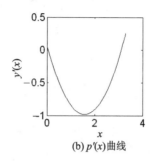
(b) $p'(x)$ 曲线

图 3-10　数值微分实例

至于究竟采用插值多项式的导数为好还是拟合多项式为好,要视具体情况而定。当数据点精度较高时可以采用插值多项式;而当数据的信噪比较差时,采用拟合多项式本身就具有一定的平滑作用,所以是较合理的选择。

3.4.3　数值积分法

对于如图 3-11 所示的曲线 $y=f(x)$,通过实验只获得其上的若干数据点 (x_i,y_i),$(i=1, 2,\cdots,n)$。在这种情况下,如何求得 $f(x)$ 的积分值是工程实验中经常遇到的问题,例如已得电流或电压随时间变化的曲线,而要求其平均值或有效值;又如已得速度随时间变化的曲线,而希望求其位移曲线或在指定时间段内的位移量,都需要对曲线进行积分。因此,数值积分是信号和数据处理中经常要遇到的任务。

以图 3-11 为例,求积分 $\int_a^b f(x)\mathrm{d}x$ 就是求图中曲线下的面积。然而现在只有数据点,而并没有曲线,因此计算面积的结果与如何在数据点之间插值有密切关系。在数据点之间用直线连接(线性插值),则计算面积就是计算一系列梯形面积之和,称为梯形法。如果用连续 3 个(或 4 个)数据点作二阶(或三阶)多项式插值,然后再计算面积,则称为辛普森(Simpsou)法;而用四阶多项式插值后求积,则称为柯特斯(Cotes)法。牛顿-柯特斯求积公式则对 n 阶拉格朗日插值多项式的求积公式进行了统一推导,这样上面所述的几种方法仅仅是它的特例而已。所以下面着重介绍牛顿-柯特斯法。

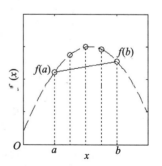

图 3-11　数值积分示意图

1. 牛顿-柯特斯(Newton-Cotes)公式

这里只讨论等距节点的情况。将积分区间$[a,b]$等分为n个子区间,其节点为$a=x_0, x_1, x_2, \cdots, x_n=b$,其中

$$x_i = a + T_s i \quad (i=0,1,2,\cdots,n)$$

式中,节距$T_s = (b-a)/n$,相应的函数值$y_i = f(x_i)$,用n阶拉格朗日多项式$p_n(x)$去逼近$f(x)$,由式(3.2-6)可得

$$f(x) \approx p_n(x) = \sum_{i=0}^{n} l_i(x) \cdot y_i$$

故

$$\int_a^b f(x)\mathrm{d}x \approx \int_a^b \sum_{i=0}^{n} l_i(x) y_i \mathrm{d}x = \sum_{i=0}^{n} y_i \int_a^b l_i(x)\mathrm{d}x = \sum_{i=0}^{n} A_i y_i \quad (3.4-10)$$

式中

$$A_i = \int_a^b l_i(x)\mathrm{d}x \quad (i=0,1,2,\cdots,n) \quad (3.4-11)$$

由式(3.2-7)可知,$l_i(x)$只与自变量x及多项式阶数n有关,而与函数值$y=f(x)$无关,因此A_i是与被积函数无关的一组数据。经推导(此处略去推导过程)可得

$$A_i = T_s w_i$$

式中,w_i称为权系数,而牛顿-柯特斯积分公式为

$$I = \int_a^b f(x)\mathrm{d}x \approx T_s \sum_{i=0}^{n} w_i y_i \quad (3.4-12)$$

表3-3给出了各阶多项式的权系数w_i的值。表头上n代表选用多项式的阶数,i代表系数w_i的下标。

表3-3 牛顿-柯特斯求积公式的权系数(w_i)

n \ i	0	1	2	3	4
1	1/2	1/2			
2	1/3	4/3	1/3		
3	3/8	9/8	9/8	3/8	
4	14/45	64/45	8/15	64/45	414/5

将表3-3中的w_i值代入式(3.4-12)可得

① 线性插值($n=1$)即梯形公式:

$$I = \frac{T_s}{2}(y_a + y_b) \quad (3.4-13)$$

② 二阶插值($n=2$)即辛普森1/3公式:

$$I = \frac{1}{3}T_s(y_a + y_b + 4y_1) \qquad (3.4-14)$$

③ 三阶插值($n=3$)即辛普森 3/8 公式：

$$I = \frac{3}{8}T_s[y_a + y_b + 3(y_1 + y_2)] \qquad (3.4-15)$$

④ 四阶插值($n=4$)即柯特斯公式：

$$I = \frac{2}{45}T_s[7(y_a + y_b) + 32(y_1 + y_3) + 12y_2] \qquad (3.4-16)$$

高于四阶的求积公式及其权系数也是可以推出的，然而由于其效果并不好，而且计算复杂，因此很少应用。其效果不好的根本原因有两个：其一，阶数过高的多项式插值往往精度并不理想，甚至可能恶化；其二，高阶积分公式计算繁复，舍入误差反而增大。因此用低阶的积分公式进行组合积分，效果往往更好。

2. 组合积分方法

如图 3-11 所示，对于 $f(x)$ 在区间 (a,b) 上的数值积分，如果用梯形法，就是将 $f(a)$ 与 $f(b)$ 之间连一条直线，并求其下的梯形面积。当 $(b-a)$ 较大时，显然其精度很难保证。若将区间 (a,b) 等分为几个子区间 $(a,x_1),(x_1,x_2),\cdots,(x_{n-1},b)$，然后分段进行梯形积分并相加

$$I = \int_a^b f(x)\mathrm{d}x = \int_a^{x_1} f(x)\mathrm{d}x + \int_{x_1}^{x_2} f(x)\mathrm{d}x + \cdots + \int_{x_{n-1}}^b f(x)\mathrm{d}x =$$

$$\frac{T_s}{2}[(y_a + y_1) + (y_1 + y_2) + (y_2 + y_3) + \cdots + (y_{n-1} + y_b)] =$$

$$\frac{T_s}{2}(y_a + y_b) + T_s \sum_{i=1}^{n-1} y_i \qquad (3.4-17)$$

式中，$T_s = x_i - x_{i-1}$, $x_0 = a$, $x_n = b$, $x_i = iT_s$, $y_i = f(x_i)$, $(i = 0, 1, 2, \cdots, n)$。式(3.4-17)称为组合梯形积分公式。

如果分段进行辛普森积分并相加，则最好将积分区间 (a,b) 等分为 $m(m=2n)$ 个子区间，并取两个子区间(含三个数据点)为一个积分子区间(共 n 个)，进行二阶多项式插值后求积分，可利用式(3.4-14)得

$$I = \int_a^b f(x)\mathrm{d}x = \int_{a_0}^{x_2} f(x)\mathrm{d}x + \int_{x_2}^{x_4} f(x)\mathrm{d}x + \cdots + \int_{x_{m-2}}^b f(x)\mathrm{d}x =$$

$$\frac{T_s}{3}[(y_a + y_2) + (y_2 + y_4) + \cdots + (y_{m-2} + y_b)] +$$

$$\frac{4T_s}{3}(y_1 + y_3 + \cdots + y_{m-1}) =$$

$$\frac{T_s}{3}[y_a + y_b + 2(y_2 + y_4 + \cdots + y_{m-2}) + 4(y_1 + y_3 + \cdots + y_{m-1})] =$$

$$\frac{T_s}{3}\left(y_a + y_b + 2\sum_{k=1}^{n-1} y_{2k} + 4\sum_{k=1}^{n} y_{2k-1}\right) \qquad (3.4-18)$$

式中,$T_s = x_k - x_{k-1}, x_a = x_0, x_b = x_m, (k=1,2,\cdots,n)$。式(3.4-18)称为组合辛普森积分公式。

组合辛普森积分公式的 Matlab 实现(M 文件)见脚本 3-3。

而梯形数值积分可用函数 trapz 实现,其调用格式如下:
$$z = \text{trapz}(y) \quad \text{或} \quad z = \text{trapz}(x,y)$$
式中,y 及 x 可以是形式不同的向量或数组,但维数必须相等。

```
function s=simpson(y,a,b,n)
%输入:y 是被积函数的数列
%a,b 是自变量的积分区间
% n 是积分子区间的总数,2n=m,m+1 是 y 数列的元素总数
%输出:s 是辛普森组合积分的结果
h=(b-a)/(2.*n);
s1=0;
s2=0;
for k=2:n
j=(2.*k-1);
    s1=s1+y(j);
end
for k=1:n
    j=2*k;
    s2=s2+y(j);
end
s=h.*(y(1)+y(2.*n+1)+2.*s1+4.*s2)/3;
```

脚本 3-3 辛普森组合积分的 M 文件

显然利用组合积分法,在一定的积分区间(a,b)内数据点数越多,则积分结果越精确。因此要对实验获得的离散化的时间序列进行数值积分,事先必须选择足够高的数据采样率,以保证在积分区间内有足够的数据点。必要时可以通过数值仿真来检查预定的采样率是否足够。

[例 3-8] 取 $y=(1-e^{-cx}) \cdot e^{-dx}$。这是一种先上升,后下降的曲线,调整 c,d 值可以改变上升及下降的速率。它可以模仿很多工程上的瞬态变化过程。现令 $c=20, d=5$,在(a,b)区间内分为 $m=2n$ 个子区间内求其积分(取 $a=0, b=1, n$ 取 5,10,20,60,100,200,400),用 Matlab 程序计算。

如果将脚本 3-4 中 simpson(y,0,1,n)换成 trapz(x,y),则得到梯形法的积分结果。积分结果如表 3-4 所列。

由表 3-4 可知,m 大到一定程度时,数值积分的精度不再提高。

表 3-4 积分结果

m 类别	10	20	60	100	200	400 800
梯形法	0.140 8	0.154 2	0.158 2	0.158 5	0.158 6	0.158 6
辛普森法	0.153 9	0.158 2	0.158 6	0.158 7	0.158 7	0.158 7

```
Matlab 程序：
    h=[5 10 20 60 100 200 400];
    for k=1:7
        n=h(k)
        g=2*n+1;
        x=linspace(0,1,g);
        y=(1-exp(-20.*x)).*exp(-5.*x);
        simpson(y,0,1,n)
    end
```
脚本 3-4 例 3-8 的 Matlab 程序计算

3.5 时域信号的平滑与建模

通过测试获得的信号，一般都是有用信号与无规律的干扰噪声混合在一起的，有时甚至有用信号完全被"淹没"在随机的信号之中。这里所说的有用信号可以是确定性信号，也可以是随机信号；而干扰信号往往是与有用信号无关的随机信号，很多时候可以认为是白噪声。如何在这样的信号中提取有用的信号（又称趋势项），并分别探明有用随机信号和干扰噪声的统计特性，就成为信号处理中的一个重要课题。

如果测试获得的时域随机信号的一个样本记为 $x(t)$，一般可看成是趋势项 $y(t)$ 和随机噪声 $u(t)$ 相加的结果，即

$$x(t) = y(t) + u(t) \tag{3.5-1}$$

或者，更多地表示为离散的时间序列的关系

$$x[n] = y[n] + u[n] \quad (n = 0,1,2,\cdots,N) \tag{3.5-2}$$

$y(t)$ 或 $y[n]$ 是有用信号，通常比 x 显得光滑，反映了 x 走向的趋势，因而可以说 y 是 x 经过平滑的结果，$u(t)$ 或 $u[n]$ 则是信号 x 的随机部分，对 $u[n]$ 建模就是确定其统计特性。工程上主要对其一阶矩中的均值 $\bar{u}$、二阶矩中的方差 σ^2（或方均根值 σ），以及 u 的幅值分布规律，即 $u(t)$ 的概率密度函数或 $u[n]$ 的概率分布函数感兴趣。总之，对测试信号 $y(t)$（或 $y[n]$）建模包

括对其趋势项和随机项分别建模。

应当指出,对同一个测试信号 $x[n]$ 建模却可以有多种截然不同的结果。最典型的例子是对环境气温的时间序列建模。如果建模的目的是找到地球气温变化的大趋势,那么可以用线性回归的方法找到一条描述趋势的直线 $y[n]$;如果建模的目的是研究一年四季的气温变化规律,用于指导当地农业生产的安排,那么 $y[n]$ 绝不可能用直线形式。根据不同目的,对实测得到的 $x[n]$ 建模,所得到的 $y[n]$ 也必然是不同的。

至于建模的重点也可因目的不同而有所侧重。例如,主要目的是在干扰噪声中提取趋势项,可以满足只求得 $y[n]$ 的非参模型或参数模型。而有时关注的对象是信号的随机部分,而趋势项却只是要消除的部分(如第 2 章所述)。

3.5.1 滑动平均(MA)模型

如 3.4 节在介绍曲线拟合时所述,通常采用多项式去拟合一个含有随机误差的数据序列。而极端情况下可以用直线拟合。在这里同样可以在一个较长的时域信号中摘取一小段,然后用多项式或直线去逼近其趋势项,从而达到信号平滑的目的。而信号建模的任务则可以具体化为两个任务:其一是确定多项式的阶数,其二是确定多项式的各个系数。显然,最小二乘法在这里也是适用的。然而一个较长的时域曲线如果分成很多小段来进行平滑或建模,巨大的计算工作量迫使人们必须研究合理的计算方法和计算程序,以保证信号平滑及建模的速度和精度。

如在时间序列 $x[n], (n=1,2,\cdots,N)$ 中某一点 $x[n]$ 前后各取 $k,(k<N)$ 个数据点,并通过这 $2K+1$ 个数据拟合一个最小二乘直线,则这条直线一定通过平均数据点 $(\bar{n},\bar{x})$,这里

$$\bar{n} = \frac{1}{2k+1}\sum_{i=-k}^{k}(n-i) = n \qquad (3.5-3)$$

$$\bar{x} = \frac{1}{2k+1}\sum_{i=-k}^{k}x[n-i] \qquad (3.5-4)$$

在等间隔采样的情况下,并假设采样间隔 T_s 的误差可以忽略,则 $\bar{n}$ 与 n 应当重合,故令 $x[n]$ 的平均值 $\bar{x}$ 可作为趋势项 $y[n]$ 的估计值,就等于在该点上应用了最小二乘直线的估计值,却并没有进行繁复的系数估算。

$$y[n] = \hat{x}[n] = \bar{x} = \frac{1}{2k+1}\sum_{i=-k}^{k}x[n-i] \qquad (3.5-5)$$

对时间序列 $y[n]$ 逐点进行上述平均处理,称为滑动平均 MA(Moving Average)。

按式(3.5-5)进行的是简单平均,其计算过程最简单,可以采用递推算法

$$y[n+1] = y[n] + \frac{1}{2k+1}\{x[n+k+1] - x[n-k]\} \qquad (3.5-6)$$

以上介绍的采用简单平均方法进行平滑,忽略了一个常见的规律,即对某时刻的信号进行

平滑,那些时间间隔越久远的数据实际的影响越小;如果采用简单平均方法进行平滑,那些本来影响较小的数据在平均计算中却具有相同的权值,必然造成平均结果的不正确。例如,为了平滑中午时刻的气温曲线而把早晨和傍晚的气温数据都拿来参与简单平均,其结果是曲线虽然平滑了,但平滑后的中午温度值却严重偏低。因此引入加权平均的概念是很自然的,这可以通过改写式(3.5-5)来实现,即

$$y[n] = \sum_{i=-k}^{k} \alpha_i x[n-i] \qquad (3.5-7)$$

式中,α_i 称为权系数。在式(3.5-6)中 $1/(2k+1)$ 相当于 α_i 可以称为等权平均,α_i 应满足

$$\sum_{i=-k}^{k} \alpha_i = 1 \qquad (3.5-8)$$

否则将引进不应有的增益(或衰减)。一般在所考虑的 $2k+1$ 个数据点中间取最大权值,然后向前后对称地递减;至于递减的规律,可以是线性的,也可以是非线性的。可将权系数写成时间序列的形式

$$\alpha_i = [\alpha_{-k}, \cdots, \alpha_0, \cdots, \alpha_k] \qquad (3.5-9)$$

以三角形分布(线性递减)为例:

$k = 1$(共 3 点) $\qquad \alpha_i = \dfrac{1}{4}[1,2,1]$

$k = 2$(共 5 点) $\qquad \alpha_i = \dfrac{1}{9}[1,2,3,2,1]$

$k = 3$(共 7 点) $\qquad \alpha_i = \dfrac{1}{16}[1,2,3,4,3,2,1]$

经归纳可得 $\qquad \alpha_i = \dfrac{1}{(k+1)^2}[1,2,\cdots,k,k+1,k,\cdots,2,1]$

除了三角分布之外,还可以采用余弦分布等,读者可参考第 6 章 FIR 滤波器的窗函数,其效果一般根据数值仿真来检验。如果对所选数据点进行非线性拟合并按拟合结果进行平滑,其结果就相当于加权平均平滑。下面以二阶多项式拟合为例说明。

例如,取 5 个点 $x[n-2],x[n-1],x[n],x[n+1],x[n+2]$,并将时间坐标原点移到 $x[n]$ 处,这样得到 5 对数据。

$$t = T_s[-2,-1,0,1,2]$$
$$x = [x[n-2],x[n-1],x[n],x[n+1],x[n-2]]$$

对此用最小二乘法求二次拟合曲线可得

$$\hat{x}(t) = a_0 + a_1 t + a_2 t^2$$

$$E = \sum_{i=-2}^{2} \{a_0 + a_1 t_i + a_2 t_i^2 - x[n-i]\}^2$$

要求 a_0, a_1, a_2 保证 E 最小,则上述三个参数可以从 $\dfrac{\partial E}{\partial a_0} = 0, \dfrac{\partial E}{\partial a_1} = 0, \dfrac{\partial E}{\partial a_2} = 0$ 三个方程中解出

(求解过程略),取 $t=0$ 时的 $\hat{x}(t)$ 作为 $y[n]$ 的估计值,即

$$y[n]=\hat{x}(0)=a_0=\frac{-3}{35}x[n-2]+\frac{12}{35}x[n-1]+\frac{17}{35}x[n]+\frac{12}{35}x[n+1]+\frac{-3}{35}x[n+2]$$
(3.5-10)

显然,这相当于取滑动平均的权系数为

$$\alpha_i=\frac{1}{35}[-3,12,17,12,-3]$$
(3.5-11)

至于取更多点数据作多项式拟合平滑,可以用同样的方法确定其权系数,相应的加权滑动平均模型可用以下差分方程表示,即

$$y[n]=\frac{1}{K}\{\alpha_{n-m}x[n-m]+\cdots+\alpha_{n-1}x[n-1]+\alpha_n x[n]+$$
$$\alpha_{n+1}x[n+1]+\cdots+\alpha_{n+m}x[n+m]\}$$
(3.5-12)

式中,系数 α_{n+j},$(j=-m,\cdots,-1,0,1,\cdots,m)$,如表 3-5 所列。$K$ 是正规化常数,是保证式(3.5-8)成立所必需的。应当指出的是用二阶或三阶多项进行拟合平滑,其权系数是一样的。

表 3-5 用二次(或三次)多项式拟合平滑的权系数 α_{n+j}

点 数 \ 序 号	$n-5$	$n-4$	$n-3$	$n-2$	$n-1$	n	$n+1$	$n+2$	$n+3$	$n+4$	$n+5$	K
5				-3	12	17	12	-3				35
7			-2	3	6	7	6	3	-2			12
9		-21	14	39	54	59	54	39	14	-21		231
11	-36	9	44	69	84	89	84	69	44	9	-36	429

上述滑动平均的结果所得到的 $y[n]$,是 $x[n]$ 的趋势项,它是比 $x[n]$ 光滑的时间序列,其效果与一个低通滤波过程相似,即可以认为 $x[n]$ 经过滤波而得到 $y[n]$。这种 MA 滤波器的传递函数及频响函数可以更明确地描述其滤波特性。对式(3.5-7)两边都进行 z 变换得

$$Y(z)=X(z)\sum_{i=-k}^{k}\alpha_i z^{-i}$$
(3.4-13)

这里 $Y(z)$ 是输出信号 $y[n]$ 的 z 变换,$X(z)$ 则是输入信号 $x[n]$ 的 z 变换。传递函数则为

$$H(z)=\frac{Y(z)}{X(z)}=\sum_{i=-k}^{k}\alpha_i z^{-i}$$
(3.5-14)

其频响函数为

$$H(e^{j\omega T_s})=\sum_{i=-k}^{k}\alpha_i e^{j\omega T_s}$$
(3.5-15)

以简单平均方法为例,$\alpha_i=1/(2k+1)$,可得

$$H(e^{j\omega T_s}) = \frac{1}{2k+1} \frac{\sin\left[\left(\frac{2k+1}{2}\right)\omega T_s\right]}{\sin\left(\frac{\omega T_s}{2}\right)} \quad (3.5-16)$$

式中,$j=\sqrt{-1}$,T_s 是相邻两个数据点的时间间隔(即采样周期)。

由于式(3.5-16)的频响函数是实函数,故没有相位移,幅频特性在零频处最大。如果将该特性曲线第一次降为 0 的频率作为低通滤波器的截止频率,则其工作频带为 $(0, 1/(2k+1)T_s)$。而 -3 dB 的上截止频率约为 $0.45/(2k+1)T_s$。显然,参与平均的数据点数 $(2k+1)$ 越多,通频带越窄,滤波后的信号越光滑。然而由于在通频带内幅频特性并不平坦,因而频率失真也将越严重。故一般只取 $k=1,2,3$,即点数 $(2k+1)=3,5,7$,进行平均。

加权平均过程也相当于低通滤波过程。其传递函数又是怎样的呢?由式(3.5-9),如果把 α_i 看成是一个时间序列,那么其右端是两个序列 α_i 和 y_t 的卷积和。所以 α_i 就是这种滤波器单位脉冲响应

$$h[n] = \alpha_i \quad (3.5-17)$$

众所周知,$h[n]$ 的 z 变换就是滤波器的传递函数 $H(z)$。将 $z^{-1}=e^{j\omega T_s}$ 代入 $H(z)$ 则得到频响函数 $H(e^{j\omega T_s})$。这种滤波器的设计和应用在关于 FIR 滤波器设计中还要进一步讨论。

以上讨论的是如何将滑动平均方法应用于信号(曲线)平滑。所以都是在每个信号点的前后取相同数量的数据进行平均。如果要把 MA 模型用于预报未来的变化,一般只采用过去的信号数据进行滑动平均,即

$$y[n] = \sum_{i=1}^{q} b_i x[n-i] \quad (3.5-18)$$

这里的原始信号(输入信号)$x[n]$ 都假设是零均值的白噪声。

3.5.2 自回归(AR)模型

上面介绍的滑动平均模型,在本质上是对若干数据 (t_i, x_i) 进行回归而得到 y_i 的。这种回归反映了两个变量 x_i 和 y_i 之间的依赖关系。实际上,很多测试参数都存在一定的"惯性"或"记忆"现象,即对自己过去的数据有依赖关系。例如气温在一天之内的变化是个随机序列,但是当采样间隔足够小时,若 $(n-1)$ 时刻气温高,则 n 时刻的气温也较高;反之,当 $(n-1)$ 时刻气温较低时,n 时刻气温也较低。抽象地讲,此类现象在采样间隔 T_s 足够小时,$y[n]$ 与 $y[n-1]$ 的值是相关的,甚至与更早的值 $y[n-i]$,$(i=2,3,\cdots,q)$ 也相关。可将 $y[n]$ 表示为其以前数据的线性组合,即

$$y[n] = a_1 y[n-1] + a_2 y[n-2] + \cdots + a_p y[n-p] + \varepsilon[n] \quad (3.5-19)$$

该式称为 y 的 p 阶自回归 AR(Auto Regresive)模型,简记为 AR(p)。式中 $\varepsilon[n]$ 称为残差项。下面先从一阶自回归模型 AR(1) 开始讨论。

1. AR(1)模型

假设测试序列 $y[n]$ 是一个零均值的平稳随机过程,并具有一阶记忆,即 $y[n]$ 只与前面最近的一个数据 $y[n-1]$ 有关,而与更早的数据 $y[n-i]$,$(i=2,3,\cdots)$ 都无关,则 $y[n]$ 的期望值可记为 $\hat{y}[n]=ay[n-1]$;而残差 $\hat{y}[n]-y[n]=\varepsilon[n]$ 假设是一个白噪声序列,换句话讲 $\varepsilon[n]$ 是一个零均值正态分布且与 $y[n]$ 无关的随机序列。在上述条件下可以写出 $y[n]$ 的 AR(1) 模型

$$y[n] = ay[n-1] + \varepsilon[n] \tag{3.5-20}$$

式中,系数 a 表明了 $y[n]$ 对 $y[n-1]$ 的依赖程度。它是通过建立 $y[n]$ 与 $y[n-1]$ 关系的最小二乘直线而得的,即对两个序列

$$[y[2],y[3],\cdots,y[n],\cdots,y[N]]$$

和

$$[y[1],y[2],\cdots,y[n],\cdots,y[N-1]]$$

将前者作为因变量,后者作为自变量,求其最小二乘直线从而得到 a。

AR(1)模型的物理意义除了基本假设中所说的 $y[n]$ 依赖于 $y[n-1]$,具有一步记忆的特点之外,还可以有两个角度不同的解释。

① 将式(3.5-20)稍作变换,成为

$$y[n] - ay[n-1] = \varepsilon[n] \tag{3.5-21}$$

两边作 z 变换得

$$Y(z) - a_1 z^{-1} Y(z) = E(z)$$

将 $\varepsilon[n]$ 看成是系统的输入信号,$y[n]$ 看成是系统的输出信号,则 AR(1) 模型可以看成是一个一阶系统,其传递函数为

$$H(z) = \frac{Y(z)}{E(z)} = \frac{1}{1 - a_1 z^{-1}} \tag{3.5-22}$$

换句话讲,$y[n]$ 可以看成是当输入为白噪声 $\varepsilon[n]$ 时一阶系统的输出。

② 将式(3.5-20)再作简单变换得

$$E(z) = (1 - az^{-1})Y(z) \tag{3.5-23}$$

这里可以反过来将 $y[n]$ 看成是输入信号,而 $\varepsilon[n]$ 看成是输出信号,根据式(3.5-23),AR(1)模型可以看成是一个将相关的时间序列 $y[n]$ 转换成独立的随机序列 $\varepsilon[n]$ 的转换器。

利用最后一个特性,才能用一般的统计学方法,对 $y[n]$ 进行分析。为此再对式(3.5-23)作一点运算

$$Y(z) = \frac{1}{1 - az^{-1}} E(z) = (1 + az^{-1} + a^2 z^{-2} + \cdots) E(z)$$

作 z 逆变换得

$$y[n] = (\varepsilon[n] + a\varepsilon[n-1] + a^2\varepsilon[n-2] + \cdots) =$$

$$\sum_{j=0}^{\infty} a^j \varepsilon[n-j] \tag{3.5-24}$$

由于 $\varepsilon[n]$ 是零均值的正态分布序列,其统计特性的计算方法是常规的,而利用式(3.5-24)可以进而求出 $y[n]$ 的统计特性。此处不再详述,读者可参看有关文献。

细心的读者也许会发现,只要有了测试序列 $y[n]$,不管它是否符合 AR(1)模型必要的基本假设,总可以通过最小二乘法求得回归系数 a,进而由式(3.5-21)求得 $\varepsilon[n]$,从而得到 AR(1)模型式(3.5-20)。那么怎么检验这个模型是否适合于 $y[n]$ 序列呢?关键在于检验第三条假设,即检验 $\varepsilon[n]$ 是否独立地与 $y[n]$ 无关。为此应检验 $\varepsilon[n]$ 的自相关系数以及 $\varepsilon[n]$ 与 $y[n]$ 的互相关系数。

$\varepsilon[n]$ 的一步自相关系数

$$\rho_\varepsilon(1) = \frac{\sum_{n=2}^{N}\varepsilon[n]\varepsilon[n-1]}{\sum_{n=2}^{N}\varepsilon^2[n]} \tag{3.5-25}$$

可以证明 $|\rho_\varepsilon(1)| \in [0,1]$。当 $\rho_\varepsilon(1) \to 0$ 时,则认为 AR(1)模型合适;否则进一步计算二步自相关,将(式(3.5-25)中的 $\varepsilon[n-1]$ 改为 $\varepsilon[n-2]$,得到 $\rho_\varepsilon(2)$ 以及三步自相关 $\rho_\varepsilon(3)$(即 $\varepsilon[n]$ 与 $\varepsilon[n-3]$ 的相关)。

$\varepsilon[n]$ 与 $y[n-1]$ 的互相关系数为

$$\rho_{\varepsilon y}(1) = \frac{\sum_{n=2}^{N}\varepsilon[n]y[n-1]}{\sqrt{\left(\sum_{n=2}^{N}\varepsilon^2[n]\right)\left(\sum_{n=2}^{N}y^2[n-1]\right)}} \tag{3.5-26}$$

同上,若 $\rho_{\varepsilon y}(1) \to 0$,则认为 AR(1)模型适用;否则再计算二步、三步互相关系数 $\rho_{\varepsilon y}(2)$,$\rho_{\varepsilon y}(3)$ 等。

2. 高阶自回归模型

假设测试序列 $y[n]$ 不仅与前一个值 $y[n-1]$ 相关,而且与前 p 个值都有关,就需要用 AR(p),($p=2,3,\cdots$)模型来描述 $y[n]$。

例设 $y[n]$ 与 $y[n-1]$ 和 $y[n-2]$ 相关,而与 $y[n-i]$,($i=3,4,\cdots$)无关。若依然对 $y[n]$ 建立 AR(1)模型

$$y[n] = a_1 y[n-1] + \varepsilon_1[n]$$

则 $\varepsilon_1[n]$ 必不能满足独立的假设,而与 $y[n-2]$ 有关,故 $\varepsilon_1[n]$ 可以另建一个关系式

$$\varepsilon_1[n] = a_2 y[n-2] + \varepsilon_2[n]$$

将此式代入前一个式子可得

$$y[n] = a_1 y[n-1] + a_2 y[n-2] + \varepsilon_2[n] \tag{3.5-27}$$

这就成了 AR(2)模型。如经检验 $\varepsilon_2[n]$ 是独立的随机序列,则可以认为 AR(2)适合 $y[n]$;否则以此类推可以建立 AR(3),AR(4),$\cdots$,AR(p),直至合适为止,从而得到形如下式的一般 AR(p)模型式

$$y[n] = \sum_{i=1}^{p} a_i y[n-i] + \varepsilon[n] \qquad (3.5-28)$$

关于 AR(p) 模型的物理意义,以及模型合适性检验,可参考关于 AR(1) 的叙述,读者自己去思考,或参阅更多关于时间序列建模的书籍。

将式(3.5-28)两边作 z 变换并整理可得

$$Y(z) = \frac{1}{1 - \sum_{i=1}^{p} a_i z^{-i}} E(z) \qquad (3.5-29)$$

及

$$H(z) = \frac{Y(z)}{E(z)} = \frac{1}{1 - \sum_{i=1}^{p} a_i z^{-i}} \qquad (3.5-30)$$

式中,$Y(z)$,$E(z)$ 分别为 $y[n]$ 和 $\varepsilon[n]$ 的 z 变换。p 为模型阶数,而 $H(z)$ 是等效系统的离散传递函数,即可以认为序列 $y[n]$ 是在白噪声 $\varepsilon[n]$ 输入的作用下,以 $H(z)$ 为传递函数的系统的输出。这个系统的频响函数为

$$H(e^{j\omega T_s}) = H(z)\Big|_{z=e^{-j\omega T_s}}$$

由于

$$|H(e^{j\omega T_s})|^2 = \frac{G_{yy}(\omega)}{G_{\varepsilon\varepsilon}(\omega)} \qquad (3.5-31)$$

式中,$G_{yy}(\omega)$ 是 $y[n]$ 的功率谱密度,$G_{\varepsilon\varepsilon}(\omega)$ 是 $\varepsilon[n]$ 的功率谱密度,而 $G_{\varepsilon\varepsilon}(\omega) = \sigma_\varepsilon^2$,故可由式(3.5-31)根据 σ_ε^2 求出 $y[n]$ 的功率谱的估计。

$$G_{yy}(\omega) = \sigma_\varepsilon^2 |H(e^{j\omega T_s})|^2 \qquad (3.5-32)$$

由这个方法估计随机信号 $y[n]$ 的功率谱被称为参数谱。有文献证明,由 AR 模型估计的功率谱与所谓"最大熵谱"是等价的。它比第 4 章要介绍的基于傅里叶分析的非参数谱估计的结果要平滑得多,因为 AR 建模过程就相当于低通滤波;在原始序列 $y[n]$ 长度不变的情况下,参数谱的估计误差较小;离散傅里叶分析法的频域分辨率与原始数据 $y[n]$ 的长度成正比。因此难以提高,而参数谱不受此限制,故分辨率较高。详细讨论最大熵谱问题超出了本书的范围,有兴趣的读者可以参阅相关文献。

3. AR 模型的参数估计

根据已获得的随机信号 $y[n]$ 建立 AR(p) 模型,实际是两项任务:其一是确定阶数 p;其二是模型中各个参数的估计。这方面的理论和应用研究一直受到关注,不断有新的成果出现。定阶问题将在 3.5.4 节作简单介绍。下面简单介绍参数估值问题,若想深入学习定阶和参数估计,请参阅有关专门著作。

AR 模型的参数估计方法大致可分为两大类,概况如图 3-12 所示。

下面对上述一些方法的特点作简要介绍。

将 AR(p) 模型式(3.5-19)展开可以得到一系列方程。

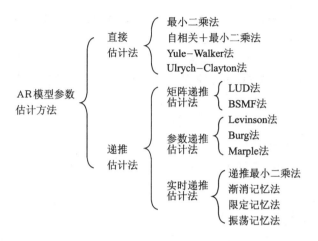

图 3-12　AR 模型参数估计方法

$$y[n] = a_1 y[n-1] + a_2 y[n-2] + \cdots + a_q y[n-p] + \varepsilon[n]$$
$$n = (p+1), (p+2), \cdots, N \tag{3.5-33}$$

这一组$(N-p)$个方程,其中有 p 个待定的系数 a_i,$(i=1,2,\cdots,p)$。通常$(N-p) \gg p$,故可以用最小二乘法令 $\varepsilon[n]$ 的平方和最小,而得到 a_i 的估计值 $\hat{a_i}$,$(i=1,2,\cdots,p)$。

将式(3.5-33)两边通乘 $y[n-k]$,$(k>0)$,并取数学期望值再除以 $y[n]$ 的方差值,可得一组关于自相关系数的方程。

$$\rho_y(k) = a_1 \rho_y(k-1) + a_2 \rho_y(k-2) + \cdots + a_p \rho_y(k-p)$$
$$k = 1,2,\cdots,N-p \tag{3.5-34}$$

这一组$(N-p)$个自相关系数的方程称为 Yule-Walker 方程,可以据此用最小二乘法估计系数 a_i,$(i=1,2,\cdots,p)$。这样做由于对原始序列的数据进行了多次利用,其估算精度高于直接的最小二乘法。也可以只取其中 p 个方程,用代数方法求系数 a_i(p 个),即称为 Yule-Walker 法。由于原始数据利用不多,故其估计精度较上一方法低一些。Ulrych-Clayton 法考虑了上述缺点,将原始数据按前后向排列,前向排列为$[y_1, y_2, \cdots, y_N]$,而后向排列为$[y_N, \cdots, y_2, y_1]$,然后对前后向排列数据用最小二乘法估计系数 a_i,因而又称为前向-后向法。由于数据利用充分,因而估计精度高,但计算量和内存占用量都比最小二乘法增加了近 1 倍。

矩阵递推估计法是 20 世纪 80 年代中国学者提出和改进的方法。利用模型 AR(p)形成的方程组,改写成特定的矩阵方程并进行递推求解,其精度不低于 Ulrych-Clayton 法。

Levinson 法是先估计自相关函数,然后用递推方法计算系数 a_i,其计算速度快于最小二乘法及 Ulrych-Clayton 法,尤其是在阶数 q 较高时更明显;但其估计精度不高,适于在线建模。Burg 法吸取了前后向计算的特点,并采用与 Levinson 法相似的递推算法。Burg 法的重要性在于它揭示了 AR 模型的物理意义。首先它说明了 AR 模型与最大熵谱的等价性;其次说明了 AR 模型是一个滤波器,而且 AR(p) 相当于在 AR($p-1$) 滤波器上再加一节滤波器。

大量计算实例表明,上述的多种方法估计的 AR 模型在用作谱估计时经常会出现谱线分裂(spectra line splitting)现象和谱线偏移(spectra line bias)现象。前者是在正确谱峰前后出现多个峰,后者是估计的 AR 谱峰值偏离正确值。Marple 法利用前后向序列进行递推最小二乘法估计,由于精度高而且没有谱线分裂和偏移现象,故被称为准确最小二乘法,但其计算量稍高,比 Burg 法高约 20%,是目前较好的算法。

4. AR 模型的 Matlab 实现

在已有时间序列 $y[n]$ 的条件下,可以调用多种 Matlab 函数实现对 AR 模型中的各系数的估计。

(1) 调用函数 AR

有三种基本的调用格式:
- TH=AR(y,N);
- TH=AR(y,N,′方法′);
- TH=AR(y,N,′方法′,′窗′)。

式中,输入为时间序列 y,应以列向量形式给出,即形同:$y=[y_1,y_2,\cdots,y_n]'$;N 则指定 AR(N) 模型阶数。′方法′指定采用估计系数的方法,共有以下五种可选的方法:
- ′fb′:前向-后向法,缺省时默认此法;
- ′ls′:最小二乘法;
- ′yw′:Yule-Walker 法;
- ′$burg$′:Burg 法;
- ′ql′:格网算法。

′窗′共有以下四种可选的窗:
- ′non′:无窗口,缺省时默认此窗,只使用样本序列内的数据,对其他的不作假设;
- ′prw′:前窗,当 $n\leqslant 0$ 时,$x(n)=0$;
- ′pow′:后窗,当 $n>N$ 时,$x(n)=0$;
- ′PPw′:前后窗,当 $n\leqslant 0$ 及 $n>N$ 时,$x(n)=0$。

返回数据有三项,其一是差分方程形式的 AR(N) 的模型;其二是残差 $\varepsilon[n]$ 的方差值 σ_ε^2(被称为 loss function);其三是 FPE 值,其含义见 3.4.4 节,可用于判定最佳阶数。

(2) 调用 arburg,arcov,armcov,aryule 等四个函数中的任一个

其中 arburg 利用 Burg 法估计 AR 模型的参数;arcov 利用协方差法估计 AR 模型参数;armcov 则利用改进的协方差法估计参数;而 aryule 则利用 Yule-Walker 法估计 AR 模型的参数。这四种函数调用格式都相同,现以 arburg 为例加以说明:

$$a = \mathrm{arburg}(y,p)$$
$$[a,e] = \mathrm{arburg}(y,p)$$

式中,输入数据 y 是以行向量形式给出的时间序列 $y[n]$(这一点与函数 AR 是不同的); p 则为 AR(p) 模型的阶数。

返回的输出数据 $a=[a_1,a_2,\cdots,a_{p+1}]$ 是一个行向量,其中元素为 AR(p) 模型中的系数(其中 $a_1\equiv 1$),据此即可写出 AR(p) 模型的差分方程

$$a_1 y[n] + a_2 y[n-1] + \cdots + a_{p+1} y[n-p] = \varepsilon[n]$$

另一返回的输出数据 e 是残差 $\varepsilon[n]$ 的方差值, $e=\sigma_\varepsilon^2$。

3.5.3 自回归滑动平均模型

20 世纪 40 年代以来,利用自回归滑动平均(ARMA)模型,根据已得的随机信号序列对其未来值或变化作出预测估计(预报)的问题引起了人们广泛的兴趣,在气象、水文、商品销售、股市行情、地震、机器故障和飞行器轨迹等各种预报工作中得到广泛应用,也是随机信号功率谱估计方面的一个重要工具。

1. ARMA 模型的简介

对于已经测得的随机序列 $y[n]$,其 ARMA 模型是用以下关系式来加以描述的,即

$$y[n] = a_1 y[n-1] + \cdots + a_q y[n-q] + b_0\varepsilon[n] + b_1\varepsilon[n-1] + \cdots + b_p\varepsilon[n-p] = \sum_{i=1}^{q} a_i y[n-i] + \sum_{j=0}^{p} b_j \varepsilon[n-j] \tag{3.5-35}$$

式中, $\varepsilon[n]$ 为白噪声序列, $a_0\equiv 1$,简记为 ARMA(q,p) 模型。其中含有 q 阶 AR 和 p 阶 MA 过程,当 $b_j=0,(j=1,2,\cdots,p)$ 时,则上式变成 q 阶自回归模型 AR(q);而当 $a_i=0,(i=1,2,\cdots,q)$ 时,则上式变成 p 阶的滑动平均模型 MA(p)。但请读者注意,这里的 MA 模型是对白噪声 $\varepsilon[n]$ 进行滑动平均;而 3.4.1 节的 MA 模型是对信号 $x[n]$ 进行滑动平均。

对式(3.5-35)两边进行 z 变换并整理可得

$$\left(1 - \sum_{i=1}^{q} a_i z^{-i}\right) Y(z) = \left(\sum_{j=0}^{p} b_j z^{-j}\right) E(z) \tag{3.5-36}$$

若将白噪声 $\varepsilon[n]$ 看成是输入信号, $y[n]$ 看成是输出信号,则 ARMA 过程可以看成是一种滤波器,其传递函数为

$$H(z) = \frac{Y(z)}{E(z)} = \frac{\sum\limits_{j=0}^{p} b_j z^{-j}}{1 - \sum\limits_{i=1}^{q} a_i z^{-i}} \tag{3.5-37}$$

将 $z=\mathrm{e}^{-\mathrm{j}\omega T_s}$ 代入可得频响函数

$$H(\mathrm{e}^{\mathrm{j}\omega T_s}) = \frac{\sum\limits_{j=0}^{p} b_j \mathrm{e}^{\mathrm{j}\omega T_s}}{1 - \sum\limits_{i=1}^{q} a_i \mathrm{e}^{\mathrm{j}\omega T_s}} \tag{3.5-38}$$

若已知白噪声 $\varepsilon[n]$ 的方差值 σ_ε^2，则 $y[n]$ 的功率谱为

$$G_{yy}(\omega) = \sigma_\varepsilon^2 |H(e^{j\omega T_s})|^2 \qquad (3.5-39)$$

这样得到 $y[n]$ 的功率谱估计，称为 ARMA 谱。

对式(3.5-37)作另一个变化可得

$$E(z) = \frac{1}{H(z)} Y(z) = G(z) \cdot Y(z) \qquad (3.5-40)$$

式中，$G(z)$ 称为 $y[n]$ 的白化滤波器的传递函数，$y[n]$ 经过 $G(z)$ 滤波可以变成白噪声 $\varepsilon[n]$。

另外值得指出的是，ARMA 模型总可以用一个无穷阶的 AR 模型 AR(∞)代替，也可以用一个无穷阶的 MA 模型 MA(∞)代替。由式(3.5-37)可知，ARMA 的传递函数是两个多项式之商，因此不难用长除的方法得到

$$H(z) = \frac{1}{G(z)} = \frac{1}{1 - \sum_{k=1}^{\infty} c_k z^{-k}} \qquad (3.5-41)$$

或

$$H(z) = \sum_{l=0}^{\infty} d_l z^{-l} \qquad (3.5-42)$$

与式(3.5-30)和式(3.5-14)相比较可知，这是 AR(∞) 和 MA(∞) 的传递函数。作为一种近似，可以取 AR(M) 代替 AR(∞) 和 MA(M) 代替 MA(∞)。其中 $M > p+q$。

在已得随机序列 $y[n]$ 的条件下建立 $y[n]$ 的 ARMA 模型，同样也面临两项任务：其一是确定合适的阶数，即自回归阶数 q 和滑动平均阶数 p；其二是确定合理的系数 a_i，($i=1,2,\cdots,q$) 和 b_j，($j=1,2,\cdots,p$)。通常是按其残差平方和 $E(a_i,b_j)$ 最小的原则来求系数（最小二乘法）。其中

$$E(a_i, b_j) = \sum_{i=0}^{N} (\hat{y}[n] - y[n])^2 \qquad (3.5-43)$$

式中，$\hat{y}[n]$ 是按式(3.5-35)（即 ARMA 模型）估计所得的序列，$y[n]$ 则是原始的信号序列。

ARMA 模型参数估计方法一直是时间序列分析方面的重要研究课题。虽然已经出现了很多算法，但还没有一个在估计效果和计算速度及稳定性上明显占优的方法。常用算法中大体上可分为非线性算法和线性算法两大类。前者存在收敛性不一定能保证、有局部极值问题、对初值要求比较严格和不便于实时处理等缺点；而线性算法都是先用高阶 AR 模型逼近 ARMA 模型后再估计参数。一些文献对此有详细的讨论。详细讨论各种算法已远远超出本书的范围，下面只从实用角度介绍如何利用 Matlab 的有关函数来估计 ARMA 模型的参数。

2. ARMA 参数估计的 Matlab 实现

调用 Matlab 的 ARMAX 函数可以对已知随机序列 $y[n]$ 建立相应的 ARMA 模型，其调用格式为

$$M = \text{ARMAX}(Y, [na\ nc])$$

式中，Y 是被估计的序列，如果是单信号，Y 按列矢量形式输入；如果是多变量问题，则 Y 为矩

阵形式,其中每一列为一个信号(序列),所有序列长度应相等。na是自回归(AR)的阶数,nc是滑动平均(MA)的阶数,如果 Y 是单变量,则 na,nc 都是正整数；如果 Y 是多变量,na,nc 应为行矢量,其中每一元素与 Y 相应列所表示的信号对应,即其维数应与 Y 的列数相等。

返回 M 包括以下内容。

① ARMA 模型的差分方程,形式如下：

$$A(q)y(t) = C(q)e(t)$$

式中

$$A(q) = 1 + a_2 q^{-1} + a_3 q^{-2} + \cdots + a_{nc} q^{-na+1}$$
$$C(q) = 1 + c_2 q^{-1} + c_3 q^{-2} + \cdots + a_{nc} q^{-nc+1}$$

式中,q 为延迟算子,例如 $q^{-1}y[n] = y[n-1]$,$q^{-i}y[n] = y[n-i]$。

② 损失函数(loss function)值,即模型估计的序列与原信号序列之差(残差)的方差值,以及 FPE(最终估计误差),其定义见下一节的说明。

3.5.4 AR 及 ARMA 模型适用性检验

前面讨论 AR 模型及 ARMA 模型的建立时,都是在假设阶数已定的条件下,用各种不同方法估计其系数的,因此选定的阶数是否合理和采用的参数估计方法是否恰当这两个重要问题,都需要通过对已建立的模型进行适用性检验来加以回答。

由于 AR 及 ARMA 模型的基本假设条件都是 $\varepsilon[n]$ 为白噪声序列,故检验模型适用性的最根本的准则应该是检验残差序列是否为白噪声,或近似白噪声。因此可以检查 $\varepsilon[n]$ 的均值是否为 0,其概率分布是否符合正态(高斯)分布,其自相关是否为 0,其与 $y[n]$ 的互相关系是否为 0 等来加以判断。然而对上述各项内容进行计算时,原则上样本数应为无穷多,取较少的样本进行估算误差较大,难以作出有说服力的判断,因此寻找既方便又可靠的检验模型适用性的方法,也是时间序列建模方法的一个研究方向。下面介绍几种比较通用的检验方法。

1. 残差的方差值检验法

模型的残差方差值 σ_ε^2 被称为模型的损失函数。它适于检验 AR(q) 模型的 q 阶最合理值。有了时间序列 $y[n]$ 后,可建立一系列 AR(q) 模型(即令 $q=1,2,\cdots,m$),然后检查方差值 σ_ε^2 随 q 增大而减小的趋势。通常 σ_ε^2 随 q 增大开始急速下降,然后变化趋于平缓,或者有一定小起伏。根据模型应尽可能简约的原则,选定一个 σ_ε^2 值接近最小值,而阶数又较低的模型可能是合适的。

然而这个方法实用时会遇到一些困难。首先 σ_ε^2 并非阶数 q 的单调函数,它常常会出现一些局部最小值,造成误判而选定了过低的阶数。另外所谓 σ_ε^2 "急速下降"或"变化趋缓"都不是严格的数学概念,难以由计算机自动判定合理阶数。

2. 最终估计误差(FPE)准则

这一准则由 Akaike 于 1969 年提出。由于采用 AR 模型的一步预测(即由 $y[n]$ 及其以前的值,预测 $y[n+1]$ 的值)的误差方差被证明(证明略)为 $\frac{N+q}{N-q}\sigma_\varepsilon^2$(其中 N 为 $y[n]$ 序列的长度,q 为阶数),故选定准则函数

$$\text{FPE}(q) = \frac{N+q}{N-q}\sigma_\varepsilon^2 \qquad (3.5-44)$$

这是适用于 AR 模型的准则。

当 q 增大时,上式右边的 σ_ε^2 趋于减小,而 $(N+q)/(N-q)$ 却不断增大,二者相乘会出现一个最小值。取 FPE 最小值所对应的 q 值为模型阶数,该模型被认为最适用,因为它的一步预测的误差方差值最小。对于 $\text{ARMA}(q,p)$ 模型,准则改为

$$\text{FPE}(q+p) = \frac{N+q+p}{N-q-p}\sigma_\varepsilon^2 \qquad (3.5-45)$$

3. 信息准则

信息准则 AIC(An Information Criterion)是 Akaike 于 1973 年提出的。其准则为

$$\text{AIC}(q) = \ln(\sigma_\varepsilon^2) + 2\frac{q}{N} \qquad (3.5-46)$$

上式适用于 $\text{AR}(q)$ 模型。对于 $\text{ARMA}(q,p)$ 模型则改为

$$\text{AIC}(q+p) = \ln\sigma_\varepsilon^2 + 2\frac{q+p}{N} \qquad (3.5-47)$$

[**例 3-9**] 1749—1924 年的太阳黑子年平均爆发数共 176 个数据,试建立其自回归(AR)模型。以 AR(2) 模型建立为例,其 Matlab 程序见脚本 3-5。

返回差分方程 $A(q)y(t) = \varepsilon(t)$

$$A(q) = 1 - 1.337q^{-1} + 0.650\,6q^{-2}$$

式中,q 为延迟算子。损失函数为 237.295,FPE 为 242.75。

如果令阶数由 1,2,…,9 分别建模可得损失函数 σ_ε^2 及 FPE 值如表 3-6 所列。

由表中数据可知:

① 阶数由 1~2,σ_ε^2 和 FPE 均有大幅下降。

② 阶数由 2~9,σ_ε^2 单调下降但下降变化平缓;而 FPE 值在阶数 3 处有一个局部最小值,而在阶数 8 处有一更小的值。

③ 阶数 2 和 3 处 FPE 值只相差 1% 左右,因此从模型尽量简约的原则出发,选取阶数为 2 的 AR(2) 模型是合适的。

表 3-6 σ_ε^2 及 FPE 值

阶 数	1	2	3	4	5	6	7	8	9
σ_ε^2	409.6	237.3	232.0	230.2	229.6	225.0	222.1	212.8	212.6
FPE	414.3	242.8	240.1	240.9	243.0	240.9	240.5	233.0	235.5

```
》y=[80.9,83.4,47.7,30.7,12.2,9.6,10.2,32.4,47.6,54.0,62.9,85.9,61.2,45.1,36.4,
20.9,11.4,37.8,69.2,106.1,100.8,81.6,65.5,34.8,30.6,7.0,19.8,92.5,154.4,125.9,
84.8,68.1,38.5,22.8,10.2,24.1,82.9,132.0,130.9,118.1,89.9,66.6,60.0,46.9,41.0,
21.3,16.0,6.4,4.1,6.8,14.5,34.0,45.0,43.1,47.5,42.2,28.1,10.1,8.1,2.5,0.0,1.4,
5.0,12.2,13.9,35.4,45.8,41.1,30.4,23.9,15.7,6.6,4.0,1.8,8.5,16.6,36.2,49.7,
62.5,67.0,71.0,47.8,27.5,8.5,13.2,56.9,121.5,138.3,103.2,85.8,63.2,36.8,24.2,
10.0,15.0,40.1,61.5,98.5,124.3,95.9,66.5,64.5,54.2,39.0,20.6,6.7,4.2,22.8,54.8,
93.8,95.7,77.2,59.1,44.0,47.0,30.5,16.3,7.3,37.3,73.9,139.1,111.2,101.7,66.3,
44.7,17.1,11.3,12.3,3.4,6.0,32.3,54.3,59.7,63.7,63.5,52.2,25.4,13.1,6.8,6.3,
7.1,35.6,73.0,84.9,78.0,64.0,41.8,26.2,26.7,12.1,9.5,2.7,5.0,24.4,42.0,63.5,
53.8,62.0,48.5,43.9,18.6,5.7,3.6,2.4,9.6,47.4,57.1,103.9,80.6,63.6,37.6,26.1,
14.2,5.8,15.7]';
% 列矢量形式的原始数据(共176个元素)
 》ybar=mean(y);%求数据的平均值
 》z=y-ybar*ones(176,1);%数据零化
 》m=ar(z,2,'fb');%AR(2)模型参数估计
```

脚本3-5 太阳黑子年爆发次数模型的Matlab程序估算

试对零均值的序列 z 建立 ARMA(2,1)模型。可将上述程序最后一行改为

$$M = \text{ARMAX}(Z,[2\ 1]);$$

返回结果为

$$A(q) = 1 - 1.448q^{-1} + 0.713\,4q^{-2}$$
$$c(q) = 1 - 0.188\,9q^{-1}$$

损失函数为242.853,FPE为251.475。显然这两个指标都不如AR(2)和AR(3)模型,因此不宜采用。

参考文献

[1] 林成森. 数值计算方法. 北京:科学出版社,1999.
[2] [美]Mathews J H,Fink K D. 数值方法(Matlab版). 陈渝,等,译. 北京:电子工业出版社,2002.
[3] 杨叔子,吴雅. 时间序列分析的工程应用. 武汉:华中理工大学出版社,1991.
[4] 王振龙. 时间序列分析. 北京:中国统计出版社,2000.
[5] 吴士良. 计算机常用算法. 北京:清华大学出版社,2001.

第4章 测试信号的频谱分析

理论和实验表明,复杂信号是由众多频率不同的谐波信号叠加而成的,各谐波的强弱比例的改变以及相位的改变,都会使信号总体特性产生变化。谐波的幅度和相位的构成被称为信号的频谱。研究和分析信号的频谱具有重要的理论和实用价值,特别在振动工程、噪声理论、语言识别、语音合成和故障诊断等技术领域更是一项关键技术。

本章在简介频谱分析的基本理论,即傅里叶级数和傅里叶积分的基础上,重点介绍便于计算机分析的离散傅里叶级数和离散傅里叶变换方法,以及功率谱的分析方法,最后简介倒频谱的定义、算法和用途。

4.1 信号频谱的形式与物理意义

如图 4-1 所示的谐波信号 $x(t)$ 由于具有优异的数学性质和深厚的物理背景,通常作为基本信号之一。

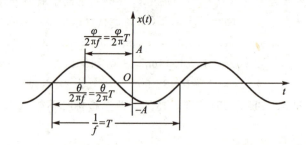

图 4-1 谐波信号 $x(t) = A \cdot \cos(2\pi ft + \varphi)$

谐波信号在数学上是一个无起点(从 $t = -\infty$ 起始)的简谐振荡周期信号,数学表达为下列四式之一。

余弦形式: $x(t) = A \cdot \cos(2\pi ft + \varphi)$ (4.1-1)

正弦形式: $x(t) = A \cdot \sin(2\pi ft + \theta)$ (4.1-2)

(三角)组合形式: $x(t) = a \cdot \cos(2\pi ft) + b \cdot \sin(2\pi ft)$ (4.1-3)

复(指)数形式: $x(t) = C \cdot e^{j2\pi ft} + C^* \cdot e^{-j2\pi ft}$ (4.1-4)

式中
$$\left.\begin{array}{l}\theta = \varphi + \dfrac{\pi}{2} \\ a = A\cos\varphi, \quad b = -A\sin\varphi \\ C = \dfrac{A}{2}\mathrm{e}^{\mathrm{j}\varphi} \quad (C^* \text{ 为 } C \text{ 的复共轭值})\end{array}\right\} \qquad (4.1-5)$$

式(4.1-4)中的复指数 $C\mathrm{e}^{\mathrm{j}2\pi ft}$ 通常称为复(指数)谐波,它同一个与其共轭的复(指数)谐波 $C^*\mathrm{e}^{-\mathrm{j}2\pi ft}$ 构成一个实际谐波。

谐波信号的波形总可由三个特征参数完全描述。对应于四种表达式,特征参数分别取:
① 频率 f,幅度 A,(余弦)零时相位 φ。
② 频率 f,幅度 A,(正弦)零时相位 θ。
③ 频率 f,余弦系数 a,正弦系数 b。
④ 频率 f,复系数 C:模 $|C|$,辐角 $\arg C$;或实部 $\operatorname{Re} C$,虚部 $\operatorname{Im} C$。

其中频率 f 是一个重要参数,它描述了谐波信号随时间变化的快慢。在实际应用时,也经常用角频率 ω 替代频率 f 的位置,两者关系为 $\omega = 2\pi f$。频率 f 的常用单位是 Hz,对应的角频率 ω 的单位为 rad/s。

谐波信号的重要数学性质包括两方面:
① 微分不变性——谐波信号经历任意微分运算后仍然是同频率的谐波。这不难由式(4.1-1)~式(4.1-4)的任一表达式加以证明。
② 大部分工程实用信号都可以分解成一系列不同频率谐波的线性组合。如何分解正是频谱分析的重要任务之一。

在工程实践中有大量谐波信号发生。例如,图 4-2 所示的质点 P 在 Oxy 平面上绕原点 O 匀角速转动,角速度为 f(圈/单位时间),$\overline{OP}$ 长度为 A,$t=0$ 时 $\overline{OP}$ 与 x 轴夹角为 φ,则 P 点的 x 坐标位置为

$$x_P(t) = A\cos(2\pi ft + \varphi)$$

图 4-3 所示的理想质量-弹簧振动系统的自由振动位移为

$$x(t) = A\cos\left(\sqrt{\dfrac{k}{m}}t + \varphi\right)$$

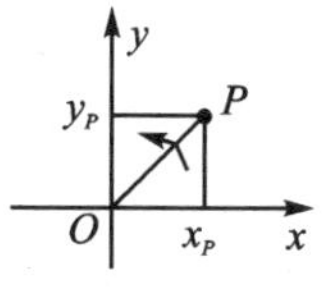

图 4-2 质点转动

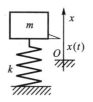

图 4-3 质量-弹簧系统

交流发电机发出的单纯电压波形为
$$u(t) = U_m \cos(2\pi ft + \varphi)$$
单色光源发出的光波强度为
$$I(t) = I_m \cos(2\pi ft + \varphi)$$

谐波信号往往对应信号源的一种单纯、谐和运动状态。一个实际信号中可能包含多个频率的谐波分量,所包含的谐波成分与信号源的状态密切相关,是信号中的重要信息。同时,其谐波成分的分布情况也能很好地说明信号的复杂程度,是信号传输、处理中需要了解的重要特性。

周期信号、瞬态信号(时限信号)及各态历经的平稳随机信号都可以通过相应的途径进行谐波分解。

4.1.1 周期信号的频谱

根据傅里叶级数理论,对于如图 4-4 所示的周期信号 $x(t)$,如果满足 Dirichlet 条件——在周期内只有有限个间断点且绝对可积,则有三角傅里叶级数展开式

$$x(t) = \sum_{n=0}^{+\infty} [a_n \cos(2\pi nf_1 t) + b_n \sin(2\pi nf_1 t)] \quad (4.1-6)$$

式中

$$\left. \begin{array}{l} a_0 = \dfrac{1}{T}\displaystyle\int_{t_0}^{t_0+T} x(t)\mathrm{d}t \\[2mm] a_n = \dfrac{2}{T}\displaystyle\int_{t_0}^{t_0+T} \cos(2\pi nf_1 t)\cdot x(t)\mathrm{d}t \quad (n=1\sim +\infty) \\[2mm] b_n = \dfrac{2}{T}\displaystyle\int_{t_0}^{t_0+T} \sin(2\pi nf_1 t)\cdot x(t)\mathrm{d}t \quad (n=1\sim +\infty) \end{array} \right\} \quad (4.1-7)$$

$f_1 = \dfrac{1}{T}$,t_0 为任意积分起点(通常取为 0)。

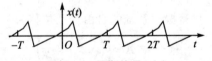

图 4-4 周期信号 $x(t)$

指数傅里叶级数展开式为

$$x(t) = \sum_{n=-\infty}^{+\infty} C_n \mathrm{e}^{\mathrm{j}2\pi nf_1 t} \quad (4.1-8)$$

式中

$$C_n = \frac{1}{T}\int_{t_0}^{t_0+T} x(t)\mathrm{e}^{-\mathrm{j}2\pi nf_1 t}\mathrm{d}t \quad (n=-\infty \sim +\infty) \quad (4.1-9)$$

两种展开系数存在如下关系:

$$C_0 = a_0, \quad C_n = \frac{1}{2}(a_n - \mathrm{j}b_n), \quad C_{-n} = \frac{1}{2}(a_n + \mathrm{j}b_n) \quad (n=1\sim +\infty) \quad (4.1-10)$$

三角傅里叶级数还可表达为

$$x(t) = \sum_{n=0}^{+\infty}[A_n\cos(2\pi nf_1 t + \varphi_n)] \quad (4.1-11)$$

或

$$x(t) = \sum_{n=0}^{+\infty}[A_n\sin(2\pi nf_1 t + \theta_n)] \quad (4.1-12)$$

式中

$$A_n = \sqrt{a_n^2 + b_n^2} \quad (n=0\sim+\infty) \quad (4.1-13)$$

$$\varphi_0 = \arccos\left(\frac{a_0}{|a_0|}\right), \quad \varphi_n = \arctan\left(\frac{-b_n}{a_n}\right) \quad (n=1\sim+\infty) \quad (4.1-14a)$$

$$\theta_n = \varphi_n + \frac{\pi}{2} \quad (n=0\sim+\infty) \quad (4.1-14b)$$

按三角傅里叶级数展开式(4.1-6)或式(4.1-11)、式(4.1-12)，已将 $x(t)$ 分解成了一系列由序号 n 标记的实谐波（或称三角谐波）之和。

$n=0$：直流分量——特殊谐波（最简单的谐波），即

$$x_0(t) = a_0 = a_0\cos\varphi_0 = A_0\sin\theta_0$$

$n=1$：基波分量——频率为 f_1（$x(t)$ 的重复频率——基本频率）的谐波分量，即

$$x_1(t) = a_1\cos(2\pi f_1 t) + b_1\sin(2\pi f_1 t) = A_1\cos(2\pi f_1 t + \varphi_1) = A_1\sin(2\pi f_1 t + \theta_1)$$

$n>1$：n 次谐波分量——频率 $f_n = nf_1$（基波频率的 n 倍）的谐波分量，即

$$x_n(t) = a_n\cos(2\pi nf_1 t) + b_n\sin(2\pi nf_1 t) = A_n\cos(2\pi nf_1 t + \varphi_n) = A_n\sin(2\pi nf_1 t + \theta_n)$$

按指数傅里叶级数展开式(4.1-8)，便将 $x(t)$ 分解成了一系列由序号 n 标记的复（指数）谐波之和，则

$n=0$：直流分量——$x_0(t) = C_0$；

$n=\pm 1$：基波分量——$x_{+1}(t) = C_1 e^{j2\pi f_1 t}$，$x_{-1}(t) = C_{-1} e^{-j2\pi f_1 t}$；

$|n|>1$：n 次谐波分量——$x_{+n}(t) = C_n e^{j2\pi nf_1 t}$，$x_{-n}(t) = C_{-n} e^{-j2\pi nf_1 t}$。

对于实信号 $x(t)$，每个非直流复谐波分量 $x_{+n}(t)$ 都将同一个与其共轭的复谐波 $x_{-n}(t) = x_{+n}^*(t)$ 合成一个实谐波分量[①]。

将信号分解成谐波分量时，若将每个谐波分量的特征参数按序排列成图，便能形象地表达信号分解的情况。由于各个谐波分量可由其频率明确区分（谐波序号 n 与其频率 f_n 有确定关系：$f_n = nf_1$），故通常以谐波频率为序（不同频率对应不同谐波分量）刻画谐波分量的幅度及相位等特征参数的分布情况，形成所谓的频谱。对应周期信号分解的四种表达形式，其频谱有五种不同的刻画方法[②]：

---

① 对于周期复（数）信号 $x(t)$，可以按式(4.1-8)进行分解。但在分解式中各复谐波不会总是共轭成对合成实谐波。这样的信号也自然不能按式(4.1-6)或式(4.1-11)、式(4.1-12)分解成实谐波之和。

② 对于实信号而言；对于复信号，则只有对应于复谐波分解的两种方法。

对应式(4.1-11)分解,用图4-5(a)所示的(单边)幅度谱 A_n-f 和图4-5(b)所示的(余弦)相位谱 φ_n-f 表示;

对应式(4.1-12)分解,可用(单边)幅度谱 A_n-f 和(正弦)相位谱 θ_n-f 表示;

对应式(4.1-6)分解,可用余弦谱 a_n-f 和正弦谱 b_n-f 表示;

对应式(4.1-8)分解,表达各谐波分量特征值 C_n 与频率 f(即 nf_1)的频谱图可按两种方式刻画:一种方式是分别取 C_n 的模 $|C_n|$ 和辐角 $\arg C_n$,形成如图4-6(a)所示的(双边)幅度谱 $|C_n|$-f 和图4-6(b)所示的(双边)相位谱 $\arg C_n$-f;另一种方式是分别取 C_n 的实部 $\operatorname{Re} C_n$ 和虚部 $\operatorname{Im} C_n$,形成如图4-7(a)所示的实谱 $\operatorname{Re} C_n$-f 和如图4-7(b)所示的虚谱 $\operatorname{Im} C_n$-f。

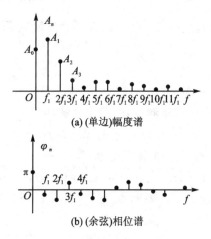

图4-5 周期信号的频谱形式之一

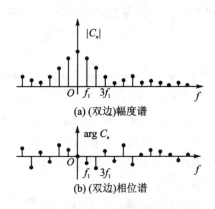

图4-6 周期信号的频谱形式之二

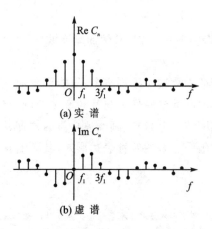

图4-7 周期信号的频谱形式之三

不同形式频谱的功效完全等价,之间有非常明了的对应关系(如式(4.1-10)、式(4.1-13)、式(4.1-14)所列),可任选其一。常用的频谱是图4-5和图4-6所示的两种,前者由于其所描述的谐波参数的直观意义而受重用,后者则由于数学运算的相对简单而受欢迎。

按实(三角)谐波分解得到的频谱(见图4-5)与按复(指数)谐波分解得到的频谱(见图4-6、图4-7)的显著差别是:前者只在有实际物理意义的正频率($+f$)轴边有谱线,可形象地谓之"单边"频谱;后者在频率轴的两边都有谱线,可谓之"双边"频谱。

不难证明,实信号 $x(t)$ 的"双边"频谱有如下特征:

双边幅度谱 $|C_n|$、实谱 $\text{Re}\,C_n$ 是频率 $f=nf_1$ 的偶函数——对称于纵轴,如图 4-6(a)、图 4-7(a)所示。实际绘制时可只绘一边,另一边标注对称即可。

双边相位谱 $\arg C_n$、虚谱 $\text{Im}\,C_n$ 则是频率 $f=nf_1$ 的奇函数——反对称于纵轴,如图 4-6(b)、图 4-7(b)所示。实际绘制时可只绘一边,另一边标注反对称即可。

常用单边频谱图 4-5 与常用双边频谱图 4-6 的关系为

$$\left.\begin{aligned} &A_0 = |C_0|, \quad A_n = 2|C_n| \quad (n=1\sim+\infty) \\ &\varphi_n = \arg C_n \quad (n=0\sim+\infty) \end{aligned}\right\} \tag{4.1-15}$$

4.1.2 周期信号的功率谱

对任意周期信号 $x(t)$,定义平均功率

$$P = \frac{1}{T}\int_{t_0}^{t_0+T} x^2(t)\,\mathrm{d}t \tag{4.1-16}$$

式中,t_0 为任意时刻,T 为 $x(t)$ 的周期。

式(4.1-16)定义的平均功率可表达信号 $x(t)$ 的总体强弱。

当 $x(t)$ 分解成三角谐波分量组合时,其谐波分量 $x_n(t)=A_n\cos(2\pi nf_1 t+\varphi_n)$(周期为 $T_n=1/(nf_1)$)的平均功率为

$$G_n = \frac{1}{T_n}\int_{t_0}^{t_0+T_n} x_n^2(t)\,\mathrm{d}t = \begin{cases} A_0^2 & (n=0) \\ \dfrac{A_n^2}{2} & (n=1\sim+\infty) \end{cases} \tag{4.1-17}$$

当 $x(t)$ 分解成指数谐波分量组合时,其谐波分量 $x_{nA}(t)=C_n e^{j2\pi nf_1 t}$(周期为 $T_n=1/(nf_1)$)也可定义平均功率

$$S_n = \frac{1}{T_n}\int_{t_0}^{t_0+T_n} x_{nA}(t)\cdot x_{nA}^*(t)\,\mathrm{d}t = |C_n|^2 \quad (n=-\infty\sim+\infty) \tag{4.1-18}$$

表达其总体强弱。

不难证明有下列 Parserval 关系:

$$P = \sum_{n=0}^{+\infty} G_n = \sum_{n=-\infty}^{+\infty} S_n \tag{4.1-19}$$

即周期信号无论是分解成三角谐波之和还是指数谐波之和,其平均功率都等于所有各个谐波的平均功率之和。由此也可看出,各谐波分量的功率也是重要参数,可以比较直接地表达它对合成总信号的贡献。于是也经常将谐波分量的功率按频率顺序排列,构成如图 4-8(a)所示的单边功率谱 $G_n - f$ 或图 4-8(b)所示的双边功率谱 $S_n - f$;前者对应实(三角)谐波展开,后者对应复(指数)谐波分解。

G_n 和 S_n 可分别按式(4.1-17)和式(4.1-18)计算。实信号的双边功率谱 S_n 与双边幅度谱一样,是频率的偶函数——谱图对称于纵轴。双边功率谱 S_n 与单边功率谱 G_n 有下列简

明关系：

$$G_0 = S_0, \quad G_n = 2S_n \quad (n = 1 \sim +\infty) \quad (4.1-20)$$

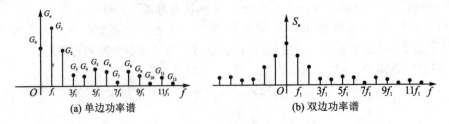

(a) 单边功率谱　　　　　　　　　(b) 双边功率谱

图 4-8　周期信号的功率谱

4.1.3　非周期信号的频谱密度

对于非周期连续时间信号 $x(t)$（工程上最常见的是图 4-9 所示的时限信号 $x(t)$，当 $t \notin [t_1, t_2]$ 时，$x(t) \equiv 0$），若满足非严密的 Dirichlet 条件[①]，在数学上不难证明下列（广义）傅里叶变换关系：

$$x(t) = \int_{-\infty}^{+\infty} X(f) \cdot e^{j2\pi ft} \cdot df \xrightarrow{\text{def}} \mathscr{F}^{-1}[X(f)] \quad (4.1-21)$$

式中

$$X(f) = \int_{-\infty}^{+\infty} x(t) e^{-j2\pi ft} \cdot dt \xrightarrow{\text{def}} \mathscr{F}[x(t)] \quad (4.1-22)$$

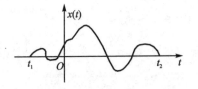

图 4-9　典型的非周期信号——时限信号 $x(t)$

在数学上 $X(f)$[②] 称为原函数 $x(t)$ 的傅里叶（变换）像函数。常用 $\mathscr{F}[x(t)]$ 表示对 $x(t)$ 进行式(4.1-22)中傅里叶变换（运算），而用 $\mathscr{F}^{-1}[X(f)]$ 表示对像函数 $X(f)$ 进行式(4.1-21)中傅里叶反变换（运算）。

考察式(4.1-21)，可见它已将时限信号 $x(t)$ 分解成了一系列（复）指数谐波分量 $x_f(t) = [X(f) \cdot df] \cdot e^{j2\pi ft}$ 的和（积分——连续和）。它与周期信号不同的是：

每个谐波分量 $x_f(t)$ 的幅度 $|X(f) \cdot df|$ 都是无穷小量，而周期信号的谐波分量幅度有限；

---

① 非严密 Dirichlet 条件包括：$\int_{-\infty}^{+\infty} |x(t)| dt < \infty$，$x(t)$ 在 $t \in (-\infty, +\infty)$ 的任意有限区间内只存在有限个不连续点和极限点；严密 Dirichlet 条件则要求 $x(t)$ 在不连续点和极限点取有限值。满足严密 Dirichlet 条件时有一般傅里叶变换关系成立。

② 在一般文献中，为了使傅里叶变换像函数与常用的 Laplace 变换像函数 $X(s) = \mathscr{L}[x(t)]$ 有一致的表达式，常将傅里叶像函数的自变量取为 $j\omega$，即表达为 $X(j\omega)$，其中 $\omega = 2\pi f$。但仅从信号频谱分析的角度而言，取 $X(f)$ 更为简洁。

各谐波分量 $x_f(t)$ 在频率 f 轴上连续排列(谐波频率 f 可能取任意值),而周期信号各谐波分量之间间隔频率 $f_1=1/T$[①]。

虽然各谐波分量的幅度都是无穷小量,但可通过 $X(f)$ 表达各自的特征:其模 $|X(f)|$ 可表达 $x_f(t)$ 幅度的相对大小,辐角 $\arg X(f)$ 正是 $x_f(t)$ 的零时相位。

进一步考察在任意频率 $f=f_0$ 附近单位频带 $f\in\left[f_0-\frac{1}{2},f_0+\frac{1}{2}\right]$ 内谐波分量的合成结果有

$$x_1(t)=\int_{f_0-\frac{1}{2}}^{f_0+\frac{1}{2}}X(f)\mathrm{e}^{\mathrm{j}2\pi ft}\mathrm{d}f\approx\int_{f_0-\frac{1}{2}}^{f_0+\frac{1}{2}}X(f_0)\mathrm{e}^{\mathrm{j}2\pi f_0 t}\mathrm{d}f=X(f_0)\mathrm{e}^{\mathrm{j}2\pi f_0 t}$$

可见:任意频率 f 附近单位频带内的谐波分量合成近似为频率为 f、幅度为 $|X(f)|$、零时相位为 $\arg X(f)$ 的(复)指数谐波。由此,$X(f)$ 被称为信号 $x(t)$ 的(双边)频谱密度函数。相应地,有图 4-10(a) 所示的(双边)幅度谱(密度) $|X(f)|-f$ 和图 4-10(b) 所示的(双边)相位谱 $\arg X(f)-f$,或图 4-11(a) 所示的实谱(密度) $\mathrm{Re}\,X(f)-f$ 和图 4-11(b) 所示的虚谱(密度) $\mathrm{Im}\,X(f)-f$。

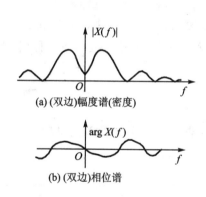

图 4-10 时限信号的双边谱之一

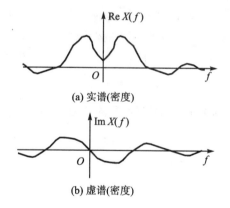

图 4-11 时限信号的双边谱之二

与周期信号一样,非周期实信号 $x(t)$ 亦可以分解为物理意义更明确的实(三角)谐波之和:

$$x(t)=\int_{0_-}^{+\infty}A(f)\cdot\cos[2\pi ft+\varphi(f)]\cdot\mathrm{d}f \tag{4.1-23}$$

式中,$A(f),\varphi(f)$ 分别为各实(三角)谐波分量的相对幅度和零时相位,它们只在有实际物理意义的正频率端取值,有如图 4-12(a) 所示的(单边)幅度谱(密度) $A(f)-f$ 和图 4-12(b) 所示的(单边)相位谱 $\varphi(f)-f$。

---

① 从时限信号周期延拓导出其谐波分解公式,并进而表明两种频谱关联的过程,可参见参考文献[1],[2]。

式(4.1-23)中 0_- 表示积分(求和)下限取在 $f=0$ 的左极限,以便包含可能的有限直流分量,此时 $A(f)$ 在 $f=0$ 处会出现冲激突变。

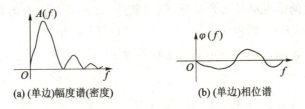

(a) (单边)幅度谱(密度)　　　(b) (单边)相位谱

图 4-12　时限信号的单边谱

非周期信号的单边频谱通常由双边频谱的结果导出[①]:

$$A(0) = |X(0)|, \quad A(f) = 2|X(f)| \quad (f>0) \atop \varphi(f) = \arg X(f) \quad (f \geqslant 0) \qquad (4.1-24)$$

在实际应用中,大都采用图 4-10 所示的双边频谱及其对应的式(4.1-21)、式(4.1-22)来分析时限信号,以求数学上的简便。

与周期信号一样,实的非周期信号的双边频谱也具有对称性:幅度谱(密度)$|X(f)|$、实谱(密度)$\operatorname{Re} X(f)$ 是 f 的偶函数——对称于纵轴;相位谱 $\arg X(f)$、虚谱(密度)$\operatorname{Im} X(f)$ 是 f 的奇函数——反对称于纵轴。实际绘制频谱图时可只绘一边,在另一边标注对称(反对称)即可。

4.1.4　非周期信号的能量谱(密度)

对于图 4-9 所示时限信号 $x(t)$ 等能量为有限值的非周期信号(常称为能量信号),可定义能量 W 表达其总体强弱:

$$W = \int_{-\infty}^{+\infty} x^2(t) \mathrm{d}t \qquad (4.1-25)$$

考虑 $x(t)$ 按(虚)指数谐波展开如式(4.1-21),可导出

$$W = \int_{-\infty}^{+\infty} |X(f)|^2 \cdot \mathrm{d}f \qquad (4.1-26)$$

此谓能量信号的 Parserval 公式。

仔细考察可知式(4.1-26)中积分号下的 $|X(f)|^2 \mathrm{d}f$ 就是式(4.1-21)分解所得微小谐波分量 $x_f(t) = [X(f)\mathrm{d}f] \mathrm{e}^{\mathrm{j}2\pi ft}$ 的能量。Parserval 公式表明:时限信号的总能量等于其所有(无限小)谐波分量的能量之和。

---

① 亦可先计算 $a(0) = \int_{-\infty}^{+\infty} x(t)\mathrm{d}t, a(f) = \int_{-\infty}^{+\infty} x(t)\cos(2\pi ft)\mathrm{d}t, b(f) = \int_{-\infty}^{+\infty} x(t)\sin(2\pi ft)\mathrm{d}t$,然后按 $A(0) = |a(0)|, \varphi(0) = \arccos[a(0)/|a(0)|], A(f) = \sqrt{a(f)^2 + b(f)^2}, \varphi(f) = \arctan[b(f)/a(f)]$ 取值。

各谐波分量的能量也是无限小量,但可定义双边能量谱 $E_x(f)$ 表达谐波分量能量的相对大小:

$$E_x(f) = |X(f)|^2 \qquad (4.1-27a)$$

实信号的双边能量谱(密度)$E_x(f)$ 显然也是频率 f 的偶函数,图形对称于纵轴,如图 4-13 所示。

对应于实信号 $x(t)$ 按式(4.1-23)进行实(三角)谐波分解,有单边能量谱(密度)式

$$N_x(f) = \begin{cases} A(0)^2 & (f=0) \\ \dfrac{1}{2}A(f)^2 & (f>0) \end{cases} \qquad (4.1-27b)$$

单边能量谱(密度)$N_x(f)$-f 如图 4-14 所示。

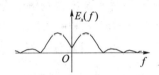

图 4-13　时限信号的双边能量谱(密度)　　图 4-14　时限信号的单边能量谱(密度)

不难导出双边能量谱(密度)$E_x(f)$ 与单边能量谱(密度)$N_x(f)$ 有如下关系:

$$N_x(0) = E_x(0) \qquad (4.1-28a)$$

$$N_x(f) = 2E_x(f) \qquad (f>0) \qquad (4.1-28b)$$

且有

$$W = \int_{0_-}^{+\infty} N_x(f)\mathrm{d}f \qquad (4.1-29)$$

4.1.5　各态历经平稳随机信号的功率谱(密度)

随机信号的随机性实际由发出这些信号的信号源赋予。结构及参数"完全一样"的大量随机信号源 $S_1 \sim S_n$ 构成一个随机总体 $\mathscr{S}= \forall (S_1, S_2, \cdots, S_n)$,其中单个信号源 S_i 谓之随机总体 $\mathscr{S}$ 的一个样本。由结构及参数"完全一样"的随机信号源(总体)$\mathscr{S}$ 发出的大量信号 $x_1(t) \sim x_n(t)$ 便构成一个所谓的随机信号总体 $\mathscr{X}= \forall \{x_1(t), x_2(t), \cdots, x_n(t)\}$,其中由 S_i 发出的 $x_i(t)$ 称为 $\mathscr{X}$ 的一个样本信号。

随机信号 $\mathscr{X}= \forall \{x_1(t), x_2(t), \cdots, x_n(t)\}$ 的随机性表现在:

① $x_1(t) \neq x_2(t) \neq \cdots \neq x_n(t)$;$S_1 \sim S_n$ 的结构及参数"完全一样",但发出的信号不一样——每个 S_i 在各行其是,随机发出信号;

② $x_i(t)$ 随时间 t 的变化规律不受 S_i 结构参数的控制——它在随机变化。

这种随机现象的本质是随机总体 $\mathscr{S}$ 中看似完全一样的各个样本 $S_1 \sim S_n$ 还存在许多未知或不能控制的参数,这些参数在每个样本 S_i 中其实是不一样的。在 S_i 发出 $x_i(t)$ 的过程中,

这些参数其实在变化。

工程测试及信号分析中可及的是随机信号总体 $\mathscr{X}$ 的样本信号 $x_i(t)$。这些样本信号 $x_i(t)$ 与确定性信号并无本质区别,都是某个物理量的时间历程,可以对其进行同样的测试、分析(就测试而言,并不在乎被测信号是否有规律,即便是有规律的确定性信号,测试者也并不知道它会如何变化)。但在测试、分析之前必须弄清楚是否有意义。对样本信号 $x_i(t)$ 测试、分析的根本目的是了解随机信号总体 $\mathscr{X}(t)$ 的统计规律(进而了解信号源 $\mathscr{S}$ 的特性)。由于实际的测试、分析都只能对有限的信号且在有限的时间范围内进行,因此,只有对各态历经的平稳随机总体的样本信号进行测试、分析才是有意义的。

由于 $\mathscr{X}(t)$ 是各态历经的,可以通过单个样本信号 $x_i(t)$ 的测试分析,了解 $\mathscr{X}(t)$ 的统计规律(信息),因为各态历经性保证由任一样本都可以统计出总体的规律。

由于 $\mathscr{X}(t)$ 是平稳的,便可以通过对样本信号 $x_i(t)$ 在有限的时间范围内的测试分析,了解整个 $x_i(t)$ 的统计特征,因为平稳性保证在任意足够长的时间内都可统计出整个样本的规律。

对各态历经的平稳随机信号(总体)$\mathscr{X}(t)$,为叙述简便,完全可以由其任一样本信号 $x(t)$ 指代,以后便如此。

各态历经的平稳随机信号 $x(t)$ 的平均功率 P 是有限的,定义为

$$P = \lim_{T \to \infty} \left\{ \frac{1}{T} \int_{t_0-T/2}^{t_0+T/2} x^2(t) \, dt \right\} \tag{4.1-30}$$

式中,t_0 为任意时间起点。

平均功率 P 表达了随机总体 $\mathscr{X}(t)$,亦即其发出的任意样本信号 $x(t)$ 的整体强弱。

如图 4-15 所示,截取样本信号 $x(t)$ 的一段,构成时限信号

$$x_T(t) = \begin{cases} x(t) & \left(t \in \left[t_0 - \dfrac{T}{2}, t_0 + \dfrac{T}{2}\right]\right) \\ 0 & (\text{其余}) \end{cases} \tag{4.1-31}$$

可得

$$P = \lim_{T \to \infty} \left\{ \frac{1}{T} \int_{-\infty}^{+\infty} x_T^2(t) \, dt \right\} \tag{4.1-32}$$

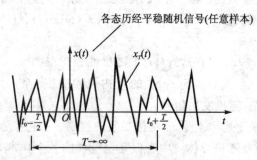

图 4-15 各态历经的平稳随机信号 $\mathscr{X}(t)$

时限信号 $x_T(t)$ 可分解为

$$x_T(t) = \int_{-\infty}^{+\infty} X_T(f) e^{j2\pi ft} df \qquad (4.1-33)$$

式中

$$X_T(f) = \int_{-\infty}^{+\infty} x_T(t) e^{-j2\pi ft} dt \qquad (4.1-34)$$

将式(4.1-33)代入式(4.1-32)可得

$$P = \int_{-\infty}^{+\infty} \left\{ \lim_{T \to \infty} \frac{|X_T(f)|^2}{T} \right\} df \qquad (4.1-35)$$

定义

$$S_x(f) = \lim_{T \to \infty} \frac{|X_T(f)|^2}{T} \qquad (4.1-36)$$

相应有

$$P = \int_{-\infty}^{+\infty} S_x(f) df \qquad (4.1-37)$$

因为 P 有限,所以 $S_x(f) = \lim_{T \to \infty} \frac{|X_T(f)|^2}{T}$ 有限(或为有限个冲激)。$S_x(f)$ 将随机信号 $x(t)$ 的平均功率与频率 f 联系在一起。事实上,各态历经的平稳随机信号 $x(t)$ 亦可分解成谐波分量之和,只是其谐波分量的幅度处于无穷小开方量级,无法获得谐波分量的具体表达式。但各谐波分量的平均功率为无穷小量,$S_x(f) df$ 正是其频率为 f 的(虚)指数谐波分量的平均功率。$S_x(f)$ 便称为随机信号 $x(t)$ 的(双边)功率谱(密度),是表达随机信号统计规律的一个重要函数。

实(随机)信号 $x(t)$ 的双边功率谱(密度) $S_x(f)$ 是 f 的偶函数,如图 4-16(a)所示,对称于纵轴。

也可定义单边功率谱密度函数 $G_x(f)$:

$$G_x(0) = S_x(0), \qquad G_x(f) = 2S_x(f) \qquad (f>0) \qquad (4.1-38)$$

相应有

$$P = \int_{0_-}^{+\infty} G_x(f) df \qquad (4.1-39)$$

式中,$G_x(f) df$ 是随机信号 $x(t)$ 中频率为 f 的三角谐波分量的平均功率。积分下限取为 0 的左极限 0_- 是为了包容 $G_x(f)$ 在 $f=0$ 处可能存在的冲激效应。单边功率谱(密度)如图 4-16(b)所示。

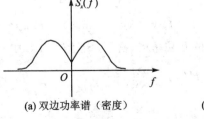

(a) 双边功率谱(密度)   (b) 单边功率谱(密度)

图 4-16 各态历经平稳随机信号的功率谱(密度)

4.2 频谱分析的作用与频谱求取方法

4.2.1 频谱分析的作用

频谱分析的作用主要有三方面：

首先是可以从 $x(t)$ 的频谱中找到 $x(t)$ 发出者（信号源）的某些特性。例如，可以对发动机发出的随机噪声进行频谱（功率谱）分析，由功率谱诊断发动机运转是否正常；对输出电压波形进行频谱分析，诊断发电机的运行参数等。

其次是可以通过对输入、输出信号频谱的比较分析，辨识信号传递（测试）系统的传递特性，如频响函数[1]等。

频谱分析的另一类作用是用以评估待测量（传递、处理）信号的复杂程度，以便为其配置合适的测量（传递、处理）系统。其中，最常进行的工作是估计信号的有效频带[1]。

1. 线性时不变系统的频响函数辨识

对于线性时不变系统，可通过频谱分析确定其频响函数 $H(f)$ 及相应的幅频特性 $|H(f)|$ 和相频特性 $\arg H(f)$。

① 向系统输入周期为 T 的信号 $x(t) = \sum_{n=0}^{\infty} A_{xn} \cos(2\pi n f_1 t + \varphi_{xn})$，$f_1 = 1/T$，系统将输出同周期 T 的信号 $y(t) = \sum_{n=0}^{\infty} A_{yn} \cos(2\pi n f_1 t + \varphi_{yn})$，可得

$$\begin{cases} |H(nf_1)| = A_{yn}/A_{xn} \\ \arg H(nf_1) = \varphi_{yn} - \varphi_{xn} \end{cases} \quad (n = 0 \sim +\infty) \qquad (4.2\text{-}1)$$

② 向系统输入时限信号 $x(t) = \int_{-\infty}^{+\infty} X(f) \cdot e^{j2\pi ft} df$，系统将输出时限信号 $y(t) = \int_{-\infty}^{+\infty} Y(f) \cdot e^{j2\pi ft} df$，可得

$$H(f) = Y(f)/X(f) \quad (f \in \{f, |X(f)| \neq 0\}) \qquad (4.2\text{-}2)$$

③ 向系统输入各态历经平稳随机信号 $x(t)$，系统亦将输出各态历经平稳随机信号 $y(t)$。分别记 $x(t), y(t)$ 的（双边）功率谱（密度）为 $S_x(f), S_y(f)$，则有

$$|H(f)| = \sqrt{S_y(f)/S_x(f)} \quad (f \in \{f, |S_x(f)| \neq 0\}) \qquad (4.2\text{-}3)$$

如果仿照 $S_x(f)$ 定义 $y(t)$ 与 $x(t)$ 的互功率谱（密度）$S_{yx}(f)$①，则有

$$H(f) = \frac{S_{yx}(f)}{S_x(f)} \qquad (4.2\text{-}4)$$

---

① 见第 5 章。

2. 信号的有效频带估计

（1）周期信号的有效频带估计

若已知周期信号 $x(t)$ 的单边功率谱，则可由频谱图分布初步试选有效频带下限为 $f_l = N_l \cdot f_1$，上限为 $f_h = N_h \cdot f_1$，将功率较大的谐波分量保留在初选的有效频带内，如图 4-17 所示。此时，$f \in [f_l, f_h]$ 内谐波分量的合成信号为

$$x_*(t) = \sum_{n=N_l}^{N_h} A_n \cos(2\pi n f_1 t + \varphi_n)$$

计算 $x_*(t)$ 的平均功率：

$$P_* = \sum_{n=N_l}^{N_h} G_n$$

计算 $x(t)$ 的平均功率：

$$P = \frac{1}{T} \int_0^T x^2(t) \mathrm{d}t$$

验算 P_*/P：

如果 P_*/P 略大于 Δ（Δ 常取为 0.9～0.99），则可认定 $x(t)$ 的有效频带为 $f \in [f_l, f_h]$（功率$\geqslant \Delta$ %），即在工程上可以由 $x_*(t)$ 近似替代 $x(t)$。

如果 $P_*/P < \Delta$ %，则适当拓宽 $f \in [f_l, f_h]$ 的范围后再验算。

如果 P_*/P 明显大于 Δ %，则适当减小 $f \in [f_l, f_h]$ 的范围后再试。

（2）时限信号的有效频带估计

求得时限信号 $x(t)$ 的单边能量谱（密度）$N_x(f)$ 后，由谱图分布初步试选有效频带下限为 f_l，上限为 f_h，将能量谱（密度）较大的谐波分量保留在初选的有效频带内，如图 4-18 所示。$f \in [f_l, f_h]$ 内谐波分量合成信号为（参见式(4.1-23)）

$$x_*(t) = \int_{f_l}^{f_h} A(f) \cdot \cos[2\pi f t + \varphi(f)] \mathrm{d}f$$

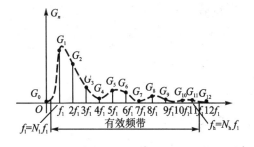

图 4-17 周期信号的单边功率谱与有效频带

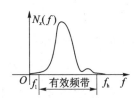

图 4-18 时限信号的单边能量谱（密度）与有效频带

计算 $x_*(t)$ 的能量:

$$W_* = \int_{f_1}^{f_h} N_x(f) df$$

计算 $x(t)$ 的总能量(一般在时域计算):

$$W = \int_0^T x^2(t) dt$$

验算 W_*/W:

如果 W_*/W 略大于 Δ($\Delta=0.9\sim0.99$),则可认定 $x(t)$ 的有效频带为 $f\in[f_1,f_h]$(能量$\geqslant\Delta$),即在工程上可以由信号 $x_*(t)$ 近似替代 $x(t)$。

(3) 各态历经平稳随机信号的有效频带估计

得到 $x(t)$ 的单边功率谱(密度)$G_x(f)$ 后,由谱图分布初步试选有效频带下限为 f_1,上限为 f_h,将功率谱(密度)较大的谐波分量保留在初选的有效频带内,如图 4-19 所示。

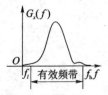

图 4-19 各态历经平稳随机信号的单边功率谱(密度)与有效频带

计算 $f\in[f_1,f_h]$ 带内谐波分量合成信号的平均功率:

$$P_* = \int_{f_1}^{f_h} G_x(f) df$$

计算 $x(t)$ 的总功率:

$$P = \lim_{T\to\infty}\left\{\frac{1}{T}\int_{-T/2}^{T/2} x^2(t) dt\right\} \quad \text{或} \quad P = \int_0^\infty G_x(f) df$$

验算 P_*/P:

若 P_*/P 略大于 Δ(常取 $\Delta=0.9\sim0.99$),则可确定 $x(t)$ 的有效频带为 $f\in[f_1,f_h]$。

4.2.2 信号频谱的求取方法

求取信号频谱在数学上就是完成相应的积分运算,即

对于周期信号 $x_T(t)$,按式(4.1-9)完成傅里叶级数展开 $FS\{x_T(t)\}$:

$$C_n = \frac{1}{T}\int_{t_0}^{t_0+T} x_T(t) e^{-j2\pi nf_1 t} dt \xlongequal{\text{def}} FS\{x_T(t)\} \quad (n=-\infty\sim+\infty)$$

对于非周期信号 $x(t)$,按式(4.1-24)完成傅里叶变换 $\mathscr{F}\{x(t)\}$:

$$X(f) = \int_{-\infty}^{+\infty} x(t) e^{-j2\pi ft} \cdot dt = \mathscr{F}[x(t)]$$

求取信号频谱的方法有三种:解析法、模拟仪器分析法和数字计算法。

如果信号的解析表达式已知,并且表达式不太复杂,便可用解析的方法完成 $FS\{x(t)\}$ 或 $\mathscr{F}\{x(t)\}$ 运算,获得所需的频谱。$FS\{x(t)\}$ 和 $\mathscr{F}\{x(t)\}$ 都有许多特性和现成的典型结果可用来简化运算[1,3]。

有几种特殊信号的频谱值得关注。

① 直流信号：
$$x_1(t) = A \to X_1(f) = \mathscr{F}\{x_1(t)\} = A\delta(f)$$

② 单位冲激信号：
$$x_2(t) = \delta(t) \to \Delta(f) = \mathscr{F}\{\delta(t)\} = 1$$

③ 单位阶跃信号：
$$x_3(t) = u(t) \to U(f) = \mathscr{F}\{u(t)\} = \frac{1}{2}\delta(f) + \frac{1}{j2\pi f}$$

④ 单边指数信号：
$$x_4(t) = Ae^{-at}u(t) \quad (a > 0) \to X_4(f) = \mathscr{F}\{x_4(t)\} = \frac{A}{a + j2\pi f}$$

需要指出的是，在广义傅里叶变换的框架下（引入奇异的单位冲激函数 $\delta(t)$），周期信号也可以进行傅里叶变换。

对于周期信号：
$$x_T(t) = \sum_{n=-\infty}^{+\infty} C_n e^{j2\pi n f_1 t}, \quad f_1 = \frac{1}{T}$$

其频谱密度函数为
$$X_T(f) = \mathscr{F}[x_T(t)] = \sum_{n=-\infty}^{+\infty} C_n \cdot \delta(f - nf_1) \tag{4.2-5}$$

对此 $X_T(f)$ 实施 $\mathscr{F}^{-1}[\cdot]$ 运算可证实其正确性：
$$\mathscr{F}^{-1}[X_T(f)] = \int_{-\infty}^{+\infty} X_T(f) e^{j2\pi ft} df = \sum_{n=-\infty}^{+\infty} C_n \cdot e^{j2\pi n f_1 t} = x_T(t)$$

对于未知解析表达式的实测周期和随机（电）信号，可采用专门的模拟仪器，如频谱分析仪、功率谱（密度）分析仪、互功率谱（密度）分析仪等获取频谱。

周期信号的频谱分析仪有多种结构形式。图 4-20 是一种采用变频式跟踪滤波器的频谱分析仪原理图。通过一个稳定的高频（频率 $f_0 = 100$ kHz）信号 $e_0(t) = K_1 \sin(2\pi f_0 t + \theta)$ 和一个受控的参考信号 $e(t) = K_2 \sin(2\pi ft)$ 形成变频载波信号，由被分析的信号 $x(t)$ 调制，然后进行以 f_0 为中心的窄带滤波，获得 $x(t)$ 中 f 频率谐波的幅度 A 及零时相位 φ [4]163 此种频谱分析仪的技术关键是保证中心窄带滤波器的中心频率与高频振荡信号的频率 f_0 一致，并且滤波器通带应足够窄。

功率谱密度分析仪的一般原理方框图如图 4-21 所示[5]287，此分析仪所测得结果的精度与滤波器的带宽 B_e 及分析取样时间成反比，滤波器的非理想特性也有影响。图 4-22 为互功率谱密度分析仪的原理方框图[5]291。此类仪器造价较贵。

模拟频谱分析仪曾经是实际信号频谱分析的主要工具。但随着数字计算（机）技术的发展和快速数字计算方法（如 FFT 等）的应用，已逐渐被成本低廉许多，但精度能达到更高要求的

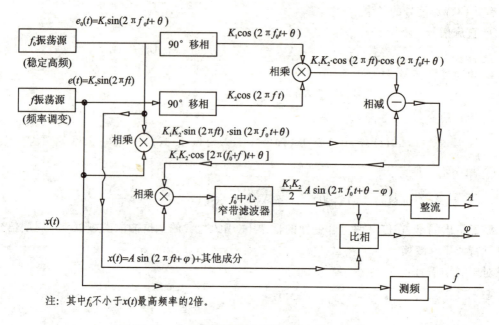

图 4-20 变频跟踪滤波器频谱分析仪原理图

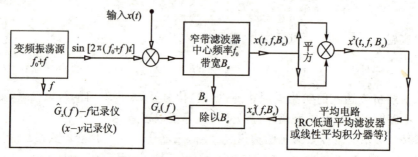

图 4-21 功率谱(密度)分析仪原理方框图

数字频谱分析方法(仪器)所取代,只在少数频率甚高和实时性要求很高的特殊领域保留了一定地位。

对于随机信号及解析表达式未知或过于复杂的确定性信号,求取频谱的一种有效方法是利用数字计算机计算,即所谓数字频谱分析方法。随着计算机技术水平的飞速发展,数字频谱分析方法已经成为工程应用中的一种最主要的频谱分析方法。鉴于其在频谱分析中的重要地位,将在后续章节中详述相关的问题。

第4章 测试信号的频谱分析

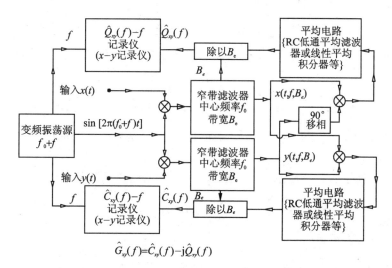

注：其中f_0不小于$x(t)$最高频率的2倍。

图4-22 互功率谱(密度)分析仪原理方框图

4.3 信号频谱的数字计算

4.3.1 Shannon采样定理

数字计算频谱前必须要对信号$x(t)$进行离散采样,形成数字计算机可以处理的离散信号$x[n]=x(nT_s)$,其中T_s是离散采样时间。离散采样获得的$x[n]$显然只保存了信号$x(t)$在采样时刻$t_n=nT_s$的值,是否能由离散信号$x[n]$计算出$x(t)$的频谱,是数字计算频谱前必须回答的问题。Shannon采样定理[1]给出了有条件的肯定答案。

假定$x(t)$是最高谐波频率为f_h的带限信号,即

$$x(t)=\int_{-\infty}^{+\infty}X(f)e^{j2\pi ft}df \quad (X(f)\equiv 0, \quad f\notin[-f_h,f_h]) \quad (4.3-1)$$

式中,$X(f)=\mathscr{F}[x(t)]$

以采样间隔T_s对$x(t)$离散采样(相应地,采样频率$f_s=1/T_s$),得离散信号

$$x[n]=x(nT_s) \quad (n=-\infty\sim+\infty) \quad (4.3-2)$$

由$x[n]$可构造出一个所谓的冲激抽样信号：

$$x_\delta(t)=\sum_{n=-\infty}^{+\infty}x[n]\delta(t-nT_s)\cdot T_s \quad (4.3-3)$$

一方面,直接对此式两边作傅里叶变换,得

$$X_\delta(f) = \mathscr{F}[x_\delta(t)] = \mathscr{F}\left\{\sum_{n=-\infty}^{+\infty} x[n] \cdot \delta(t-nT_s) \cdot T_s\right\} = T_s \cdot \sum_{n=-\infty}^{+\infty} x[n] \cdot e^{-j2\pi fnT_s}$$

可见,$x_\delta(t)$的频谱可以由离散信号 $x[n]$ 计算获得。不妨将相应的运算称为对离散信号 $x[n]$ 的傅里叶变换[①],记作 $\mathscr{F}_\delta\{x[n]\}$,即

$$X_\delta(f) = T_s \cdot \sum_{n=-\infty}^{+\infty} x[n] \cdot e^{-j2\pi fnT_s} \stackrel{\text{def}}{=\!=\!=} \mathscr{F}_\delta\{x[n]\} \tag{4.3-4}$$

$X_\delta(f)$ 对应称为离散信号 $x[n]$ 的频谱。不难验证,$X_\delta(f)$ 是频率 f 的周期函数,重复的周期就是采样频率 $f_s=1/T_s$。

另一方面,考察 $x_\delta(t)$,发现 $x_\delta(t)$ 与原信号 $x(t)$ 有非常简明的关系:

$$x_\delta(t) = \sum_{n=-\infty}^{+\infty} x(nT_s)\delta(t-nT_s)T_s = \sum_{n=-\infty}^{+\infty} x(t)\delta(t-nT_s)T_s = x(t)\sum_{n=-\infty}^{+\infty} \delta(t-nT_s)T_s$$

两边进行傅里叶变换,可得

$$X_\delta(f) = X(f) * \left\{\sum_{n=-\infty}^{+\infty} \delta(f-nf_s)\right\} = X(f) + \sum_{n=1}^{+\infty}[X(f-nf_s) + X(f+nf_s)] \tag{4.3-5}$$

可见,$X_\delta(f)$ 是由 $X(f)$ 及其前后移频 nf_s 的各项叠加而成的。

若 $f_s \geq 2f_h$,则当 $f \in \left[-\frac{f_s}{2}, \frac{f_s}{2}\right]$ 时,对于 $n \geq 1$,由于 $f-nf_s < -f_h$, $f+nf_s > f_h$,根据式(4.3-1)有

$$X(f-nf_s) \equiv 0, \qquad X(f+nf_s) \equiv 0$$

从而有

$$X(f) = X_\delta(f) = \mathscr{F}_\delta\{x[n]\} \qquad \left(f \in \left[-\frac{f_s}{2}, \frac{f_s}{2}\right]\right) \tag{4.3-6}$$

此时 $X_\delta(f)$ 表达式(4.3-5)中的各项互不混叠,如图 4-23 所示,因而可以从中提出 $X(f)$,可以由 $x[n]$ 精确计算出 $x(t)$ 的频谱。

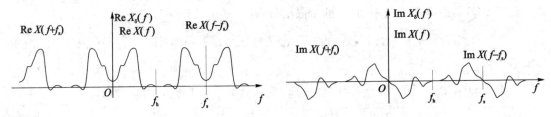

图 4-23 无混叠采样冲激抽样信号频谱

[①] 离散傅里叶变换(DFT)另有实用的定义(见 4.3.3 节中第 1 条)。

若 $f_s<2f_h$，$X_\delta(f)$ 表达式(4.3-5)中的项前后相互混叠，此即所谓采样频率过低造成了频谱混叠，如图 4-24 所示，再不能从 $X_\delta(f)$ 中完整地提出 $X(f)$。

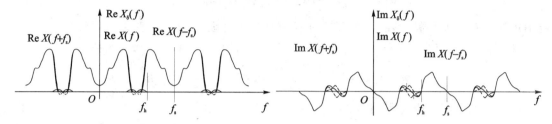

图 4-24 频谱混叠的冲激抽样信号频谱

式(4.3-6)及其条件表述便是 Shannon 采样定理：对于最高谐波频率为 f_h 的带限信号，只要采样频率 $f_s \geqslant 2f_h$，就可以由采样得到的离散信号 $x[n]$ 精确计算出 $x(t)$ 的频谱。而 $f_s \geqslant 2f_h$ 则称为 Shannon 采样条件或无混叠离散采样条件。

4.3.2 周期信号频谱的数字计算

1. 理想状况下的精确结果与离散傅里叶级数(DFS)

对于周期为 T 的周期信号 $x(t)$，设 $x(t)=\sum\limits_{k=-\infty}^{+\infty}C_k \cdot \mathrm{e}^{\mathrm{j}2\pi kf_1 t}$，$f_1=\dfrac{1}{T}$，$C_k$ 为 $x(t)$ 的复频谱，其频谱密度函数相应为[1]

$$X(f)=\mathscr{F}[x(t)]=\sum\limits_{k=-\infty}^{+\infty}C_k\delta(f-kf_1) \qquad (4.3-7)$$

以间隔 $T_s=T/N$ 对 $x(t)$ 离散采样(N 为正整数)，称为整周期采样，采样频率相应为 $f_s=1/T_s=Nf_1$，得到周期为 N 的周期离散信号

$$x[n]=x(nT_s) \qquad (n=-\infty \sim +\infty)$$

由 $x[n]$ 构造冲激抽样信号

$$x_\delta(t)=\sum\limits_{n=-\infty}^{+\infty}x[n]\delta(t-nT_s)\cdot T_s$$

可以验证 $x_\delta(t)$ 也是周期为 T 的周期信号，求它的复频谱可得

$$C_{\delta k}=\frac{1}{T}\int_{0_-}^{T_-}x_\delta(t)\mathrm{e}^{-\mathrm{j}2\pi kf_1 t}\mathrm{d}t=\frac{T_s}{NT_s}\sum\limits_{n=0}^{N-1}x[n]\mathrm{e}^{-\mathrm{j}2\pi kf_1 nT_s}=\frac{1}{N}\sum\limits_{n=0}^{N-1}x[n]\mathrm{e}^{-\mathrm{j}2\pi\frac{kn}{N}}$$

式中，0_-，T_- 表示时间 $0,T$ 的左极限。注意到 $T_s=\dfrac{T}{N}=\dfrac{1}{Nf_1}$。

记

$$\frac{1}{N}\sum\limits_{n=0}^{N-1}x[n]\mathrm{e}^{-\mathrm{j}2\pi\frac{kn}{N}}\xlongequal{\text{def}}\mathrm{DFS}\{x[n]\}=X[k] \qquad (4.3-8)$$

称 $\mathrm{DFS}\{x[n]\}$ 为对离散周期信号 $x[n]$ 的离散傅里叶级数(运算)，简称 DFS。易验证：$X[k]$ 是

周期离散函数，周期也是 N，并且有反演关系

$$x[n] = \sum_{k=0}^{N-1} X[k] e^{j2\pi \frac{kn}{N}} \xrightarrow{\text{def}} \text{IDFS}\{X[k]\} \quad (4.3-9)$$

称 $\text{IDFS}\{X[k]\}$ 为对周期离散函数 $X[k]$ 的逆离散傅里叶级数（运算），简称 IDFS。

基于 $X[k] = \text{DFS}\{x[n]\}$，有 $C_{\delta k} = X[k]$。于是，可得 $x_\delta(t)$ 的频谱密度函数相应为

$$X_\delta(f) = \mathscr{F}[x_\delta(t)] = \sum_{k=-\infty}^{+\infty} C_{\delta k} \delta(f - kf_1) = \sum_{k=-\infty}^{+\infty} X[k]\delta(f - kf_1) \quad (4.3-10)$$

若 $x(t)$ 为带限周期信号，非零频带为 $f \in [-f_h, f_h]$，相应有

$$C_k \equiv 0, \quad k \notin [-N_h, N_h], \quad N_h = f_h/f_1 \quad (4.3-11)$$

当离散采样满足 Shannon 采样条件（$f_s \geq 2f_h$）时，应有

$$X(f) = X_\delta(f) \quad \left(f \in \left[-\frac{f_s}{2}, \frac{f_s}{2}\right]\right)$$

将式(4.3-7)、式(4.3-10)代入，有

$$\sum_{k=-\infty}^{+\infty} C_k \delta(f - kf_1) = \sum_{k=-\infty}^{+\infty} X[k]\delta(f - kf_1) \quad \left(f \in \left[-\frac{f_s}{2}, \frac{f_s}{2}\right]\right)$$

比较此式两边，并注意到 $f_s = Nf_1$，便可得

$$C_k = X[k] = \text{DFS}\{x[n]\} \quad \left(k = -\frac{N}{2} \sim \frac{N}{2}\right) \quad (4.3-12)$$

因为 $f_s \geq 2f_h$ 时，$N/2 \geq N_h$，所以式(4.3-12)已给出了 $x(t)$ 的全部非零频谱。

可见，对于周期信号 $x(t)$，如果采样间隔 $T_s = T/N$（N 为正整数），并且满足 Shannon 采样条件，则可以由 $\text{DFS}\{x[n]\}$ 得到 $x(t)$ 频谱的精确结果。

2. 频谱混叠状况下的近似计算

如前所述，$X[k] = \text{DFS}\{x[n]\}$ 其实就是冲激抽样信号 $x_\delta(t)$ 的复频谱 $C_{\delta k}$。由于构造 $x_\delta(t)$ 时不理会采样间隔内 $x(t)$ 的变化规律，不追求 $x_\delta(t)$ 全面替代 $x(t)$，只求 $x_\delta(t)$ 在不发生频谱混叠（$f_s \geq 2f_h$）的条件下，在 $f \in \left[-\frac{f_s}{2}, +\frac{f_s}{2}\right]$ 的低频范围内等效于 $x(t)$，因而 $C_{\delta k} = X[k] = \text{DFS}\{x[n]\}$ 只能在不发生频谱混叠的条件下，在 $k \in \left[-\frac{N}{2}, +\frac{N}{2}\right]$ 的范围内给出 $x(t)$ 的复频谱 C_k。

实际上，严格满足 Shannon 采样条件（保证 $kf_1 \notin \left[-\frac{f_s}{2}, +\frac{f_s}{2}\right]$ 时 $C_k \equiv 0$）是很困难的。不过，对于大部分信号，如果 f_s 足够高，则 $kf_1 \notin \left[-\frac{f_s}{2}, +\frac{f_s}{2}\right]$ 时 $|C_k|$ 会非常小，频谱混叠并不严重，仍然可由 $X[k] = \text{DFS}\{x[n]\}$ 比较精确地逼近 C_k。

若 $kf_1 \notin \left[-\frac{f_s}{2}, +\frac{f_s}{2}\right]$ 时 $|C_k|$ 仍然非常可观，以至频谱混叠严重，则 $X[k] = \text{DFS}\{x[n]\}$

与复频谱 C_k 的差别就可能非常明显。

如果利用 $x[n]$，通过线性插值或抛物线插值构造出一个逼近 $x(t)$ 的连续时间信号 $x_*(t)$（即 $x_*(t) \approx x(t)$），则 $x_*(t)$ 的复频谱 C_{*k} 通常能较好地逼近 C_k，不受频谱混叠的制约。

采用线性插值，就是令信号在采样间隔内按直线变化，从而由 $x[n]$ 构造一个折线信号 $x_b(t)$，如图 4-25 中粗线所示。在整周期采样的条件下，即 $T_s = T/N$（N 为正整数），所得 $x_b(t)$ 还是周期为 T 的周期信号，即

$$x_b(t) = \sum_{n=0}^{N-1} \left\{ x[n] + \frac{x[n+1] - x[n]}{T_s}(t - nT_s) \right\} \cdot \{u(t - nT_s) - u[t - (n+1)T_s]\}$$
$$t \in [0, T)$$

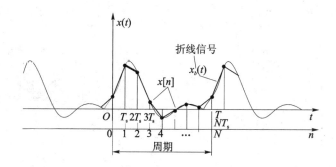

图 4-25 折线信号示意图

计算 $x_b(t) = \sum_{k=-\infty}^{+\infty} C_{bk} e^{j2\pi k f_1 t}$ 的频谱 $C_{bk} = \frac{1}{T} \int_{0_-}^{T_-} x_b(t) e^{-j2\pi k f_1 t} dt$，经分段积分可导出

$$C_{bk} = H_b(kf_1) \cdot X[k] \quad (4.3-13)$$

式中

$$H_b(kf_1) = \left[\frac{\sin(\pi k/N)}{\pi k/N} \right]^2 \quad (4.3-14)$$

可见，折线频谱 C_{bk} 就等于 DFS 频谱 $X[k]$ 乘以一个确定的频域函数 $H_b(kf_1)$，相当于冲激抽样信号 $x_\delta(t)$ 经过 $H_b(kf_1)$ 滤波得到 $x_b(t)$。

经验表明：若频谱混叠较严重，则在频率较高时（即 $|k|$ 较大时），折线频谱 C_{bk} 通常比 DFS 频谱 $X[k]$ 更接近 C_k。此外，若信号 $x(t)$ 的波形本身接近折线，则 C_{bk} 会非常接近 C_k。

采用抛物线插值求频谱的算法，可参考文献[6]。

[例 4-1] 以不同的采样频率采样，直接由 DFS 计算图 4-26(a)所示锯齿波周期信号的频谱，结果如图 4-26(b)（实谱）和图 4-26(c)（虚谱）所示。其中，"○"为精确频谱 C_k；"□"是采样频率 $f_s = 15/T$ 时的 $X[k]$，可见明显的混叠现象；"*"是采样频率 $f_s = 90/T$ 的 $X[k]$（只绘出半个周期），已基本不见混叠。

[例 4-2] 数字计算图 4-27(a)所示三角周期信号 $x(t)$ 的频谱 C_k。设信号的上升时间为 τ，周期为 $T = 3\tau$。

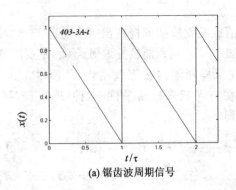

(a) 锯齿波周期信号

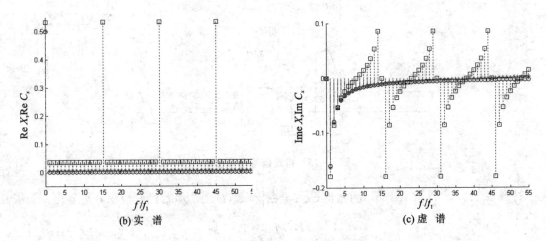

(b) 实谱   (c) 虚谱

图 4-26 锯齿波周期信号及其数字计算频谱

图 4-27(b)为采样间隔 $T_s = \dfrac{\tau}{20}$ 时两种数字计算方法算出的幅度谱及其与精确结果(解析求取)的比较。其中 $N = \dfrac{T}{T_s} = 60$,"○"为解析积分求得的精确谱 $|C_k|$,"*"为 DFS 谱 $|X[k]|$,"△"为折线谱 $|C_{bk}|$。

图 4-27(c)为采样间隔 $T_s = \dfrac{\tau}{5}$ 时的情况。由图 4-27 可见:采样间隔 T_s 越小(采样频率 f_s 越高),数字计算频谱的误差越小。

$|X[k]|$ 只能在 $0 \leqslant k \leqslant \dfrac{N}{2}$ 的范围内可以接近 $|C_k|$;$\dfrac{N}{2} < k \leqslant N$ 时,$|X[k]|$ 是其在 $0 \leqslant k \leqslant \dfrac{N}{2}$ 的对称像,完全偏离了 $|C_k|$。将图形延续绘制下去,可发现 $|X[k]|$ 以 N 为周期变化。

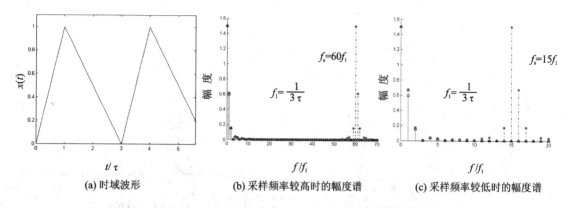

(a) 时域波形　　(b) 采样频率较高时的幅度谱　　(c) 采样频率较低时的幅度谱

图 4-27　三角周期信号及其数字计算频谱比较

$|C_{bk}|$ 接近 $|C_k|$ 的范围则不限于 $0 \leqslant k \leqslant \dfrac{N}{2}$，$|C_{bk}|$ 不会周期变化。当 $\dfrac{N}{2} < k \leqslant N$ 时，$|C_{bk}|$ 比 $|X[k]|$ 更接近 $|C_k|$。

在 $0 \leqslant k \leqslant \dfrac{N}{2}$ 范围内，$|C_{bk}|$，$|X[k]|$ 与 $|C_k|$ 接近的程度相当。

3. 非整周期采样的问题

在由 DFS 计算 C_k 时，$f_s \geqslant 2f_h$ 的条件是至关重要的。但 $T_s = T/N$（N 为正整数）的条件亦不能忽视。事实上，离散采样点数 N 总归是正整数。问题的实质是选取合适的采样间隔 T_s 和采样点数 N，使得采样的样本长度 $T_a = NT_s$ 等于信号周期 T 的整数倍，即 $NT_s = T_a = N_a T$（N_a 为正整数）；否则，形成的 $x[n]$ 会失去本来的周期规律，相应的关系亦不再成立。虽然 N_a 可以是任意正整数，但正常情况下应取 $N_a = 1$，以节省计算时间。除非由于 ADC（模/数转换器）硬件限制采样间隔 T_s 不能凑成 $NT_s = T$。

如果已知信号周期 T，要满足 $NT_s = T_a = N_a T$（N_a 为正整数）并不太难，至少可以做到 $NT_s = T_a = N_a T \pm T_s$，在采样间隔 T_s 很小时，频谱误差可为工程应用所允许。

如果不能确定信号周期 T，可以尽量加大取样点数 N，使得 NT_s 与 $N_a T$（N_a 为正整数）的相对误差变小，从而得到误差较小的频谱结果，其代价是增加了大量计算。

[例 4-3]　对于图 4-28(a) 所示整流正弦信号 $x(t)$，分别取样本长度 $T_a = T$，$T_a = 1.05T$ 和 $T_a = 80.4T$，数字计算出频谱（幅度谱）$|X[k]|$ 如图 4-28(b) 所示。其中，"○" 为 $T_a = T$ 的正确结果；"△" 是 $T_a = 1.05T$ 的结果；"□" 是 $T_a = 1.4T$ 的结果；"＊" 是 $T_a = 80.4T$ 的结果。可见，$T_a = 1.05T$ 和 $T_a = 1.4T$ 时，谱线位置及取值都发生明显偏差。当 $T_a = 80.4T$ 时，尽管不是周期的整倍数，也能较好地算出信号的频谱（但中间多出了许多本不存在的微小谱值）。

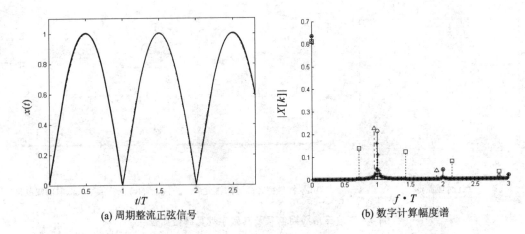

(a) 周期整流正弦信号　　　　　(b) 数字计算幅度谱

图 4-28　周期整流正弦信号取不同样本长度时的数字计算频谱

4.3.3　非周期信号频谱的数字计算

1. 理想状况下的结果与离散傅里叶变换(DFT)

对于如图 4-29 所示的延续区间不超过 $t\in[0,T_a]$ 的时限信号 $x(t)=\int_{-\infty}^{+\infty}X(f)\mathrm{e}^{\mathrm{j}2\pi ft}\mathrm{d}f$，以 $T_s=T_a/N$ 为间隔离散采样，得到延续区间为 $n\in[0,N-1]$ 的有限长离散信号 $x[n]$。其中 $t\in[0,T_a]$ 通常称为对 $x(t)$ 的时域取样区间，T_a 称为时域取样长度。

由式(4.3-4)可得

$$X_\delta(f)=\mathscr{F}_\delta\{x[n]\}=T_s\sum_{n=-\infty}^{+\infty}x[n]\cdot\mathrm{e}^{-\mathrm{j}2\pi fnT_s}=T_s\sum_{n=0}^{N-1}x[n]\cdot\mathrm{e}^{-\mathrm{j}2\pi fnT_s} \quad(4.3-15)$$

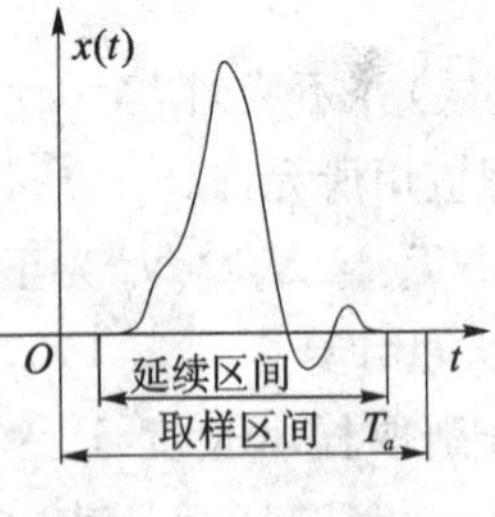

显然，对于有限长离散信号 $x[n]$，$\mathscr{F}_\delta\{x[n]\}$ 是一个可以完成的运算(只要有限项求和)。

用数字计算机计算频谱(密度)时，显然只能计算它在有限个频率点上的离散采样值。于是，考虑以 $f_\Delta=f_s/N=1/(NT_s)=1/T_a$ 为频率间隔对频谱(密度)进行离散采样，可得

图 4-29　时限信号

$$X_\delta(kf_\Delta)=T_s\sum_{n=0}^{N-1}x[n]\cdot\mathrm{e}^{-\mathrm{j}\frac{2\pi}{N}kn}$$

式中，运算 $\sum_{n=0}^{N-1}x[n]\cdot\mathrm{e}^{-\mathrm{j}\frac{2\pi}{N}kn}$ 通常称为对 $n\in[0,N-1]$ 有限长离散信号 $x[n]$ 的离散傅里叶变换，用 DFT$\{x[n]\}$ 表示，结果记为 $\hat{X}[k]$，即

$$\text{DFT}\{x[n]\} = \sum_{n=0}^{N-1} x[n] \cdot e^{-j\frac{2\pi}{N}kn} = \hat{X}[k] \qquad (4.3-16)$$

不难验证，$\hat{X}[k]$ 是 k 的周期函数，周期为 N，并可导出

$$x[n] = \left\{ \frac{1}{N} \sum_{k=0}^{N-1} \hat{X}[k] \cdot e^{-j\frac{2\pi}{N} \cdot kn}, \quad n = 0 \sim N-1 \right\} \stackrel{\text{def}}{=\!=\!=} \text{IDFT}\{\hat{X}[k]\} \qquad (4.3-17)$$

其中定义的 IDFT$\{\cdots\}$ 称为对 $\hat{X}[k]$ 的离散傅里叶逆变换。

于是，基于 $\hat{X}[k] = \text{DFT}\{x[n]\}$，有

$$X_\delta(kf_\Delta) = T_s \cdot \hat{X}[k] \qquad (4.3-18)$$

假定 $x(t)$ 是最高谐波频率为 f_h 的带限信号，即①

$$X(f) \equiv 0, \quad f \notin [-f_h, f_h]$$

如果 $f_s \geqslant 2f_h$，则由 $X(f) = X_\delta(f), -\dfrac{f_s}{2} < f < \dfrac{f_s}{2}$，有

$$X(f) = T_s \sum_{n=0}^{N-1} x[n] \cdot e^{-j2\pi fnT_s}, \quad -\frac{f_s}{2} < f < \frac{f_s}{2} \qquad (4.3-19)$$

$$X(kf_\Delta) = T_s \cdot \hat{X}[k], \quad -N/2 < k < N/2 \qquad (4.3-20)$$

2. 频谱混叠状况下的近似计算

如前所述，对于时限信号 $x(t)$ 离散采样，是不可能严格满足 Shannon 采样条件（保证 $f \notin \left[-\dfrac{f_s}{2}, +\dfrac{f_s}{2}\right]$ 时 $X(f) \equiv 0$）的。只是对于大部分信号，如果 f_s 足够高，则 $f \notin \left[-\dfrac{f_s}{2}, +\dfrac{f_s}{2}\right]$ 时 $|X(f)|$ 会非常小，频谱混叠并不严重，仍然可取 $X(f) \approx X_\delta(f) = \mathscr{F}_\delta\{x[n]\}$ 及 $X(kf_\Delta) \approx T_s \cdot \hat{X}[k] = T_s \cdot \text{DFT}\{x[n]\}$。

如果 $f \notin \left[-\dfrac{f_s}{2}, +\dfrac{f_s}{2}\right]$ 时 $|X(f)|$ 仍然非常可观，以至频谱混叠严重，则 $X_\delta(f)$ 与 $X(f)$、$\hat{X}[k]$ 与 $X(k \cdot f_\Delta)$ 的差别可能会非常明显。此时，可以与处理周期信号的方法类似，尝试构造一些可以近似替代 $x(t)$ 的信号来近似计算 $X(f)$，力求减小误差。

例如，假定 $x(t)$ 在采样间隔内按直线变化，从而由 $x[n]$ 构造一个与 $x(t)$ 接近的折线信号

$$x_b(t) = \sum_{n=-\infty}^{+\infty} \left\{ x[n] + \frac{x[n+1] - x[n]}{T_s}(t - nT_s) \right\} \cdot \{u(t - nT_s) - u[t - (n+1)T_s]\}$$

如图 4-30 中虚线所示。

---

① 数学上可证明，时限信号一定是非带限的。但大部分信号 $x(t)$ 的高频成分实际很小，当 f_h 取足够大的有限值时，有 $X(f) \approx 0, f \notin [-f_h, f_h]$。

计算 $x_b(t)$ 的频谱(密度)$X_b(f) = \mathscr{F}[x_b(t)] = \int_{-\infty}^{+\infty} x_b(t) \mathrm{e}^{-\mathrm{j}2\pi ft} \mathrm{d}t$，可导出

$$X_b(f) = H_b(f) \cdot X_\delta(f) \qquad (4.3-21)$$

式中

$$H_b(f) = \left[\frac{\sin(\pi f T_s)}{\pi f T_s}\right]^2 \qquad (4.3-22)$$

绘出 $H_b(f)$-f 关系曲线如图 4-31 所示,其中 $f_s = 1/T_s$。可见,$H_b(f)$ 起到无相移低通滤波的作用,由它对 $X_\delta(f)$ 滤波得到 $X_b(f)$。

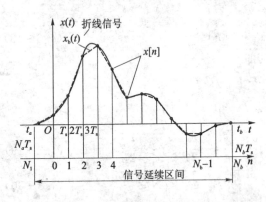

图 4-30 非周期折线信号示意

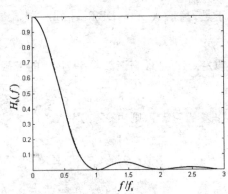

图 4-31 $H_b(f)$-f 关系曲线

当频谱混叠较严重时,在高频端,折线频谱 $X_b(f)$ 通常比 $X_\delta(f)$ 更接近 $X(f)$。如果信号 $x(t)$ 的波形本身接近折线,则 $X_b(f)$ 会非常接近 $X(f)$,无论是否发生频谱混叠。

若取 $X(f) \approx X_b(f)$,则相应于式(4.3-19)、式(4.3-20)有

$$X(f) \approx H_b(f) \cdot T_s \sum_{n=0}^{N-1} x[n] \cdot \mathrm{e}^{-\mathrm{j}2\pi f n T_s} \qquad (4.3-23)$$

$$X(k f_\Delta) \approx \left[\frac{\sin(\pi k/N)}{\pi k/N}\right]^2 \cdot T_s \cdot \hat{X}[k] \qquad (4.3-24)$$

[例 4-4] 以不同的采样频率采样,数字计算图 4-32(a)所示半正弦信号 $x(t) = \sin(\pi t/\tau) \cdot \{u(t) - u(t-\tau)\}$ 的频谱。结果如图 4-32(b)(实谱)和图 4-32(c)(虚谱)所示。其中,实线为精确频谱 $X(f)$;虚线是采样频率 $f_s = 4/\tau$ 时计算出的 $X_\delta(f)$,可见明显的混叠现象;点画线是采样频率 $f_s = 18/\tau$ 时的$X_\delta(f)$,已基本不见混叠。

[例 4-5] 用两种方法数字计算图 4-33(a)所示三角波信号 $x(t)$ 的频谱,并与精确结果(解析求取)比较。设信号的上升时间为 τ,脉宽(持续时间)为 3τ。

图 4-33(b)为采样间隔 $T_s = \tau/10$ 时算出的幅度谱。其中,实线为精确结果 $|X(f)|$,虚线为 $|X_\delta(f)|$,点画线为 $|X_b(f)|$。

图 4-33(c)为采样间隔 $T_s = \tau/2$ 时的情况。图 4-33(d)为与(c)对应的相位谱计算结果。

第4章　测试信号的频谱分析

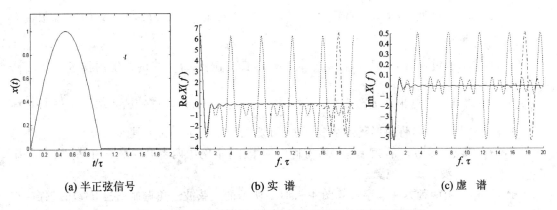

(a) 半正弦信号　　　　(b) 实　谱　　　　(c) 虚　谱

图 4-32　半正弦信号在不同采样频率下的数字计算频谱

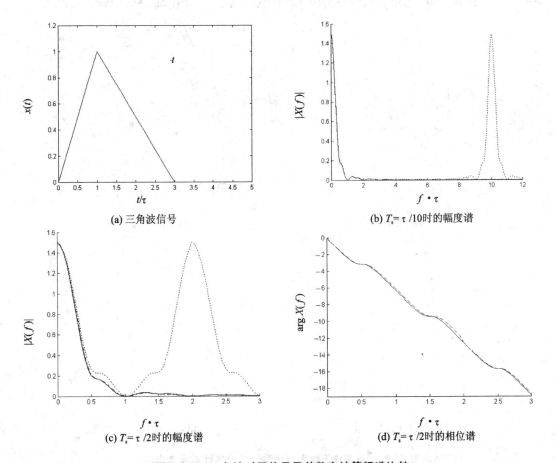

(a) 三角波信号　　　　(b) $T_s=\tau/10$ 时的幅度谱

(c) $T_s=\tau/2$ 时的幅度谱　　　　(d) $T_s=\tau/2$ 时的相位谱

图 4-33　三角波时限信号及其数字计算频谱比较

由图 4-33(b)可见,由于采样间隔 T_s 小(采样频率 f_s 高),$|X_\delta(f)|$ 及 $|X_b(f)|$ 都很接近 $|X(f)|$。

由图 4-33(c)可见,由于采样频率低,$|X_\delta(f)|$ 只能在 $0 \leqslant f \leqslant \dfrac{f_s}{4}$ 的范围内接近 $|X(f)|$,在 $\dfrac{f_s}{4} < f \leqslant \dfrac{f_s}{2}$ 的范围内已出现混叠现象,而当 $\dfrac{f_s}{2} < f \leqslant f_s$ 时 $|X_\delta(f)|$ 是其在 $0 \leqslant f \leqslant \dfrac{f_s}{2}$ 的对称像,完全偏离了 $|X(f)|$,将图形延续绘制下去,可发现 $|X_\delta(f)|$ 以 f_s 周期变化。

$|X_b(f)|$ 接近 $|X(f)|$ 的频率范围没有固定的限制,本例中两者几乎完全相等,没有明显偏差,且 $|X_b(f)|$ 没有周期现象。

[**例 4-6**] 用两种方法数字计算图 4-34(a)所示的正弦波三角调制信号 $x(t)$ 的频谱,并与精确结果(解析求取)比较。该信号为图 4-33(a)所示三角波对 $\sin\left(\dfrac{5\pi}{\tau}t\right)$ 调制的结果。

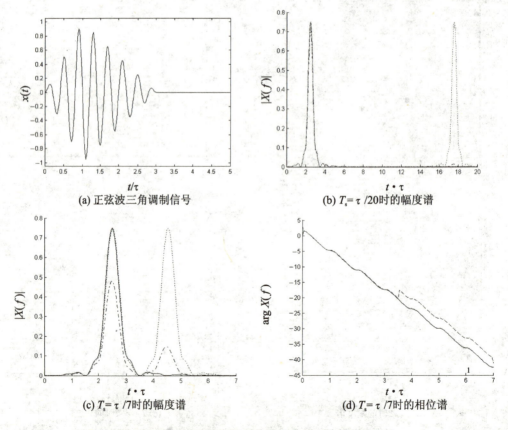

(a) 正弦波三角调制信号

(b) $T_s = \tau/20$ 时的幅度谱

(c) $T_s = \tau/7$ 时的幅度谱

(d) $T_s = \tau/7$ 时的相位谱

图 4-34 正弦波三角调制信号及其数字计算频谱比较

图 4-34(b)为采样间隔 $T_s = \dfrac{\tau}{20}$ 时的结果。其中,实线为 $|X(f)|$,虚线为 $|X_\delta(f)|$,点画线为 $|X_b(f)|$。由于采样频率足够高,没有明显频谱混叠,在 $0 \leqslant f \leqslant \dfrac{f_s}{2}$ 范围内三条频谱曲线很接近。

图 4-34(c)为采样间隔 $T_s = \dfrac{\tau}{7}$ 时的情况。图 4-34(d)为与图 4-34(c)对应的相位谱计算结果。

由图可见:随着采样频率降低,已可看出频谱混叠现象,但在 $0 \leqslant f \leqslant f_s/2$ 范围内, $|X_\delta(f)|$ 比 $|X_b(f)|$ 更接近 $|X(f)|$。

[**例 4-7**] 用两种方法数字计算图 4-32(a)所示脉宽为 τ 的半正弦波信号 $x(t)$ 的频谱,并与精确结果(解析求取)比较。

图 4-35(a)为采样间隔 $T_s = \dfrac{\tau}{20}$ 时的结果。其中,实线为 $|X(f)|$,虚线为 $|X_\delta(f)|$,点画线为 $|X_b(f)|$。由于采样频率足够高,没有明显的频谱混叠,三种频谱曲线很接近。

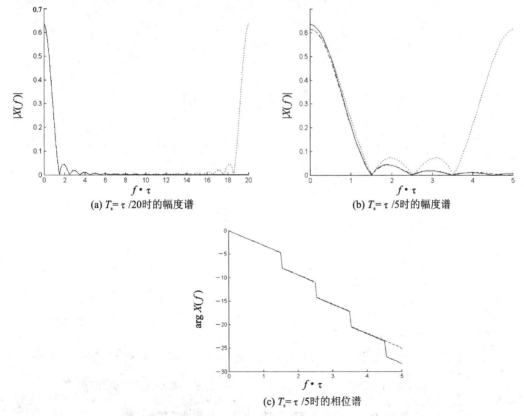

(a) $T_s = \tau/20$ 时的幅度谱

(b) $T_s = \tau/5$ 时的幅度谱

(c) $T_s = \tau/5$ 时的相位谱

图 4-35 半正弦波信号数字计算频谱比较

图 4-35(b)为采样间隔 $T_s = \dfrac{\tau}{5}$ 时的情况。图 4-35(c)为与(b)对应的相位谱计算结果。

由图可见,由于采样间隔较大,即采样频率较低,出现了明显的混叠现象,$|X_\delta(f)|$ 的第二波瓣明显高于 $|X(f)|$;而 $|X_b(f)|$ 除了在第一波瓣的峰值附近($f=0$ 处)略小($|X_\delta(f)|$ 也同样小)外,其余波段与 $|X(f)|$ 非常接近。

[例 4-8] 用两种方法数字计算图 4-36(a)所示的正弦波半正弦调制信号 $x(t)$ 的频谱,并与精确结果(解析求取)比较。该信号为图 4-32(a)所示半正弦波对 $\sin\left(\dfrac{10\pi}{\tau}t\right)$ 调制的结果。

图 4-36(b)为采样间隔 $T_s = \dfrac{\tau}{20}$ 时的结果。其中,实线为 $|X(f)|$,虚线为 $|X_\delta(f)|$,点划线为 $|X_b(f)|$。由图可见,在 $0 \leqslant f \leqslant \dfrac{f_s}{2}$ 范围内 $|X_\delta(f)|$ 与 $|X(f)|$ 非常接近,而 $|X_b(f)|$ 则明

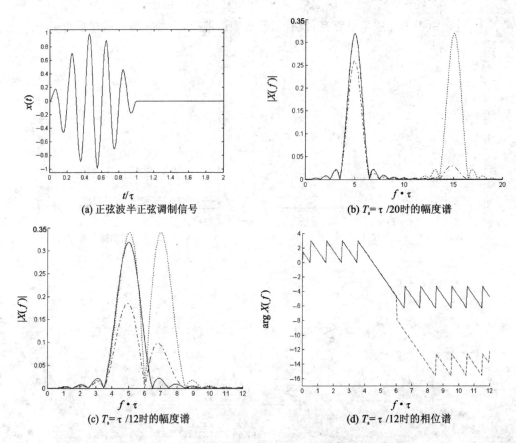

图 4-36 正弦波半正弦调制信号及其数字计算频谱比较

显偏小。

图 4-36(c) 为采样间隔 $T_s = \dfrac{\tau}{12}$ 时的情况。图 4-36(d) 为与图 4-36(c) 对应的相位谱计算结果。

由图可见,由于采样频率过低,数字计算的频谱出现了非常明显的混叠现象。值得注意的是,$|X_b(f)|$ 与 $|X_{\hat{a}}(f)|$ 都与 $|X(f)|$ 相差甚远。

上述实例表明:数字计算非周期信号频谱(密度)时,误差与采样间隔 T_s 密切相关,即 T_s 越小,计算误差越小;如果 T_s 过大(采样频率过低),则 $X_{\hat{a}}(f)$ 会出现频谱混叠现象,此时 $X_b(f)$ 往往能更接近信号的精确频谱 $X(f)$,起到消除混叠的作用。但也不乏例外,如例 4-6 和例 4-8 所示。所以使用时要注意。

3. 栅栏效应问题

直接利用 DFT 计算非周期信号频谱时,对频谱的取样间隔取定为时域取样长度的倒数 $f_\Delta = 1/T_a$。由于计算容量等方面的限制,T_a 不能随意取大(在 Shannon 采样条件要求 $T_s \leqslant 1/(2f_h)$ 的情况下,加大 T_a 就意味着增加数据量 $N = T_a/T_s$),因此 f_Δ 不能随意小。于是,对于某些频谱变化比较剧烈的信号,由 DFT 确定的频率取样间隔 f_Δ 会显得过宽,不能由频谱的取样点有效地描述其本来的变化规律。如图 4-37 所示,实线为信号的本来幅度谱,虚线为 DFT 计算得到的谱线(频谱取样点),点画线是根据计算得到的频谱取样点可能勾画出的频谱波形。可见它没能有效地描述原信号频谱的波动规律。如此由于频率取样间隔过大而不能有效表达频谱特征的情况,称为

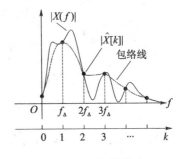

图 4-37 栅栏效应

栅栏效应,即在频谱取样点间,好像挡了一条条栅栏,让人看不到其间的频谱变化情况。

栅栏效应是用 DFT 计算非周期信号频谱时的固有问题。应用中需要注意的就是合理选择 T_a 而控制栅栏条的宽度(即频谱取样间隔),使栅栏挡住的频谱只有较小的单调变化,保证能由频谱取样点较好地描述其本来的规律。

应该指出的是,栅栏效应显然不是一种使计算谱值产生误差的效应。如果其他条件满足,由 DFT 计算出的取样点的谱值就是精确的,只是可能有些重要的谱值没能计算到,被栅栏挡住了。

减小栅栏的直接办法就是加大对信号的取样长度 T_a,代价是增加数据点数 N。这加大了计算负担。

对于延续时间 τ 有限的时限信号,首先做到使取样时段完全包括信号的延续区域 $T_a \geqslant \tau$,否则会引起频谱泄漏误差。进一步,就是将信号延续区间以后的零值取样进去而增大 T_a,从而使频谱细化(可称为补零细化。当然,也可以采用其他的频谱细化算法,见 4.5 节),将重要

的频谱值都计算出来,避免栅栏效应的影响。

[**例 4-9**] 对于图 4-32(a)所示的半正弦信号 $x(t)=\sin(\pi t/\tau) \cdot [u(t)-u(t-\tau)]$,分别取采样长度 $T_a=\tau$ 和 $T_a=20\tau$ 数字计算其频谱,采样间隔均取为 $T_s=\tau/200$,可基本消除频域混叠,结果如图 4-38(a)(幅度谱)和图 4-38(b)(相位谱)所示。其中,实线为 $T_a=20\tau$ 时算出的频谱波形,它已勾画出实际频谱的主要特征;"○"为 $T_a=\tau$ 时算出的谱值,顺连成信号频谱估计波形(点画线),可见它在计算点上是正确的;但由于频域的计算点太稀疏,完成的频谱估计波形已看不到起伏波动等特征。

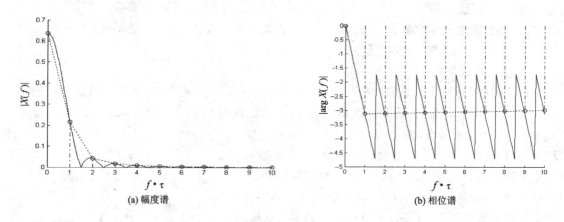

(a) 幅度谱　　　　　　　　　　(b) 相位谱

图 4-38　半正弦信号数字计算频谱的栅栏效应

4.3.4　频谱泄漏与合理取样

对于延续时间较长的信号,数字计算其频谱时,由于计算机容量和计算时间的限制,必须在采样时进行有限截取。例如,图 4-39(a)所示的取样调幅波信号 $x(t)$(虚线)的延续时间为 $t\in(-\infty,+\infty)$,其正确的频谱(幅度谱)应如图 4-39(b)的虚线所示。如果直接截取 $t\in(-2\tau,2\tau)$ 一段计算,得到的频谱(幅度谱)将如图 4-39(b)的实线所示。为了仔细比较数据截断前后频谱的差异,计算时,在截取的数据以外添补若干零值,使频谱间隔足够细化,从而获得此实线频谱。若单用截取的一段数据计算,则只能得到图中"○"所示频谱,看不清截断后频谱的规律(栅栏效应)。可见,当不得已截取信号的有限长一段进行数字计算时,得到的结果会产生有规律的偏差——频谱波形相对原频谱铺散开来,原有谱值总体减小,在谱值原本为零的频域出现非零谱值。此即所谓频谱泄漏问题,形象理解为频谱从原来的区域向外泄漏了一部分。

实践表明,当不得已要截取信号时,如果取样方法合理,可有效抑制频谱泄漏所带来的频谱计算误差。

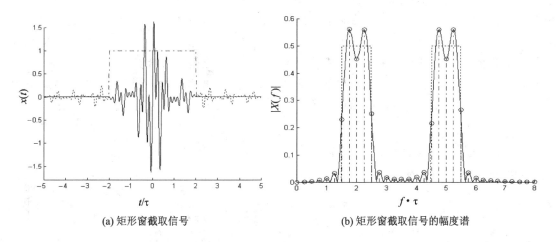

(a) 矩形窗截取信号　　　　　　　　(b) 矩形窗截取信号的幅度谱

图 4-39　信号加窗截断与频谱泄漏

1. 加窗取样

对信号 $x(t)$ 进行有限长截取相当于将其与一个在截取区间以外恒为 0 的窗函数 $w(t,t_w,t_c)$ 相乘,形成另一个信号,即

$$x_w(t) = x(t) \cdot w(t,t_w,t_c) \tag{4.3-25}$$

式中,t_w 为窗口宽度,t_c 为窗口中心位置。相应的计算结果实际是此 $x_w(t)$ 的频谱。

如图 4-39(a)直接截取的窗函数波形呈矩形,称为矩形窗(Rectwin 窗),可表达为

$$w_1(t,t_w,t_c) = \begin{cases} 1 & (t_c - t_w/2 \leqslant t \leqslant t_c + t_w/2) \\ 0 & (\text{其余}) \end{cases} \tag{4.3-26}$$

图 4-39(a)中的窗函数取为 $w_1(t,4\tau,0)$,截取形成的信号为 $x_1(t)=x(t) \cdot w_1(t,4\tau,0)$;图 4-39(b)中的计算结果(实线)就是此 $x_1(t)$ 的频谱(幅度谱),图中虚线是原信号幅度谱。

为了使计算结果(即 $x_w(t)$ 的频谱)能更好地刻画原信号 $x(t)$ 的频谱特征,可以根据分析目的及原信号的特点,选用其他的窗函数。除了矩形窗以外,常用的窗函数还有:

三角窗,即 Triang 窗

$$w_2(t,t_w,t_c) = \begin{cases} 1 + 2 \cdot (t-t_c)/t_w & (t_c - t_w/2 \leqslant t < t_c) \\ 1 - 2 \cdot (t-t_c)/t_w & (t_c \leqslant t \leqslant t_c + t_w/2) \\ 0 & (\text{其余}) \end{cases} \tag{4.3-27}$$

Hanning 窗,即汉宁窗,或称升余弦窗

$$w_3(t,t_w,t_c) = \begin{cases} 1 - \cos[2\pi(t-t_c+t_w/2)/t_w] & (t_c - t_w/2 \leqslant t \leqslant t_c + t_w/2) \\ 0 & (\text{其余}) \end{cases}$$

$$\tag{4.3-28}$$

Hamming 窗,即哈明窗,或称改进的升余弦窗

$$w_4(t, t_w, t_c) = \begin{cases} 0.54 - 0.46\cos\left[2\pi(t - t_c + t_w/2)/t_w\right] & (t_c - t_w/2 \leqslant t \leqslant t_c + t_w/2) \\ 0 & (\text{其余}) \end{cases}$$

(4.3-29)

几种窗的波形如图 4-40 所示。其中,虚线为汉宁窗,点画线为哈明窗。

脚本 4-1～脚本 4-3 分别给出了三角窗、汉宁窗和哈明窗的 Matlab 实现函数。其中 $tw = t_w, tc = t_c$,函数返回 t 时刻的窗函数值。

```
function y=wTriangle(t,tw,tc)
%%三角窗;t=时间;tw=窗宽;tc=窗中心
if nargin<3, tc=tw/2; end
if nargin<2, tw=1;tc=tw/2; end
if tw<0,tw=1; end
ta=tc-tw/2; tb=tc+tw/2;
y=0;
if t>=ta & t<tc,y=(t-ta)/(tc-ta);end
if t>=tc & t<tb,y=(tb-t)/(tb-tc);end
return;
```

脚本 4-1 三角窗的 Matlab 实现函数

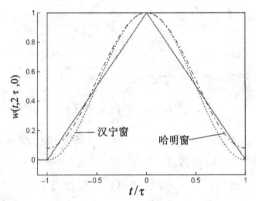

图 4-40 窗函数时域波形

```
function y=wHanning(t,tw,tc)
%% 升余弦窗(Hanning窗)
if nargin<3, tc=tw/2; end
if nargin<2, tw=1;tc=tw/2; end
if tw<0,tw=1; end
  ta=tc-tw/2; tb=tc+tw/2;
  y=0;
  if t>=ta & t<=tb,
  y=(1-cos(2*pi*(t-ta)/(tb-ta)))/2;
  end
  return;
```

脚本 4-2 汉宁窗的 Matlab 实现函数

```
function y=wHamming(t,tw,tc)
%% 改进升余弦窗(Hamming窗)
if nargin<3, tc=tw/2; end
if nargin<2, tw=1;tc=tw/2; end
if tw<0,tw=1; end
ta=tc-tw/2; tb=tc+tw/2;
y=0;
if t>=ta & t<=tb,
   y=0.54-0.46*cos(2*pi*(t-ta)/(tb-ta));
end
return;
```

脚本 4-3 哈明窗的 Matlab 实现函数

采用三角窗 $w_2(t, 4\tau, 0)$ 对图 4-39(a)中的信号进行截取,形成 $x_2(t) = x(t) \cdot w_2(t, 4\tau, 0)$,如图 4-41(a)所示。相应的计算结果如图 4-41(b)所示,实线是 $x_2(t)$ 的幅度谱补零细化计算的结果,只用截取数据计算的频谱如图中"○"所示,虚线是原信号幅度谱。

采用汉宁窗 $w_3(t, 4\tau, 0)$ 对上述同样的信号进行截取,形成 $x_3(t) = x(t) \cdot w_3(t, 4\tau, 0)$,如

图 4-41(c)所示。相应的计算结果如图 4-41(d)所示,实线是 $x_3(t)$ 的幅度谱补零细化计算的结果,只用截取数据计算的频谱如图中"○"所示,虚线是原信号幅度谱。

无论采用何种窗函数截取,只要采样(截取)区间未能完全包含信号的延续时段(非恒零时段),就不可避免地会产生频谱泄漏误差。随着采样区间包含信号的延续时段加长(窗宽 t_w 加大),频谱泄漏误差将减小。

各种窗函数其实难以绝对分出优劣,它们对频谱泄漏误差的抑制效果在很大程度上取决于被采样信号的特性,也与分析目的密切相关。一般情况下,矩形窗的特征频率定位误差较小,分析特征频率时常用;汉宁窗的频谱特征峰值误差较小,如图 4-41(d)所示,求特征谱值时常用。

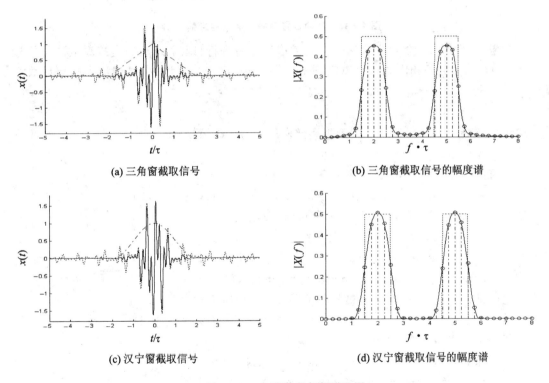

图 4-41 加窗截断与频谱泄漏

对于确定性信号截取采样时,采样窗的时域位置(由参数 t_c 表达)也是至关重要的。选择不当会产生严重误差。例如,若采用 $w_3(t, 4\tau, 2\tau)$ 的汉宁窗对前述同样的取样调幅波信号 $x(t)$ 进行截取,如图 4-42(a)所示,将得到如图 4-42(b)所示的结果。

一般应将采样窗的中心置于被采样信号变化幅度最大区域的中心,如图 4-39(a)、图 4-41(a)、图 4-41(c)等所示。

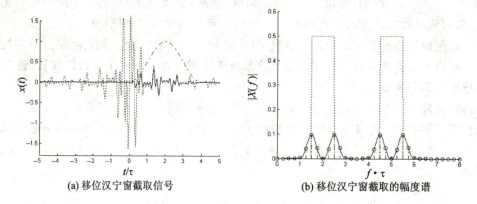

(a) 移位汉宁窗截取信号   (b) 移位汉宁窗截取的幅度谱

图 4-42 加窗位置对频谱泄漏的影响

实际应用时,信号的加窗运算通常在离散取样以后进行,即对 $x(t)$ 的直接离散取样信号 $x[n]=x(nT_s)$,然后用相应的离散窗序列 $w[n]=w(nT_s,t_w,t_c)$ 加权,得到加窗的离散取样信号

$$x_w[n] = x[n] \cdot w[n]$$

Matlab 的函数库中已有一系列产生离散窗序列的现成函数,如:

① $w=\text{triang}(N)$ 或 $w=\text{window}(@\text{triang},N)$;

产生窗口为 $n \in [1,N]$ 的三角离散窗序列 $w[n]$,相当于

$$w[n] = w_2((n-1)T_s, (N-1)T_s, (N-1)T_s/2)$$

② $w=\text{hanning}(N)$ 或 $w=\text{window}(@\text{hanning},N)$;

产生窗口为 $n \in [1,N]$ 的汉宁离散窗序列 $w[n]$,相当于

$$w[n] = w_3((n-1)T_s, (N-1)T_s, (N-1)T_s/2)$$

③ $w=\text{hamming}(N)$ 或 $w=\text{window}(@\text{hamming},N)$;

产生窗口为 $n \in [1,N]$ 的哈明离散窗序列 $w[n]$,相当于

$$w[n] = w_4((n-1)T_s, (N-1)T_s, (N-1)T_s/2)$$

类似的还有

$w=\text{blackman}(N)$ 或 $w=\text{window}(@\text{blackman},N)$;

$w=\text{bartlett}(N)$ 或 $w=\text{window}(@\text{bartlett},N)$;

$w=\text{barthannwin}(N)$ 或 $w=\text{window}(@\text{barthannwin},N)$;

⋮

2. 截尾取样

对于初始变化幅度较大的有始信号,一般应采用半边窗截尾,而原样保留起始的信号波形,以尽量减小泄漏效应。与各种采样窗对应,半边窗截尾函数可采用矩形、三角形、升余弦形和改进升余弦形等。

矩形截尾函数
$$cw_1(t,t_b) = \begin{cases} 1 & (t \leqslant t_b) \\ 0 & (其余) \end{cases} \quad (4.3-30)$$

三角形截尾函数
$$cw_2(t,t_b,t_w) = \begin{cases} 1 & (t < t_b) \\ 1-(t-t_b)/t_w & (t_b \leqslant t \leqslant t_b+t_w) \\ 0 & (其余) \end{cases} \quad (4.3-31)$$

升余弦形截尾函数
$$cw_3(t,t_b,t_w) = \begin{cases} 1 & (t \leqslant t_b) \\ 0.5+0.5\cos[\pi(t-t_b)/t_w] & (t_b \leqslant t \leqslant t_b+t_w) \\ 0 & (其余) \end{cases} \quad (4.3-32)$$

改进升余弦形截尾函数
$$cw_4(t,t_b,t_w) = \begin{cases} 1 & (t \leqslant t_b) \\ 0.54+0.46\cos[\pi(t-t_b)/t_w] & (t_b \leqslant t \leqslant t_b+t_w) \\ 0 & (其余) \end{cases} \quad (4.3-33)$$

式中,t_w 为尾窗宽度,t_b 为截尾起点。

几种截尾函数的波形如图 4-43 所示。其中,虚线为升余弦形,实线为改进升余弦形。

脚本 4-4～脚本 4-5 分别给出了三角形和升余弦形截尾的 Matlab 实现函数。其中 $tw=t_w$,$tb=t_b$,函数返回 t 时刻的截尾函数值。

[例 4-10] 对于图 4-44(a)所示的斜坡负指数信号 $x(t)$(虚线),取采样长度 $T_a=5\tau$,用升余弦截尾,截尾起点 $t_b=3\tau$,尾窗宽 $t_w=2\tau$。截取得到的信号 $x_w(t)$ 如图中实线所示。计算出频谱 $|X_w(f)|$(幅度谱)如图 4-44(b)所示,

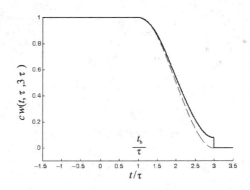

图 4-43 截尾函数的时域波形

实线为补零细化计算的结果,只用截取数据计算的频谱,如图中"○"所示;虚线为原信号 $x(t)$ 的精确幅度谱 $|X(f)|$(解析求得)。

如果采用 Hanning 窗,窗长 $t_w=5\tau$,窗中心 $t_c=2.5\tau$,如图 4-44(c)所示,截取得到的信号 $x_w(t)$ 如图中实线所示。计算出频谱 $|X_w(f)|$(幅度谱)如图 4-44(d)所示。其中实线为补零细化计算的结果,只用截取数据计算的频谱,如图中"○"所示;虚线为原信号 $x(t)$ 的精确幅度谱 $|X(f)|$(解析求得)。可见,频谱误差比上述截尾采样时大得多,而两者的样本长度都是 5τ。

```
function y=tailTriangle(t,tb,tw)
%% 三角截尾;t=时间;tw=尾窗宽;tb=截尾起点
    if nargin<3, tw=1; end
    if nargin<2, tb=0; end
    if tw<0,tw=1; end
    y=1;
    if t>(tb+tw),y=0;end
    if (t>tb)&.(t<=(tb+tw)),y=1-(t-tb)/tw;
    end
    return;
```

脚本 4-4　三角形截尾的 Matlab 实现

```
function y=tailHanning(t,tb,tw)
%% 升余弦(Hanning)截尾
    if nargin<3, tw=1; end
    if nargin<2, tb=0; end
    if tw<0,tw=1; end
    y=1; if t>(tb+tw),y=0;end
    if (t>tb)&.(t<=(tb+tw)),
        y=0.5+.5*cos(pi*(t-tb)/tw);
    end
    return;
```

脚本 4-5　升余弦形截尾的 Matlab 实现

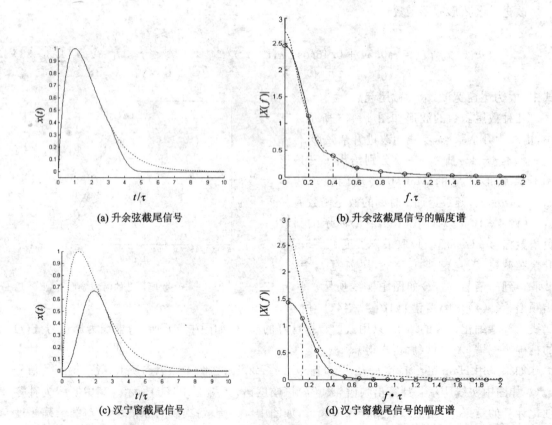

(a) 升余弦截尾信号　　　　(b) 升余弦截尾信号的幅度谱

(c) 汉宁窗截尾信号　　　　(d) 汉宁窗截尾信号的幅度谱

图 4-44　斜坡负指数信号截尾与频谱泄漏

3. 补尾取样

对于延续时间较长的有始信号 $x(t)$,一种有效抑制频谱泄漏的取样办法是:以合适的取样长度矩形截尾,得

$$x_1(t) = x(t) \cdot cw_1(t, t_b)$$

然后根据截尾前信号的变化趋势,选择合适的函数形式,通过对截尾前一段信号的回归分析,估计出截尾点后信号变化的一个可以解析求取频谱的近似表达式 $c(t)$,得到

$$x(t) \approx x_1(t) + c(t)$$

从而可得到信号的频谱为

$$X(f) \approx X_1(f) + C(f)$$

式中,$X_1(f)$ 由数字计算得到,而 $C(f)$ 由解析求取。此可称为补尾取样。

常用的补尾函数 $c(t)$ 有指数衰减、指数衰减振荡和有限多项式等,可根据信号截尾前的变化趋势选取。

指数衰减式补尾函数:

$$c_1(t) = x(t_b) \cdot e^{-a(t-t_b)} \cdot u(t - t_b) \tag{4.3-34}$$

式中,t_b 为截尾时刻,a 为拟合系数,$u(t)$ 是单位阶跃函数。

指数衰减振荡式补尾函数:

$$c_2(t) = \frac{x(t_b)}{\cos \varphi_c} \cdot e^{-b(t-t_b)} \cdot \cos\left[2\pi f_c(t - t_b) + \varphi_c\right] \cdot u(t - t_b) \tag{4.3-35}$$

式中,b, f_c, φ_c 为拟合系数。

对 $c_1(t), c_2(t)$ 进行傅里叶变换,有

$$C_1(f) = \mathscr{F}[c_1(t)] = \frac{x(t_b) e^{-j2\pi f t_b}}{a + j2\pi f} \tag{4.3-36}$$

$$C_2(f) = \mathscr{F}[c_2(t)] = \frac{x(t_b)(b + j2\pi f + j2\pi f_c \tan \varphi_c) e^{-j2\pi f t_b}}{(b + j2\pi f)^2 + (2\pi f_c)^2} \tag{4.3-37}$$

设对 $x(t)$ 的取样间隔为 T_s,以截尾点 t_b 前的 m 个取样值 $x(t_b - T_s), x(t_b - 2T_s), \cdots,$ $x(t_b - mT_s)$ 进行拟合,用对数值误差平方和最小的规则,可得 $c_1(t)$ 中的拟合系数为

$$a = \frac{1}{T_s} \frac{1}{m} \sum_{k=1}^{m} \frac{1}{k} \ln \frac{x(t_b - kT_s)}{x(t_b)} \tag{4.3-38}$$

$c_2(t)$ 中的系数一般根据具体情况,用少量合适的取样点拟合解算。

脚本 4-6 给出一个指数衰减补尾拟合系数计算的 Matlab 实现函数——ExpTailCoefficient(x, Ts, m)。其中 x 为待计算频谱的信号(采样值),Ts 为采样间隔,m 为用于拟合补尾函数的数据点数。函数返回式(4.3-38)给出的指数衰减补尾拟合系数 a。

```
function a=ExpTailCoefficient(x,Ts,m)
%% a—负指数补尾系数
%% x()—待计算信号;Ts—采样间隔;m—拟合点数
if nargin<3, m=2; end
if nargin<2, Ts=1;m=2; end
if m<1, m=1; end
n=length(x); c=0;
if n>m,
    for k=1:m,c=c+log(x(n-k)/x(n))/k;end
    a=c/Ts/m;
end
return;
```

脚本 4-6　负指数补尾系数的 Matlab 实现

[例 4-11] 对于图 4-45(a)所示的斜坡负指数信号 $x(t)$（实线），取采样长度 $T_a=4\tau$，由负指数衰减补尾，采样间隔为 $T_s=\tau/50$，用 ExpTailCoefficient($x,\tau/50,3$) 计算拟合系数，得补尾信号如图中虚线。计算得到幅度谱、相位谱分别如图 4-45(b)、图 4-45(c)所示，虚线是细化计算结果；未细化计算的频谱如图中"○"所示，实线为原信号 $x(t)$ 的精确频谱（解析求得）。可见，幅度谱基本一致，相位谱也只在高频部分有些差异。

比较图 4-45(b)与图 4-44(b)可知：对此信号，用负指数补尾计算频谱比升余弦截尾有更好的精度（事实上，后者的取样长度为 $T_a=5\tau$，比前者还长）。

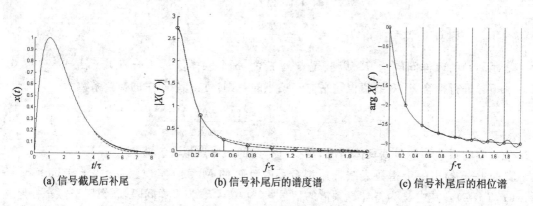

(a) 信号截尾后补尾　　(b) 信号补尾后的幅度谱　　(c) 信号补尾后的相位谱

图 4-45　补尾取样及数字计算频谱

4.3.5 数字计算频谱的预处理

1. 信号时移预处理

对于如图 4-46 所示起点为 t_1 的 $x(t)$ 信号（实线），可令 $y(t)=x(t+t_1)$，使 $y(t)$ 符合 DFT 计算频谱的要求（如虚线所示，起点在 0 时刻）。

然后，根据 $X(f)=Y(f)e^{-j2\pi ft_1}$，即 $|X(f)|=|Y(f)|$，$\arg X(f)=\arg Y(f)-2\pi ft_1$，由 $Y(f)$ 换算出 $X(f)$。记

$$y[n]=\{x(t)\}_{t=t_1+nT_s}, \qquad n=0,1,\cdots,N-1$$

式中，T_s 为离散采样间隔。

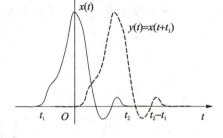

图 4-46 信号时移预处理

(1) 周期信号时移预处理

设周期为 T，$T_s=T/N$，采样不存在频谱混叠，记 $f_1=1/T$，$x(t)=\sum C_k e^{j2\pi kf_1 t}$，$Y[k]=\text{DFS}\{y[n]\}$，则有

$$|C_k|=|Y[k]|, \qquad \arg C_k=\arg Y[k]-2\pi kf_1 t_1/N$$

(2) 时限信号时移预处理

设包容信号延续区间的取样长度为 T_a，$T_s=T_a/N$，采样不存在频谱混叠，记 $f_\Delta=1/T_a$，$X(kf_\Delta)=\{X(f)\}_{f=kf_\Delta}$，$\hat{Y}[k]=\text{DFT}\{y[n]\}$，则有

$$|X(kf_\Delta)|=|\hat{Y}[k]|, \qquad \arg X(kf_\Delta)=\arg \hat{Y}[k]-2\pi kf_\Delta t_1/N$$

2. 防混叠滤波处理

若 $x(t)$ 所含谐波频率 f_h 很高，直接离散采样很难满足 $f_s>2f_h$ 的要求。在只需分析了解其低频谐波情况（低频段频谱）时，可用低通滤波器（LPF）将不需了解的高频成分滤掉，使剩余成分的最高谐波频率减小到 f_{h^*}，可在满足 $f_s>2f_{h^*}$ 的条件下离散采样，保证得到精确的低频段频谱，如图 4-47 所示。此谓防混叠滤波。

图 4-47 防混叠滤波

[例 4-12] 对于图 4-48(a)所示的复杂时限信号，用较高的采样频率 $f_s=100/\tau$ 离散采样，可得到正确的幅度谱，如图 4-48(b)所示，在 $f=2/\tau$ 及 $f=18/\tau$ 附近均有丰富的频谱。

如果直接用较低的采样频率 $f_s=10/\tau$ 离散采样，则数字计算出的幅度谱将如图 4-48(c)

中实线所示,发生严重的频谱混叠,在低频段也得不到正确的频谱(图中虚线为正确的幅度谱)。

若在离散采样前将信号通过一个截止频率为 $f_c=5/\tau$ 的三阶 Butterworth 低通滤波器(其频响函数为 $H(f)=1/(1+2jf_0-2f_0^2-jf_0^3)$,$f_0=f/f_c$),输出信号如图 4-48(d)所示。然后对此滤波输出信号用较低的采样频率 $f_s=10/\tau$ 离散采样,则数字计算出的幅度谱将如图 4-48(e)中实线所示,在低频段它与正确值(虚线)非常接近,二者在图中几乎重合,难以区分。

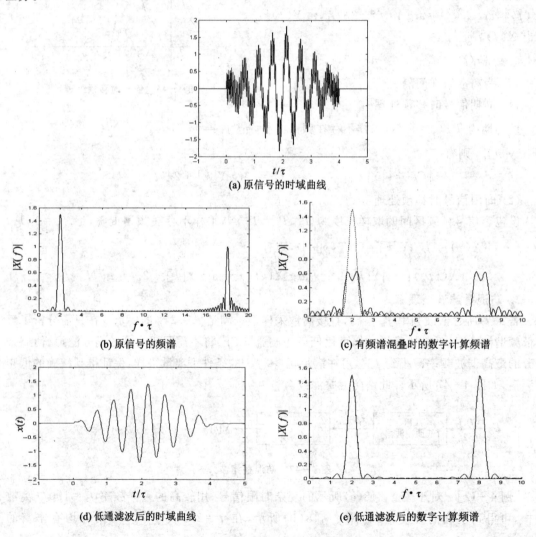

(a) 原信号的时域曲线

(b) 原信号的频谱

(c) 有频谱混叠时的数字计算频谱

(d) 低通滤波后的时域曲线

(e) 低通滤波后的数字计算频谱

图 4-48 防混叠滤波的效果

4.4 快速傅里叶变换(FFT)的应用

4.4.1 FFT 的由来

由 4.3 节可知,数字计算信号频谱时的主要工作是完成下述两种相关的运算:

$$\mathcal{T}\{x[n]\} = \sum_{n=0}^{N-1} x[n] e^{-j\frac{2\pi}{N}nk} \quad (k = 0 \sim N-1) \quad (4.4-1)$$

$$\mathcal{T}^{-1}\{X[k]\} = \sum_{k=0}^{N-1} X[k] e^{j\frac{2\pi}{N}kn} \quad (n = 0 \sim N-1) \quad (4.4-2)$$

对于有限长离散信号 $x[n]$:$\{x[n] \equiv 0, n \notin [0, N-1]\}$,由式(4.3-16)、式(4.3-17)有

$$\hat{X}[k] = \text{DFT}\{x[n]\} = \mathcal{T}\{x[n]\} \quad (4.4-3)$$

$$x[n] = \text{IDFT}\{\hat{X}[k]\} = \mathcal{T}^{-1}\{\hat{X}[k]\}/N \quad (4.4-4)$$

式中,N 是 $x[n]$ 的延续长度,也是 $\hat{X}[k]$ 的周期。

对于周期离散信号 $x[n]$:{周期为 N},由式(4.3-8)、式(4.3-9)有

$$X[k] = \text{DFS}\{x[n]\} = \mathcal{T}\{x[n]\}/N \quad (4.4-5)$$

$$x[n] = \text{IDFS}\{X[k]\} = \mathcal{T}^{-1}\{X[k]\} \quad (4.4-6)$$

式中,N 是 $x[n]$ 的周期,也是 $X[k]$ 的周期。

$\mathcal{T}\{\}$ 和 $\mathcal{T}^{-1}\{\}$ 运算在数字信号分析与处理工作中应用非常广泛。鉴于 $\mathcal{T}\{\}$ 与 DFT(DFS)、$\mathcal{T}^{-1}\{\}$ 与 IDFT(IDFS)的上述直接对应关系,不妨将 $\mathcal{T}\{\}$ 运算也称作离散傅里叶变换(DFT),将 $\mathcal{T}^{-1}\{\}$ 运算也称作逆离散傅里叶变换(IDFT)。只是须注意式(4.4-3)~式(4.4-6)表达的实际关系。

直接计算 $\mathcal{T}\{\}$ 和 $\mathcal{T}^{-1}\{\}$,都要进行 $N \times N$ 次复数乘法和 $N \times (N-1)$ 次复数加法运算;当 N 很大时,此项工作量巨大,以至无法实际完成。因此,人们一直在寻求 DFT 和 IDFT 的快速算法。直到 1965 年,J. W. Cooley(库利)和 J. W. Tukey(图基)总结出 $N = 2^m$ (m 为正整数)条件下的一种通用、快速计算 DFT 和 IDFT 的方法,将复数乘法减为 $\frac{N}{2}\text{lb}\,N$ 次,复数加法减为 $N\text{lb}\,N$ 次,使运算速度达到直接计算的 $N/\text{lb}\,N$ 倍,才使数字信号分析处理真正实用化。如此快速 DFT 算法称之为 FFT(Fast Fourier Transform),相应的 IDFT 的快速算法称之为 IFFT(Inverse Fast Fourier Transform)。

FFT(IFFT)算法的基本思想是将 N 长度 DFT(IDFT)运算分解成几段分别计算,并且设法找到各段计算中的相同项,只计算一次,利用计算机的存储单元存储、调用,避免重复计算,节省计算时间,提高速度。

根据分段方式不同,FFT(IFFT)有各种具体算法[2]。但通用性最强的是库利-图基的基

2-FFT 算法,即每次将序列按奇、偶(或前、后)分成两段,直到最后进行长度为 2 的 DFT(IDFT)计算。

4.4.2 基 2-FFT 时间抽取算法的基本关系

在 $N=2^m$(m 为正整数)条件下的基 2-FFT 算法每次将被变换序列分成两段,但分法有两种:一种是将序列按序号的奇偶分开,形成所谓的 DIT(Decimation In Time)(时间抽取)算法;另一种是将被变换序列按前后分开,与之对应的是变换结果按奇偶分开了,称之为 DIF(Decimation In Frequency)(频率抽取)算法。两者只是具体计算流程有些差别,计算效率是等价的。

下面简介 DIT 算法的基本关系。

对于

$$X[k] = \mathcal{F}\{x[n]\} = \sum_{n=0}^{N-1} x[n] e^{-j\frac{2\pi}{N}kn} \quad (k = 0 \sim N-1)$$

设 $N=2^m$,记

$$W_N = e^{-j\frac{2\pi}{N}} \tag{4.4-7}$$

有

$$X[k] = \sum_{n=0}^{N-1} x[n] \cdot W_N^{kn} \quad (k = 0 \sim N-1) \tag{4.4-8}$$

将 $x[n]$ 按序号奇偶分成两组

$$\begin{cases} y[l] = x[2l] \\ z[l] = x[2l+1] \end{cases} \quad \left(l = 0 \sim \frac{N}{2} - 1\right)$$

可导出

$$\begin{cases} X[k] = Y[k] + W_N^k \cdot Z[k] \\ X\left[k + \dfrac{N}{2}\right] = Y[k] - W_N^k \cdot Z[k] \end{cases} \quad \left(k = 0 \sim \frac{N}{2} - 1\right) \tag{4.4-9}$$

式中

$$\begin{cases} Y[k] = \mathcal{F}\{y[l]\} \\ Z[k] = \mathcal{F}\{z[l]\} \end{cases} \quad \left(\text{运算长度为}\frac{N}{2}\right) \tag{4.4-10}$$

这就是 DIT 算法的基本关系。

如此递推到最终(最简)的一系列二元计算(即 $N=2$ 的情况):

记

$$\{X_0[0], X_0[1]\} = \mathcal{F}\{x_0[0], x_0[1]\} \tag{4.4-11}$$

有

$$\left.\begin{array}{l} X_0[0] = x_0[0] + W_2^0 \cdot x_0[1] = x_0[0] + x_0[1] \\ X_0[1] = x_0[0] - W_2^0 \cdot x_0[1] = x_0[0] - x_0[1] \end{array}\right\} \tag{4.4-12}$$

按照 DIT 算法,最终是将 $x[n]$ 中的 $\{x[l], x[l+N/2]\}$,($l=0 \sim N/2-1$)划分到一个二元序列组;而 $\mathcal{F}\{x[l], x[l+N/2]\}$ 将和 $\mathcal{F}\left\{x\left[l+\dfrac{N}{4}\right], x\left[l+\dfrac{3}{4}N\right]\right\}$ 组合成 $\mathcal{F}\left\{x[l], x\left[l+\dfrac{N}{4}\right], x\left[l+\dfrac{N}{2}\right], x\left[l+\dfrac{3}{4}N\right]\right\}$,($l=0 \sim N/4-1$);$\mathcal{F}\{x[0], x[1], \cdots, x[N-2], x[N-1]\}$。由此形成的组合关系显然比较复杂,DFT 结果的序号也不自然。

为简化组合关系、方便编程,通常在 DFT 运算前对 $x[n]$ 进行整序处理(在标准 DIT 算法

程序中一般附带此功能),将 $x[n]$ 变换为

$$x_0[l] = x[n(l)] \quad (l = 0 \sim N-1) \tag{4.4-13}$$

式中
$$n(0) = 0, \quad n(1) = N/2 \tag{4.4-14}$$

$$\begin{cases} n(2i) = n(i)/2 \\ n(2i+1) = n(2i) + N/2 \end{cases} \quad (i = 1, \cdots, (N/2-1)) \tag{4.4-15}$$

整序后将相邻的两个 $x_0[n]$ 元素 $\{x_0[l], x_0[l+1]\}$ 划分到一个二元组($l=0\sim N/2-1$)进行 DFT 运算,将其结果以原序号标记为 $\{x_1[l], x_1[l+1]\} = \mathcal{T}\{x_0[l], x_0[l+1]\}$,($l=0\sim N/2-1$),$\{x_1[l], x_1[l+1]\}$ 则将与紧邻的另一个二元组的 DFT 结果 $\{x_1[l+2], x_1[l+3]\}$ 组合成四元组的 DFT 结果,最后得到序号自然的 $X[k]=\mathcal{T}\{x[n]\}=x_m[k]$。

若将上述算法的流程图绘出,其形貌似蝴蝶[2],得名蝶形图。

获得 $\{x_r[n]\}$ 的第 r 步变换(计算)长度为 $N_r=2^r$,可由式(4.4-9)导出递推(运算)关系为

$$\begin{aligned} x_r[k2^r + l] &= x_{r-1}[k2^r + l] + W_{2^r}^l x_{r-1}[k2^r + l + 2^{r-1}] \\ x_r[k2^r + l + 2^{r-1}] &= x_{r-1}[k2^r + l] - W_{2^r}^l x_{r-1}[k2^r + l + 2^{r-1}] \\ k &= 0 \sim (2^{m-r}-1), \quad l = 0 \sim 2^{r-1}-1, \quad r = 1 \sim m \end{aligned}$$

每步运算中分别用到的复数因子 $W_{2^r}^l$ 其实有许多是重复的,应该一次计算后存储待用,以节省时间。注意到 $W_{2^r}^l = W_N^{(\frac{N}{2^r})l} = W_N^{(2^{m-r})l}$,相应有

$$\begin{aligned} x_r[k2^r + l] &= x_{r-1}[k2^r + l] + W_N^{(2^{m-r})l} x_{r-1}[k2^r + l + 2^{r-1}] \\ x_r[k2^r + l + 2^{r-1}] &= x_{r-1}[k2^r + l] - W_N^{(2^{m-r})l} x_{r-1}[k2^r + l + 2^{r-1}] \\ k &= 0 \sim (2^{m-r}-1), \quad l = 0 \sim 2^{r-1}-1, \quad r = 1 \sim m \end{aligned} \right\} \tag{4.4-16}$$

最后一步($r=m$)为

$$\begin{aligned} X[l] = x_m[l] &= x_{m-1}[l] + W_N^l x_{m-1}[l + N/2] \\ X[l+N/2] = x_m[l+N/2] &= x_{m-1}[l] - W_N^l x_{m-1}[l + N/2] \\ l &= 0 \sim N/2 - 1 \end{aligned} \right\} \tag{4.4-17}$$

而第一步($r=1$)为

$$\begin{aligned} x_1[2k] &= x_0[2k] + x_0[2k+1] \\ x_1[2k+1] &= x_0[2k] - x_0[2k+1] \\ k &= 0 \sim N/2 - 1 \end{aligned} \right\} \tag{4.4-18}$$

与式(4.4-12)的形式是一致的。

根据式(4.4-13)、式(4.4-16)、式(4.4-17)、式(4.4-18),不难编制出实用的 FFT 程序。

实际编程时,$W_N^{(2^{m-r})l}$ 值将事先算出并由某个数组 $W(n) \stackrel{\text{def}}{=\!=\!=} \{W_N^n, n=0\sim N-1\}$ 保存待用,且由于对称性,实际只需计算

$$W(n) = W_N^n \qquad (n = 0 \sim N/2) \qquad (4.4-19)$$

而另一半可由 $W(n)$ 的复数共轭值给出，即

$$W(N-n) = [W(n)]^* \qquad (n = 0 \sim N/2) \qquad (4.4-20)$$

各种 FFT 算法的成功关键就在于通过类似的合理分解、递推，充分利用 W_N^n 的周期、对称等性质，节省了大量复数的乘法运算，从而大大提高了运算速度。

4.4.3 逆 FFT(IFFT)

对于
$$x[n] = \mathscr{T}^{-1}\{X[k]\} = \sum_{k=0}^{N-1} X[k] e^{j\frac{2\pi}{N}kn} \qquad (n = 0 \sim N-1)$$

记
$$V_N = e^{j\frac{2\pi}{N}} \qquad (4.4-21)$$

有
$$x[n] = \sum_{k=0}^{N-1} X[k] \cdot V_N^{kn} \qquad (n = 0 \sim N-1) \qquad (4.4-22)$$

比较 V_N 与式(4.4-7)定义的 W_N 可见，$V_N = [W_N]^*$，V_N 为 W_N 的复数共轭值。在 $N = 2^m$ 时，V_N^l 与 W_N^l 关于 l 有完全一样的周期性质，因此，式(4.4-22)的运算完全可以按 $T\{x[n]\}$ 相同的快速流程来完成，只需将其中的 W_N 换成其复数共轭值 $[W_N]^*$。在实际应用时，就往往将 FFT 与 IFFT 按 $\mathscr{P}\{s, x[n]\}$ 的统一流程考虑，$\mathscr{P}\{s, x[n]\}$ 关于 $x[n]$ 的运算完全按 4.4.2 节所述流程进行，但取 $W_N = e^{-js\frac{2\pi}{N}}$，而 $s = 1$ 或 -1，相应有

$$\mathscr{T}\{x[n]\} = \mathscr{P}\{1, x[n]\} \qquad (4.4-23)$$

$$\mathscr{T}^{-1}\{X[k]\} = \mathscr{P}\{-1, X[k]\} \qquad (4.4-24)$$

即可以用同一套程序分别完成 FFT 和 IFFT 运算。

4.4.4 FFT&IFFT 的 Matlab 实现

Matlab 的标准库中有现成的 FFT 和 IFFT 库函数可调用。

1. 实现 FFT 的 Matlab 函数

fft(x)——对 x 快速实施式(4.4-1)所示的变换，变换长度 N 等于 x 的数据长度，不限于 2 的整数幂。当 N 不等于 2 的整数幂时，函数内部会自动选择非 2 基的快速算法。但 N 等于 2 的整数幂时，计算效率最高(自动选择基 2 快速算法)。函数返回 $\mathscr{T}\{x[n]\}$ 的结果。

fft(x, N)——按指定长度 N 实施变换。若 N 大于 x 的数据长度，则在数据后补 0 达到 N 项进行计算；若 N 小于 x 的数据长度，则截取数据的前 N 项进行计算。其余同 fft(x)。

2. 实现 IFFT 的 Matlab 函数

ifft(x)——对 x 快速实施式(4.4-2)所示的逆变换，变换长度 N 等于 x 的数据长度，不限于 2 的整数幂。当 N 不等于 2 的整数幂时，函数内部会自动选择非 2 基的快速算法；但 N 等于 2 的整数幂时，计算效率最高(自动选择基 2 快速算法)。函数返回 $\mathscr{T}^{-1}\{x[n]\}/N$ 的结果。

ifft(x, N)——按指定长度 N 实施逆变换。若 N 大于 x 的数据长度，则在数据后补 0 达

到 N 项进行计算；若 N 小于 x 的数据长度，则截取数据的前 N 项进行计算。其余同 ifft(x,N)。

3. fft( ),ifft( )的结果与信号频谱、原函数的关系

对于时限信号 $x(t) = \int_{-\infty}^{+\infty} X(f) e^{j2\pi ft} df$，由式(4.3-20)及式(4.4-3)、式(4.4-4)有

$$\left.\begin{aligned} \hat{X}[k] &= \text{DFT}\{x[n]\} = \text{fft}(x) \\ X(kf_\Delta) &= T_s \cdot \hat{X}[k], \quad k \in [-N/2, N/2] \end{aligned}\right\} \quad (4.4-25)$$

$$x[n] = \text{IDFT}\{\hat{X}[k]\} = \text{ifft}(\hat{X}) \quad (4.4-26)$$

式中，T_s 是 $x(t) \to x[n]$ 的离散采样间隔，$f_\Delta = 1/(N \cdot T_s)$，$N$ 是 $\hat{X}[k]$ 的长度。

对于周期信号 $x(t) = \sum_{k=-\infty}^{+\infty} C_k \cdot e^{j2\pi k f_1 t}$，$f_1 = \dfrac{1}{T}$，由式(4.3-12)及式(4.4-5)、式(4.4-6)有

$$\left.\begin{aligned} X[k] &= \text{DFS}\{x[n]\} = \text{fft}(x)/N \\ C_k &= X[k], \quad k \in [-N/1, N/2] \end{aligned}\right\} \quad (4.4-27)$$

$$x[n] = \text{IDFS}\{X[k]\} = N \cdot \text{ifft}(X) \quad (4.4-28)$$

式中，$N = T/T_s$，它是 $x[n]$ 的周期，也是 $X[k]$ 的周期，T_s 是 $x(t) \to x[n]$ 的离散采样间隔。

4.4.5 实信号(实序列)FFT 的节省算法

如果 $x[n]$ 是实序列，即实信号 $x(t)$ 的离散采样结果，则 DFT 运算可在常规 FFT 的基础上进一步节省时间。

1. 同时完成两个实序列的变换[2]

对长 N 的实序列 $x[n], y[n]$，可构造复序列

$$z[n] = x[n] + j y[n]$$

并计算

$$Z[k] = T\{z[n]\}$$

可导出

$$X[k] = T\{x[n]\} = \frac{1}{2}\{Z[k] + Z^*[N-k]\} \quad (k = 0 \sim N-1) \quad (4.4-29)$$

$$Y[k] = T\{y[n]\} = \frac{1}{2j}\{Z[k] - Z^*[N-k]\} \quad (k = 0 \sim N-1) \quad (4.4-30)$$

式中，$Z^*[N-k]$ 是 $Z[N-k]$ 的复数共轭值。

脚本 4-7 给出了一个同时计算两个等长实信号频谱的 Matlab 实现函数，即 [y1, y2] = Real2fft(x1, x2)。其中，y1, y2 分别为 x1, x2 的 FFT 结果。如果 x1 与 x2 不是等长的实信号，计算也照样完成，即分别作常规 FFT，但已无省时的功效。

2. 半长计算单个实序列的变换[2]

对长 $2N$ 的实序列 $x[n]$，若要求

$$X[k] = \mathcal{T}\{x[n]\} \quad (k = 0 \sim 2N-1)$$

可令 $\quad z[r] = x[2r] + jx[2r+1] \quad (r = 0 \sim N-1)$

并计算 $\quad Z[k] = \mathcal{T}\{z[r]\}$

可导出

$$\left.\begin{array}{l} X[k] = \dfrac{1}{2}(1 - jW_{2N}^{k})Z[k] + \dfrac{1}{2}(1 + jW_{2N}^{k})Z^{*}[N-k] \\[2mm] X[k+N] = \dfrac{1}{2}(1 + jW_{2N}^{k})Z[k] + \dfrac{1}{2}(1 - jW_{2N}^{k})Z^{*}[N-k] \end{array}\right\} \quad (k = 0 \sim N-1)$$

(4.4-31)

式中,$Z^{*}[N-k]$ 是 $Z[N-k]$ 的复数共轭值。

```
function [y1,y2]=Real2fft(x1,x2)
  %% 同时计算两个实信号的频谱
  n=length(x1);
  if (length(x2)==n)&(imag(x1)==0)&(imag(x2)==0),
      z=x1+j*x2; y=fft(z); y1(1)=real(y(1)); y2(1)=imag(y(1));
      for k=2:n, y1(k)=(y(k)+conj(y(n+2-k)))/2;
               y2(k)=(y(k)-conj(y(n+2-k)))/(2*j); end
  else  y1=fft(x1); y2=fft(x2); end
return;
```

脚本 4-7 同时计算两个等长实信号频谱的 Matlab 实现

脚本 4-8 给出了一个省时计算实信号频谱的 Matlab 实现函数 $y = \text{Realfft}(x)$。其中,y 返回 x 的 FFT 结果。如果 x 不是长度为偶数的实信号,计算也照样完成,即作常规 FFT,但已无省时的功效。

```
function y=Realfft(x)
  %% 高效计算实信号的频谱
  n=length(x); n2=fix(n/2);
  if (n==2*n2)&(imag(x)==0),
      for k=1:n2, x2(k)=x(2*k-1)+j*x(2*k); end
      y2=fft(x2); y(1)=(1-j)*real(y2(1))/2; y(n2+1)=(1+j)*real(y2(1))/2;
      for k=1:n2-1, a=(1+j*exp(-j*2*pi*k/n))/2; b=conj(a);
          y(k+1)=b*y2(k+1)-a*conj(y2(n2-k+1));
          y(n2+k+1)=a*y2(k+1)+b*conj(y2(n2-k+1)); end
  else y=fft(x); end
return;
```

脚本 4-8 省时计算偶数长度实信号频谱的 Matlab 实现

4.5 频谱的数字细分方法（Chirp 算法）

如前所述，对于 [延续区间] $\in [0, T_a]$ 的时限信号 $x(t)$，以间隔 $T_s = T_a/N$ 离散采样 $x[n] = x(nT_s)$，可用 FFT 方法快速算出其频谱 $X(f)$ 的离散抽样值 $X(kf_\Delta)$。但由于要求 f_Δ 固定为 f_s/N，其中 $f_s = 1/T_s$，存在所谓的栅栏效应，得不到细致的频谱。

实际上，由式(4.3-19)有①

$$X(f) = T_s \sum_{n=0}^{N-1} x[n] e^{-j2\pi f n T_s} \qquad \left(-\frac{f_s}{2} < f < \frac{f_s}{2}\right) \qquad (4.5-1)$$

可见，完全可以由 $x[n]$ 计算出 $f \in \left[-\dfrac{f_s}{2}, \dfrac{f_s}{2}\right]$ 范围内任何频率 f 上的谱值，获得细致的频谱 $X(f)$，只是需要寻求快速的计算方法。

假设需要在 $f \in [f_\alpha, f_\beta]$ 范围内，按频率间隔 f_δ 细致分析（计算）频谱，记

下限频率： $f_\alpha = \alpha f_s$
上限频率： $f_\beta = \beta f_s \qquad \left(\alpha < \beta \leqslant 1/2, \quad 0 < \delta < \dfrac{\beta-\alpha}{2}\right) \qquad (4.5-2)$
频率间隔： $f_\delta = \delta f_s$

则要求计算的频谱点数为 $M = $ 取整 $\left\{\dfrac{\beta-\alpha}{\delta}\right\}$；要求计算的细分频谱抽样值为

$$\tilde{X}[k] = X(f_\alpha + k f_\delta) \qquad (k = 0 \sim M-1) \qquad (4.5-3)$$

于是，由式(4.5-1)可得

$$\tilde{X}[k] = \frac{1}{f_s} \left\{ \sum_{n=0}^{N-1} \{ x[n] e^{-j2\pi(\alpha+\frac{\delta}{2}n)n} \} e^{j\pi\delta(k-n)^2} \right\} e^{-j\pi\delta k^2}$$

记

$$y[n] = x[n] e^{-j2\pi(\alpha+\frac{\delta}{2}n)n} \qquad (4.5-4)$$

$$h[n] = e^{j\pi\delta n^2} \qquad (4.5-5)$$

则有

$$\tilde{X}[k] = \frac{1}{f_s} \sum_{n=0}^{N-1} \{ y[n] \cdot h[k-n] \} \cdot h^*[k] \qquad (k = 0 \sim M-1) \qquad (4.5-6)$$

可见，计算细分频谱的关键是解决 $\sum_{n=0}^{N-1} \{ y[n] \cdot h[k-n] \}$ 的快速计算问题。不难看出，在此项计算中要用到 $n = 0 \sim (N-1)$ 时的 $y[n]$ 值和 $n = (-N+1) \sim (M-1)$ 时的 $h[n]$ 值。为此，按 2 的整数幂取定整数 $L = 2^m \geqslant N + M - 1$，分别以 $y[n]$、$h[n]$ 为基础，按 L 为周期定义周期信号

---

① 对时限信号而言，一定无法严格满足 Shannon 采样条件，故此结果实际是有误差的。不过，对于大部分信号，只要取足够大的 f_s，就能由此获得足够精确的 $X(f)$。

$$y_L[n] = \begin{cases} y[n], & n = 0 \sim N-1 \\ 0, & n = N \sim L-1 \end{cases} \quad (4.5-7)$$

$$h_L[n] = \begin{cases} h[n], & n = (-N-1) \sim (M-1) \\ 0, & n = M \sim (L-N) \end{cases}$$

即

$$h_L[n] = \begin{cases} h[n], & n = 0 \sim (M-1) \\ 0, & n = M \sim (L-N) \\ h[L-n], & n = (L-N+1) \sim (L-1) \end{cases} \quad (4.5-8)$$

则

$$\tilde{X}[k] = \frac{1}{f_s} \sum_{n=0}^{L-1} \{y_L[n] \cdot h_L[k-n]\} \cdot h^*[k], \quad k = 0 \sim M-1 \quad (4.5-9)$$

式中，$\sum_{n=0}^{L-1}\{y_L[n] \cdot h_L[k-n]\}$ 就是周期序列 $y_L[n]$ 与 $h_L[n]$ 的卷积和 $y_L[n] * h_L[n]$。

记 $z_L[k] = y_L[n] * h_L[n]$，根据 DFS 的卷积定理有 DFS$\{z_L[k]\}$ = DFS$\{y_L[n]\}$ · DFS$\{h_L[n]\}$，所以有 $z_L[k]$ = IDFS$\{$DFS$\{y_L[n]\}$ · DFS$\{h_L[n]\}\}$。于是，可得到

$$\tilde{X}[k] \approx \frac{1}{f_s} \cdot \{\text{IDFS}\{\text{DFS}\{y_L[n]\} \cdot \text{DFS}\{h_L[n]\}\}\} \cdot h^*[k], \quad k = 0 \sim (M-1) \quad (4.5-10)$$

其中的 DFS，IDFS 可分别由 FFT 和 IFFT 快速完成。

在此频谱数字细分计算中，第一步就将信号 $x[n]$ 乘以线性调频信号 $\mathrm{e}^{-\mathrm{j}2\pi(a+\frac{\beta}{2}n)n}$，故称为 Chirp（频谱）计算（分析）方法[①]（Chirp 是表示线性调频的雷达专业术语）。

脚本 4-9 给出一例频谱细化 Chirp 算法的 Matlab 实现函数 $y = \text{cft0}(x,a,b,d)$。其中 x 为输入采样数据序列（数组），函数返回细化的频谱，单位与 fft() 函数返回值相同；a 为频率下限系数，$0 \leqslant a < 0.5$，下限频率 $f_a = a \times f_s$；b 为频率上限系数，$a < b \leqslant 0.5$，上限频率 $f_b = b \times f_s$；d 为频率间隔系数，$0 < d < b-a$，频率间隔 $\mathrm{d}f = d \times f_s$，$f_s$ 为 x 的采样频率。

[例 4-13] 对于图 4-32(a)所示的半正弦脉冲信号 $x(t)$，以采样间隔 $T_s = \tau/200$ 对其离散采样，采样频率相应为 $f_s = 1/T_s = 200/\tau$。

若采样区间取 $t \in [0,\tau]$，包容了信号的延续区间，不会发生频谱泄漏，直接用 fft(x) 计算得到的幅度谱密度和相位谱将分别如图 4-49(a)、图 4-49(b)中的"○"点所示，频率分辨间隔为 $f_{\Delta 1} = 1/\tau$，完全看不清频谱的波动变化情况。

仍用 $t \in [0,\tau]$ 的一段采样信号，但取 $a = 0$，$b = 0.02$，$d = 1/5\,000$，相应 $f_a = a \times f_s = 0$，$f_b = b \times f_s = 4/\tau$，$\mathrm{d}f = d \times f_s = 1/(25\tau)$，由 cft0($x,a,b,d$) 得到信号的一截细化频谱如图 4-49(a)、图 4-49(b)的实线所示。在 $f \in [0,4/\tau]$ 范围内，频谱变化细节清晰可见，频率分辨间隔为 $f_{\Delta 2} = 1/(25)\tau$。

[①] 也用类似方法计算一般 z 变换的像函数，相应称为 Chirp z 变换。

```
function y=cft0(x,a,b,d)
%%% x=采样数据(数组);下限频率 fa=a*fs,0≤a<0.5,fs=x 的采样频率;上限频率 fb=b*fs,a<b≤0.5
%%% 频率间隔 df=d*fs,0<d<b-a;y=频谱密度(数组),与 fft()函数返回值同单位
nd=length(x); nf=ceil((b-a)/d)+1; L=nd+nf-1; m=ceil(log2(L)); %%% ceil(x)=对 x 上取整
L=pow2(m); L1=L-nd+1; delt=pi*j*d; nn=max(nf,nd+1); %%%% L=FFT 的计算长度
for k=1:nn,h(k)=exp(delt*(k-1)^2); end
for k=1:nf, hL(k)=h(k);end
hL(nf+1:L1)=0;
for k=L1+1:L, hL(k)=h(L-k+2);end
hc=conj(h); alph=-2.0*pi*j*a;
for k=1:nd, yL(k)=x(k)*hc(k)*exp(alph*(k-1)); end
yL(nd+1:L)=0; YL=fft(yL).*fft(hL); yL=ifft(YL);
for k=1:nf,y(k)=yL(k)*hc(k); end
return;
```

脚本 4-9 频谱细化的 Chirp 算法 Matlab 实现函数之一

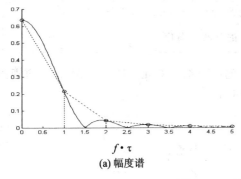
(a) 幅度谱

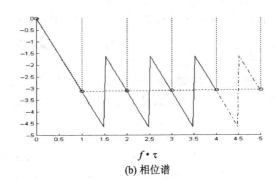
(b) 相位谱

图 4-49 半正弦脉冲信号的细化谱

虽然也可以通过补 0 使采样区间变为 $t\in[0,25\tau]$,从而使直接用 fft(x)计算得到频谱的频率,分辨间隔也达到 $f_{\Delta 3}=1/(25\tau)$,得到如图 4-49(a)、图 4-49(b)中点画线($f\cdot\tau\leq 4$ 时与实线重合)所示的全范围精细频谱,但计算工作量将是用 cft0(x,a,b,d)进行局部细化的若干倍(本例中约为 4 倍)。

脚本 4-10 给出了演示例 4-13 的 Matlab 实现程序。其中 unwrap(Q)是一个平顺辐角序列 Q[n]跳变的 Matlab 库函数,它通过加减 $2n\pi$(n 为整数)的方法校正后续辐角相对前一辐角可能大于 $2n\pi$ 的跳变,使辐角序列 Q[n]趋于平顺。

Matlab 中有一个计算 Chirp z 变换的函数 y=czt(x,m,zd,za),也可以完成 Chirp 频谱细化的计算工作,其调用参数与 y=cft0(x,a,b,d)参数的对应关系为 $m=(b-a)d, zd=e^{-j2\pi d}, za=e^{-j2\pi a}$。用这些参数调用时,y=cat(x,m,zd,za)返回结果与 y=cft0(x,a,b,d)一致。

```
%% [例4.5-1]演示程序
%% 半正弦信号,Chirp 频谱细化
clear;tau=1;ta1=1*tau;ta2=25*tau;df1=1/ta1;df2=1/ta2;
dt=tau/200;n1=ta1/dt;n2=ta2/dt;pi_tau=pi/tau;
for n=0:n1, t=n*dt; t2(n+1)=t; x1(n+1)=sin(pi_tau*t);x2(n+1)=x1(n+1); end
for n=n1+1:n2, t2(n+1)=n*dt; x2(n+1)=0; end %% 补"0"
z1=dt*fft(x1); z2=dt*fft(x2); a=0; b=0.02; d=1/5000; z3=dt*cft0(x1,a,b,d); n3=length(z3);
for n=1:n3,f3(n)=(a+(n-1)*d)/dt;end; for n=0:n1, f1(n+1)=n*df1;end
for n=0:n2, f2(n+1)=n*df2;end
figure; plot(t2,x2,'r-'),axis([0,2,0,1.1]);
figure;hold on;
plot(f2,abs(z2),'r-.');stem(f1,abs(z1),'ko:'); plot(f1,abs(z1),'k:');plot(f3,abs(z3),'b-'),axis([0,5,0,0.7]);
p1=unwrap(angle(z1));p2= unwrap(angle(z2)); p3= unwrap(angle(z3));
figure;hold on;
plot(f2,p2,'r-.');stem(f1,p1,'ko:'); plot(f1,p1,'k:');plot(f3,p3,'b-'),axis([0,5,-5,0]);
```

脚本 4-10　演示例 4-13 的 Matlab 程序

脚本 4-11 给出一例采用 $y=\text{czt}(x,m,zd,za)$ 的频谱细化 Chirp 算法的 Matlab 实现函数 $y=\text{cft1}(x,a,b,d)$，其功能与 $y=\text{cft0}(x,a,b,d)$ 相同。

```
function y=cft1(x,a,b,d)
m=ceil((b-a)/d);     %% ceil(x)=对 x 上取整
zd=exp(-j*d*2*pi);za=exp(-j*a*2*pi);
y=czt(x,m,zd,za);
return;
```

脚本 4-11　频谱细化的 Chirp 算法 Matlab 实现函数之二

4.6　随机信号的功率谱估计(计算)

4.6.1　功率谱估计方法概述

各态历经平稳随机信号的功率谱(密度)是反映信号特征(蕴含信息)的重要函数,应用广泛。

如 4.1.5 小节所述，用其任一样本信号 $x(t)$ 指代各态历经的平稳随机信号 $\mathscr{X}(t)$，并且假定其均值为 $0^{①}$。

可按式(4.1-38)定义功率谱(密度)函数

$$S_x(f) = \lim_{T \to \infty} \{|X_T(f)|^2/T\} \qquad (4.6-1)$$

式中
$$X_T(f) = \mathscr{F}\{x_T(t)\} \qquad (4.6-2)$$

而 $x_T(t)$ 是按式(4.1-33)由 $x(t)$ 截取的时限信号。

也可以由自相关函数 $R_x(\tau)$ (见第 5 章)定义功率谱(密度)函数

$$S_x(f) = \mathscr{F}\{R_x(\tau)\} \qquad (4.6-3)$$

可以证明[1]，式(4.6-1)与式(4.6-3)是等价的。但无论采用哪种定义，都显然无法解析求取 $S_x(f)$。

目前求取 $S_x(f)$ 的最有效方法是数字计算：将 $x(t)$ 离散抽样为 $x[n]$，再对 $x[n]$ 进行数字运算，获得 $S_x(f)$ 的离散抽样值。

$x(t)$ 存在 $S_x(f)$ 就意味着 $x(t)$ 也是由许多频率 f 不同的谐波分量构成的，而且其中有效谐波分量(相对较强，对 $x(t)$ 的影响不可忽略)的最高频率 f_h 往往有限。于是，在作为数字计算 $S_x(f)$ 第一步的离散抽样中，能够且首要保证的还是使抽样频率 $f_s = 1/T_s > 2f_h$。

此外，数字计算 $S_x(f)$ 时，式(4.6-1)中的无穷极限以及式(4.6-3)中可能存在的无穷积分都不可能精确实现，只能用有限近似，得到相应的估计值(近似值)。

对应式(4.6-1)，有 $S_x(f)$ 的估计值

$$\hat{S}_{xA}(f) = \frac{|X_T(f)|^2}{T} \qquad (4.6-4)$$

对应式(4.6-3)，由 $S_x(f) = \mathscr{F}\{R_x(\tau) \approx \int_{-\Gamma}^{+\Gamma} R_x(\tau)\mathrm{e}^{-\mathrm{j}2\pi f\tau}\mathrm{d}\tau\}$，得另一种估计值

$$\hat{S}_{xB}(f) = \int_{-\Gamma}^{+\Gamma} R_x(\tau)\mathrm{e}^{-\mathrm{j}2\pi f\tau}\mathrm{d}\tau \qquad (4.6-5)$$

式中，$\tau \in [-\Gamma, \Gamma]$ 是包容 $R_x(\tau)$ 显著段的一个有限区间^{②}。

由于 $R_x(\tau)$ 也包含不能精确实现的无穷积分(见第 5 章)，只能获得其估计值

$$\hat{R}_x(\tau) = \frac{1}{T}\int_{t_0-T/2}^{t_0+T/2} x(t)x(t-\tau)\mathrm{d}t \qquad (4.6-6)$$

---

① 如果信号 $x(t)$ 的均值 E_x 不为零，虽然其功率谱密度 $S_x(f)$ 仍然有意义，但在 $f=0$ 处存在冲激($E_x \cdot \delta(f)$ 项)，相应的自相关函数 $R_x(\tau)$ 也会存在不随 $\tau \to \infty$ 而消失的常数项，给估计(计算)带来麻烦。此时，通常先将其转化为零均值信号 $y(t) = x(t) - E_x$ 后，估计 $y(t)$ 的功率谱密度 $S_y(f)$。在 $f \neq 0$ 处，$S_x(f) = S_y(f)$，但估计质量比直接由 $x(t)$ 估计时高，而 $f=0$ 时的 $S_x(f)$ 与 $S_y(f)$ 相差 $E_x \cdot \delta(f)$ 项。

② 一般零均值随机信号的自相关函数 $R_x(\tau)$ 的分布范围都不太宽，即 $R_x(\tau)$ 只在一个不大的范围 $\tau \in [-\Gamma, \Gamma]$ 内取值较大，而在此之外取值近似为零。此 $\tau \in [-\Gamma, \Gamma]$ 不妨称之为 $R_x(\tau)$ 的显著段。

因此，式(4.6-5)只能实现为

$$\hat{S}_{xB}(f) = \int_{-T}^{+T} \hat{R}_x(\tau) e^{-j2\pi f\tau} d\tau \qquad (4.6-7)$$

即先设法估计出信号的相关函数，进而估计功率谱（密度）函数。这称为功率谱的古典间接估计方法；而式(4.6-4)则被称为古典直接估计方法。两种估计方法的估计质量可能会有所差异，也各有一些改进估计质量的方法[2]。

1. 直接估计的估计质量与改善措施

按式(4.1-33)定义的 $x_T(t)$ 相当于

$$x_T(t) = x(t) \cdot w_0(t_0, T, t) \qquad (4.6-8)$$

式中

$$w_0(t_0, T, t) = \begin{cases} 1 & (t \in [t_0 - T/2, t_0 + T/2]) \\ 0 & (\text{其余}) \end{cases} \qquad (4.6-9)$$

是一个矩形窗函数，其傅里叶像函数为

$$W_0(f) = \frac{\sin(\pi T f)}{\pi T f} e^{j2\pi t_0 f} \qquad (4.6-10)$$

由式(4.6-8)和卷积积分的定义可导出

$$|X_T(f)|^2 = S_x(f) * |W_0(f)|^2 \qquad (4.6-11)$$

于是可得式(4.6-4)直接估计的功率谱与其精确值 $S_x(f)$ 的关系为

$$\hat{S}_{xA}(f) = \frac{|X_T(f)|^2}{T} = S_x(f) * \frac{|W_0(f)|^2}{T} \qquad (4.6-12)$$

相应的估计偏差为

$$\text{bia}\{\hat{S}_{xA}(f)\} = S_x(f) * \frac{|W_0(f)|^2}{T} - S_x(f) \qquad (4.6-13)$$

估计方差为①

$$\text{var}\{\hat{S}_{xA}(f)\} = \left| \frac{1}{T} \int_{-\infty}^{+\infty} S_x(\lambda) W_0(f-\lambda) W_0(f+\lambda) d\lambda \right|^2 + S_x^2(f) \qquad (4.6-14)$$

当 $T \to \infty$ 时，$W_0(f)$ 趋近于 δ 函数（冲激函数），从而有

$$\lim_{T \to \infty} \{\text{bia}[\hat{S}_{xA}(f)]\} = 0 \qquad (4.6-15)$$

$$\lim_{T \to \infty} \{\text{var}[\hat{S}_{xA}(f)]\} = \{E[\hat{S}_{xA}(f)]\}^2 = S_x^2 \qquad (4.6-16)$$

可见，$S_x(f)$ 的直接估计 $\hat{S}_{xA}(f)$ 是渐进无偏的，但不是一致性的估计[2]178。

对于有限长样本（即 $T<\infty$）的实际情况，减小估计偏差的有效途径之一是用恰当选择的窗函数 $w(t_0, T, t)$ 替代矩形窗函数 $w_0(t_0, T, t)$ 进行时域取样

$$x_T(t) = x(t) \cdot w(t_0, T, t) \qquad (4.6-17)$$

---

① 假定信号是零均值的高斯平稳随机信号。不然，估计方差的表达式会更复杂些。

以求 $W(f)=F[w(t_0,T,t)]$ 的旁瓣微小，从而使 $\text{bia}\{\hat{S}_{xA}(f)\}=S_x(f)*\{|W(f)|^2/T\}-S_x(f)$ 减小。

合适的取样窗 $W(f)=F[w(t_0,T,t)]$ 也可使估计方差 $\text{var}\{\hat{S}_{xA}(f)\}$ 的前一部分 $\left|\frac{1}{T}\int_{-\infty}^{+\infty}S_x(\lambda)W(f-\lambda)W(f+\lambda)d\lambda\right|^2$ 尽量趋向于零，只剩 $S_x^2(f)$。

应用非矩形窗函数 $w(t_0,T,t)$ 后会破坏 $|X_T(f)|^2/T$ 对 $S_x(f)$ 估计的渐进无偏性，需要用相应的归一化因子 U 予以校正，以获得渐进无偏的 $S_x(f)$ 估计

$$\hat{S}_{xA}(f)=|X_T(f)|^2/(T\cdot U) \quad (4.6-18)$$

式中
$$U=\frac{1}{T}\int_{t_0-T/2}^{t_0+T/2}w^2(t_0,T,t)dt \quad (4.6-19)$$

常用的取样窗 $w(t_0,T,t)$ 有三角窗、汉宁（Hanning）窗、哈明（Hamming）窗等，在非周期确定性信号频谱估计（计算）时已被应用，见 4.3 节。

用一个样本整体计算时，估计方差不会小于 $S_x^2(f)$。若将样本分割成多段分别计算，然后取平均作为估计值，则估计方差会有所改善[2]。

2. 间接估计的估计质量与改善措施

虽然由 $\hat{R}_x(\tau)=\frac{1}{T}\int_{t_0-T/2}^{t_0+T/2}x(t)x(t-\tau)dt$ 可以获得 $R_x(\tau)$ 的一致、无偏估计（见第 5 章），但 $\hat{S}_{xB}(f)=\int_{-\Gamma}^{\Gamma}\hat{R}_x(\tau)e^{-j2\pi f\tau}d\tau$ 的估计质量与直接估计 $\hat{S}_{xA}(f)$ 还是难分伯仲，也不是一致性的估计。

事实上，当取 $\Gamma=T/2$ 时，$\hat{S}_{xB}(f)$ 与 $\hat{S}_{xA}(f)$ 是等效的。但对于大部分实际信号，只需取比 $T/2$ 小得多的 Γ，可节省大量计算时间。

当取 $\Gamma<T/2$ 时，也使估计方差有所减小，即对自相关函数截短取样，具有对功率谱平滑的效果，使估计方差减小，但同时也会使估计偏差加大[2]198-200。

间接估计 $\hat{S}_{xB}(f)=\int_{-\Gamma}^{+\Gamma}\hat{R}_x(\tau)e^{-j2\pi f\tau}d\tau$ 实际对自相关函数（的估计值）$\hat{R}_x(\tau)$ 实施了矩形窗截取

$$\hat{R}_{x\Gamma}(\tau)=\hat{R}_x(\tau)\cdot w_0(\Gamma,\tau) \quad (4.6-20)$$

式中
$$w_0(\Gamma,\tau)=\begin{cases}1 & (\tau\in[-\Gamma,\Gamma])\\0 & (\text{其余})\end{cases} \quad (4.6-21)$$

然后有
$$\hat{S}_{xB}(f)=F\{\hat{R}_{x\Gamma}(\tau)\} \quad (4.6-22)$$

若用其他恰当的窗函数 $w(\Gamma,\tau)$ 替代矩形窗 $w_0(\Gamma,\tau)$ 对 $\hat{R}_x(\tau)$ 截取，即

$$\hat{R}_{x\Gamma}(\tau)=\hat{R}_x(\tau)\cdot w(\Gamma,\tau) \quad (4.6-23)$$

然后计算其傅里叶变换像函数,可能会得到效果更好的平滑功率谱估计[2]。但在应用非矩形窗函数 $w(\Gamma,\tau)$ 后会破坏 $\mathscr{F}\{\hat{R}_{x\Gamma}(\tau)\}$ 对 $S_x(f)$ 估计的渐进无偏性,需要用相应的归一化因子 V 予以校正,以获得渐进无偏的 $S_x(f)$ 估计

$$\hat{S}_{xB}(f) = \mathscr{F}\{\hat{R}_{x\Gamma}(\tau)\}/V \tag{4.6-24}$$

式中

$$V = \sqrt{\frac{1}{2\Gamma}\int_{-\Gamma}^{\Gamma} w^2(\Gamma,\tau)\,\mathrm{d}\tau} \tag{4.6-25}$$

常用的自相关函数取样窗 $w(\Gamma,\tau)$ 也是三角窗、汉宁(Hanning)窗、哈明(Hamming)窗等,与一般信号的截取窗类似。

4.6.2 功率谱(密度)的古典估计

1. 周期图法直接估计

以适当的窗函数 $w(t_0,T,t)$ 按式(4.6-17)对 $x(t)$ 截取 $x_T(t)$ 后离散取样,得长度为 N 的离散序列

$$x_N[n] = \begin{cases} x(nT_s) \cdot w(t_0,T,nT_s) & \left(n \in \left[n_0 - \frac{N}{2}, n_0 + \frac{N}{2} - 1\right]\right) \\ 0 & (其余) \end{cases} \tag{4.6-26}$$

并记

$$w_N[n] = \begin{cases} w(t_0,T,nT_s) & \left(n \in \left[n_0 - \frac{N}{2}, n_0 + \frac{N}{2} - 1\right]\right) \\ 0 & (其余) \end{cases} \tag{4.6-27}$$

式中,$n_0 = t_0/T_s$,$N = T/T_s$。

相应于式(4.6-2)、式(4.6-19),求

$$X_T(f) \approx \mathscr{F}_s\{x_N[n]\} \tag{4.6-28}$$

$$U \approx \frac{1}{N}\sum_{n=n_0-N/2}^{n_0+N/2-1}(w_N[n])^2 \tag{4.6-29}$$

取

$$\hat{S}_{xA}(f) = |X_T(f)|^2/(T \cdot U) \tag{4.6-30}$$

若取 $g_N[n] = x_N[n+n_0-N/2]$,则 $g_N[n]$ 的延续区间为 $n \in [0,N-1]$,记

$$G_T(f) = \mathscr{F}_s\{g_N[n]\}$$

由 $g_N[n]$ 与 $x_N[n]$ 的关系有 $G_T(f) = X_T(f) \cdot \mathrm{e}^{\mathrm{j}2\pi f(n_0-N/2)T_s}$,所以 $|X_T(f)| = |G_T(f)|$,于是可得

$$\hat{S}_{xA}(f) \approx |G_T(f)|^2/(T \cdot U) \tag{4.6-31}$$

以 $f_\Delta = 1/(NT_s)$ 为间隔,进行频域离散取样,可得

$$G_T(kf_\Delta) = \mathrm{DFT}\{g_N[n]\}$$

相应有

$$\hat{S}_{xA}[k] = \hat{S}_{xA}(f)\big|_{f=kf_\Delta} \approx |\text{DFT}\{g_N[n]\}|^2/(T \cdot U) \tag{4.6-32}$$

对于延续区间为 $n \in [n, N-1]$ 的 $g_N[n]$，$\text{DFT}\{g_N[n]\}$ 可以方便地由 FFT 完成。

式(4.6-32)所示的功率谱估计算法称为周期图法，早在 1899 年就由 Schuster 提出。但在 FFT 问世前，因其计算量过大而一直无法实用，只好采用下述计算量相对较小的间接估计方法。在 1965 年 FFT 出现后，周期图法才成为功率谱估计的常用方法。周期图法以其计算结果呈周期变化（此由 DFT 的性质决定）而得名。原始的周期图法采用矩形窗。

2. 间接估计

得到 $\hat{R}_x(\tau)$ 后，用合适的窗函数 $w(\Gamma,\tau)$ 对 $\hat{R}_x(\tau)$ 在有限区间 $\tau \in [-\Gamma,\Gamma]$ 内截取后离散取样，得长度为 $2M+1$ 的离散序列

$$\hat{R}_x[m] = \begin{cases} \{\hat{R}_x(\tau) \cdot w(\Gamma,\tau)\}_{\tau=mT_s} & (m \in [-M,M]) \\ 0 & (其余) \end{cases} \tag{4.6-33}$$

并记

$$w_{2M+1}[n] = \begin{cases} \{w(\Gamma,\tau)\}_{\tau=mT_s} & (n \in [-M,M]) \\ 0 & (其余) \end{cases} \tag{4.6-34}$$

式中，$M = \Gamma/T_s$。而离散取样间隔 T_s 应满足 Shannon 采样定理要求，即若信号的功率谱密度 $S_x(f)$ 的最高频率为 f_h，则要求 $T_s < 1/(2f_h)$。

相应于式(4.6-25)，求

$$V \approx \sqrt{\frac{1}{2M+1}\sum_{m=-M}^{M}(w_{2M+1}[m])^2} \tag{4.6-35}$$

根据式(4.6-24)计算 $S_x(f)$ 的近似值

$$\hat{S}_{xB}(f) \approx \mathscr{F}_\delta\{\hat{R}_x[m]\}/V \tag{4.6-36}$$

若取 $\hat{R}_{2M}[m] = \hat{R}_x[m-M]$，则 $\hat{R}_{2M}[m]$ 的延续区间为 $m \in [0,2M]$，相应有

$$\mathscr{F}_\delta\{\hat{R}_{2M}[m]\} = \mathscr{F}_\delta\{\hat{R}_x[m]\} \cdot e^{j2\pi f(-M)T_s}$$

于是可得

$$\hat{S}_{xB}(f) \approx \mathscr{F}_\delta\{\hat{R}_{2M}[m]\} \cdot e^{j2\pi fMT_s}/V \tag{4.6-37}$$

以 $f_\Delta = 1/[(2M+1)T_s]$ 为间隔，对 $\hat{S}_{xB}(f)$ 进行频域离散取样，可得

$$\hat{S}_{xB}[k] = \hat{S}_{xB}(kf_\Delta) \approx \text{DFT}\{\hat{R}_{2M}[m]\} \cdot e^{j2\pi kM/(2M+1)}/V \tag{4.6-38}$$

由于实际零均值随机信号 $R_x(\tau)$ 的分布区间都不宽，考虑尽量包容 $R_x(\tau)$ 显著段的截取区间 $t \in [-\Gamma,\Gamma]$ 时，不必取大 Γ 值，因而 $M = \Gamma/T_s$ 较小，间接估计式(4.6-38)的计算量相对较小。

3. 直接估计的 Welch 算法

式(4.6-26)～式(4.6-32)给出的直接估计算法有方差特性不好的缺陷，为此人们尝试了多种将样本分割成多段计算，然后取平均作为估计值的改进算法[2]210-215。其中应用较广的

是Welch提出的加权交叠平均法,简记为WOSA法,也称Welch算法。

对于已知的足够长一段样本信号$\{x(t), t \in [0,T]\}$离散取样,得长度为N的离散样本序列

$$x_N[n] = \begin{cases} \{x(t)\}_{t=nT_s} & (n \in [0, N-1]) \\ 0 & (\text{其余}) \end{cases} \quad (4.6-39)$$

式中,$n_0 = t_0/T_s, N = T/T_s$。

将$x_N[n]$分割成前后有所交叠、长度为M的L段子样本序列

$$x_{Mi}[n] = \begin{cases} x_N[n_{0i}+n] & (n \in [0, M-1]) \\ 0 & (\text{其余}) \end{cases} \quad (4.6-40)$$

式中,$i=1 \sim L, n_{0i}=(i-1) \cdot (M-W)$,而$W=(L \cdot M-N)/(L-1)$是子样本前后有所交叠的长度。选取宽度为$M$的适当截取窗

$$w_M[n] = \begin{cases} \text{非零} & (n \in [0, M-1]) \\ 0 & (\text{其余}) \end{cases} \quad (4.6-41)$$

求

$$X_i(f) \approx \mathscr{F}_\delta\{x_{Mi}[n] \cdot w_M[n]\} \quad (4.6-42)$$

$$U \approx \frac{1}{M}\sum_{n=0}^{M-1}(w_M[n])^2 \quad (4.6-43)$$

得一个子样本的估计值

$$\hat{S}_i(f) = |X_i(f)|^2/(U \cdot MT_s) \quad (4.6-44)$$

取L个子样本$\hat{S}_i(f)$的均值作为功率谱估计的结果

$$\hat{S}_{xW}(f) = \frac{1}{L}\sum_{i=1}^{L}\hat{S}_i(f) = \sum_{i=1}^{L}|X_i(f)|^2/(L \cdot U \cdot MT_s) \quad (4.6-45)$$

式中,$S_{xW}(f)$的下标W表示Welch估计结果。经验及分析[2]表明,$\hat{S}_{xW}(f)$的方差随着分段数L的增加而减小,但估计偏差会随着子样长度M的减小而增加。而对于一定长度N的信号样本,显然必须满足$L+M \leqslant N$,即L增加,M便要减小。

以$f_\Delta = 1/(MT_s)$为间隔,进行频域离散取样,可得

$$X_i(f)\Big|_{f=kf_\Delta} \approx \{\mathscr{F}_\delta\{x_{Mi}[n] \cdot w_M[n]\}\}\Big|_{f=kf_\Delta} = \text{DFT}\{x_{Mi}[n] \cdot w_M[n]\}$$

相应有

$$\hat{S}_{xW}[k] = \hat{S}_{xW}(f)\Big|_{f=kf_\Delta} \approx \sum_{i=1}^{L}|\text{DFT}\{x_{Mi}[n] \cdot w_M[n]\}|^2/(L \cdot U \cdot MT_s)$$

$$(4.6-46)$$

式中,DFT$\{\cdots\}$可以方便地由FFT完成。而由此计算的功率谱$\hat{S}_{xW}[k]$的频率分辨率$f_\Delta = 1/(MT_s)$,显然与M成反比。可见,$\hat{S}_{xW}(f)$减小方差(增加分段数L)的代价,除了估计偏差会

增加外，还降低了频率分辨率。

4. 功率谱古典估计方法的 Matlab 实现

在 Matlab 的信号处理工具库 SPT(Signal Processing Toolbox)中已有许多直接估计(随机)信号功率谱密度的现成函数，现介绍两种。

(1) $[P_x,f]$=periodogram(x,Window,N_{FFT},f_s)

此函数用周期图法估计 $x(n)$ 的功率谱密度函数，结果赋值给 $P_x(k)$。与 $P_x(k)$ 对应的频率 f 赋值给 $f(k)$。

N_{FFT} 为计算子样本功率谱密度时的 FFT 计算长度。如果 $x(n)$ 的长度 $N<N_{FFT}$，则在其后补零至 N_{FFT} 长。f_s 为 $x(n)$ 的离散采样频率。

N_{FFT}，f_s 均可以用空矩阵"[ ]"占位而取得缺省值。N_{FFT} 的缺省值为 256 与 $x(n)$ 长度的小者；f_s 的缺省值为 1。

如果 $x(n)$ 是实信号，$P_x(k)$ 将得到单边功率谱；若 N_{FFT} 为偶数，则 $P_x(k)$ 的长度为 $L=N_{FFT}/2+1$；若 N_{FFT} 为奇数，则 $P_x(k)$ 的长度为 $L=(N_{FFT}+1)/2$。$P_x(1)$ 为 0 频功率谱密度，$P_x(L)$ 为 $f_s/2$ 频率的功率谱密度。

如果 $x(n)$ 是复信号，$P_x(k)$ 将给出双边功率谱。

截取窗由 Window 参数决定。Window 应取长度与 $x(n)$ 相同的数组，例如可取为 hanning(length(x))，hamming(length(x))，triang(length(x))等。参数 Window 可以用空矩阵"[ ]"占位而取得缺省值，缺省值为与 $x(n)$ 长度相同的矩形窗。

(2) $[P_x,f]$=pwelch(x,Window,Noverlap,N_{FFT},f_s)

此函数用 Welch 算法估计 $x(n)$ 的功率谱密度函数。其中 P_x，f 及 N_{FFT}，f_s 的作用与上述 $[P_x,f]$=periodogram(x,Window,N_{FFT},f_s)函数中一样。

参数 Window 决定子样本的长度及截取窗的类型。Window 应取长度不大于 $x(n)$ 长度的数组，该数组的长度 M 即为取定的子样本长度。Window 可取为 hanning(M)，hamming(M)，triang(M)，boxcar(M)，caiser(M)等。也可以将 Window 参数直接给定为数值 M，它与 hamming(M)等价。

子样本之间的交叠由 Noverlap 参数决定，即由 Noverlap 给定前后子样本之间交叠的数据点数，要求 Noverlap$<M$。

参数 Window，Noverlap 均可以用空矩阵"[ ]"占位而取得缺省值。Noverlap 的缺省值为 $M/2$；Window 的缺省值为 hamming(M_0)，而 $M_0 \approx$ length(x)/4.5。当 Noverlap 缺省值取为 $M_0/2$ 时，会交叠取样 8 次。

4.6.3 功率谱(密度)的现代估计

功率谱(密度)的现代估计方法是相对于前述按功率谱(密度)定义展开的古典估计而言的一系列新方法，内容十分丰富[2]。其中应用比较广泛的是参数模型方法。它的基本思想是：假定被估计的各态历经平稳随机信号 $X(t)$ 是单位白噪声信号 $\varepsilon(t)$ 通过某个模型待辨识（估计）的系统 S 的结果，即利用 $X(t)$ 的有限样本估计出系统 S 的模型。系统 S 相当于 $X(t)$ 的一个发生器，其模型就被称为 $X(t)$ 的一个参数模型。有了这个模型，便不难得到 $X(t)$ 的功率谱。

相应于参数模型方法，功率谱(密度)的古典估计方法就是一种非参数估计方法。

现代的参数估计方法克服了古典的非参数估计方法将信号样本区间以外的数据一律视为 0 值的固有缺陷。如果模型结构选择适当，便可以获得高质量的功率谱(密度)估计结果。

经验表明[2]，工程应用中的大部分零均值、各态历经平稳随机信号 $X(t)$ 都可以用一个线性模型较好地描述，即 $X(t)$ 的任一样本信号 $x(t)$ 都是一个线性系统对输入信号 $\varepsilon(t)$ 的响应(输出)，而 $\varepsilon(t)$ 是功率谱密度 $S_\varepsilon(f) \equiv 1$ 的各态历经平稳随机信号(即单位白噪声信号) $\varepsilon(t)$ 的任一样本信号。此线性系统就称为 $X(t)$ 的一个线性模型。

设 $X(t)$ 线性模型的频响函数为 $H_A(f)$，$x(t)$ 的功率谱密度①为 $S_x(f)$，则应有 $|H_A(f)|^2 = S_x(f)/S_\varepsilon(f)$。由于 $S_\varepsilon(f) \equiv 1$，所以

$$S_x(f) = |H_A(f)|^2 \qquad (4.6-47)$$

假定 $f \notin [-f_h, f_h]$ 时，$|H_A(f)| \approx 0$（亦即 $S_x(f) \approx 0$）。若采样间隔 T_s 足够小，使采样频率 $f_s = 1/T_s$ 不小于 $2f_h$，则可以由某个如下形式的离散系统仿真 $H_A(f)$ 系统[1]

$$x[n] + \sum_{k=1}^{K} a_k x[n-k] = \sum_{m=0}^{M} b_m \varepsilon[n-m] \qquad (4.6-48)$$

式中，$x[n] = x(nT_s)$，$\varepsilon[n] = \varepsilon(nT_s)$，而 $a_1 \sim a_K$，$b_0 \sim b_M$ 是待估计参数。

此离散系统以 $\varepsilon[n]$ 为输入、$x[n]$ 为输出的离散传递函数为[1]

$$H(z) = \sum_{m=0}^{M} b_m z^{-m} \Big/ \Big(1 + \sum_{k=1}^{K} a_k z^{-k}\Big) \qquad (4.6-49)$$

相应有 $\{H_A(f) \approx H(e^{j2\pi T_s f}), f \in [-f_s/2, f_s/2]\}$，于是可得

$$S_x(f) \approx |H(e^{j2\pi T_s f})|^2, \qquad f \in [-f_s/2, f_s/2] \qquad (4.6-50)$$

可见，只要设法估计出模型参数 $a_1 \sim a_K$，$b_0 \sim b_M$，从而可得 $H(z)$，便可得到 $S_x(f)$ 的估计值。

式(4.6-48)就是第 3 章介绍过的信号 $x[n]$ 的 ARMA 模型，实际应用最广泛的是其简化形式（见第 3 章 3.5.3 节）——AR 模型：

$$x[n] + \sum_{k=1}^{K} a_k x[n-k] = b_0 \varepsilon[n] \qquad (4.6-51)$$

对应的离散传递函数为

$$H(z) = b_0 \Big/ \Big(1 + \sum_{k=1}^{K} a_k z^{-k}\Big) \qquad (4.6-52)$$

---

① 各态历经平稳随机信号的功率谱密度等于其任一样本信号的功率谱密度。

第4章 测试信号的频谱分析

辨识 AR 模型参数 $a_1 \sim a_K$ 及 b_0 的方法详见第 3 章 3.5.2 节,只是那里的 σ_ϵ^2 与此处的 b_0^2 对应。获得模型参数后,由式(4.6-50)、式(4.6-52)可得 $S_x(f)$ 的 AR 模型估计值

$$\hat{S}_{xAR}(f) = b_0^2 \Big/ \Big| 1 + \sum_{k=1}^{K} a_k \mathrm{e}^{-\mathrm{j}2\pi k f T_\mathrm{s}} \Big|^2 \qquad (4.6-53)$$

在 Matlab 的信号处理工具库中,除了第 3 章介绍过的估计(辨识)ARMA 和 AR 模型参数的函数外,还有一些直接给出功率谱密度的现成函数可调用,现介绍四种。

(1) $[P_x, f] = \mathrm{pyulear}(x, K, N_f, f_\mathrm{s})$

此函数采用 Yule-Walker 方法,用 AR 模型估计 $x[n]$ 的功率谱(密度)。

AR 模型阶数由参数 K 输入,N_f 为计算功率谱(密度)的频率取样点数,f_s 为 $x[n]$ 的离散采样频率。

功率谱(密度)估计结果赋值给数组 $P_x(k)$。

如果 $x[n]$ 是实信号,$P_x(k)$ 将得到单边功率谱:若 N_f 为偶数,则 $P_x(k)$ 的长度为 $L = N_f/2 + 1$;若 N_f 为奇数,则 $P_x(k)$ 的长度为 $L = (N_f + 1)/2$。$P_x(1)$ 为 0 频功率谱密度,$P_x(L)$ 为频率是 $f_\mathrm{s}/2$ 的功率谱密度。

如果 $x[n]$ 是复信号,则 $P_x(k)$ 将得到双边功率谱,长度为 $L = N_f$。$P_x(1)$ 为 0 频功率谱密度,$P_x(L)$ 为频率是 f_s 的功率谱密度($f \in [f_\mathrm{s}/2, f_\mathrm{s}]$ 的功率谱密度实际就是 $f \in [-f_\mathrm{s}/2, 0]$ 功率谱密度的结果)。

与 $P_x(k)$ 对应的频率赋值给数组 $f(k)$,以便绘制功率谱图。$f(k)$ 的长度 L 与 $P_x(k)$ 的长度相同,且 $f(1) = 0$。若 $x[n]$ 是实信号,则 $f(K) = f_\mathrm{s}/2$;若 $x[n]$ 是复信号,则 $f(L) = f_\mathrm{s}$。

参数 N_f, f_s 均可以用空矩阵"[ ]"占位而取得缺省值。N_f 的缺省值为 256,f_s 的缺省值为 1。

(2) $[P_x, f] = \mathrm{pburg}(x, K, N_f, f_\mathrm{s})$

功用类似 $[P_x, f] = \mathrm{pyulear}(x, K, N_f, f_\mathrm{s})$,但采用 Burg 方法辨识模型。

(3) $[P_x, f] = \mathrm{pcov}(x, K, N_f, f_\mathrm{s})$

功用类似 $[P_x, f] = \mathrm{pyulear}(x, K, N_f, f_\mathrm{s})$,但采用协方差方法辨识模型。

(4) $[P_x, f] = \mathrm{pmcov}(x, K, N_f, f_\mathrm{s})$

功用类似 $[P_x, f] = \mathrm{pyulear}(x, K, N_f, f_\mathrm{s})$,但采用修正协方差方法辨识模型。

上述 Matlab 函数都要求给定 AR 模型的阶数 K。可以根据 FPE,AIC 等寻优准则确定最佳的模型阶数 K,见第 3 章的 3.5.2 和 3.5.3 节。

[例 4-14] 估计例 3-9 中太阳黑子年平均数(信号)的功率谱密度。

结果如图 4-50 所示。

实线为周期图方法估计的功率谱密度,调用 Matlab 函数 $[P_x, f] = \mathrm{periodogram}(x, [\ ], 256, 1)$ 求取;

虚线为 Welch 方法直接估计的功率谱密度,调用 Matlab 函数 $[P_x, f] = \mathrm{pwelch}(x, [\ ], [\ ],$

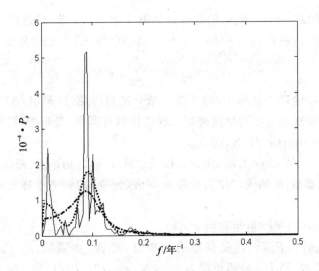

图 4-50 太阳黑子年平均数的功率谱密度

256,1)求取;

点画线为 Burg 方法 AR 模型估计的功率谱密度,调用 Matlab 函数 $[P_x,f]=\text{pburg}(x,2,256,1)$ 求取。

4.7 信号的倒频谱分析

4.7.1 信号的卷积失真

很多时候会出现两个信号卷积合成的情况[7]67-69:信号 $x(t)$ 通过一个单位冲激响应为 $h(t)$ 的线性时不变系统形成的(零状态)响应为 $y(t)=h(t)*x(t)$;声波原信号 $x(t)$ 在多维空间反射传播形成的叠加声波亦形为 $y(t)=h(t)*x(t)$。其中 $h(t)=\sum_{k=1}^{n}A_k\delta(t-t_k)$。在多通道或混响环境中通信或录音时,原信号 $x(t)$ 与噪声信号 $n(t)$ 卷积形成失真的信号[5] $y(t)=x(t)*n(t)$;语音信号 $y(t)$ 可看成为发声系统的声腔(单位)冲激响应 $h(t)$ 与原音信号 $x(t)$ 的卷积 $y(t)=h(t)*x(t)$。而工程应用往往需要从 $y(t)$ 中甄辨出 $x(t),h(t)$(或 $n(t)$)。

此时,$x(t),h(t)$(或 $n(t)$)与合成信号 $y(t)$ 在时域、频域的关系分别为

时域:

$$y(t)=h(t)*x(t) \tag{4.7-1}$$

频域:

若 $x(t),h(t)$ 均为能量(有限)信号,频谱分别为 $X(f),H(f)$,则合成信号 $y(t)=h(t)*$

$x(t)$ 的频谱为[1]

$$Y(f) = H(f) \cdot X(f) \qquad (4.7-2)$$

若 $x(t)$ 为功率(有限)信号,功率谱密度函数为 $S_x(f)$,$h(t)$ 为能量(有限)信号,频谱为 $H(f)$,则合成信号 $y(t)=h(t)*x(t)$ 也为功率信号,其功率谱密度函数为[1]

$$S_y(f) = |H(f)|^2 \cdot S_x(f) \qquad (4.7-3)$$

显然,一般情况下,无法在时域直接从 $y(t)$ 中分离出 $x(t),h(t)$,它们构成比较复杂的卷积关系;也无法在频域直接从 $Y(f)$ 或 $S_y(f)$ 中分离出 $H(f)$ 和 $X(f)$ 或 $S_x(f)$,它们构成乘积关系,而且在频带上显然是相重的(否则 $Y(f)$ 或 $S_y(f)$ 会为 0)。

因此,如何从 $y(t)$ 中辨识 $x(t)$ 和 $h(t)$ 是一个需要解决的难题。

4.7.2 倒频谱

对能量信号的情况,将式(4.7-2)两边取自然对数有

$$\ln[Y(f)] = \ln[H(f)] + \ln[X(f)] \qquad (4.7-4)$$

对功率信号的情况,将式(4.7-3)两边取自然对数有

$$\ln[S_y(f)] = 2\ln[|H(f)|] + \ln[S_x(f)] \qquad (4.7-5)$$

可见,在 $\ln[Y(f)]$ 或 $\ln[S_y(f)]$ 中,两个分量信号 $x(t),h(t)$ 的贡献已成为叠加关系。但仍难以由此分离出两者的影响。再对式(4.7-4)、式(4.7-5)两边作傅里叶反变换,并记

$$\hat{y}(q) = \mathscr{F}^{-1}\{\ln[Y(f)]\} \qquad (4.7-6)$$

$$\hat{h}(q) = \mathscr{F}^{-1}\{\ln[H(f)]\} \qquad (4.7-7)$$

$$\hat{x}(q) = \mathscr{F}^{-1}\{\ln[X(f)]\} \qquad (4.7-8)$$

分别称为信号 $y(t),h(t)$ 和 $x(t)$ 的复倒谱(complex cepstrum)[7,9]①。

由式(4.7-4) 可得

$$\hat{y}(q) = \hat{h}(q) + \hat{x}(q) \qquad (4.7-9)$$

又记

$$\hat{h}_r(q) = \mathscr{F}^{-1}\{\ln[|H(f)|]\} \qquad (4.7-10)$$

称为信号 $h(t)$ 的(幅度)实倒谱(real cepstrum)[7,8]。

$$\hat{y}_R(q) = \mathscr{F}^{-1}\{\ln[S_y(f)]\} \qquad (4.7-11)$$

$$\hat{x}_R(q) = \mathscr{F}^{-1}\{\ln[S_x(f)]\} \qquad (4.7-12)$$

分别称为信号 $y(t),x(t)$ 的(功率)实倒谱(real cepstrum)[7,9]。

由式(4.7-5) 有

$$\hat{y}_R(q) = 2 \cdot \hat{h}_r(q) + \hat{x}_R(q) \qquad (4.7-13)$$

实践经验表明:在声波反射传播、语音辨识等多种应用中,卷积信号分量 $h(t)$ 与 $x(t)$ 的倒

---

① 倒谱(包括复倒谱和后述实倒谱)显然是信号的一种非线性变换结果,其物理含义难有一致性的解释。因其宗量(自变量)q 为频率的倒数而被称为倒频谱,简称倒谱。

频谱 $\hat{h}(q)$ 与 $\hat{x}(q)$（或者 $\hat{h}_r(q)$ 与 $\hat{x}_R(q)$），在倒频率轴(q)上常常是分离的。于是，便可能依据一定的经验和规则由 $\hat{y}(q)$ 分离出 $\hat{h}(q)$ 与 $\hat{x}(q)$（或由 $\hat{y}_R(q)$ 分离出 $\hat{h}_r(q)$ 与 $\hat{x}_R(q)$）。

若得到分量信号的复倒谱，可反向运算求解其频谱及时域函数（波形），即

$$H(f) = e^{\mathscr{F}[\hat{h}(q)]} \qquad (4.7-14)$$

$$X(f) = e^{\mathscr{F}[\hat{x}(q)]} \qquad (4.7-15)$$

以及 $h(t) = \mathscr{F}^{-1}[H(f)]$ 和 $x(t) = \mathscr{F}^{-1}[X(f)]$。

若得到分量信号的幅度实倒谱，可反向运算求解其幅度谱（密度），但其时域函数必须要从其他渠道获得相位谱信息才能得到

$$|H(f)| = e^{\mathscr{F}[\hat{h}_r(q)]} \qquad (4.7-16)$$

若得到分量信号的功率实倒谱，可反向运算求解其功率谱（密度）函数，进而可得到自相关函数

$$S_x(f) = e^{\mathscr{F}[\hat{x}_R(q)]} \qquad (4.7-17)$$

以及
$$R_{xx}(\tau) = \mathscr{F}^{-1}[S_x(f)]$$

4.7.3 倒频谱应用例

倒频谱的主要工程应用价值在于分离卷积混合的信号分量。

如果混合成的信号是能量信号（两分量信号也必为能量信号），便通过复倒谱辨识各分量的频谱及时域波形；若混成的信号是功率信号（两分量信号中，其一为功率信号，另一为能量信号；或两者均为功率信号），则通过（功率）实倒谱辨识能量信号分量的幅度谱（密度）和功率信号分量的功率谱（密度）（或两个功率信号分量的功率谱（密度））。

计算复倒谱时，须对频谱进行对数运算，即 $\ln[X(f)]$。为此，应将 $X(f)$ 统一按复数看待，化为

$$X(f) = |X(f)| e^{j\arg X(f)} \qquad (4.7-18)$$

式中，$|X(f)|$ 为 $X(f)$ 的模，$\arg X(f)$ 是辐角。相应有

$$\ln[X(f)] = \ln|X(f)| + j\arg X(f) \qquad (4.7-19)$$

在 Matlab 语言中，可用 abs() 及 angle() 函数求取复数的模及辐角。但要指出的是，angle() 函数的取值域是 $-\pi \sim +\pi$，而计算复倒谱要求的辐角 $\arg X(f)$ 应不限取值区域，故应取

$$\arg X(f) = \text{angle } X(f) \pm 2k\pi \qquad (4.7-20)$$

式中，k 是适当选择的整数，以保证 $\arg X(f)$ 波形连续为选择依据。

在两个能量信号 $x(t),h(t)$ 卷积成 $y(t) = h(t) * x(t)$ 时，如果其中信号 $h(t)$ 是由一系列冲激构成，$h(t) = \sum_{k=1}^{n} A_k \delta(t-t_k)$，即 $y(t) = h(t) * x(t) = \sum_{k=1}^{n} A_k x(t-t_k)$（声波信号反射叠加正

是这种情况),则 $h(t)$ 的复倒谱 $\hat{h}(q)$ 会是一些只在 $q=t_k, 2t_k, \cdots$ 非零的离散谱。而通常情况下,另一个信号 $x(t)$ 的复倒谱 $\hat{x}(q)$ 则往往只落在 $q<\min(t_1, t_2, \cdots, t_n)$ 的短时区域内,于是,便可以对 $y(t)$ 的复倒谱 $\hat{y}(q)$ 滤去 $\hat{h}(q)$ 贡献的长时部分,留下 $\hat{x}(q)$,从而获得 $x(t)$。

脚本 4-12 给出一个离散计算信号 $x[n]$ 倒谱的 Matlab 函数——Cepstrum0(x)。其中 $x[n]$ 是等间隔、无混叠、无泄漏离散取样的被变换信号;函数返回信号的倒谱。Cepstrum0(x) 函数中应用 Matlab 的内部函数 FFT() 与 IFFT() 完成 $\mathscr{F}$ 与 $\mathscr{F}^{-1}$ 计算。

```
function y=Cepstrum0(x)
%% 计算 x[n]的倒谱
N=length(x);N2=N/2;
xf=fft(x); xfa=abs(xf); xfp=angle(xf);
for k=2:N2, pdelt=xfp(k)-xfp(k-1);
while pdelt>1.5*pi,xfp(k)=xfp(k)-2*pi;pdelt=xfp(k)-xfp(k-1);end
while pdelt<-1.5*pi,xfp(k)=xfp(k)+2*pi;pdelt=xfp(k)-xfp(k-1);end
xfp(N+2-k)=-xfp(k);
end
xflog=log(xfa)+j*xfp;
y=ifft(xflog);
return;
```

脚本 4-12　计算复倒谱的 Matlab 函数——Cepstrum0(x)

在 Matlab 的信号处理工具库中有两个分别计算复倒谱和幅度实倒谱的现成函数。

(1) [xhat, nd, xhat1]=cceps(x)

式中,xhat 获得信号 $x[n]$ 的复倒谱,nd 获得为使相位谱连续而加于信号 $x[n]$ 的延迟点数,xhat1 获得另一种算法计算出的复倒谱,以便校核 xhat。

xhat=Cepstrum0(x) 的功效等同于 xhat=cceps(x)。

(2) [xh, yh]=rceps(x)

式中,xh 获得信号 $x[n]$ 的幅度实倒谱,yh 是由幅度实倒谱 xh 按最小相位重构的信号。

脚本 4-13 则给出一个由倒谱 $\hat{x}[k]$ 滤波恢复原信号的 Matlab 函数——Lifter0($\hat{x}, n_C$)。其中 $\hat{x}$ 是被滤波的倒谱,序列长度 N 由函数自动侦测。n_C 为倒谱滤除区间界限:在 $k \in [n_C, N-n_C]$ 范围内,若 $\hat{x}[k]$ 与 $\hat{x}[k-1]$ 之差的绝对值大于 $\hat{x}[k-1]$ 绝对值的若干倍,则取 $\hat{x}[k]$ 为前后点值的平均,即 $\hat{x}[k]=\{\hat{x}[k-1]+\hat{x}[k+1]\}/2$,函数返回倒谱滤波恢复的信号。同样应用 Matlab 的内部函数 FFT() 与 IFFT() 完成 $\mathscr{F}$ 与 $\mathscr{F}^{-1}$ 计算。

```
function y=Lifter0(x,Nc)
%% 倒谱滤波
N=length(x); if nargin<2, Nc=N/4; end
N2=N-Nc;
for k=Nc:N2,
    a1=abs(x(k)-x(k-1)); a2=10*abs(x(k-1));
    if a1>a2, x(k)=(x(k-1)+x(k+1))/2; end
end
xf=fft(x); xfr=real(xf); xfi=imag(xf);
for k=1:N, bxf(k)=exp(xfr(k))*(cos(xfi(k))+j*sin(xfi(k))); end
y=IFFT(bxf);
return;
```

脚本 4-13　倒谱滤波的 Matlab 函数——Lifter0($\hat{x}, n_C$)

[例 4-15]　如图 4-51(a)所示的信号 $y(t)$ 是模仿声波的负指数衰减信号 $x(t)=e^{-\frac{t}{\tau}}\sin\left(2\pi\frac{10}{\tau}t\right)$ 经过两次反射叠加的结果：$y(t)=x(t)*\{1+0.5\delta(t-\tau)+0.2\delta(t-1.7\tau)\}$。以 $\Delta t=\frac{\tau}{1\,000}$ 为离散间隔对 $y(t)$ 采样,取样本区间 $t\in[0,8\,192\Delta t]$,应用 Cepstrum0(x) 函数,得 $y(t)$ 的复倒谱 $\hat{y}(q)$,如图 4-51(b)所示。用 Lifter0($\hat{x}, n_C$) 函数滤除 $\hat{y}(q)$ 中的长时分量,取 $n_C=990$（观察复倒谱的波形后选定）,得 $x(t)$ 的近似复倒谱 $\hat{x}(q)$,如图 4-51(c)所示；由 $\hat{x}(q)$ 反演获得的 $x(t)$ 近似波形以及 $x(t)$ 的原形对比如图 4-51(d)所示,两者波形基本重合,复原良好。

[例 4-16]　如图 4-52(a)所示的信号 $y(t)$ 是模仿应力波信号 $x(t)$ 在某一维杆中传播反射叠加的结果：$y(t)=x(t)*\{1-0.8\delta(t-\tau)+0.5\delta(t-2\tau)\}$。以 $\Delta t=\frac{\tau}{1\,000}$ 为离散间隔对 $y(t)$ 采样,取样本区间 $t\in[0,8\,192\,\Delta t]$。与例 4-15 同样处理,得 $y(t)$ 的复倒谱 $\hat{y}(q)$ 如图 4-52(b)所示。滤除 $\hat{y}(q)$ 中的长时分量（取 $n_C=990$）,得 $x(t)$ 的近似复倒谱 $\hat{x}(q)$,如图 4-52(c)所示；由 $\hat{x}(q)$ 反演获得的 $x(t)$ 近似波形以及 $x(t)$ 的原形对比如图 4-52(d),可见两者重合,信号复原良好。

[例 4-17]　如图 4-53(a)所示的信号 $y(t)$ 是模仿另一应力波信号 $x(t)$ 在某一维杆中传播反射叠加的结果：$y(t)=x(t)*\{1-0.8\delta(t-\tau)+0.5\delta(t-2\tau)\}$。以 $\Delta t=\frac{\tau}{1\,000}$ 为离散间隔对 $y(t)$ 采样,取样本区间 $t\in[0,16\,384\Delta t]$,与例 4-15 同样处理,得 $y(t)$ 的复倒谱 $\hat{y}(q)$,如

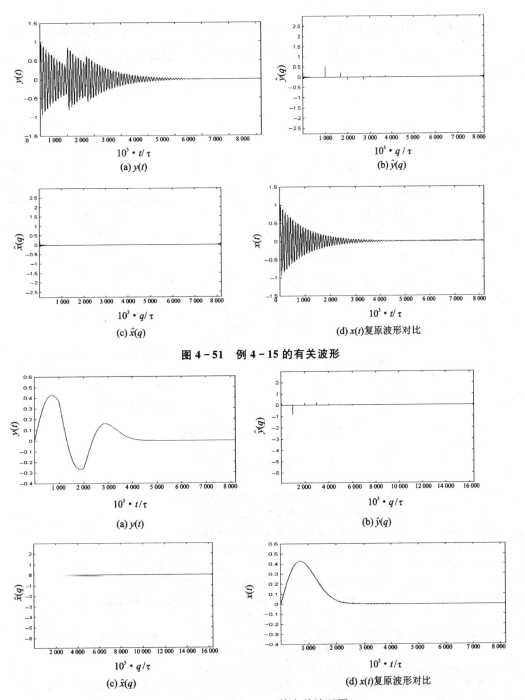

图 4-51 例 4-15 的有关波形

图 4-52 例 4-16 的有关波形图

图 4-53(b)所示。滤除 $\hat{y}(q)$ 中的长时分量(取 $n_c = 990$),得 $x(t)$ 的近似复倒谱 $\hat{x}(q)$,如图 4-53(c)所示;由 $\hat{x}(q)$ 反演获得的 $x(t)$ 近似波形以及 $x(t)$ 的原形对比如图 4-53(d)所示,两者重合,可见信号复原良好。

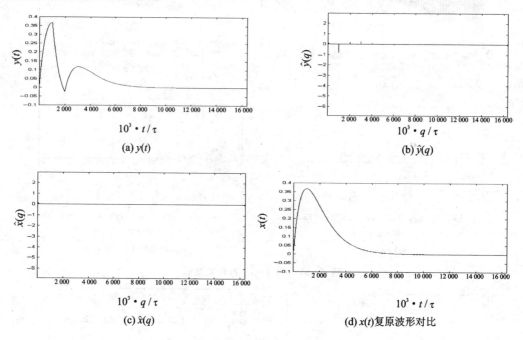

图 4-53 例 4-17 的有关波形图

参考文献

[1] 朱明武,李永新. 动态测量原理. 北京:北京理工大学出版社,1993.
[2] 宗孔德,胡广书. 数字信号处理. 北京:清华大学出版社,1988.
[3] 路宏年,郑兆瑞. 信号与测试系统. 北京:国防工业出版社,1988.
[4] 严普强,黄长艺主编. 机械工程测试技术基础. 北京:机械工业出版社,1985.
[5] 黄惟一,童钧芳,等. 测试技术——理论与应用. 北京:国防工业出版社,1988.
[6] 黄俊钦. 静、动态数学模型的实用建模方法. 北京:机械工业出版社,1988.
[7] 屠良尧,李海涛. 数字信号处理与 VXI 自动化测试技术. 北京:国防工业出版社,2000.
[8] 吴三灵主编. 实用振动试验技术. 北京:兵器工业出版社,1993.
[9] (美)奥本海姆 A V,谢弗 R W. 离散信号处理. 黄建国,刘树棠,译. 北京:科学出版社,1998.
[10] 王欣,王德隽. 离散信号的滤波. 北京:电子工业出版社,2002.
[11] (美)戈尔德 B,雷道 C M. 讯号的数字处理. 北京:地质出版社,1980.
[12] 吴湘绮,肖熙,等. 信号、系统与信号处理的软硬件实现. 北京:电子工业出版社,2000.
[13] 赵光宙,舒勤. 信号分析与处理. 北京:机械工业出版社,2001.
[14] 黄俊钦. 随机信号处理. 北京:北京航空航天大学出版社,1990.

第 5 章 信号的相关分析

信号相关可以理解为信号间存在相互关联。工程技术上经常需要判断两个(或多个)信号之间是否存在相互关联。例如,为了解决办公室的噪声问题,就需要查明办公室噪声与周围可能存在的噪声源之间的关联,找出其中关联性最强的噪声源,以便对症防治。

5.1 信号相关分析的主要任务

信号的相关分析就是分析信号间的关联,定量考查其关系密切的程度。信号相关往往都有相应的物理原因,不同的物理背景会形成不同性质的信号相关。其中,线性相关是一种工程应用广泛的重要关系。例如,大量工程应用系统都可以近似简化为线性时不变系统,这类系统的输出信号与输入信号就构成线性相关。通常所说的相关分析就是指线性相关分析。

狭义的线性相关是两信号构成比例关系

$$y(t) = kx(t) \tag{5.1-1}$$

式中,k 为任意常数。此时,$y(t)$ 与 $x(t)$ 的时域波形完全相似。当 $y(t)$ 与 $x(t)$ 满足式(5.1-1)时,就说 $y(t)$ 与 $x(t)$ 完全相关;否则如果

$$y(t) = kx(t) + \varepsilon(t) \tag{5.1-2}$$

式中,$\varepsilon(t) \neq 0$,$k \neq 0$,就说 $y(t)$ 与 $x(t)$ 不完全相关。可见,狭义的线性相关有(时域波形)相似的含意。

广义线性相关是指两信号构成线性运算关系

$$y(t) = \mathscr{C}\{x(t)\} \tag{5.1-3}$$

式中,线性运算 $\mathscr{C}\{\cdot\}$ 包括:时间延迟(超前)、比例放大、微分、积分及加、减组合,如

$$y(t) = b_1 \frac{\mathrm{d}x}{\mathrm{d}t} + b_0 x(t), \qquad a_2 \frac{\mathrm{d}^2 y}{\mathrm{d}t^2} + a_1 \frac{\mathrm{d}y}{\mathrm{d}t} + a_0 y(t) = b_0 x(t), \cdots$$

(其中 b_0, b_1, a_0, a_1, b_2 为常数)

均使 $y(t)$ 与 $x(t)$ 构成线性运算关系。

将式(5.1-3)两边进行傅里叶变换(进行 Laplace 变换也有类似关系)时有

$$Y(f) = H(f) \cdot X(f) \tag{5.1-4}$$

式中,$X(f)$,$Y(f)$ 分别是 $x(t)$,$y(t)$ 的频谱(密度)函数,$H(f)$ 为某个频域函数。

如果 $y(t)$,$x(t)$ 不完全满足式(5.1-3)或式(5.1-4),而构成

$$y(t) = \mathscr{C}\{x(t)\} + \varepsilon(t) \tag{5.1-5}$$

式中，$\varepsilon(t) \neq 0$，如

$$a_1 \frac{dy}{dt} + a_0 y(t) = b_0 x(t) + \frac{t^2}{6}\sin(8t) \quad (a_0, a_1, b_0 \text{ 为常数})$$

也就说 $y(t)$ 与 $x(t)$ 不完全（广义）线性相关。

信号相关分析的主要任务就是定义、计算合适的指标、函数，定量描述信号（狭义、广义）线性相关的程度，并进一步开发这些指标、函数的工程应用价值。

5.2 互相关函数

直接考虑信号 $y(t)$ 与 $x(t)$ 的相似性对了解其关系无疑是有用的。但考虑 $y(t)$ 与 $x(t)$ 经各种时间滞后（超前）τ 形成 $x(t-\tau)$ 的相似性，将能更加全面地揭示 $y(t)$ 与 $x(t)$ 的关系。例如，大量可能遇到的情形是

$$y(t) = az(t-\tau_1) + y_{\text{else}}(t), \quad x(t) = bz(t-\tau_2) + x_{\text{else}}(t)$$

式中，$z(t)$ 是某个对 $x(t), y(t)$ 都起作用的信号；a, b 是常量，$\tau_1 \neq \tau_2$ 是不同的时延常量；$y_{\text{else}}(t), x_{\text{else}}(t)$ 是与 $z(t)$ 无关的信号成分。如果取各种不同的 τ 来考察 $y(t)$ 与 $x(t-\tau)$ 的相似性，便可分析出 $x(t), y(t)$ 关于 $z(t)$ 的联系。

任意两个信号 $y(t), x(t)$ 的一般关系可表述为

$$y(t) = kx(t-\tau) + \varepsilon_y(t,\tau) \tag{5.2-1}$$

式中，$\varepsilon_y(t,\tau)$ 是与 $x(t-\tau)$ 无比例关系的 $y(t)$ 成分，显然

$$\varepsilon_y(t,\tau) = y(t) - kx(t-\tau) \tag{5.2-2}$$

上式反映了 $y(t)$ 与 $x(t-\tau)$ 不相似的程度，可称为 $y(t)$ 与 $x(t-\tau)$ 间基于 $y(t)$ 的不相似误差。也可将 $y(t), x(t)$ 的关系表述为

$$x(t) = y(t+\tau)/k + \varepsilon_x(t,\tau) \tag{5.2-3}$$

式中，$\varepsilon_x(t,\tau)$ 是与 $y(t+\tau)$ 无比例关系的 $x(t)$ 成分，显然

$$\varepsilon_x(t,\tau) = x(t) - y(t+\tau)/k \tag{5.2-4}$$

上式也反映了 $y(t)$ 与 $x(t-\tau)$（亦即 $y(t+\tau)$ 与 $x(t)$）不相似的程度，可称为 $x(t)$ 与 $y(t+\tau)$ 间基于 $x(t)$ 的不相似误差。

定量评价 $y(t)$ 与 $x(t-\tau)$ 相似性时必须约定式(5.2-2)或式(5.2-4)中的比例因子 k，取使 $\varepsilon_y(t,\tau)$ 或 $\varepsilon_x(t,\tau)$ 达到最小的 k 是一种客观合理的方案，而 $\varepsilon_y(t,\tau)$ 或 $\varepsilon_x(t,\tau)$ 的大小则须区分不同的情形来考察：若为能量信号，要以能量来度量整体大小；若为功率信号，则要用平均功率来度量整体大小。

5.2.1 能量信号的互相关函数

若 $x(t), y(t)$ 为能量信号，则式(5.2-2)所示的 $\varepsilon_y(t,\tau)$ 为能量信号。其能量为

$$W_{\varepsilon_y}(\tau) = \int_{-\infty}^{+\infty} \varepsilon_y^2(t,\tau)\,\mathrm{d}t = \int_{-\infty}^{+\infty} \{y(t) - k \cdot x(t-\tau)\}^2 \,\mathrm{d}t \qquad (5.2-5)$$

为得到使 $W_{\varepsilon_y}(\tau)$ 取最小的 k，令 $\dfrac{\partial W_{\varepsilon_y}}{\partial k} = 0$，有

$$\int_{-\infty}^{+\infty} 2\{y(t) - k \cdot x(t-\tau)\} \cdot \{-x(t-\tau)\}\,\mathrm{d}t = 0$$

可得

$$k = \frac{R_{yx}(\tau)}{W_x} \qquad (5.2-6)$$

式中

$$R_{yx}(\tau) = \int_{-\infty}^{+\infty} y(t) \cdot x(t-\tau)\,\mathrm{d}t \qquad (5.2-7)$$

而 $W_x = \int_{-\infty}^{+\infty} x^2(t-\tau)\,\mathrm{d}t = \int_{-\infty}^{+\infty} x^2(t)\,\mathrm{d}t$ 是信号 $x(t)$ 的能量。

将式(5.2-6)代入式(5.2-5)得到最小的 W_{ε_y} 为

$$W_{\varepsilon_y} = W_y - \frac{R_{yx}^2(\tau)}{W_x} \qquad (5.2-8)$$

式中，$W_y = \int_{-\infty}^{+\infty} y^2(t)\,\mathrm{d}t$ 是信号 $y(t)$ 的能量。

可见，$y(t)$ 与 $x(t-\tau)$ 的不相似误差能量与函数 $R_{yx}(\tau)$ 值有明确的对应关系：$|R_{yx}(\tau)|$ 越大，$W_{\varepsilon_y}(\tau)$ 越小，$y(t)$ 与 $x(t-\tau)$ 就越相似，即 $R_{yx}(\tau)$ 说明了 $y(t)$ 与 $x(t-\tau)$ 的相似(相关)程度，故被称为信号 $y(t)$ 与 $x(t)$ 的互相关(cross correlation)函数。

由施瓦兹(Schwartz)不等式

$$\left| \int_{-\infty}^{+\infty} y(t) \cdot x(t)\,\mathrm{d}t \right|^2 \leqslant \int_{-\infty}^{+\infty} y^2(t)\,\mathrm{d}t \cdot \int_{-\infty}^{+\infty} x^2(t)\,\mathrm{d}t$$

可导出

$$|R_{yx}(\tau)| \leqslant \sqrt{W_y \cdot W_x} \qquad (5.2-9)$$

如果 $|R_{yx}(\tau)|$ 取到最大值 $\sqrt{W_y \cdot W_x}$，则 $W_{\varepsilon_y} = 0$，表明 $y(t)$ 与 $x(t-\tau)$ 完全相似，即 $y(t) = kx(t-\tau)$；如果 $|R_{yx}(\tau)| = 0$，则 $W_{\varepsilon_y} = W_y$，表明 $y(t)$ 与 $x(t-\tau)$ 完全不相似。

考察相对误差能量 $\dfrac{W_{\varepsilon_y}}{W_y}$，可得

$$\frac{W_{\varepsilon_y}}{W_y} = 1 - \rho_{yx}^2(\tau) \qquad (5.2-10)$$

式中

$$\rho_{yx}(\tau) = \frac{R_{yx}(\tau)}{\sqrt{W_x W_y}} \qquad (5.2-11)$$

称之为 $y(t)$ 与 $x(t)$ 的归一化互相关函数。由式(5.2-9)易知：$|\rho_{yx}(\tau)| \leqslant 1$。

如果 $|\rho_{yx}(\tau)|$ 取到最大值 1，则 $\dfrac{W_{\varepsilon_y}}{W_y} = 0$，表明 $y(t)$ 与 $x(t-\tau)$ 完全相似(100%相似)。

如果 $|\rho_{yx}(\tau)|=0$, 则 $\dfrac{W_{\varepsilon_y}}{W_y}=100\%$, 表明 $y(t)$ 与 $x(t-\tau)$ 完全不相似。可见, $\rho_{yx}(\tau)$ 是表达 $y(t)$ 与 $x(t-\tau)$ 相似程度的一个方便的归一化函数。

如果按式(5.2-4)考虑误差能量 $W_{\varepsilon_x}(\tau)$, 则可得到

$$\frac{W_{\varepsilon_x}}{W_x}=1-\rho_{yx}^2(\tau) \tag{5.2-12}$$

5.2.2 功率信号的互相关函数

若 $y(t), x(t)$ 为功率信号, 则式(5.2-2)所示的 $\varepsilon_y(t,\tau)$ 也为功率信号。其功率为

$$P_{\varepsilon_y}(\tau)=\lim_{T\to\infty}\left\{\frac{1}{T}\int_{t_0-\frac{T}{2}}^{t_0+\frac{T}{2}}\varepsilon_y^2(t,\tau)dt\right\}=\lim_{T\to\infty}\left\{\frac{1}{T}\int_{t_0-\frac{T}{2}}^{t_0+\frac{T}{2}}[y(t)-k\cdot x(t-\tau)]^2dt\right\} \tag{5.2-13}$$

式中, t_0 为任意有限时刻值(以后未加特殊说明的 t_0 皆如此)。

令 $\dfrac{\partial P_{\varepsilon_y}}{\partial k}=0$, 求得使 $P_{\varepsilon_y}(\tau)$ 取最小的比例因子为

$$k=\frac{R_{yx}(\tau)}{P_x} \tag{5.2-14}$$

式中, $P_x=\lim\limits_{T\to\infty}\left\{\dfrac{1}{T}\int_{t_0-\frac{T}{2}}^{t_0+\frac{T}{2}}x^2(t)dt\right\}$ 是信号 $x(t)$ 的平均功率; 而

$$R_{yx}(\tau)=\lim_{T\to\infty}\left\{\frac{1}{T}\int_{t_0-\frac{T}{2}}^{t_0+\frac{T}{2}}y(t)\cdot x(t-\tau)dt\right\} \tag{5.2-15}$$

就是功率信号 $y(t)$ 与 $x(t)$ 的互相关函数。

将式(5.2-14)代入式(5.2-13)可得最小的 $P_{\varepsilon_y}(\tau)$ 为

$$P_{\varepsilon_y}(\tau)=P_y-\frac{R_{yx}^2(\tau)}{P_x} \tag{5.2-16}$$

式中, $P_y=\lim\limits_{T\to\infty}\left\{\dfrac{1}{T}\int_{t_0-\frac{T}{2}}^{t_0+\frac{T}{2}}y^2(t)dt\right\}$ 是信号 $y(t)$ 的平均功率。

相对误差功率为

$$\frac{P_{\varepsilon_y}}{P_y}=1-\rho_{yx}^2(\tau) \tag{5.2-17}$$

式中

$$\rho_{yx}(\tau)=\frac{R_{yx}(\tau)}{\sqrt{P_xP_y}} \tag{5.2-18}$$

就是功率信号 $y(t)$ 与 $x(t)$ 的归一化互相关函数。

对于功率信号, 类似于式(5.2-9)有

$$|R_{yx}(\tau)| \leqslant \sqrt{P_y P_x} \qquad (5.2-19)$$

相应地也有 $|\rho_{yx}(\tau)| \leqslant 1$。

可见，$R_{yx}(\tau)$ 同样描述了功率信号 $y(t)$ 与 $x(t-\tau)$ 的相似程度：$|R_{yx}(\tau)|$ 取值越大，$y(t)$ 与 $x(t-\tau)$ 越相似；而 $\rho_{yx}(\tau)$ 也同样是功率信号 $y(t)$ 与 $x(t-\tau)$ 相似程度的归一化函数。

若按式(5.2-4)考查 $\varepsilon_x(t,\tau)$，则可得到

$$\frac{P_{\varepsilon_x}}{P_x} = 1 - \rho_{yx}^2(\tau) \qquad (5.2-20)$$

5.2.3 周期信号的互相关函数

周期信号显然属于功率信号，但其互相关函数还是有一些特点。

对于周期同为 T 的信号 $y(t), x(t)$，其不相似误差信号 $\varepsilon_y(t,\tau)$ 亦将是 T 周期信号。其平均功率为

$$P_{\varepsilon_y}(\tau) = \frac{1}{T}\int_{t_0-\frac{T}{2}}^{t_0+\frac{T}{2}} \varepsilon_y^2(t,\tau)\mathrm{d}t = \frac{1}{T}\int_{t_0-\frac{T}{2}}^{t_0+\frac{T}{2}}[y(t)-k\cdot x(t-\tau)]^2\mathrm{d}t \qquad (5.2-21)$$

互相关函数为

$$R_{yx}(\tau) = \frac{1}{T}\int_{t_0-\frac{T}{2}}^{t_0+\frac{T}{2}} y(t)\cdot x(t-\tau)\mathrm{d}t \qquad (5.2-22)$$

归一化互相关函数 $\rho_{yx}(\tau)$ 的定义依然如式(5.2-18)所列，但其中

$$P_x = \frac{1}{T}\int_{t_0-\frac{T}{2}}^{t_0+\frac{T}{2}} x^2(t)\mathrm{d}t, \qquad P_y = \frac{1}{T}\int_{t_0-\frac{T}{2}}^{t_0+\frac{T}{2}} y^2(t)\mathrm{d}t \qquad (5.2-23)$$

式(5.2-17)及式(5.2-20)依然成立。

不难验证，周期为 T 的信号 $y(t)$ 与 $x(t)$ 的互相关函数 $R_{yx}(\tau)$ 及 $\rho_{yx}(\tau)$ 是时延 τ 的周期函数，周期也是 T。

5.2.4 互相关函数 $R_{yx}(\tau)$ 及 $\rho_{yx}(\tau)$ 的特性

$R_{yx}(\tau)$ 及 $\rho_{yx}(\tau)$ 有如下特性：

① $R_{yx}(\tau)$ 及 $\rho_{yx}(\tau)$ 描述了信号 $y(t)$ 与 $x(t-\tau)$ 的相似性：$|R_{yx}(\tau)|$ 越大或 $|\rho_{yx}(\tau)|$ 越接近 1(也是越大)，则 $y(t)$ 与 $x(t-\tau)$ 越相似。

② $R_{yx}(\tau)$ 及 $\rho_{yx}(\tau)$ 具有对偶互易性质。

现已将 $y(t)$ 与 $x(t)$ 的互相关函数、归一化互相关函数分别定义为式(5.2-7)、式(5.2-11)、式(5.2-15)、式(5.2-18)及式(5.2-22)。将 $y(t), x(t)$ 信号相互易位，可定义出 $x(t)$ 与 $y(t)$ 的互相关函数、互相关系数为

能量信号：$$R_{xy}(\tau) = \int_{-\infty}^{+\infty} x(t)y(t-\tau)\mathrm{d}t, \qquad \rho_{xy}(\tau) = \frac{R_{xy}(\tau)}{W_x W_y}$$

一般功率信号：$R_{xy}(\tau) = \lim\limits_{T\to\infty}\left\{\dfrac{1}{T}\int_{t_0-\frac{T}{2}}^{t_0+\frac{T}{2}} x(t)\cdot y(t-\tau)\mathrm{d}t\right\}$, $\quad \rho_{xy}(\tau) = \dfrac{R_{xy}(\tau)}{\sqrt{P_x P_y}}$

周期信号：$R_{xy}(\tau) = \dfrac{1}{T}\int_{t_0-\frac{T}{2}}^{t_0+\frac{T}{2}} x(t)\cdot y(t-\tau)\mathrm{d}t$, $\quad \rho_{xy}(\tau) = \dfrac{R_{xy}(\tau)}{\sqrt{P_x P_y}}$

不难验证，对于上述各种情况，均有

$$R_{xy}(\tau) = R_{yx}(-\tau) \tag{5.2-24}$$

$$\rho_{xy}(\tau) = \rho_{yx}(-\tau) \tag{5.2-25}$$

③ 可借助于卷积运算求取互相关函数。

对两个能量信号 $x(t),y(t)$ 可作如下卷积运算：

$$x(\tau) * y(\tau) = \int_{-\infty}^{+\infty} x(t)y(\tau-t)\mathrm{d}t \tag{5.2-26}$$

对于两个周期为 T 的信号 $x(t),y(t)$，可定义如下的循环卷积运算：

$$x(\tau) * y(\tau) \xlongequal{\text{def}} \dfrac{1}{T}\int_{t_0-\frac{T}{2}}^{t_0+\frac{T}{2}} x(t)\cdot y(\tau-t)\mathrm{d}t \tag{5.2-27}$$

上述卷积运算具有在工程上非常实用的数学性质[1]，因而已有了比较方便的实现途径。

对照相关函数与卷积的定义，不难发现：

$$R_{xy}(\tau) = x(\tau) * y(-\tau) \tag{5.2-28}$$

5.3 自相关函数及其性质

比照互相关函数 $R_{yx}(\tau)$，可以定义描述 $x(t)$ 与自身时延信号 $x(t-\tau)$ 相似程度的自相关函数 $R_{xx}(\tau)$。

对于能量信号 $x(t)$：

$$R_{xx}(\tau) = \int_{-\infty}^{+\infty} x(t)\cdot x(t-\tau)\mathrm{d}t \tag{5.3-1}$$

对于一般功率信号 $x(t)$：

$$R_{xx}(\tau) = \lim\limits_{T\to\infty}\left\{\dfrac{1}{T}\int_{t_0-\frac{T}{2}}^{t_0+\frac{T}{2}} x(t)\cdot x(t-\tau)\mathrm{d}t\right\} \tag{5.3-2}$$

对于周期(T)信号 $x(t)$：

$$R_{xx}(\tau) = \dfrac{1}{T}\int_{t_0-\frac{T}{2}}^{t_0+\frac{T}{2}} x(t)\cdot x(t-\tau)\mathrm{d}t \tag{5.3-3}$$

$R_{xx}(\tau)$ 作为 $x(t)$ 与 $x(t-\tau)$ 相似程度的判据，其实也表达了 $x(t)$ 的诸多信息(特征)。根据定义不难归纳出 $R_{xx}(\tau)$ 有下列特性。

① $R_{xx}(0)$ 为 $|R_{xx}(\tau)|$ 的最大值，有

$$|R_{xx}(\tau)| \leqslant R_{xx}(0) = \begin{cases} W_x & \text{（能量信号）} \\ P_x & \text{（功率信号）} \end{cases} \tag{5.3-4}$$

式中,W_x 是能量信号的能量,P_x 是功率信号的平均功率。

② $R_{xx}(\tau)$ 是 τ 的偶函数,即
$$R_{xx}(-\tau) = R_{xx}(\tau) \tag{5.3-5}$$

③ 若 $x(t+T)=x(t)$,则 $R_{xx}(\tau+T)=R_{xx}(\tau)$。

● 对于任意谐波信号:
$$x(t) = A\cos(2\pi f_1 t + \varphi_1), \qquad R_{xx}(\tau) = \frac{A^2}{2}\cos(2\pi f_1 \tau)$$

● 对于多个谐波合成的周期信号
$$x(t) = \sum_{n=N_1}^{N_2} A_n \cos(2\pi n f_1 t + \varphi_n), \qquad R_{xx}(\tau) = \sum_{n=N_1}^{N_2} \frac{A_n^2}{2}\cos(2\pi n f_1 \tau)$$

④ 若 $y(t)=x(t-\tau_0)$,τ_0 为任意常量,则 $R_{yy}(\tau)=R_{xx}(\tau)$,即信号时延不影响其自相关函数;反过来,就是说求自相关函数时丢弃了信号的零时相位信息。上述单谐波及多谐波构成周期信号的 $R_{xx}(\tau)$ 的结果也证实了此结论。

⑤ 对于直流信号 $x(t)=A$,$R_{xx}(\tau) \equiv A^2$,A 为常量。

⑥ 能量信号的自相关函数可通过卷积运算获得,比照式(5.2-28)有
$$R_{xx}(\tau) = x(\tau) * x(-\tau) \tag{5.3-6}$$

⑦ 对于随机信号[①] $x(t)$,其自相关函数 $R_{xx}(\tau)$ 一般只在 $\tau=0$ 附近的有限区域内有可观值,其中快变随机信号的 $R_{xx}(\tau)$ 所占的 τ 区间很窄,缓变随机信号的 $R_{xx}(\tau)$ 的 τ 范围稍宽,但也有限,如图 5-1 所示。

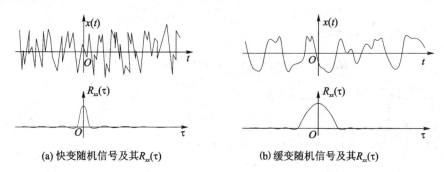

(a) 快变随机信号及其$R_{xx}(\tau)$ (b) 缓变随机信号及其$R_{xx}(\tau)$

图 5-1 随机信号的自相关函数

---

① 指其样本幅值随时间无规律变化的随机信号;不包括样本幅值随时间变化有规律、只是相位随机的信号,如随机信号 $X(t)=A_1\cos(2\pi f_1 t + \Psi)$。其中 A_1,f_1 都是确定常量,Ψ 为随机变量。其每一个样本 $x_1(t)=A_1\cos(2\pi f_1 t + \varphi_1)$,$x_2(t)=A_1\cos(2\pi f_1 t + \varphi_2)$,…,$x_n(t)=A_1\cos(2\pi f_1 t + \varphi_n)$,…,随时间变化都是有规律的。对此类随机信号,由各样本都可算得 $R_{xx}(\tau)=\frac{A_1^2}{2}\cos(2\pi f_1 \tau)$。

基于不同功率信号的上述 $R_{xx}(\tau)$ 特征，常用 $R_{xx}(\tau)$ 来辨识杂乱信号中是否存在周期成分。如果看似杂乱无章的 $x(t)$ 中存在周期成分，则 $R_{xx}(\tau)$ 会在 τ 较大后表现出周期变化规律，此周期即为 $x(t)$ 所含周期成分的周期。若 $x(t)$ 不含周期成分，则 $R_{xx}(\tau)$ 必定在 τ 增大到一定界限后减小到零。

5.4 维纳-欣钦（Wiener-Khintchine）定理

5.4.1 能量信号的 Wiener-Khintchine 定理

对于能量信号 $x(t)$，基于式(5.3-6)，对 $R_{xx}(\tau)$ 进行傅里叶变换可得

$$\mathscr{F}[R_{xx}(\tau)] = \mathscr{F}[x(\tau)] \cdot \mathscr{F}[x(-\tau)] = X(f) \cdot X^*(f) = |X(f)|^2 = E_x(f) \tag{5.4-1}$$

即能量信号的自相关函数的傅里叶变换等于其（双边）能量谱密度函数。此关系称为能量信号的 Wiener-Khintchine 定理（又称相关定理）。

5.4.2 功率信号的 Wiener-Khintchine 定理

对于功率信号 $x(t)$，定义

$$x_T(t) = \begin{cases} x(t) & \left(t \in \left[t_0 - \dfrac{T}{2}, t_0 + \dfrac{T}{2}\right]\right) \\ 0 & (\text{其余}) \end{cases} \tag{5.4-2}$$

可将式(5.3-2)的 $R_{xx}(\tau)$ 表达为

$$R_{xx}(\tau) = \lim_{T \to \infty} \left\{ \frac{1}{T} \int_{-\infty}^{+\infty} x_T(t) \cdot x_T(t-\tau) \mathrm{d}t \right\} \tag{5.4-3}$$

对此式两边进行傅里叶变换，并记

$$X_T(f) = \mathscr{F}[x_T(t)] \tag{5.4-4}$$

可得 $\mathscr{F}[R_{xx}(\tau)] = \lim\limits_{T \to \infty} \left\{ \dfrac{1}{T} \int_{-\infty}^{+\infty} x_T(t) \cdot \mathscr{F}[x_T(t-\tau)] \cdot \mathrm{d}t \right\} =$

$$\lim_{T \to \infty} \left[\frac{1}{T} \int_{-\infty}^{+\infty} x_T(t) \cdot X_T^*(f) \cdot \mathrm{e}^{-\mathrm{j}2\pi ft} \cdot \mathrm{d}t \right] = \lim_{T \to \infty} \left[\frac{1}{T} X_T^*(f) \cdot X_T(f) \right] =$$

$$\lim_{T \to \infty} \left[\frac{|X_T(f)|^2}{T} \right] = S_x(f) \tag{5.4-5}$$

即功率信号自相关函数的傅里叶变换等于其（双边）功率谱（密度）函数。此关系便是有关功率信号的 Wiener-Khintchine 定理。推导中要注意到此处的傅里叶变换针对的变量是时延 τ，时间 t 是参量。

Wiener-Khintchine 定理一方面指明了一条求解 $R_{xx}(\tau)$ 的有效途径，对于随机信号，则是

一条求 $S_x(f)$ 的途径;另一方面也表明 $R_{xx}(\tau)$ 确实丢弃了信号相位信息,因为任何 $x(t)$ 的 $\mathscr{F}[R_{xx}(\tau)]$ 都是正实谱。

5.5 互谱密度函数与互相干函数

5.5.1 互谱密度函数

1. 互能量谱密度函数

对于能量信号 $x(t),y(t)$,基于式(5.2-28)对互相关函数 $R_{yx}(\tau)$ 进行傅里叶变换,可得
$$\mathscr{F}[R_{yx}(\tau)] = \mathscr{F}[y(\tau)] \cdot \mathscr{F}[x(-\tau)] = Y(f) \cdot X^*(f)$$
定义
$$E_{yx}(f) \stackrel{\text{def}}{=\!=} \mathscr{F}[R_{yx}(\tau)] = Y(f) \cdot X^*(f) \tag{5.5-1}$$
称为 $y(t)$ 与 $x(t)$ 的互能量谱密度函数,它与互相关函数 $R_{yx}(\tau)$ 构成一对傅里叶变换。显然, $E_{yx}(f)$ 会从另一侧面表达信号 $y(t)$ 与 $x(t)$ 的相关特征。

2. 互功率谱密度函数

对于功率信号 $x(t),y(t)$,定义
$$x_T(t) = \begin{cases} x(t) & \left(t \in \left[t_0 - \frac{T}{2}, t_0 + \frac{T}{2}\right]\right) \\ 0 & (\text{其余}) \end{cases} \tag{5.5-2a}$$

$$y_T(t) = \begin{cases} y(t) & \left(t \in \left[t_0 - \frac{T}{2}, t_0 + \frac{T}{2}\right]\right) \\ 0 & (\text{其余}) \end{cases} \tag{5.5-2b}$$

则 $y(t)$ 与 $x(t)$ 的互相关函数式(5.2-15)写为
$$R_{yx}(\tau) = \lim_{T \to \infty} \left[\frac{1}{T} \int_{-\infty}^{+\infty} y_T(t) \cdot x_T(t-\tau) \mathrm{d}t\right]$$

两边进行傅里叶变换,并记
$$X_T(f) = \mathscr{F}[x_T(t)] \tag{5.5-3a}$$
$$Y_T(f) = \mathscr{F}[y_T(t)] \tag{5.5-3b}$$

有
$$\mathscr{F}[R_{yx}(\tau)] = \lim_{T \to \infty}\left\{\frac{1}{T}\int_{-\infty}^{+\infty} y_T(t) \cdot F[x_T(t-\tau)]\mathrm{d}t\right\} = \lim_{T \to \infty}\left[\frac{1}{T}\int_{-\infty}^{+\infty} y_T(t) \cdot X_T^*(f) \cdot \mathrm{e}^{-\mathrm{j}2\pi ft}\mathrm{d}t\right] = $$
$$\lim_{T \to \infty}\left[\frac{Y_T(f) \cdot X_T^*(f)}{T}\right]$$

定义

$$S_{yx}(f) \stackrel{\text{def}}{=\!=\!=} \mathscr{F}[R_{yx}(\tau)] \tag{5.5-4}$$

称之为 $y(t)$ 与 $x(t)$ 的互功率谱密度函数。显然

$$S_{yx}(f) = \lim_{T \to \infty}\left[\frac{Y_T(f) \cdot X_T^*(f)}{T}\right] \tag{5.5-5}$$

$S_{yx}(f)$ 也会从另一侧面表达功率信号 $y(t)$ 与 $x(t)$ 的相关特征。

5.5.2 互相干函数

1. 能量信号的互相干函数

对于能量信号 $x(t), y(t)$,在频域定义如下的 B 带(互)相干函数①

$$\gamma_{yx}(f) = \frac{\left|\int_{f-B/2}^{f+B/2} E_{yx}(f)\mathrm{d}f\right|}{\left\{\left[\int_{f-B/2}^{f+B/2} E_y(f)\mathrm{d}f\right]\left[\int_{f-B/2}^{f+B/2} E_x(f)\mathrm{d}f\right]\right\}^{1/2}} \tag{5.5-6}$$

式中,$E_{yx}(f)$ 是 $y(t)$ 与 $x(t)$ 的互能量谱密度函数,$E_y(f), E_x(f)$ 分别为 $y(t), x(t)$ 的能量谱密度函数,B 是一个约定的考察频带 $\left[f-\dfrac{B}{2}, f+\dfrac{B}{2}\right]$ 的宽度。

$\gamma_{yx}(f)$ 其实表达了 $y(t), x(t)$ 在考察频带内的谐波分量合成信号的相似程度。

设 $y(t) = \int_{-\infty}^{+\infty} Y(f)\mathrm{e}^{\mathrm{j}2\pi ft}\mathrm{d}t, x(t) = \int_{-\infty}^{+\infty} X(f)\mathrm{e}^{\mathrm{j}2\pi ft}\mathrm{d}t$ $x(t)$ 在频带 $[f-B/2, f+B/2]$ 内谐波分量的合成信号分别为 $y_B(t), x_B(t)$,有

$$y_B(t) = \int_{f-B/2}^{f+B/2} Y(f) \cdot \mathrm{e}^{\mathrm{j}2\pi ft}\mathrm{d}f \tag{5.5-7a}$$

$$x_B(t) = \int_{f-B/2}^{f+B/2} X(f) \cdot \mathrm{e}^{\mathrm{j}2\pi ft}\mathrm{d}f \tag{5.5-7b}$$

$y_B(t), x_B(t)$ 的能量分别为

$$W_{y_B} = \int_{f-B/2}^{f+B/2} E_y(f)\mathrm{d}f \tag{5.5-8a}$$

$$W_{x_B} = \int_{f-B/2}^{f+B/2} E_x(f)\mathrm{d}f \tag{5.5-8b}$$

定义误差信号

$$\varepsilon_y(t) = y_B(t) - k \cdot x_B(t) \tag{5.5-9}$$

按使误差 $\varepsilon_y(t)$ 的能量 W_{ε_y} 极小的原则选择 k,取

---

① 冠以"B 带"前缀一方面是因为此定义中有一个宽度为 B 的考察频带,同时也表明与一些资料中(互)相干函数的定义方案有所区别。对于能量信号而言,将 $\dfrac{|E_{yx}(f)|}{\sqrt{E_y(f) \cdot E_x(f)}}$ 定义为相干函数似乎没有实用价值,因为 $\dfrac{|E_{yx}(f)|}{\sqrt{E_y(f) \cdot E_x(f)}} \equiv 1$。

$$k = \frac{\int_{f-B/2}^{f+B/2} E_{yx}(f) \mathrm{d}f}{W_{x_B}} \qquad (5.5-10)$$

得相对误差能量为

$$\frac{W_{\varepsilon_y}}{W_{y_B}} = 1 - \frac{\left|\int_{f-B/2}^{f+B/2} E_{yx}(f)\mathrm{d}f\right|^2}{\left[\int_{f-B/2}^{f+B/2} E_y(f)\mathrm{d}f\right]\left[\int_{f-B/2}^{f+B/2} E_x(f)\mathrm{d}f\right]} = 1 - \gamma_{yx}^2(f) \qquad (5.5-11)$$

与时域归一化相关函数 $\rho_{yx}(\tau)$ 的情况类似，数学上可以证明 $\gamma_{yx}(f) \leqslant 1$。由式(5.5-11)可知：$\gamma_{yx}(f)$ 越大，相对误差能量 $\frac{W_{\varepsilon_y}}{W_{y_\beta}}$ 越小，即 $y_B(t)$ 与 $x_B(t)$ 越相似。若 $\gamma_{yx}(f) = 1$，则有 $y_B(t) \equiv k \cdot x_B(t)$；若 $\gamma_{yx}(f) = 0$，则表明 $y_B(t)$ 与 $x_B(t)$ 完全(线性)无关。

对于 $\gamma_{yx}(f_*) \approx 1$ 的情况，通常称之为信号 $y(t)$ 与 $x(t)$ 在频率 $f = f_*$ 处相干，f_* 称为 $y(t)$ 与 $x(t)$ 的相干频率。

如果信号 $y(t)$ 是频响函数为 $H(f)$ 的线性时不变系统对输入信号 $x(t)$ 的响应，即

$$x(t) \longrightarrow \boxed{H(f)} \longrightarrow y(t)$$

则 $Y(f) = H(f) \cdot X(f)$，相应有

$$E_{yx}(f) = Y(f) \cdot X^*(f) = H(f) \cdot |X(f)|^2 = H(f) \cdot E_x(f)$$
$$E_y(f) = |H(f) \cdot X(f)|^2 = |H(f)|^2 E_x(f)$$

将此代入式(5.5-6)可得

$$\gamma_{yx}(f) = \frac{\left|\int_{f-B/2}^{f+B/2} H(f) \cdot E_x(f)\mathrm{d}f\right|}{\left\{\left[\int_{f-B/2}^{f+B/2} |H(f)|^2 \cdot E_x(f)\mathrm{d}f\right]\left[\int_{f-B/2}^{f+B/2} E_x(f)\mathrm{d}f\right]\right\}^{1/2}}$$

若考察频带选得较窄(B 较小)，而 $H(f)$ 的变化又不太剧烈，可近似认为 $H(f)$ 在考察频带 $[f-B/2, f+B/2]$ 内不变，则有

$$\gamma_{yx}(f) \approx \frac{\left|H(f)\int_{f-B/2}^{f+B/2} E_x(f)\mathrm{d}f\right|}{\left\{\left[|H(f)|^2 \int_{f-B/2}^{f+B/2} E_x(f)\mathrm{d}f\right]\left[\int_{f-B/2}^{f+B/2} E_x(f)\mathrm{d}f\right]\right\}^{1/2}} \equiv 1$$

即，线性时不变系统的输出信号与输入信号的 B 带(互)相干函数恒等于 1。

如果信号 $y(t) \equiv k \cdot x(t)$，则一定有 $\gamma_{yx}(f) \equiv 1$。

若 $y(t)$ 是某个系统对输入 $x(t)$ 的响应，但 $\gamma_{yx}(f) < 1$，则可能是系统存在非线性，或 $y(t)$ 中另外混入了与 $x(t)$ 不相关的噪声。

信号的能量谱、互能量谱通常不能解析求得，一般需要数值计算，故 B 带互相干函数也常用数值计算获取。

设数值计算的离散频率间隔为 f_Δ，有
$$f \to kf_\Delta, \quad E_{yx}(f) \to E_{yx}[k], \quad E_y(f) \to E_y[k]$$
$$E_x(f) \to E_x[k], \quad \gamma_{yx}(f) \to \gamma_{yx}[k]$$

若取考察频带宽 $B=2mf_\Delta$，由式(5.5-6)按梯形近似积分，可得

$$\gamma_{yx}[k] = \frac{\left|\sum_{n=-m+1}^{m-1} E_{yx}[k+n] + \frac{1}{2}\{E_{yx}[k-m] + E_{yx}[k+m]\}\right|}{\left\{\left\{\sum_{n=-m+1}^{m-1} E_y[k+n] + \frac{1}{2}\{E_y[k-m] + E_y[k+m]\}\right\}\left\{\sum_{n=-m+1}^{m-1} E_x[k+n] + \frac{1}{2}\{E_x[k-m] + E_x[k+m]\}\right\}\right\}^{1/2}}$$
(5.5-12)

考察频带宽 B 的取值目前没有统一的规定。一般情况下，B 值取大，$\gamma_{yx}(f)$ 会减小。用 $\gamma_{yx}(f)$ 表达 $y(t)$ 与 $x(t)$ 谐波成分的相关程度(相干性)时，B 值取大意味着相干的标准提高了，可以有效排除不相干的频率成分，但对相干频率成分的分辨率也会同时降低。通常可取考察频带宽为 $B=2f_\Delta$，相应有

$$\gamma_{yx}[k] = \frac{\left|E_{yx}[k] + \frac{1}{2}\{E_{yx}[k-1] + E_{yx}[k+1]\}\right|}{\left\{\left\{E_k[k] + \frac{1}{2}\{E_y[k-1] + E_y[k+1]\}\right\}\left\{E_x[k] + \frac{1}{2}\{E_x[k-1] + E_x[k+1]\}\right\}\right\}^{1/2}}$$
(5.5-13)

由此计算出的 B 带互相干函数值能够较好地揭示信号间的非线性及噪声干扰等现象。

[例 5-1] 考察图 5-2(a)所示脉宽为 τ 的半正弦信号 $x(t)$ 通过典型二阶系统后输出信号 $y(t)$ 与 $x(t)$ 的 B 带互相干情况。设二阶系统的固有频率为 $f_n=10/\tau$，阻尼率 $\zeta=0.05$。$y(t)$ 由解析计算获得，如图 5-2(b)所示。数值计算频谱，采样频率取为 $f_s=1\,000/\tau$，样本区间取 $t\in[0,10\tau]$(离散频率间隔相应为 $f_\Delta=0.1/\tau$)，得 $x(t)$ 的幅度谱(密度)如图 5-2(c)所示，可见其谐波成分只在 $f\in[0,5/\tau]$ 范围内较大。按式(5.5-13)计算 B 带互相干函数值 $\gamma_{yx}(f)$，结果如图 5-2(d)所示：在输入信号 $x(t)$ 的有效频带内，$\gamma_{yx}(f)$ 非常接近于 1；$f>7/\tau$ 时，由于 $x(t)$ 谐波幅度太小，计算误差引起了 $\gamma_{yx}(f)$ 的微小波动。

[例 5-2] 考虑半正弦信号受噪声干扰后与原信号的 B 带相干情况，设 $y(t)=x(t)+0.05\cdot\varepsilon(t)$，波形如图 5-3(a)所示。其中 $\varepsilon(t)$ 是零均值、单位方差的白噪声(计算时由 Matlab 的随机函数 normrnd(0,1)产生)，$x(t)$ 是幅度为 1 的半正弦信号(如图 5-2(a)所示)。仍取 $f_s=1\,000/\tau$，样本区间 $t\in[0,10\tau]$(离散频率间隔 $f_\Delta=0.1/\tau$)，按式(5.5-13)计算 B 带互相干函数值 $\gamma_{yx}(f)$，结果如图 5-3(b)所示：在频率 $f>2/\tau$ 后，$\gamma_{yx}(f)$ 出现剧烈波动，有时取值甚小。

[例 5-3] 再考虑半正弦信号经非线性变换的情况。设非线性输出为 $y(t)=0.5x^2(t)+0.4x^3(t)-0.3x^4(t)$，如图 5-4(a)中实线所示。仍取 $f_s=1\,000/\tau$，样本区间 $t\in[0,10\tau]$($f_\Delta=0.1/\tau$)，按式(5.5-13)计算 B 带互相干函数值 $\gamma_{yx}(f)$，结果如图 5-4(b)所示：在频率 $f>1/\tau$ 后，$\gamma_{yx}(f)$ 急剧波动，有时取值接近零。

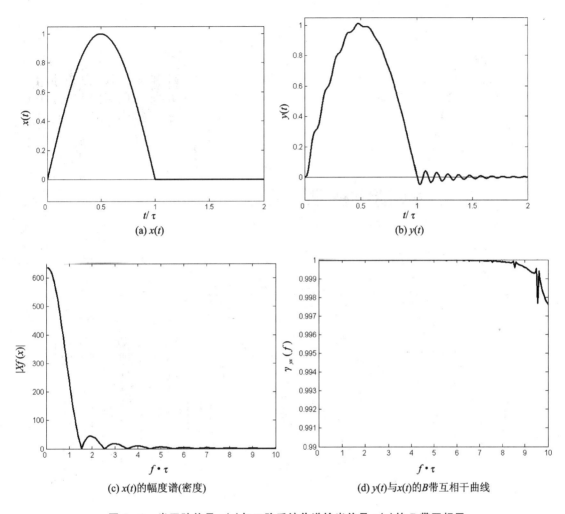

图 5-2 半正弦信号 $x(t)$ 与二阶系统传递输出信号 $y(t)$ 的 B 带互相干

2. 功率信号的互相干函数

对于功率信号 $x(t),y(t)$，比照能量信号，定义如下的 B 带（互）相干函数①

$$\gamma_{yx}(f) \stackrel{\text{def}}{=\!=\!=} \frac{\left|\int_{f-B/2}^{f+B/2} S_{yx}(f)\mathrm{d}f\right|}{\left\{\left[\int_{f-B/2}^{f+B/2} S_y(f)\mathrm{d}f\right]\left[\int_{f-B/2}^{f+B/2} S_x(f)\mathrm{d}f\right]\right\}^{1/2}} \quad (5.5-14)$$

---

① 一些资料中将功率信号的(互)相干函数(Coherence,凝聚函数)定义为 $\dfrac{|S_{yx}(f)|}{\sqrt{S_y(f) \cdot S_x(f)}}$。但经验表明，如果估计 $S_y(f),S_x(f)$ 及 $S_{yx}(f)$ 时对样本分段数较少，由此定义将得不到有实用价值的结果(不分段时,结果恒为1)。

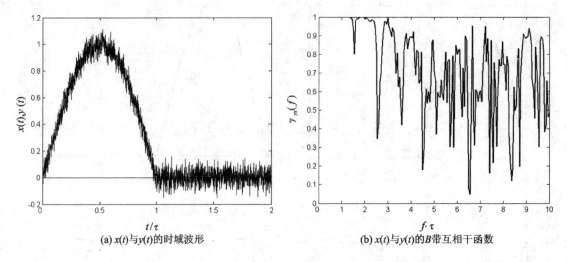

图 5-3　半正弦信号 $x(t)$ 与叠加白噪声后的信号 $y(t)$ 的 B 带互相干

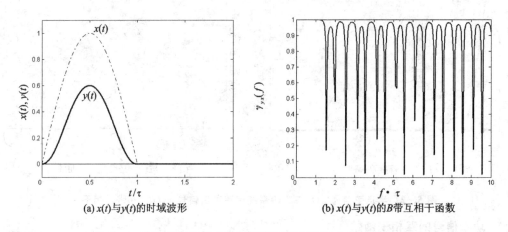

图 5-4　半正弦信号 $x(t)$ 与非线性变换后信号 $y(t)$ 的 B 带互相干

式中，$S_{yx}(f)$ 是 $y(t)$ 与 $x(t)$ 的（双边）互功率谱密度函数，$S_y(f)$，$S_x(f)$ 分别为 $y(t)$，$x(t)$ 的（双边）功率谱密度函数。

与能量信号类似，有以下结论：

① $\gamma_{yx}(f) \leqslant 1$。

② $\gamma_{yx}(f)$ 也表达了 $y(t)$，$x(t)$ 在考察频带 $\left[f-\dfrac{B}{2}, f+\dfrac{B}{2}\right]$ 内的谐波分量合成信号的相似程度，$\gamma_{yx}(f)$ 越大，相似程度越高。

③ 如果 $y(t)$ 是 $x(t)$ 通过任意线性时不变系统的结果,则 $\gamma_{yx}(f) \equiv 1$。

也将 $\gamma_{yx}(f_*) | \approx 1$ 的情况称之为信号 $y(t)$ 与 $x(t)$ 在频率 $f = f_*$ 处相干,f_* 称为 $y(t)$ 与 $x(t)$ 的相干频率。

功率信号的 B 带互相干函数通常要通过数值计算获取。设数值计算的离散频率间隔为 f_Δ,记

$$f \to k f_\Delta, \quad S_{yx}(f) \to S_{yx}[k], \quad S_y(f) \to S_y[k]$$
$$S_x(f) \to S_x[k], \quad \gamma_{yx}(f) \to \gamma_{yx}[k]$$

若取考察频带宽 $B = 2m \cdot f_\Delta$,由式(5.5-14)按梯形近似积分,可得

$$\gamma_{yx}[k] = \frac{\left| \sum_{n=-m+1}^{m-1} S_{yx}[k+n] + \frac{1}{2}\{S_{yx}[k-m] + S_{yx}[k+m]\} \right|}{\left\{ \left\{ \sum_{n=-m+1}^{m-1} S_y[k+n] + \frac{1}{2}\{S_y[k-m] + S_y[k+m]\} \right\} \left\{ \sum_{n=-m+1}^{m-1} S_x[k+n] + \frac{1}{2}\{S_x[k-m] + S_x[k+m]\} \right\} \right\}^{1/2}}$$
(5.5-15)

通常可取 $m = 1$ 或 $m = 2$(即 $B = 2f_\Delta$ 或 $B = 4f_\Delta$),由此计算出的 B 带互相干函数值能够较好地鉴别功率信号间的相干频率。

[**例 5-4**] 考察如下两个功率信号 $x(t)$ 与 $y(t)$ 的 B 带相干函数:

$$x(t) = \varepsilon_1(t) + 0.2\sin\left(2\pi\frac{10}{\tau}t + \varepsilon_2\right) + 0.5\sin\left(2\pi\frac{20}{\tau}t + \varepsilon_3\right) +$$
$$0.3\sin\left(2\pi\frac{30}{\tau}t + \varepsilon_4\right) + 0.25\sin\left(2\pi\frac{40}{\tau}t + \varepsilon_5\right)$$

$$y(t) = \varepsilon_6(t) + 0.3\sin\left(2\pi\frac{10}{\tau}t + \varepsilon_7\right) + 0.2\sin\left(2\pi\frac{20}{\tau}t + \varepsilon_8\right) +$$
$$0.3\sin\left(2\pi\frac{40}{\tau}t + \varepsilon_9\right) + 0.4\sin\left(2\pi\frac{50}{\tau}t + \varepsilon_{10}\right)$$

式中,$\varepsilon_1(t) \sim \varepsilon_{10}(t)$ 都是零均值、单位方差的白噪声(计算时由 Matlab 的随机函数 normrnd(0,1) 产生)。

由两信号的结构可知:$f_1 = 10/\tau$,$f_2 = 20/\tau$ 及 $f_3 = 40/\tau$ 是 $y(t)$ 与 $x(t)$ 的 3 个相干频率点。

数字计算功率谱密度、互功率谱密度:采样间隔取 $T_s = \tau/1000$,样本长度取 $T_a = 40\tau$,利用 Matlab 的 csd() 函数(见 5.6 节),分别由 csd($x,x,N_{FFT},T_s,[\ ],[\ ]$),csd($y,y,N_{FFT},T_s,[\ ]$,$[\ ]$),csd($y,x,N_{FFT},T_s,[\ ][\ ]$)计算 S_x,S_y 及 S_{yx}。

取 FFT 计算长度 $N_{FFT} = 10\,000$(离散频率间隔相应为 $f_\Delta = 1/[N_{FFT} \cdot T_s] = 0.1/\tau$,样本被分为 4 段),可算得 S_x,S_y 分别如图 5-5(a)、图 5-5(b)所示。取 $m = 2$(即 $B = 4f_\Delta = 0.4/\tau$),按式(5.5-15)计算 B 带互相干函数值 $\gamma_{yx}(f)$,结果如图 5-6(a)所示,3 个相干频率

点比较明显。相应的 $\hat{\gamma}_{yx}(f) = \dfrac{|S_{yx}(f)|}{\sqrt{S_y(f) \cdot S_x(f)}}$ 结果如图 5-6(b)所示,相干频率点分辨较困难。

取 FFT 计算长度 $N_{\text{FFT}} = 5\ 000 (f_\Delta = 0.2/\tau$,样本被分为 8 段),取 $m = 1$(即 $B = 2f_\Delta = 0.4/\tau$),按式(5.5-17)计算 B 带互相干函数值 $\gamma_{yx}(f)$,结果如图 5-7(a)所示。相应的 $\hat{\gamma}_{yx}(f) = \dfrac{|S_{yx}(f)|}{\sqrt{S_y(f) \cdot S_x(f)}}$,结果如图 5-7(b)所示,相干频率点分辨也不如图 5-7(a)明显。

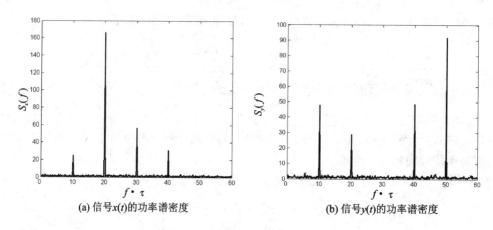

(a) 信号 $x(t)$ 的功率谱密度　　　　　　　　(b) 信号 $y(t)$ 的功率谱密度

图 5-5　信号 $x(t), y(t)$ 的功率谱密度

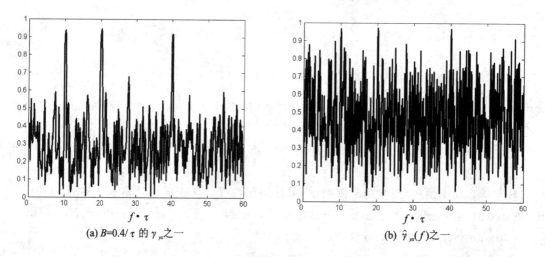

(a) $B = 0.4/\tau$ 的 γ_{yx} 之一　　　　　　　　(b) $\hat{\gamma}_{yx}(f)$ 之一

图 5-6　$x(t)$ 与 $y(t)$ 的互相干计算之一

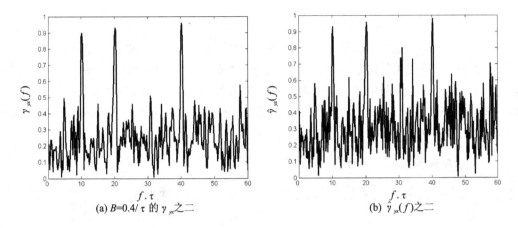

(a) $B=0.4/\tau$ 的 γ_{yx} 之二   (b) $\hat{\gamma}_{yx}(f)$ 之二

图 5-7 $x(t)$ 与 $y(t)$ 的互相干计算之二

5.6 相关量的数字计算

5.6.1 相关量的求取方法

对信号进行相关分析时定义了许多特征参量（或函数），包括互相关函数、自相关函数、谱密度、互谱密度、B 带相干函数等，不妨将其统称为相关量。下面介绍如何求取这些相关量。

如果信号 $x(t),y(t)$ 的解析表达式已知，则可以按式(5.2-7)或式(5.2-15)、式(5.2-22)解析计算互相关函数 $R_{yx}(\tau)$，按式(5.3-1)计算自相关函数 $R_{xx}(\tau)$，然后按式(5.2-11)或式(5.2-18)计算归一化互相关函数 $\rho_{yx}(\tau)$，按式(5.4-1)和式(5.4-5)作傅里叶变换计算能量谱(密度)和功率谱(密度)，按式(5.5-1)和式(5.5-5)作傅里叶变换计算互能量谱(密度)和互功率谱(密度)，进一步按式(5.5-6)或式(5.5-14)运算得到 B 带互相干函数 $\gamma_{yx}(f)$。

或者，先对有关信号(函数)进行傅里叶变换，如式(5.4-1)、式(5.4-5)、式(5.5-1)及式(5.5-4)所列，求得能量谱(密度)、功率谱(密度)、互能量谱(密度)及互功率谱(密度)，然后作傅里叶反变换获得自相关函数 $R_{xx}(\tau)$ 和互相关函数 $R_{yx}(\tau)$ 等。由于傅里叶变换的特性及许多变换结果已广为人知，如此求取 $R_{xx}(\tau),R_{yx}(\tau)$，通常比直接按式(5.2-9)或式(5.2-17)进行积分的效率高。

虽然有时也可用模拟仪器获得相关量(参见 4.2.1 节)，但如果信号 $x(t),y(t)$ 的解析表达式未知(随机信号及大部分实测获得的确定性信号如此)，则相关量便主要靠数字计算获得。

数字计算相关量的第一步与数字计算频谱时一样，也是以一定的时间间隔 T_s 将有关信号离散化为离散(数字)信号：

$$x[n] = \{x(t)\}_{t=nT_s} \quad (n = -\infty \sim +\infty)$$
$$y[n] = \{y(t)\}_{t=nT_s} \quad (n = -\infty \sim +\infty)$$

式中,间隔 T_s 的取值与数字计算频谱时一样,需要满足 Shannon 采样定理的要求。

与连续时间信号相关量的数字计算相对应的是对离散(数字)信号的一系列运算、处理,其结果除了作为相应连续时间信号相关量的数字计算结果外,也作为离散(数字)信号本身的特征函数,用以描述它们的相关性质,此可谓离散信号的相关分析。离散信号相关分析的方法一般仿照连续时间信号相关分析来定义。

5.6.2 自相关函数的数字计算

对信号 $x(t)$ 的自相关函数 $R_{xx}(\tau)$,也按间隔 T_s 关于时延 τ 离散化为

$$\tilde{R}_{xx}[k] = \{R_{xx}(\tau)\}_{\tau=kT_s} \quad (k = -\infty \sim +\infty) \tag{5.6-1}$$

1. 能量信号自相关函数的数字计算

对于能量信号 $x(t)$,由式(5.6-1)、式(5.3-1)有

$$\tilde{R}_{xx}[k] = \int_{-\infty}^{+\infty} x(t) \cdot x(t - kT_s) \mathrm{d}t$$

用矩形或梯形近似计算积分,可得

$$\tilde{R}_{xx}[k] \approx T_s \sum_{n=-\infty}^{\infty} x[n] \cdot x[n-k] \tag{5.6-2}$$

式(5.6-2)右边求和式中的运算结果便是离散能量信号 $x[n]$ 的离散自相关函数,定义为

$$R_{xx}[k] \stackrel{\text{def}}{=\!=} \sum_{n=-\infty}^{+\infty} x[n] \cdot x[n-k] \quad (k = -\infty \sim +\infty) \tag{5.6-3}$$

显然有

$$\tilde{R}_{xx}[k] \approx T_s \cdot R_{xx}[k] \tag{5.6-4}$$

由于信号采集系统及计算机能力等方面的限制,计算离散自相关函数 $R_{xx}[k]$ 时,实际只能利用 $x[n]$ 的有限个数据。

不失一般性,设 $x[n]$ 数据的可用范围为 $n \in [0, N-1]$,对于 $n \notin [0, N-1]$ 时的 $x[n]$ 值,只好人为取 0。相应地,式(5.6-3)右边的求和结果成为

$$\sum_{n=N1}^{N2} x[n] \cdot x[n-k] \stackrel{\text{def}}{=\!=} \hat{R}_{xx}[k] \tag{5.6-5}$$

其中 $N1 = \max(0, k)$,$N2 = \min(N-1, N-1+k)$。

不难验证,$\hat{R}_{xx}[k]$ 是偶函数,且 $|k| > N-1$ 时 $\hat{R}_{xx}[k] \equiv 0$。

如果 $x[n]$ 的延续区间未超出 $n \in [0, N-1]$,即 $n \notin [0, N-1]$ 时 $x[n] \equiv 0$,则有

$$R_{xx}[k] = \hat{R}_{xx}[k] = \sum_{n=N1}^{N2} x[n] \cdot x[n-k] \quad (k = 0 \sim N-1) \tag{5.6-6}$$

若 $x[n]$ 的延续区间超出了 $n\in[0,N-1]$，则 $\hat{R}_{xx}[k]$ 只是 $R_{xx}[k]$ 的近似值。$\hat{R}_{xx}[k]$ 的求和项数为 $N-|k|$，少于 $R_{xx}[k]$ 的求和项数，从而产生误差。因此，对于一定的 N，只有 $|k|$ 取值比较小，保证 $N-|k|$ 足够大，以尽量接近 $R_{xx}[k]$ 的求和项数，才能使 $\hat{R}_{xx}[k]$ 充分接近 $R_{xx}[k]$。在 N 足够大时，通常可认为，在 $|k|<N/2$ 的范围内，$\hat{R}_{xx}[k]$ 可以较好地接近 $R_{xx}[k]$，即

$$R_{xx}[k] \approx \hat{R}_{xx}[k] = \sum_{n=N1}^{N2} x[n] \cdot x[n-k] \quad (k=0 \sim N/2) \qquad (5.6-7)$$

2. 功率信号自相关函数的数字计算

对于一般功率信号 $x(t)$，由式 (5.6-1)、式 (5.3-3) 有

$$\widetilde{R}_{xx}[k] = \lim_{T\to\infty} \left\{ \frac{1}{T} \int_{t_0-T/2}^{t_0+T/2} x(t) \cdot x(t-kT_s) \mathrm{d}t \right\}$$

用矩形或梯形近似计算，可得

$$\widetilde{R}_{xx}[k] \approx \lim_{L\to\infty} \left\{ \frac{1}{L} \sum_{n=n_0-L/2}^{n_0+L/2-1} x[n] \cdot x[n-k] \right\} \qquad (5.6-8)$$

式中，$n_0=t_0/T_s$，$L=T/T_s$。

式 (5.6-8) 右边的运算结果便是关于一般离散功率信号 $x[n]$ 的离散自相关函数，定义为

$$R_{xx}[k] \xlongequal{\text{def}} \lim_{L\to\infty} \left\{ \frac{1}{L} \sum_{n=n_0-L/2}^{n_0+L/2-1} x[n] \cdot x[n-k] \right\} \quad (k=-\infty \sim +\infty) \qquad (5.6-9)$$

式中，n_0 为任意有限整数。显然有

$$\widetilde{R}_{xx}[k] \approx R_{xx}[k] \qquad (5.6-10)$$

若计算离散自相关函数 $R_{xx}[k]$ 时，$x[n]$ 数据的可用范围为 $n\in[0,N-1]$，对于 $n\notin[0,N-1]$ 时的 $x[n]$ 值，人为取 0，则由式 (5.6-9) 有

$$R_{xx}[k] \approx \frac{1}{N-|k|} \sum_{n=N1}^{N2} x[n] \cdot x[n-k] \xlongequal{\text{def}} \hat{R}_{xx}[k] \qquad (5.6-11)$$

式中，$N1=\max(0,k)$，$N2=\min(N-1,N-1+k)$。

分析式 (5.6-11) 可知，$\hat{R}_{xx}[k]$ 的有效求和项数为 $N-|k|$。如果 $|k|$ 取值较小，$\hat{R}_{xx}[k]$ 会有较多的有效求和项，从而更接近无限项求和的 $R_{xx}[k]$。当 N 足够大时，通常认为在 $|k|<N/2$ 的范围内，$\hat{R}_{xx}[k]$ 与 $R_{xx}[k]$ 比较接近。

3. 周期信号自相关函数的数字计算

对于周期信号 $x(t)$，保证离散采样间隔 $T_s=T/N$（其中 T 是信号 $x(t)$ 的周期，N 是正整数），则所得离散信号 $x[n]$ 就是以 N 为周期的周期离散信号。由式 (5.6-1)、式 (5.3-5) 有

$$\widetilde{R}_{xx}[k] = \frac{1}{T} \int_{t_0-T/2}^{t_0+T/2} x(t) \cdot x(t-kT_s) \mathrm{d}t$$

取 $t_0 = T/2$，用矩形或梯形近似计算，可得

$$\widetilde{R}_{xx}[k] \approx \frac{1}{N} \sum_{n=0}^{N-1} x[n] \cdot x[n-k] \qquad (5.6-12)$$

式(5.6-12)右边的运算结果便是关于周期离散信号 $x[n]$ 的离散自相关函数，定义为

$$R_{xx}[k] \stackrel{def}{=\!=} \frac{1}{N} \sum_{n=0}^{N-1} x[n] \cdot x[n-k] \qquad (5.6-13)$$

式中，N 为信号 $x[n]$ 的周期。显然有

$$\widetilde{R}_{xx}[k] \approx R_{xx}[k] \qquad (5.6-14)$$

只要知道 $x[n]$ 在一个周期 $n \in [0, N-1]$ 的数据，便可由式(5.6-13)计算出 $R_{xx}[k]$。由于 $R_{xx}[k]$ 也以 N 为周期变化，故只须计算 $k = 0 \sim N-1$ 时的 $R_{xx}[k]$ 值。计算中，对于 $n \notin [0, N-1]$ 以外的 $x[n]$，按周期规律取值。

5.6.3 互相关函数的数字计算

对信号 $x(t), y(t)$ 的互相关函数 $R_{yx}(\tau)$，也按间隔 T_s 关于时延 τ 离散化为

$$\widetilde{R}_{yx}[k] = \{R_{yx}(\tau)\}_{\tau = kT_s} \qquad (k = -\infty \sim +\infty) \qquad (5.6-15)$$

仿照自相关函数的数字计算方法，可得如下关系。

1. 能量信号互相关函数的数字计算

对于能量信号 $x(t), y(t)$，有

$$\widetilde{R}_{yx}[k] \approx T_s \cdot R_{yx}[k] \qquad (5.6-16)$$

式中

$$R_{yx}[k] \stackrel{def}{=\!=} \sum_{n=-\infty}^{+\infty} y[n] \cdot x[n-k] \qquad (k = -\infty \sim +\infty) \qquad (5.6-17)$$

是离散能量信号 $x[n], y[n]$ 的离散互相关函数。

基于有限长的可用信号数据 $\{x[n], n \in [0, N-1]; y[n], n \in [0, M-1]\}$，可求得

$$\hat{R}_{yx}[k] = \sum_{n=N1}^{N2} y[n] \cdot x[n-k] \qquad (k = -P+1 \sim P-1) \qquad (5.6-18)$$

式中，$N1 = \max(0, k)$，$N2 = \min(M-1, N-1+k)$，$P = \max(M, N)$。可验证，当 $|k| > P-1$ 时，$\hat{R}_{yx}[k] \equiv 0$。

如果 $x[n]$ 的延续区间未超出 $n \in [0, N-1]$，$y[n]$ 的延续区间未超出 $n \in [0, M-1]$，即 $n \notin [0, N-1]$ 时，$x[n] \equiv 0$；$n \notin [0, M-1]$ 时，$y[n] \equiv 0$，则有

$$R_{yx}[k] = \hat{R}_{yx}[k] \qquad (k = -P+1 \sim P-1) \qquad (5.6-19)$$

如果 $x[n], y[n]$ 的延续区间超出了可用数据范围，则 $\hat{R}_{yx}[k]$ 给出 $R_{yx}[k]$ 的近似值。若 N, M 足够大时，则在 $|k| < \min(M, N)/2$ 的范围内，$\hat{R}_{yx}[k]$ 通常可以较好地接近 $R_{yx}[k]$，即

$$R_{yx}[k] \approx \hat{R}_{yx}[k] \quad (k = -Q \sim +Q) \tag{5.6-20}$$

式中,$Q = \min(M, N)/2$。

2. 功率信号互相关函数的数字计算

对于功率信号 $x(t), y(t)$,有

$$\tilde{R}_{yx}[k] \approx R_{yx}[k] \tag{5.6-21}$$

式中,$R_{yx}[k]$ 是离散功率信号 $x[n], y[n]$ 的离散互相关函数,定义为

$$R_{yx}[k] \stackrel{\text{def}}{=\!=} \lim_{L \to \infty} \left\{ \frac{1}{L} \sum_{n=n_0-L/2}^{n_0+L/2-1} y[n] \cdot x[n-k] \right\} \quad (k = -\infty \sim +\infty) \tag{5.6-22}$$

式中,n_0 为任意有限整数。

基于有限长的可用信号数据 $\{x[n], n \in [0, N-1]; y[n], n \in [0, M-1]\}$,可求得

$$\hat{R}_{yx}[k] = \frac{1}{L} \sum_{n=N1}^{N2} y[n] \cdot x[n-k] \tag{5.6-23}$$

式中,$N1 = \max(0, k), N2 = \min(M-1, N-1+k), L = N2 - N1 + 1$。

若 N, M 足够大时,则在 $|k| < \min(M, N)/2$ 的范围内,$\hat{R}_{yx}[k]$ 通常可以较好地接近 $R_{yx}[k]$,即

$$R_{yx}[k] \approx \hat{R}_{yx}[k] = \frac{1}{L} \sum_{n=N1}^{N2} y[n] \cdot x[n-k] \quad (k = -Q \sim +Q) \tag{5.6-24}$$

式中,$Q = \min(M, N)/2$。

3. 周期信号互相关函数的数字计算

对于周期同为 T 的周期信号 $x(t), y(t)$,保证离散采样间隔 $T_s = T/N$(N 是正整数),则所得离散信号 $x[n], y[n]$ 便是以 N 为周期的周期离散信号。相应有

$$\tilde{R}_{yx}[k] \approx R_{yx}[k] \tag{5.6-25}$$

式中,$R_{yx}[k]$ 是离散周期信号 $x[n], y[n]$ 的离散互相关函数,定义为

$$R_{yx}[k] \stackrel{\text{def}}{=\!=} \frac{1}{N} \sum_{n=0}^{N-1} y[n] \cdot x[n-k] \tag{5.6-26}$$

式中,N 为信号 $x[n], y[n]$ 的周期。

只要知道 $x[n], y[n]$ 在一个周期 $n \in [0, N-1]$ 的数据,便可由式(5.6-26)算出 $R_{yx}[k]$。由于 $R_{yx}[k]$ 也以 N 为周期变化,故只须计算 $k = 0 \sim N-1$ 时的 $R_{yx}[k]$ 值。计算中,对于 $n \notin [0, N-1]$ 以外的 $x[n], y[n]$,按周期规律取值。

5.6.4 相关函数计算的 Matlab 实现

在 Matlab 的信号处理工具库中有计算相关函数的现成函数 xcorr()。
xcorr()计算自相关函数的一般调用形式为

$$[R,K] = \text{xcorr}(x, '\text{flag}')$$

式中,x 为输入要计算的信号数组 $x[n]$;R 为输出离散自相关函数数组 $\hat{R}_{xx}[k]$,其长度为 $2N-1$,而 N 为 $x[n]$ 的长度,R 中的 $\hat{R}_{xx}[k]$ 时延序号 k 依次从 $-N+1$ 排到 $N-1$,对应的 k 输出到 K 数组。'flag' 为标度因子选择参数:

'none' 或缺省——标度因子取为 1,求能量信号的离散自相关函数;

'unbiased'——标度因子取为 $\dfrac{1}{N-|k|}$,求功率信号的离散自相关函数;

'coeff'——归一化标度,使 $\hat{R}_{xx}[0]=1$。

xcorr() 计算互相关函数的一般调用形式为

$$[R,K] = \text{xcorr}(x,y,'\text{flag}')$$

式中,x,y 为输入要计算的信号数组 $x[n]$,$y[n]$,如果两个信号数组的长度不一致,函数内部会在较短的信号数组后面自动补 0,使其达到一致的长度。R 为输出离散互相关函数数组 $\hat{R}_{yx}[k]$(注意:按本书定义,互相关函数下标 x,y 的顺序与 xcorr(x,y) 参数的顺序相反)。其余与计算自相关函数时相同。

由于 xcorr() 将给定数据以外的信号值当 0 处理,因而不适合计算周期信号的离散相关函数。脚本 5-1、脚本 5-2 给出了两个计算周期信号离散相关函数的自定义 Matlab 函数 pCorr(x,y) 和 pCorr0(x,y),它们均可计算两个信号的互相关函数,单参数调用时计算自相关函数。其中 pCorr() 按定义式(5.6-13)或式(5.6-26)直接计算,pCorr0() 则利用 FFT 完成。

```
function Rxy=pCorr(x,y)
if nargin<2,y=x; end
    N=length(x);
if (N==length(y)),
    for i=1:N,k=i-1; Rxy(i)=0;
        for j=1:N,jk=j-k;
            while jk<1,jk=jk+N;end
            while jk>N,jk=jk-N;end
            Rxy(i)=Rxy(i)+x(j)*y(jk);
        end
    end
else    for i=1:N,Rxy(i)=0; end
end
return;
```

脚本 5-1 直接按定义计算周期信号离散相关函数

```
function Rxy=pCorr0(x,y)
if nargin<2,y=x; end
    N=length(x);
if (N==length(y)),
  zx=fft(x); zy=fft(y);
  wxy=zx.*conj(zy);
  Rxy=real(ifft(wxy));
else
    for i=1:N,Rxy(i)=0; end
end
return;
```

脚本 5-2 用 FFT 计算周期信号离散相关函数

计算周期信号自相关函数的调用形式为 $R=\text{pCorr}(x)$ 或 $R=\text{pCorr0}(x)$，R 按式(5.6-13)返回离散自相关函数 $R_{xx}[k]$（未除信号长度 N），长度等于 N，$k=0\sim N-1$。

计算周期信号互相关函数的调用形式为 $R=\text{pCorr}(x,y)$ 或 $R=\text{pCorr0}(x,y)$，要求信号 x 与信号 y 长度相等，R 按式(5.6-26)返回周期离散互相关函数 $R_{xy}[k]$（未除信号长度 N），长度等于 N，$k=0\sim N-1$。

运行比较可知，pCorr0() 比 pCorr() 速度快得多。

考察 pCorr0(x) 可知，利用 FFT 计算相关函数时，相当于对给定数据以外的 $x[n]$ 信号值作了周期延拓处理，自然适合计算周期信号的离散自相关函数。

但对于给定数据以外本来为 0 的有限长离散信号，若要用 FFT 计算相关函数，则通常应在给定信号非 0 数据之后添补总数不少于非 0 数据长度 N 的 0，构成总长为 $L\geqslant 2N$ 的信号后再进行计算，计算结果 $R(1)\sim R(L)$ 中：

$$R_{xy}[i]=R(i+1) \quad (i=0\sim L/2-1)$$
$$R_{xy}[j]=R(L+j) \quad (j=-1\sim -L/2)$$

脚本 5-3 由此设计了一个用 FFT 计算相关函数的 Matlab 函数 xCorr0()，它与 Matlab 库函数 xCorr() 等效，比直接按定义式求乘积和的速度快。

```
function [Rxy,k]=xCorr0(x,y)
if nargin<2,y=x; end
NX=length(x); NY=length(x);
if (NY>NX),N=NY;else N=NX;end
L=2*N;
for n=NX+1:L,x(n)=0;end
for n=NY+1:L,y(n)=0;end
  Fx=fft(x); Fy=fft(y);
  Wxy=Fx.*conj(Fy);
  R=real(ifft(Wxy));
for n=1:N-1,k(n)=-N+n;Rxy(n)=R(n+N+1);end
for n=N:L-1,k(n)=-N+n;Rxy(n)=R(n-N+1);end
return;
```

脚本 5-3　用 FFT 计算一般离散相关函数

5.6.5　互谱密度函数及互相干函数的数字计算

由离散互相关函数 $R_{yx}[k]$ 计算得到互相关函数的离散抽样值 $\widetilde{R}_{yx}[k]=\{R_{yx}(\tau)\}_{\tau=kT_s}$ 后，可以根据互谱密度函数与互相关函数的傅里叶变换对关系，用 FFT 由 $\widetilde{R}_{yx}[k]$ 计算得到互谱密度函数 $E_{yx}(f)$ 或 $S_{yx}(f)$ 的离散抽样值。

对于能量信号 $x(t),y(t)$，计算互能量谱密度函数的有效途径是直接由信号抽样值 $x[n]$，$y[n]$，用 FFT 计算相应频谱 $X(f),Y(f)$ 的离散抽样值，然后由式(5.5-1)得到 $E_{yx}(f)$ 的离散抽样值。

对于各态历经的平稳随机信号 $x(t),y(t)$，可以采用类似功率谱估计的方法(见 4.6 节)，由样本信号的离散抽样值 $x[n],y[n]$ 估计互功率谱密度函数 $S_{yx}(f)$ 的离散抽样值。

在 Matlab 的信号处理工具库中有直接估计互功率谱密度函数的现成函数 csd( )，其一般调用形式为

$$[S_{xy}, f] = \mathrm{csd}(x, y, N_{\mathrm{FFT}}, f_s, W, N_{\mathrm{overlap}})$$

它采用 Welch 谱估计方法估计 $x[n]$ 与 $y[n]$ 互功率谱密度函数，结果赋值给数组 $S_{xy}[k]$，对应的频率存于数组 $f[k]$。

N_{FFT} 是计算时采用的 FFT 长度，f_s 是信号的离散采样频率。

W 以数组形式给定分段子样本的长度及窗函数，可取为 hanning$[M]$，hamming$[M]$和 triangle$[M]$等，其中，M 为指定子样本长度，要求 $M \leqslant N_{\mathrm{FFT}}$。

N_{overlap} 为给定分段子样本的重叠点数。

N_{FFT}, f_s, W 及 N_{overlap} 均可以在相应位置加"[]"或从后往前省略取得缺省值。N_{FFT} 的缺省值为 $\min(256, \mathrm{length}(x))$，$f_s$ 的缺省值为 2，W 的缺省值为 hanning(N_{FFT})，N_{overlap} 的缺省值为 0。

当 x 与 y 均为实信号时，$S_{xy}[k]$ 只保存正频率的互功率谱密度函数，若 N_{FFT} 为偶数，则 $S_{xy}[k]$ 的长度 $=(N_{\mathrm{FFT}}/2+1)$；若 N_{FFT} 为奇数，则 $S_{xy}[k]$ 的长度 $=(N_{\mathrm{FFT}}+1)/2$。

显然，也可以利用 csd( )估计信号 x 的功率谱密度函数：

$$[S_{xx}, f] = \mathrm{csd}(x, x, N_{\mathrm{FFT}}, f_s, W, N_{\mathrm{overlap}})$$

获得互谱密度函数后，互相干函数的数字计算可按式(5.5-12)或式(5.5-15)完成。

5.7 相关分析在工程测试中的应用

相关分析是信号分析的一种重要方法，在工程测试中有广泛用途，择要列举如下。

5.7.1 互相关辨识测量系统的动态特性

工程测量系统在进行测量工作时将被测信号 $x(t)$(作为它的输入信号)转化(或传递)成另一信号 $y(t)$ 输出，如图 5-8 所示。确认测量系统的输入/输出关系是有效测量的一个基本条件。习惯上将测量系统接受动态输入信号 $x(t)$ 时所遵循的动态输入/输出关系 $x(t)$-$y(t)$ 称为测量系统的动态特性。由于人们在应用时总希望有简便的理想关系，因而比较关注这种动态输入/输出关系的特性(通常表达为与理想关系的接近程度)[1]。确定测量系统动态特性(动态输入/输出关系)的有效方法之一是实验辨识[1]：给测量系统输入已知信号 $x(t)$，实验记

录下相应的输出信号 $y(t)$，然后在一定的模型范围内优化估计 $x(t)$-$y(t)$ 关系。

通常在保证输入/输出关系呈现确定的线性时不变规律的适当条件下应用测量系统，以求工程实用方便。在此范围内的测量系统就是所谓的线性时不变的(确定性)测量系统，其动态特性可以用频域(率)响应函数 $H(f)$ 很好地描述[1]。

图 5-8 动态测量系统及其输入/输出信号

实验辨识测量系统频响函数 $H(f)$ 除使用谐波激励方法[1]外，也经常使用瞬态激励法和随机激励法。瞬态激励法使用已知的瞬态信号(能量信号) $x(t)$ 作为输入，激励被辨识的测量系统，随机激励法使用分布特性已知的各态历经平稳随机信号 $x(t)$。

采用瞬态激励进行辨识实验获得 $x(t)$ 及相应的 $y(t)$ 后，首先应选定一个合适的考察频带宽度 B①，按式(5.5-6)计算 $y(t)$ 与 $x(t)$ 的 B 带互相干函数 $\gamma_{yx}(f)$，然后在 $\gamma_{yx}(f)$ 较大(如 $\gamma_{yx} \geqslant 0.95$)的频率范围内取：

$$H(f) = \frac{Y(f)}{X(f)} \quad (5.7-1)$$

式中，$Y(f)$，$X(f)$ 分别为 $y(t)$，$x(t)$ 的频谱(密度)函数。

采用随机激励进行辨识实验获得 $x(t)$ 及 $y(t)$ 后，先计算互相关函数 $R_{yx}(\tau)$ 及互功率谱密度函数 $S_{yx}(f)$，再选定合适的考察频带宽度 B②，按式(5.5-14)计算 $y(t)$ 与 $x(t)$ 的 B 带互相干函数 $\gamma_{yx}(f)$，然后在 $\gamma_{yx}(f)$ 较大(如 $\gamma_{yx}(f) \geqslant 0.95$)的频率范围内取：

$$H(f) = \frac{S_{yx}(f)}{S_x(f)} \quad (5.7-2)$$

式中，$S_x(f)$ 为 $x(t)$ 的功率谱(密度)函数。

无论是瞬态激励还是随机激励，在 $\gamma_{yx}(f)$ 较小的频率处不能贸然按式(5.7-1)或式(5.7-2)确认 $H(f)$，须改进辨识实验后再作计算，以消除可能的噪声干扰或非线性效应对 $H(f)$ 辨识结果的影响。

5.7.2 互相关确定信号时差及其推广应用

在工程测试中经常需要测量(确定)动态信号发生的时间差。例如，在区截靶测速时需要测量运动目标前后经过两个区截传感器时所产生信号的时间差；在 GPS 系统中，需要测量 GPS 卫星发出的定位信号与被定位目标点接收到的定位信号之间的时间差等。

如果两信号是完全相似的确定性信号，如图 5-9 所示，则其时差可方便地根据信号时域波形的特征点(如起点、对应峰点、谷点等)确定。

---

① 数字计算时通常取 $B = 2f_\Delta$ 是适宜的(f_Δ 为离散计算时的频率分辨率)，即按式(5.5-13)计算。

② 数字计算时通常取 $B = (2 \sim 4)f_\Delta$ 是适宜的(f_Δ 为离散计算时的频率分辨率)。

如果是随机信号(见图 5-10),或虽是确定性信号,但混入了无关的随机干扰噪声(见图 5-11),显然已无法根据时域波形的特征来确定时差,但借助于相关函数便可解决此问题。

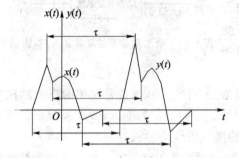

图 5-9　相似信号间的时差

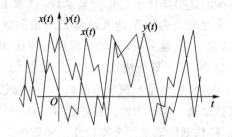

图 5-10　两个相关的随机信号

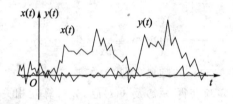

图 5-11　两个相关的确定性信号受随机噪声干扰

设 $y(t)$ 与 $x(t)$ 是时差为 τ_1 的两个相关信号,关系为

$$y(t) = k_1 \cdot x(t - \tau_1) + \xi(t) \tag{5.7-3}$$

式中,k_1 为比例系数(常数),$\xi(t)$ 是与 $x(t)$ 无关的干扰噪声。作互相关函数有

$$\begin{aligned}
R_{yx}(\tau) &= \int_{-\infty}^{+\infty} y(t) \cdot x(t-\tau) \mathrm{d}t = \\
&\int_{-\infty}^{+\infty} \{k_1 x(t-\tau_1) + \xi(t)\} \cdot x(t-\tau) \mathrm{d}t = \\
&k_1 \int_{-\infty}^{+\infty} x(t-\tau_1) \cdot x(t-\tau) \mathrm{d}t + \int_{-\infty}^{+\infty} \xi(t) \cdot x(t-\tau) \mathrm{d}t = \\
&k_1 \cdot R_{xx}(\tau - \tau_1) + R_{\xi x}(\tau) \tag{5.7-4}
\end{aligned}$$

因为 $\xi(t)$ 是与 $x(t)$ 无关的噪声信号,故 $R_{\xi x}(\tau) \approx 0$,从而有

$$R_{yx}(\tau) \approx k_1 \cdot R_{xx}(\tau - \tau_1) \tag{5.7-5}$$

根据自相关函数的性质,$R_{xx}(\tau-\tau_1)$ 必在 $\tau-\tau_1=0$,即 $\tau=\tau_1$ 处取最大值,故可知 $R_{yx}(\tau)$ 将在 $\tau=\tau_1$ 处取最大值,得到 $R_{yx}(\tau)$ 示意图如图 5-12 所示。于是,在获得 $R_{yx}(\tau)$ 后,便可由其最大值确定信号的时差 τ_1。

互相关定时差的最广泛应用之一是测量管道内非均匀多相流体的流速,例如图 5-13 所示的红血球运动速度测量。

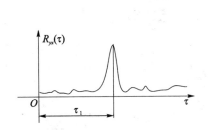

图 5-12 时差相关信号的互相关函数

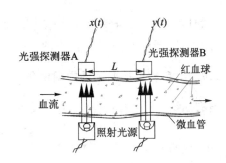

图 5-13 红血球运动速度测量示意图

互相关分析也可用于确定信号传递的主路径或确认主信号源。

如图 5-14 所示,设噪声源位于 A 点,而 B 点可能通过土壤和空气两条途径受到噪声侵扰。同时在 A,B 处测得噪声信号 $x(t),y(t)$,可算出 $R_{yx}(\tau)$,如图(b)所示。其中时差较小(τ_1)的峰值对应 $y(t)$ 中由土壤中传递过来的噪声分量,大时差(τ_2)对应空气传递分量(因噪声在土壤中传播的速度高于在空气中的速度)。显然 $R_{yx}(\tau)$ 峰值大的传递途径为主途径。

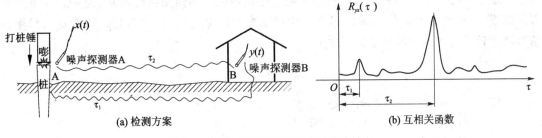

图 5-14 互相关确定信号传递的主路径

如图 5-15 所示,设 A,B 两处存在噪声源,C 处受害,假定噪声途径都只有一条(如空

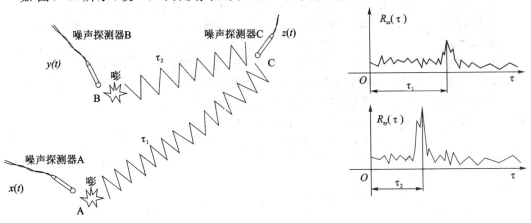

图 5-15 互相关确定主要噪声(信号)源

气)。同时在 A,B,C 处测得噪声信号 $x(t),y(t),z(t)$,分别作 $R_{zx}(\tau)$ 和 $R_{zy}(\tau)$。若结果如图(b)所示,则表明 B 为对 C 侵害的主要噪声源 $R_{zy}(\tau)$ 的峰值较大。

5.7.3 自相关提取微弱周期信号

若有周期信号 $x(t)$ 淹没在随机噪声 $y(t)$ 中,合成信号

$$z(t) = x(t) + y(t) \tag{5.7-6}$$

则求 $z(t)$ 的自相关可得

$$R_{zz}(\tau) = R_{xx}(\tau) + R_{yy}(\tau) + R_{xy}(\tau) + R_{yx}(\tau) \tag{5.7-7}$$

由于 $y(t)$ 为随机噪声,可以认为与确定性的周期信号 $x(t)$ 独立无关,因而有 $R_{xy}(\tau) \approx 0$,$R_{yx}(\tau) \approx 0$,即

$$R_{zz}(\tau) \approx R_{xx}(\tau) + R_{yy}(\tau) \tag{5.7-8}$$

同样由于 $y(t)$ 的随机性质,有 $\lim_{\tau \to \infty} R_{yy}(\tau) = 0$,故有

$$\lim_{\tau \to \infty} R_{zz}(\tau) \approx \lim_{\tau \to \infty} R_{xx}(\tau) \tag{5.7-9}$$

即当 τ 足够大时,$R_{zz}(\tau) \approx R_{xx}(\tau)$。再由周期信号自相关的同周期特性可知:若 $z(t)$ 中确实含有周期成分,则当 τ 足够大时,$R_{zz}(\tau)$ 将呈此周期变化。可利用此方法,通过拾音器拾得噪声信号测定转子转速或诊断机器运行中的缺陷。

参考文献

[1] 朱明武,李永新. 动态测量原理. 北京:北京理工大学出版社,1993.
[2] 宗孔德,胡广书. 数字信号处理. 北京:清华大学出版社,1988.
[3] 路宏年,郑兆瑞. 信号与测试系统. 北京:国防工业出版社,1988.
[4] 黄惟一,童钧芳,等. 测试技术——理论与应用. 北京:国防工业出版社,1988.
[5] 吴湘绮,肖熙,等. 信号、系统与信号处理的软硬件实现. 北京:电子工业出版社,2000.
[6] (美)奥本海姆 A V,谢弗 R W. 离散信号处理. 黄建国,刘树棠,译. 北京:科学出版社,1998.
[7] 赵光宙,舒勤. 信号分析与处理. 北京:机械工业出版社,2001.
[8] 屠良尧,李海涛. 数字信号处理与 VXI 自动化测试技术. 北京:国防工业出版社,2000.
[9] 王欣,王德隽. 离散信号的滤波. 北京:电子工业出版社,2002.
[10] (美)戈尔德 B,雷道 C M. 讯号的数字处理. 北京:地质出版社,1980.
[11] 吴三灵主编. 实用振动试验技术. 北京:兵器工业出版社,1993.
[12] 严普强,黄长艺主编. 机械工程测试技术基础. 北京:机械工业出版社,1985.
[13] 黄俊钦. 随机信号处理. 北京:北京航空航天大学出版社,1990.

第 6 章 信号滤波

测试中最常用的滤波是指在信号频域内的选频加工。在动态测试中所获取的信号往往是具有多种频率成分的复杂信号,但是为了各种不同的目的须将其中需要的频率成分提取出来,而将不需要的频率成分衰减掉,以对信号的某一方面特征有更深入的认识,或有利于对信号作进一步的分析和处理。用于实现这一功能的部件称为选频滤波器,以下简称滤波器。

本章 6.1 节介绍滤波器的基本知识,如分类、术语、定义和作用等。6.2 节介绍模拟滤波器的设计,主要介绍如何根据滤波要求设计可实现的滤波器传递函数。6.3 节介绍数字滤波器的设计方法,主要介绍如何根据已设计好的模拟滤波器传递函数来确定数字滤波器的离散传递函数。6.4 节介绍如何根据已设计好的滤波器传递函数在计算机上实现数字滤波的方法。

本章只介绍了经典的线性滤波器,也是最常用的滤波器的设计和实现技术,而关于非线性滤波和现代滤波技术则在第 7 章作简单介绍。

6.1 滤波器基本知识

滤波器的作用就是压缩系统的通频带,从而抑制某些频带的信号(如噪声的频率分量)而保留其他频带的信号(有用的信号分量)。把信号通过的频率范围称为滤波器的通带,把阻止信号通过的频率范围称为阻带。使用滤波器的目的可能是多种多样的,其中最普遍的是为了抑制混杂在有用信号中的各种干扰噪声,以提高信噪比 SNR(Signal to Noise Ratio),即提高有用信号与噪声信号幅度或功率之比。除此之外,在信号的频谱分析等方面也有广泛的应用。

事实上滤波现象是普遍存在的,因为任何测量系统都不可能是严格的理想系统,总不免要抑制某些频带的信号而增强另一些频带的信号,这是一种自然的滤波现象。而本章下面要讨论的则是如何人为地设置滤波器以达到某种预期的滤波效果,重点讨论滤波器特性的设计和选择问题。

6.1.1 滤波器的分类

滤波器的种类很多,从不同的角度可以有不同的分类方法。根据滤波器所处理信号的性质,可将其划分为模拟滤波器和数字滤波器。滤波器作为一个系统来看,可以有线性和非线性的。这里将主要讨论线性滤波器,而同态滤波器等非线性滤波器将在第 7 章作简介。按滤波器的通频带特点可以分为低通滤波器、高通滤波器、带通滤波器和带阻滤波器等;按滤波器传递函数的函数形式不同可以分为巴特沃斯(Butterworth)滤波器、切比雪夫(Chebyshev)滤波器、椭圆滤波器等；按滤波器设计时是否考虑到输出信号要满足某种最佳判据，可以分为一般滤波器和最佳滤波器；按最佳判据不同，又有最大后验准则、最大似然准则、贝叶斯(Bayes)准则、最小二乘准则等不同的最佳滤波器。为得到确定性信号的峰值最大信噪比而进行的最佳滤波称为匹配滤波；为得到随机信号的最小均方误差而进行的最佳滤波称为最小均方误差滤波。最小均方误差滤波在频域设计其传递函数的方法称为维纳(Wiener)滤波，而在时域设计其状态方程的方法称为卡尔曼(Kalman)滤波。图6-1可以给读者一个梗概。

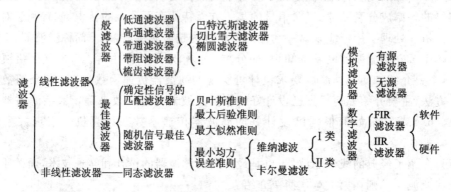

图6-1 滤波器的分类概况

6.1.2 理想滤波器的幅频特性

(1) 理想低通滤波器

理想低通滤波器的功能是使直流($\omega=0$)到某一指定频率ω_1(截止频率)的分量无衰减地通过，而大于ω_1的频率分量全部衰减为零。理想低通滤波器的幅频特性如图6-2(a)所示，其通带为$(0,\omega_1)$，阻带为(ω_1,∞)。

(2) 理想高通滤波器

理想高通滤波器是使高于某一频率ω_1的分量全部无衰减地通过，而小于ω_1的各分量全部衰减为零。理想的高通滤波器的幅频特性如图6-2(b)所示。其通带为(ω_1,∞)，阻带为$(0,\omega_1)$。

(3) 理想带通滤波器

理想带通滤波器的功能是使某一指定频带(ω_1,ω_2)内的所有频率分量全部无衰减地通过，而使此频带以外的频率分量全部衰减为零。理想带通滤波器的幅频特性如图6-2(c)所示。其通带为(ω_1,ω_2)，低端阻带为$(0,\omega_1)$，高端阻带为(ω_2,∞)。

(4) 理想带阻滤波器

理想带阻滤波器的功能是使在某一指定频带内的所有频率分量全部衰减为零，不能通过此滤波器，而使此频带以外的频率分量全部无衰减地通过。理想带阻滤波器的幅频特性如

图 6-2(d)所示。其阻带为(ω_1,ω_2),低端通带为$(0,\omega_1)$,高端通带为(ω_2,∞)。

(5) 理想全通滤波器

理想全通滤波器的功能是使$(0,\infty)$间所有频率分量全部无衰减地通过。理想全通滤波器的幅频特性如图 6-2(e)所示。其通带为$(0,\infty)$,无阻带。

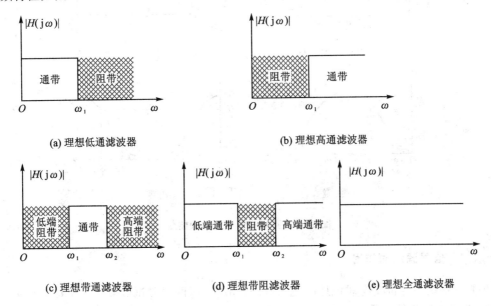

图 6-2 各类理想滤波器的幅频特性示意图

6.1.3 实际滤波器的幅频特性

根据 Paley-Wiener 准则[2],理想滤波器所具有的矩形幅频特性不可能用实际元件实现,实际滤波器幅频特性的通带与阻带之间没有明显的界限,是逐渐过渡的,这个过渡频带称为过渡带。下面介绍实际滤波器幅频特性的通带、阻带及过渡带的确切定义。

通带是指对于单位输入信号,输出幅度不小于某一规定的幅值 H_1 的频率范围;而输出幅度小于另一个规定幅值 H_2 的频率范围则称为阻带。图 6-3 给出了实际低通、高通、带通和带阻滤波器的幅频特性。图 6-3 中与幅值 H_1 相对应的频率称为通带截止频率 ω_c,与幅值 H_2 相对应的频率 ω_r 称为阻带截止频率,ω_c 与 ω_r 之间则为过渡带。低通和高通滤波器有一个通带截止频率 ω_c、一个阻带截止频率 ω_r、一个通带、一个阻带和一个过渡带;带通滤波器有两个通带截止频率 ω_{c1} 和 ω_{c2}、两个阻带截止频率 ω_{r1} 和 ω_{r2}、两个阻带(其中 $\omega \leqslant \omega_{r1}$ 为下阻带,$\omega \geqslant \omega_{r2}$ 为上阻带)、一个通带($\omega_{c1} \leqslant \omega \leqslant \omega_{c2}$)和两个过渡带($\omega_{r1} < \omega < \omega_{c1}$,$\omega_{c2} < \omega < \omega_{r2}$);带阻滤波器有两个通带截止频率 ω_{c1} 和 ω_{c2}、两个阻带截止频率 ω_{r1} 和 ω_{r2}、一个阻带($\omega_{r1} \leqslant \omega \leqslant \omega_{r2}$)、两个通带(其中 $\omega \leqslant \omega_{c1}$ 为下通带,$\omega \geqslant \omega_{c2}$ 为上通带)、两个过渡带($\omega_{c1} < \omega < \omega_{r1}$,$\omega_{r2} < \omega < \omega_{c2}$)。

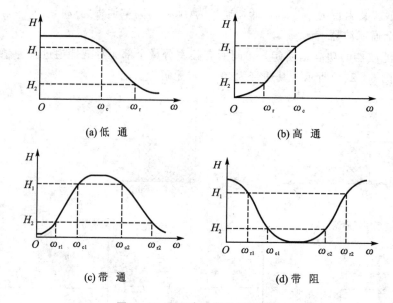

图 6-3 实际滤波器的幅频特性

6.1.4 信号滤波的作用

在测试系统中经常要有意识地改变系统的通频带,以改善测试的效果。下面举例说明。

1. 低通滤波器的应用

低通滤波器在测试系统中是应用最广的一种滤波器。其主要作用有两点:第一是抑制噪声,提高信噪比;第二是把模拟信号转换为数字信号(序列)之前用于防混叠。

一个任意的信号,其频谱在理论上往往要延续到频率趋向无穷。从这个角度看,测试系统的工作频带越宽,信号通过系统后的失真越小,也就是动态误差越小。然而由于信号的频谱是收敛的,即随着频率增高,频谱的幅度减小,如果滤掉高于有效带宽以外的高频成分所造成的波形失真已经在容许的范围之内,那么系统的工作带宽超过信号有效带宽,对于减少动态误差的效果甚微,但是通过系统的噪声功率却将与工作带宽成正比地增强。为此常选择适当的低通滤波器来限制整个测试系统的工作带宽。

另外,在将模拟信号通过采样而变成离散的时间序列时,为了防止混叠现象造成失真,在采样前要预先对模拟信号作低通滤波,将不必要保留的高频成分滤除,称为防混叠滤波。

2. 带通滤波器的应用

带通滤波器的通频带为$(\omega_{c1}, \omega_{c2})$,下截止频率$\omega_{c1}>0$,上截止频率$\omega_{c2}>\omega_{c1}$。通频带的宽度有三种常用的表示方法。

① 绝对带宽:

$$B = \omega_{c2} - \omega_{c1} \tag{6.1-1a}$$

② 相对带宽：

$$b = \frac{\omega_{c2} - \omega_{c1}}{\omega_0} \qquad (6.1-1b)$$

式中，$\omega_0 = \sqrt{\omega_{c1}\omega_{c2}}$ 称为带通滤波器的中心频率。

③ 倍频程（比例带宽）：

$$E = \text{lb}\frac{\omega_{c2}}{\omega_{c1}} \qquad (6.1-2a)$$

或写成

$$\frac{\omega_{c2}}{\omega_{c1}} = 2^E \qquad (6.1-2b)$$

例如取 E 等于 $1,1/2,1/3$ 等，则分别称为倍频程、$1/2$ 倍频程和 $1/3$ 倍频程滤波器等，对应的相对带宽 b 则分别为 70.7%，34.8% 和 23.1%。

带通滤波器的主要用途有两个。第一种用途是对窄带信号通过带通滤波器提高其信噪比。设信号 $f(t)$ 的频谱为 $F(\omega)$，由 $f(t)$ 进行调幅得到 $f_1(t) = f(t)\cos\omega_0 t$，其频谱则为

$$F_1(\omega) = \frac{1}{2}[F(\omega_0 + \omega) + F(\omega_0 - \omega)]$$

一般 ω_0 远大于 $F(\omega)$ 的有效带宽 B_f。用一个中心频率为 ω_0、通频带为 $B = 2B_f$ 的带通滤波可以令 $\frac{1}{2}F(\omega_0 \pm \omega)$ 无失真地通过，从而有效地抑制了其他频率段上的噪声，这称为双边带滤波；如果考虑到 $F(\omega)$ 是个偶函数，只要取其一半即可保证信号不失真，因而可以进一步将带通滤波器通频带压缩到 $(\omega_0, \omega_0 + B_f)$ 或 $(\omega_0 - B_f, \omega_0)$，从而进一步提高信噪比。这称为单边带滤波，如图6-4所示。

带通滤波器的第二种重要用途是构成信号的频谱分析系统。这种系统在声学信号和振动信号分析方面应用较多。常用的频谱分析滤波器有两类：其一是恒带宽滤波器，其绝对带宽 $B =$ 常数（对声学信号分析一般取 $B = 1$ Hz 或 10 Hz），中心频率根据分析要求指定；其二是恒倍频程（或恒百分比带宽）滤波器，最常用的是倍频程滤波器和 $1/3$ 倍频程滤波器。特殊情况下也有用更窄的通频带的，如 $1/10$ 倍频程（6.9%）、$1/12$ 倍频程（5.8%）、$1/15$ 倍频程（4.6%）、$1/30$ 倍频程（2.3%）和 1% 窄带滤波器。不论用哪一种滤波器，用滤波器组成频谱分析系统的方框图如图6-5所示。

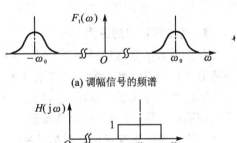

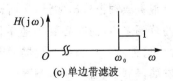

图6-4 调幅信号的带通滤波

图 6-5(a)所示是系统方框图,中心频率不同的一系列带通滤波器并联接在输入放大器的输出端,滤波器的输出可以接电压测量或功率测量系统,如果是声学信号也可接声级计。可以顺序地接通,也可以同时接一系列的后续仪表作同步分析。如果是用恒倍频程滤波器,一般设计成邻接的通频带,例如图 6-5(b)所示就是邻接 1/3 倍频程滤波器的幅频响应的示意图。如果将每三个相邻的滤波器并联就可以成为邻接的倍频程滤波器。

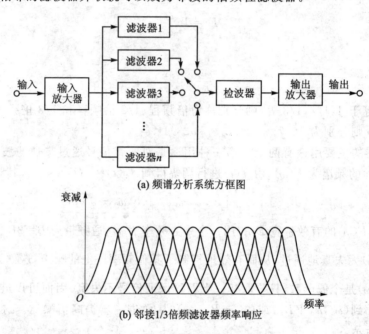

(a) 频谱分析系统方框图

(b) 邻接1/3倍频滤波器频率响应

图 6-5 频谱分析系统框图

3. 高通滤波器的应用

在很多情况下,如果只对信号的交流分量感兴趣,就可以用高通滤波器将直流分量及不感兴趣的某些低频信号滤掉。这样做有两个好处:其一是滤掉了直流分量,就可以单纯根据交流分量的幅度选择仪器的量程,有利于提高测量系统的灵敏度;其二是抑制了低频噪声,特别是零点漂移的影响,有利于提高信噪比。

在测试系统中有意识地增加各种滤波器,除了在某些情况下是为了某种分析的目的,例如作频谱分析等外,更多的是为了抑制噪声而提高信噪比。在选择滤波器时,一般先要对有用信号的有效带宽或频带作出估计,然后选择滤波器的通带以保证有用信号通过滤波器后,其失真在容许的范围之内,而在必要的通带以外滤波器对各种干扰噪声有足够的抑制(衰减)作用。应当指出,这种简单地选择滤波器通带的方法,是一种比较简单实用的传统技术。随着计算机技术的发展,一些更有效地抑制噪声的方法不断产生并逐渐推广应用。这些方法往往都要借助于计算机进行运算,因而也可以看成是广义的数字滤波技术。

6.2 模拟滤波器简介

模拟滤波器应用于许多场合。大多数数字信号处理设备的前端都有一个抗混叠的模拟滤波器,它的作用是把输入信号的频率限制在一个数字滤波器可以处理的范围之内。典型模拟滤波器的设计是基于用多项式或有理函数来逼近幅度或相位的特性曲线。本节阐述实际模拟滤波器的综合与设计及一些滤波器的设计方法,它们包括:巴特沃斯滤波器、切比雪夫Ⅰ型滤波器、切比雪夫Ⅱ型滤波器(反切比雪夫滤波器)以及有近似线性相位的椭圆滤波器。

6.2.1 模拟滤波器设计

如前所述,理想滤波器在物理上是不能实现的,因而设计滤波器的任务可以归结为两项工作。首先是寻找物理上可实现的传递函数去逼近理想滤波器的传递函数;其次是设法用硬件或软件去实现这个传递函数。在模拟滤波器设计中,通常首先掌握低通滤波器的设计,带通和高通滤波器的设计可以由低通滤波器的设计方法推广而得。在低通滤波器设计中又主要根据幅频特性的要求来设计,相位特性只在必要时作验算。

图 6-6 表明了模拟滤波器基于幅频特性的有关的术语。通带波动为 δ_1(即与最大增益的偏离),阻带波动为 δ_2(即与零增益的偏离)。在实际滤波器设计时,通常按照通带内允许的最大衰减量 α_c(dB)和阻带内要求的最小的衰减量 α_r(dB)设计滤波器,α_c,α_r 与通带截止频率 ω_c 和阻带截止频率 ω_r 之间的关系为

$$\begin{cases} \alpha_c = -20\lg |H_a(j\omega)|_{\omega=\omega_c} = -20\lg(1-\delta_1) \\ \alpha_r = -20\lg |H_a(j\omega)|_{\omega=\omega_r} = -20\lg(\delta_2) \end{cases} \quad (6.2-1)$$

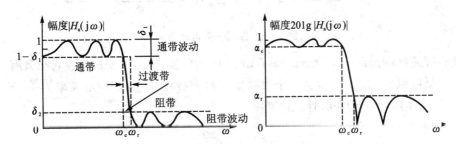

图 6-6 滤波器术语图示

下文将要介绍的四种基于幅频特性的经典滤波器各有特色,巴特沃斯滤波器在通带和阻带部分都是单调的;切比雪夫Ⅰ型滤波器在通带有波动,但在阻带是单调的;切比雪夫Ⅱ型滤波器在通带是单调的,但在阻带有波动;而椭圆型滤波器在通带和阻带都有波动。

典型模拟滤波器的设计依赖于频率特性(通带或阻带的边界)和幅度特性(通带最大衰减

与阻带最小衰减),从而导出一个具有能满足或超过所需特性的最小阶次的最小相位滤波器的传递函数,并以此来达到或超过所需的特性。大多数设计思路都是把给定的频率特性转换为那些适宜的低通原型(滤波器),这些原型具有 1 rad/s 的截止频率(典型的通带边界),然后再设计这些低通原型,最后通过频率转换来获得所需的滤波器类型。该方法称为原型转换方法。

如图 6-7 所示,低通到低通的转换(lowpass-to-lowpass,LP2LP)是通过变换 $s \Rightarrow s/\omega_c$,来把具有 1 rad/s 截止频率的低通原型 $H_p(s)$ 转换为具有 ω_c 截止频率的低通滤波器 $H(s)$。这个过程也就是频率线性缩放的过程。

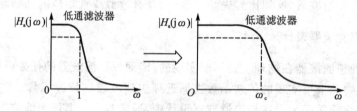

图 6-7　低通—低通转换

低通到高通的转换(lowpass-to-highpass,LP2HP)就是用非线性变换 $s \Rightarrow \omega_c/s$ 来把具有 1 rad/s 截止频率的低通原型 $H_p(s)$ 转换为具有 ω_c 截止频率的高通滤波器 $H(s)$,如图 6-8 所示。

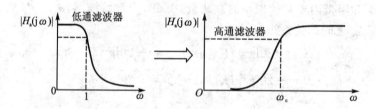

图 6-8　低通—高通转换

低通到带通(lowpass-to-band pass,LP2BP)的转换如图 6-9 所示。它把具有 1 rad/s 截止频率的低通原型 $H_p(s)$ 转换为一个带通滤波器 $H(s)$。$H(s)$ 的中心频率为 ω_0,通带带宽为 $B(\text{rad/s})$,所用的变换为非线性二次变换

$$s \Rightarrow \frac{s^2 + \omega_0^2}{sB}$$

这里的 ω_0 和 B 的定义见式(6.1-1a)和式(6.1-1b)。任何一对几何对称(即 $\omega_{c1}\omega_{c2} = \omega_0^2$)的带通频率 ω_{c1} 和 ω_{c2} 与低通原型的频率 $(\omega_{c2} - \omega_{c1})/B$ 都相对应。无穷远处的低通原型频率可以看作映射为带通滤波器的原点。这种二次变换产生了一个幂次为低通滤波器幂次 2 倍的传递函数。

低通到带阻(lowpass-to-bandstop,LP2BS)的转换如图 6-10 所示。它是把一个具有

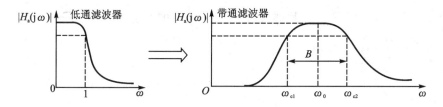

图 6-9 低通—带通转换

1 rad/s 截止频率的低通原型 $H_p(s)$ 转换为一个带阻滤波器 $H(s)$。$H(s)$ 的中心频率为 ω_0,阻带带宽为 $B(\text{rad/s})$。所用变换是非线性二次变换

$$s \Rightarrow \frac{sB}{s^2 + \omega_0^2}$$

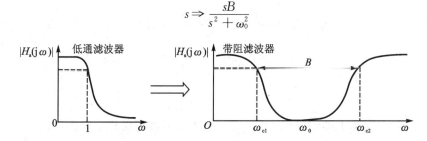

图 6-10 低通—带阻转换

这里的 ω_0 和 B 的定义见式(6.1-1)。低通原型的原点映射为带阻频率 ω_0。由于在带阻滤波器中通带与阻带作用的对调,所以一对对称的带阻频率 ω_{c1} 和 ω_{c2}($\omega_{c1}\omega_{c2}=\omega_0^2$)映射为低通原型频率 $B/(\omega_{c2}-\omega_{c1})$。这种二次变换也产生了一个幂次为低通滤波器幂次 2 倍的传递函数。

设计低通滤波器的传递函数时,一般先确定滤波器幅频特性的技术要求。低通滤波器的幅频特性通常从三个方面去确定(参看图 6-6)。首先,对于通带的特性应逼近理想的水平线,其偏离的误差不超过某个规定值 δ_1;其次,对于阻带的特性则应逼近理想的零值,偏离误差不应超过某个规定值 δ_2;理想状态的过渡带频宽应为零,但这是不可能的,所以要规定一个容许的过渡带频宽($\omega_r-\omega_c$)。对幅频特性作了这些规定以后,第二步的任务就是要找到一个幅频特性的函数式,使幅频特性曲线完全在图 6-6 所示的规定范围内。

各种模拟低通滤波器的幅频特性的共同形式为

$$K^2(\omega) = |H_a(j\omega)|^2 = \frac{1}{1+\varepsilon^2 \psi_N(\omega)} \tag{6.2-2}$$

式中,$K(\omega)$ 是幅频特性;$H_a(j\omega)$ 是频响函数;ε 是任意系数;$\psi_N(\omega)$ 称为滤波器的特征函数,一般根据所选定的特征函数的名称来命名滤波器。$\psi_N(\omega)$ 应满足下列要求:

① 当 $\omega<\omega_c$ 时,$\psi_N(\omega)\approx 0$,以保证 $K(\omega)\approx 1$;

② 当 $\omega>\omega_r$ 时,$\psi_N(\omega)\to\infty$,以保证 $K(\omega)\to 0$;

③ 当 $\omega_c < \omega < \omega_r$ 时，$\dfrac{\mathrm{d}\psi_N(\omega)}{\mathrm{d}\omega}$ 足够大，以保证过渡带的宽度足够小。

常用的特征函数有以下几种。

① 巴特沃斯滤波器：

$$\psi_N(\omega) = \left(\frac{\omega}{\omega_c}\right)^{2N}$$

或

$$\psi_N(\omega) = (\lambda)^{2N} \tag{6.2-3}$$

式中，$N=1,2,3,\cdots$ 是滤波器的阶数；$\lambda = \dfrac{\omega}{\omega_c}$ 称为归一化频率（因 $\omega=\omega_c$ 时 $\lambda=1$）。

② 切比雪夫 I 型滤波器：

$$\psi_N(\omega) = \Gamma_N^2\left(\frac{\omega}{\omega_c}\right) = \Gamma_N^2(\lambda) \tag{6.2-4}$$

$$\Gamma_N\left(\frac{\omega}{\omega_c}\right) = \begin{cases} \cos\left[N\arccos\left(\dfrac{\omega}{\omega_c}\right)\right] & (\omega < \omega_c) \\ \cosh\left[N\operatorname{arccosh}\left(\dfrac{\omega}{\omega_c}\right)\right] & (\omega > \omega_c) \end{cases}$$

式中，$N=1,2,3,\cdots$ 是滤波器的阶数；当 $\omega < \omega_c$ 时，$\Gamma_N(\omega)$ 称为切比雪夫多项式：

$$\Gamma_0(\omega) = 1$$

$$\Gamma_1(\omega) = \lambda$$

$$\vdots$$

$$\Gamma_N(\omega) = 2\lambda \Gamma_{N-1}(\omega) - \Gamma_{N-2}(\omega)$$

③ 切比雪夫 II 型（反切比雪夫）滤波器：

$$\psi_N(\omega) = \frac{1}{\varepsilon^4 \Gamma_N^2\left(\dfrac{\omega}{\omega_c}\right)} \tag{6.2-5}$$

④ 椭圆滤波器：

$$\psi_N(\omega) = J_N^2\left(\frac{\omega}{\omega_c}\right) \tag{6.2-6}$$

式中，$J_N(\omega)$ 是 N 阶雅可比（Jacobian）椭圆函数。这个函数的分析，已超出本书的范围。

下面分别讨论这些滤波器的特点、阶数 N 和系数 ε 的确定方法以及其传递函数的形式。

1. 巴特沃斯滤波器的特性及计算

一般取 $\varepsilon=1$，故其幅频特性为

$$K(\lambda) = \frac{1}{\sqrt{1+\lambda^{2N}}} \tag{6.2-7}$$

① 当 $\lambda=1$ 时，有

$$K(\lambda) = \frac{1}{\sqrt{2}} = 0.707$$

或
$$20\lg K(\lambda) = -20\lg\sqrt{2}\text{ dB} = -3\text{ dB}$$

即不论阶数 N 等于多少,在截止频率 $\lambda=1(\omega=\omega_c)$ 时幅频特性都下降到 -3 dB,即 $\omega_c=\omega_{3\text{ dB}}$。在所有的滤波器中,巴特沃斯滤波器在通带内的幅频特性最平坦,因而又被称为最平幅度滤波器。

② 当 $\lambda=\lambda_r=\dfrac{\omega_r}{\omega_c}$(即 $\omega=\omega_r$)时,若要求 $K(\lambda)$ 下降到 $-\alpha_r$(dB),则由此可以算出最低阶数 N。根据式(6.2-7),令

$$20\lg K(\lambda)\Big|_{\lambda=\lambda_r} \leqslant -\alpha_r$$

则得
$$-10\lg[1+\lambda_r^{2N}] \leqslant -\alpha_r$$

故
$$N \geqslant \frac{\lg(10^{0.1\alpha_r}-1)}{2\lg\lambda_r} \tag{6.2-8}$$

例如:取 $\lambda_r=4, \alpha_r=55$ dB 则

$$N \geqslant \frac{\lg\sqrt{(10^{5.5}-1)}}{\lg 4} = 4.56$$

因此,结论是阶数 $N=5$,可满足要求。图 6-11(a)是巴特沃斯滤波器(一至五阶)幅频特性曲线。Matlab 计算程序见脚本 6-1。

```
Matlab 实现:
for I=1:5              % 定义巴特沃斯滤波器的阶数
[z,p,k]=buttap(I);     % 一至五阶巴特沃斯滤波器所对应的零、极点
[b,a]=zp2tf(z,p,k);    % 零、极点转化为传递函数
w=0:0.01:50;           % 定义角频率
[mag,phase]=bode(b,a,w);% 求各 w 所对应的传递函数幅值、相位
semilogx(w,20*log10(mag));% 画图
hold on
end
hold off
```

脚本 6-1 巴特沃斯滤波器(一至五阶)幅频特性曲线

巴特沃斯滤波器的群时延 $T_g(\omega)$ 可以证明(略)为

$$T_g(\omega) \stackrel{\text{def}}{=\!=\!=} \frac{\mathrm{d}\varphi(\omega)}{\mathrm{d}\omega} = \frac{1}{1+\lambda^{2m}}\sum_{m=0}^{N-1}\frac{\lambda^{2m}}{\sin(2m+1)\dfrac{\pi}{2N}} \tag{6.2-9}$$

式中,$\varphi(\omega)$ 是滤波器的相频特性。上式对于 $N\leqslant 5$ 的计算结果如图 6-11(b)所示。由图可

知,在通带内,N 越小,$T_g(\omega)$ 越接近于常数(即接近于理想状态);随着 N 值增大,尽管其幅频特性改善,然而时延却变差,特别在 $\lambda \to 1$ 时群时延有激烈的变化。

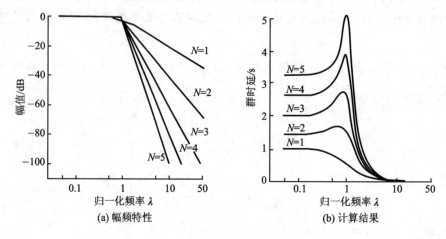

(a) 幅频特性   (b) 计算结果

图 6-11 巴特沃斯滤波器的频率特性

2. 切比雪夫 I 型滤波器

切比雪夫 I 型滤波器的特点在于通带的幅频特性是有波纹的,但起伏的幅度可以限制在规定的范围之内,过渡带则比巴特沃斯滤波器窄。

① 在通带内($\lambda \leqslant 1$)幅频特性为

$$K(\lambda) = \frac{1}{\sqrt{1+\varepsilon^2 \Gamma_N^2(\lambda)}} \qquad (6.2-10)$$

式中 $\Gamma_N(\lambda) = \cos(N \arccos \lambda)$

当 $\lambda = 0$ 时 $K^2(\lambda) = \begin{cases} 1 & (N \text{ 为奇数}) \\ \dfrac{1}{1+\varepsilon^2} & (N \text{ 为偶数}) \end{cases}$

当 $\lambda = 1$ 时 $K^2(\lambda) = \dfrac{1}{1+\varepsilon^2}$ (N 为任意值)

当 $0 < \lambda < 1$ 时,$K^2(\lambda)$ 在 $\dfrac{1}{1+\varepsilon^2}$ 和 1 之间起伏,共有 N 个极值点。最高点 $K_{max} = 1$,最低点 $K_{min} = \dfrac{1}{\sqrt{1+\varepsilon^2}}$。

滤波器在通带内幅频特性为起伏的曲线。起伏波纹的分贝值之差为

$$\gamma = 20\lg K_{max} - 20\lg K_{min} = 20\lg \frac{K_{max}}{K_{min}} = 10\lg(1+\varepsilon^2)$$

在设计滤波器时通常要先规定波纹的分贝值,则由上式不难求出传递函数中的系数 ε 值

$$\varepsilon = \sqrt{10^{0.1\gamma} - 1} \qquad (6.2-11)$$

例如规定 $\gamma \leqslant 1$ dB,则由式(6.2-11)可得 $\varepsilon \leqslant 0.5088$。

② 在过渡带内($1 < \lambda < \lambda_r$,即 $\omega_c < \omega < \omega_r$),当给定阻带频率 $\lambda = \dfrac{\omega_r}{\omega_c}$ 和衰减值 $-\alpha_r$(dB),则可以进一步确定滤波器的阶数 N。当 $\lambda > 1$ 时,有

$$K(\lambda) = \dfrac{1}{\sqrt{1 + \varepsilon^2 \cosh^2(N \operatorname{arcosh} \lambda)}}$$

当 $\lambda = \lambda_r$ 时,$20 \lg K(\lambda) = -\alpha_r$(dB)代入上式可得

$$20 \lg \left[\dfrac{1}{1 + \varepsilon^2 \cosh^2(N \operatorname{arcosh} \lambda_r)} \right]^{1/2} \leqslant -\alpha_r$$

即

$$N \geqslant \dfrac{\operatorname{arcosh} \sqrt{\dfrac{10^{0.1\alpha_r} - 1}{\varepsilon^2}}}{\operatorname{arcosh} \lambda_r} \qquad (6.2-12)$$

例如取 $\lambda = 4$,$\alpha_r = 55$ dB,并设已知 $\varepsilon = 0.5088$,则

$$N \geqslant \dfrac{\operatorname{arcosh} \sqrt{\dfrac{10^{5.5} - 1}{0.5088^2}}}{\operatorname{arcosh} 4} = 3.732$$

故可以选四阶的切比雪夫 I 型滤波器。

通常规定的通带波纹值都小于 3 dB,因此在截止频率 $\lambda_c = 1$ 时,幅频特性衰减是 γ,而不是 -3 dB。为了估算幅频特性下降到 -3 dB 时的频率 $\lambda_{3\,dB}$,可以按

$$20 \lg K(\lambda_{3\,dB}) = -10 \lg [1 + \varepsilon^2 \cosh^2(N \operatorname{arcosh} \lambda_{3\,dB})] = -3 \text{ dB}$$

解出

$$\lambda_{3\,dB} = \cosh \left[\dfrac{\operatorname{arcosh}\left(\dfrac{0.9976}{\varepsilon}\right)}{N} \right] \approx \cosh \left[\dfrac{\operatorname{arcosh}\left(\dfrac{1}{\varepsilon}\right)}{N} \right] \qquad (6.2-13)$$

例如,将 $N = 4$,$\varepsilon = 0.5088$ 代入上式得

$$\lambda_{3\,dB} = 1.05$$

其具体的 Matlab 实现见脚本 6-2。

Matlab 实现:
    [N,Omiga]=cheb1ord(1,4,1,55,'s');
计算结果:N=4;Omiga=1

脚本 6-2 计算最低阶切比雪夫 I 型模拟滤波器的阶数和 -3 dB 所对应的频率值

下面对巴特沃斯滤波器(以下简称 B 型滤波器)和切比雪夫 I 型滤波器(以下简称 CI 型波

波器)的特性作一简单的对比。

(1) 幅频特性

在 $\lambda \to 0$ 时 B 型比 CI 型优越。然而在通带内随着频率增高,B 型的幅频特性单调下降,在 $\lambda = 1$ 时降到 -3 dB;而 CI 型在通带内幅频特性虽有起伏,但其变化可以控制在较小的值,且只有当 $\varepsilon = 1$ 时,其幅度响应在 $\lambda = 1$ 处的衰减才为 -3 dB,通常对于 CI 型 $\omega_c = \omega_{3\,dB}$。

当 $\lambda > 1(\omega > \omega_c)$ 时,CI 型的过渡带一般比 B 型的要窄。

当 $\lambda \geqslant \lambda_r(\omega > \omega_r)$ 时,即在阻带内,B 型和 CI 型都是单调衰减的,没有起伏波纹。

综上所述,在幅频特性方面,除了在 $\lambda = 0$ 附近 B 型较好外,其他方面都是 CI 型优于 B 型。因此,在主要考虑幅频特性时,一般采用切比雪夫 I 型滤波器。

(2) 相频特性

前面说过,滤波器的幅频特性与相频特性是有矛盾的。CI 型滤波器幅频特性比 B 型好,必然导致其相频特性比 B 型差。图 6-12 给出了其相频特性。图中虚线是 B 型的特性,实线是 CI 型的特性。应当说明的是,如果主要关心的是相频特性,则最好采用贝塞尔滤波器(请读者查阅专门的滤波器书籍);如果需要综合考虑幅频和相频特性,则一般选用 B 型滤波器。

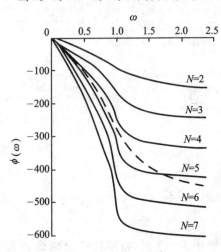

图 6-12 B 型和 CI 型滤波器的相频特性

3. 切比雪夫 II 型(反切比雪夫)滤波器

这种滤波器的幅频特性的函数式已由式(6.2-4)和式(6.2-7)给出。其特点是幅频特性曲线在通带内是单调衰减的,并没有起伏波纹;而在阻带内却有起伏波纹,与切比雪夫 I 型恰好相反。这意味着这个滤波器在 s 平面有极点,也有零点。因此在通带内群时延特性比切比雪夫 I 型滤波器更好一些。有关这种滤波器的特性分析和计算,建议读者自己作为习题来做。

4. 椭圆滤波器

这种滤波器在通带以及阻带都呈现等波纹特性。从给定指标要求下实现最小阶次 N(或者说,在给定阶次 N 下能实现最陡峭的过渡带)的意义上说,采用椭圆滤波器是最优的,且 $\omega_c = \omega_{3\,dB}$。

尽管椭圆滤波器分析是困难的,但是有关阶次的计算公式还是很紧凑,即

$$N = \frac{E(k)E(\sqrt{1-k_1^2})}{E(k_1)E(\sqrt{1-k^2})} \tag{6.2-14}$$

式中 $\qquad k = 1/\lambda_r, \qquad k_1 = \varepsilon/\sqrt{A^2-1}$

$E(k)$ 为第一类完全椭圆积分,其表达式

第6章 信号滤波

$$E(k) = \int_0^{\pi/2} \frac{\mathrm{d}\theta}{\sqrt{1-k^2\sin^2\theta}}$$

A 是与阻带波纹幅度倒数有关的系数。

6.2.2 应用 Matlab 设计模拟滤波器

下面给出设计模拟滤波器,包括巴特沃斯、切比雪夫 I 型、椭圆等滤波器的 Matlab 函数。根据这些函数可以非常方便地求出滤波器的各项系数及有关的特征参数。

1. 巴特沃斯滤波器设计

[num,den]=butter(n,wc,′type′,′s′); 该函数根据滤波器的设计参数计算巴特沃斯滤波器分子与分母的系数。

输入参数:n——滤波器的阶数;

　　　　　wc——-3 dB 所对应的截止频率;

　　　　　′type′——滤波器的类型,有 high,stop 等,缺省值对应低通滤波器;

　　　　　′s′——设计模拟滤波器,是字符串标量。

输出参数:num——滤波器(系统)传递函数的分子向量;

　　　　　den——滤波器(系统)传递函数的分母向量。

2. 计算巴特沃斯低通滤波器的零极点及其增益

[z,p,k] = buttap(n); 该函数求解 n 阶巴特沃斯归一化低通滤波器对应的零点 z,极点 p 和增益 k。

输入参数:n——巴特沃斯低通滤波器的阶数。

输出参数:z——零点向量,对于巴特沃斯低通滤波器,无零点向量;

　　　　　p——巴特沃斯低通滤波器的极点向量;

　　　　　k——巴特沃斯低通滤波器的增益标量。

3. 切比雪夫 I 型模拟滤波器设计

[num,den] = cheby1(n,r,wc,′s′); 该函数根据滤波器的设计参数计算切比雪夫 I 型模拟滤波器分子与分母的系数。

输入参数:r——通带部分起伏波纹的分贝值,单位为 dB;

其他参数的定义参见第 1 条。

4. 切比雪夫 I 型模拟滤波器阶数和-3 dB 所对应的频率值的计算

[n,wc] = cheb1ord(wp,ws,rp,rs,′s′); 该函数根据在通带部分衰减不超过 rp,在阻带部分衰减不小于 rs 等技术指标,求出最低阶切比雪夫 I 型模拟滤波器的阶数和-3 dB 所对应的频率值。

输入参数:wp——对应 rp 的通带边缘频率标量,单位为 rad/s;

　　　　　ws——对应 rs 的阻带边缘频率标量,单位为 rad/s;

rp——通带部分衰减标量,单位为 dB;

rs——阻带部分衰减标量,单位为 dB;

's'——设计模拟滤波器,是字符串标量。

输出参数:n——求出的最低阶切比雪夫 I 型模拟滤波器的阶数;

wc——求出的最低阶切比雪夫 I 型模拟滤波器-3 dB 所对应的频率。

5. 椭圆滤波器的设计

[num,den] = ellip(n,rp,rs,wc,'s'); 该函数根据滤波器的设计参数计算椭圆模拟滤波器分子与分母的系数。

参数的定义如上所述。

6. 利用零极点及增益求解滤波器(系统)的传递函数

[num,den] = zp2tf(z,p,k); 该函数是根据滤波器(系统)零极点及增益求解滤波器(系统)的传递函数。

输入参数:参见函数 buttap。

输出参数:num——滤波器(系统)传递函数的分子向量;

den——滤波器(系统)传递函数的分母向量。

7. 低通滤波器到高通滤波器转换

[numh,denh] = lp2hp(num,den,wn); 该函数实现具有截止频率 1 rad/s 的低通模拟滤波器转化为具有截止频率为 wn 的高通模拟滤波器。

输入参数:num——低通滤波器(系统)传递函数的分子向量;

den——低通滤波器(系统)传递函数的分母向量;

wn——高通滤波器的截止频率。

输出参数:numh——高通滤波器传递函数的分子向量;

denh——高通滤波器传递函数的分母向量。

其他的转换函数还有:低通到低通转换 lp2lp;低通到带通转换 lp2bp。

除了上述函数外,还有求切比雪夫 II 型滤波器系数 cheby2、定阶数和求-3 dB 所对应的频率值 cheb2ord、归一化的切比雪夫 II 型滤波器的系数 cheb2ap 等函数。同时在 Matlab 中给出了设计与分析各类滤波器的图形用户界面 FDATool。

最后简单介绍一下上述常用低通滤波器的传递函数。由幅频特性反推传递函数的结果并非是唯一的。对于常用滤波器的传递函数,经过长期的研究已有规范的结果可供使用。不论哪一种低通滤波器其归一化传递函数的形式都可写成

$$H(s) = \frac{a_0}{b_0 + b_1 s + b_2 s^2 + \cdots + b_n s^N} \quad (6.2-15)$$

式中,N 为阶次。如果希望静态灵敏度为 1,则可选 $a_0 = b_0$。各种滤波器的区别就在于分母多项式的系数的差异。表 6-1 列出了这些系数值。应当指出,这些系数是相对于归一化频率 λ

的,即将传递函数中 s 以 $j\lambda$ 代替可得 $H(j\lambda)$。如要得 $H(j\lambda)$,还要以 ω/ω_c 代替式中的 λ。因此不难证明,若以 $p=s/\omega_c$(ω_c 为截止角频率)代入传递函数式(6.2-15),可得对应于一般角频率 ω 的传递函数 $H(s)$。

表 6-1 低通滤波器分母多项式的系数(见式(6.2-12))

阶次	b_0	b_1	b_2	b_3	b_4	b_5
巴特沃斯滤波器						
1	1	1				
2	1	1.414 213 6	1			
3	1	2	2	1		
4	1	2.613 125 9	3.414 213 6	2.613 125 9	1	
5	1	3.236 068 0	5.236 068 0	5.236 068 0	3.236 068 0	1
切比雪夫滤波器 波纹 $\gamma=0.5$ dB($\varepsilon^2=0.122\ 018\ 4$)						
1	2.862 775 2	1				
2	1.516 202 6	1.425 624 5	1			
3	0.715 693 8	1.534 895 4	1.252 913 0	1		
4	0.379 050 6	1.025 455 3	1.716 866 2	1.197 385 6	1	
5	0.178 923 4	0.752 518 1	1.309 574 7	1.937 367 5	1.724 909	1
切比雪夫滤波器 波纹 $\gamma=1$ dB($\varepsilon^2=0.258\ 925\ 4$)						
1	1.965 226 7	1				
2	1.102 510 3	1.097 734 3	1			
3	0.491 306 7	1.238 409 2	0.988 341 2	1		
4	0.275 627 6	0.742 619 4	1.453 924 8	0.952 811 4	1	
5	0.122 826 7	0.580 534 2	0.974 396 1	1.688 816 0	0.936 820 1	1
切比雪夫滤波器 波纹 $\gamma=2$ dB($\varepsilon^2=0.584\ 893\ 2$)						
1	1.3075603					
2	0.636 768 1	0.803 816 4	1			
3	0.326 890 1	1.022 190 3	0.737 821 6	1		
4	0.205 765 1	0.516 798 1	1.256 481 9	0.716 215 0	1	
5	0.081 722 5	0.459 449 1	0.693 477 0	1.499 543 3	0.706 460 6	1

例如已知三阶巴特沃斯低通滤波器的归一化传递函数为

$$H(p) = \frac{1}{1+2p+2p^2+p^3}$$

现在需要一个截止频率 $f_c=1$ kHz 的低通滤波器，即 $\omega_c=2\pi\times1\,000$ rad/s，故取 $p=s/\omega_c$ 代入上式得传递函数

$$H(s)=\frac{2.480\,502\,1\times10^{11}}{s^3+1.256\,637\,1\times10^4 s^2+7.895\,683\,5\times10^7 s+2.480\,502\,1\times10^{11}}$$

具体的 Matlab 实现见脚本 6-3。

> Matlab 实现：
> [b,a]=butter(3,2*pi*1000,'s'); %pi 表示 π；
>
> **脚本 6-3**　设计三阶、截止频率为 1 000 Hz 的巴特沃斯低通模拟滤波器

设计带通、带阻和高通滤波器的传递函数都可以先设计低通滤波器，然后将低通滤波器的传递函数经过本节中原型转换方法得到相应的其他滤波器的传递函数。

例如要求设计一个三阶巴特沃斯高通滤波器，—3 dB 截止频率 $f_c=100$ Hz，试求出其传递函数。

由表 6-1 可知三阶归一化低通滤波器的传递函数为

$$H(p)=\frac{1}{1+2p+2p^2+p^3}$$

将代换关系 $p=\omega_c/s$ 代入上式并整理，得高通滤波器的传递函数为

$$H_{hp}(s)=\frac{s^3}{s^3+1.256\,637\,1\times10^3 s^2+7.895\,683\,5\times10^5 s+2.480\,502\,1\times10^8}$$

具体的 Matlab 实现见脚本 6-4。

> Matlab 实现：
> [z,p,k]=buttap(3);
> [b,a]=zp2tf(z,p,k);
> [bh,ah]=lp2hp(b,a,2*pi*100);
> 或
> [b,a]=butter(3,2*pi*100,'high','s');
>
> **脚本 6-4**　设计三阶、截止频率为 100 Hz 的巴特沃斯高通模拟滤波器

6.3　数字滤波技术及其应用

与处理连续时间信号的模拟滤波器相对应，在处理离散时间信号时，广泛地应用数字滤波器。数字滤波器是利用离散系统的特性，采用数字信号的处理方法，对输入信号的波形或频谱进行加工处理，或者说对输入信号进行变换，使其转换成预期的输出信号。数字信号处理方法

的实现手段较多,既可以用硬件设备实现,也可以在计算机上用软件完成。它们的优点在于抗干扰能力强,精度高,性能容易调节等。随着数字技术的发展,数字滤波器迅速在许多应用中替代了模拟滤波器,愈来愈受到人们的注意和得到广泛的应用。

通常数字滤波器是线性时不变离散时间系统。因此,同一滤波器在时域可用单位脉冲响应 $h[n]$ 来表示;在频域可用频率响应 $H(e^{j\Omega})$ 来表示;在复频域可用系统函数 $H(z)$ 来表示。在实际设计数字滤波器时,通常给定技术指标,不是系统函数的表达式。因此,数字滤波器的中心问题是:如何设计数字滤波器的系统函数 $H(z)$ 来满足所要求的数字滤波器具体指标。

模拟或数字滤波器的指标,通常是在频域中给定。如果给定采样周期或采样频率,可将模拟滤波器的技术指标,转换为数字滤波器的技术指标,即从 s 平面转为 z 平面,从模拟频率 $f(Hz)$ 或模拟角频率 $\omega(rad/s)$ 转为 z 平面单位圆的角度即数字角频率 $\Omega(rad)$。在设计数字滤波器时,是用数字角频率 Ω 来规定滤波器的指标。

6.3.1 无限冲激响应(IIR)数字滤波器设计

无限冲激响应数字滤波器简称为 IIR 数字滤波器。其单位脉冲响应 $h[n]$ 是无限长的。它的系统函数是有理函数形式。设计 IIR 滤波器有两种相关的方法。最常用的方法是转换法,即在已设计好的模拟滤波器的基础上,通过映射将模拟滤波器转变为数字滤波器。另一种是直接设计方法。本章将只介绍转换法设计 IIR 数字滤波器。理想条件下,将模拟滤波器转变为数字滤波器的任一转换都应保留模拟滤波器的响应特性和稳定性;然而由于采样的影响,这一要求实际上是不可能完全实现的。

转换法设计基本上分四种:① 冲激响应不变变换法;② 双线性变换法;③ 微商-差商变换法;④ 匹配 z 变换法。前两种工程上常用,本章将重点讨论。按什么要求进行转换,必须要考虑以下两个问题。

(1) 逼近程度问题

按照转换法所设计的数字滤波器,其特性是否逼近模拟滤波器特性,即模拟频响与数字(或序列)频响的关系问题。

(2) 稳定性问题

对于模拟系统,如果所有极点都在 s 平面的左半平面,则该模拟系统是稳定的。对于离散系统,如果是一个因果稳定系统,则其所有极点都在 z 平面单位圆内,收敛域包含单位圆以外的整个 z 平面。因此,对于一个稳定的模拟系统,转换为一个稳定的数字系统,要求 s 平面的左半平面的全部极点映射到 z 平面单位圆内。

1. 冲激响应不变法

利用模拟滤波器的设计理论来设计 IIR 数字滤波器,就是首先根据实际要求设计一个模拟滤波器,然后再由这个模拟滤波器转换成数字滤波器。因为模拟的网络综合理论已经发展得很成熟,许多常用的模拟滤波器不仅有简单而严格的设计公式,而且设计参数已经表格化了,如表6-1所列,设计起来很方便。冲激响应不变法是实现由模拟到数字转换的常用方法之一。

冲激响应不变法遵循的准则是:使数字滤波器的单位脉冲响应与所参照的模拟滤波器的冲激响应的等间隔采样值完全一样,即

$$h[n] = h_a(nT) \tag{6.3-1}$$

式中,T 为采样周期。实际上,由模拟滤波器转换为数字滤波器的过程就是建立模拟系统函数与数字系统函数之间的关系,即建立 $H_a(s)$ 和 $H(z)$ 之间的关系。z 变换与拉氏变换有如下的关系式:

$$H(z)\Big|_{z=e^{sT}} = \frac{1}{T}\sum_{m=-\infty}^{+\infty} H_a\left(s - j\frac{2\pi}{T}m\right) \tag{6.3-2}$$

从式(6.3-2)看出,实际上冲激响应不变法所完成的工作是 s 平面到 z 平面映射的过程,映射关系是 $z = e^{sT}$。为了说明问题方便,把 $z = e^{sT}$ 的映射关系表示在图6-13中。必须强调,这种映射不是简单的代数映射,而是 s 平面上每一条宽为 $2\pi/T$ 的横带重复地映射成整个 z 平面。式(6.3-2)说明冲激响应不变法反映的是 $H_a(s)$ 的周期延拓与 $H(z)$ 的关系,而不是 $H_a(s)$ 本身直接与 $H(z)$ 的关系。这正是冲激响应不变法设计出的数字滤波器的频率响应产生混叠失真的根本原因。关于这一点下面将详加说明。

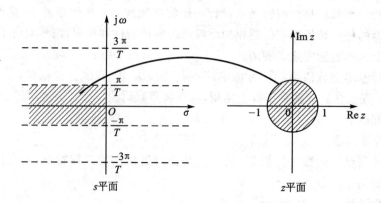

图6-13 s 平面到 z 平面的映射

现在来看通过冲激响应不变法得到的数字滤波器与所参照的模拟滤波器的频率响应之间的关系。式(6.3-2)表明,$H_a(s)$ 与 $H(z)$ 之间不是简单的关系,因此可以预料,数字滤波器决不会简单地重复模拟滤波器的频响。令 $z = e^{sT}$ 和 $s = j\omega$,并代入式(6.3-2)得

$$H(e^{j\Omega})\Big|_{\Omega=T\omega} = \frac{1}{T}\sum_{m=-\infty}^{+\infty} H_a\left(j\frac{\Omega}{T} - j\frac{2\pi}{T}m\right) \tag{6.3-3}$$

上式表明,数字滤波器的频率响应是模拟滤波器频率响应的周期延拓。如果模拟滤波器频响的带宽被限制在折叠频率以内,即

$$H_a(j\Omega) = 0 \qquad (|\Omega| \geqslant \pi/T)$$

那么，数字滤波器的频响就能重复模拟滤波器的频响，即

$$H(e^{j\Omega}) = \frac{1}{T} H_a\left(j\frac{\Omega}{T}\right) \qquad (|\Omega| < \pi)$$

然而，实际的模拟滤波器都不是带限的，因此数字滤波器的频谱必然产生混叠，如图 6-14 所示。这样数字滤波器的频响就与原模拟滤波器不同，即产生了失真。但是，当模拟滤波器在折叠频率以上的频响衰减很大时，这种失真就很小。这种情况下，采用冲激不变法设计数字滤波器就能得到良好的结果，即

$$H(e^{j\Omega}) \approx \frac{1}{T} H_a\left(j\frac{\Omega}{T}\right) \qquad (|\Omega| < \pi) \tag{6.3-4}$$

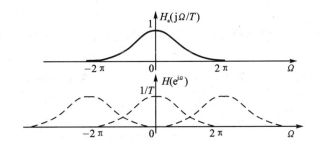

图 6-14 冲激不变法设计中频响混叠效应图解

在讨论冲激响应不变法设计方法时，一般包含有参数 T。但是，如果待设计的数字滤波器用数字域频率 Ω 来规定指标，则不能用减少 T 的办法来解决混叠问题。因为 $\Omega = \omega T$，当 T 减小时，为保证 Ω 不变，ω 必增大相同的倍数。如设计一个截止频率为 Ω_c 的低通滤波器，相应的模拟滤波器的截止频率为 $\omega_c = \Omega_c / T$。当 T 减小时，ω_c 必须作同倍数增大，才能保证 Ω_c 的不变。T 减小使带域 $(-\pi/T, \pi/T)$ 加宽，ω_c 也同倍数加宽。如果在 $(-\pi/T, \pi/T)$ 带域外有非零 $H(j\omega)$ 值，即 $\omega_c > \pi/T$，则不论如何减小 T，由于 ω_c 与 T 成同样倍数变化，则 $\omega_c > \pi/T$ 不变。因此，用数字频率 Ω 来规定数字滤波器的指标时，T 是一个无关紧要的参数。常常使 T 等于 1，以使计算比较方便。

冲激响应不变法最适合于可以用部分分式表示的传递函数。现在把设计步骤归纳如下：

① 设模拟滤波器的传递函数 $H_a(s)$ 具有单阶极点，且分母的阶数高于分子的阶数，将 $H_a(s)$ 展开成部分分式得

$$H_a(s) = \sum_{k=1}^{N} \frac{A_k}{s - s_k} \tag{6.3-5}$$

式中，s_k 为极点。对 $H_a(s)$ 求反拉氏变换得

$$h_a(t) = \sum_{k=1}^{N} A_k e^{s_k t} u(t) \tag{6.3-6}$$

② 使用冲激不变法求数字滤波器的冲激响应 $h[n]$。令 $t=nT$，并代入式(6.3-6)得

$$h[n] = h_a(nT) = \sum_{k=1}^{N} A_k e^{s_k nT} u(nT) \qquad (6.3-7)$$

③ 求 $h[n]$ 的 z 变换得

$$H(z) = \mathscr{Z}\{h[n]\} = \sum_{k=1}^{N}\sum_{n=0}^{\infty}(A_k e^{s_k nT}) \cdot z^{-n} = \sum_{k=1}^{N}\frac{A_k}{1-e^{s_k T}z^{-1}} \qquad (6.3-8)$$

比较式(6.3-5)和式(6.3-8)可以看出，经冲激响应不变法之后，s 平面的极点 s_k 变换成 z 平面的极点 $e^{s_k T}$，而 $H(z)$ 与 $H_a(s)$ 的系数相等，都为 A_k。如果模拟滤波器是稳定的，那么由冲激响应不变法设计得到的数字滤波器也是稳定的。这是因为如果极点 $s_k(s_k=\sigma_k+j\omega)$ 在 s 平面的左半平面，即 $\sigma_k<0$，那么变换后 $H(z)$ 的极点 $e^{s_k t}$ 都在单位圆内，即

$$|e^{s_k T}| = |e^{(\sigma_k+j\omega)}| = |e^{\sigma_k}| < 1$$

为了减小冲激响应不变法的混叠效应，一般应选较高的采样频率，即采样周期 T 取得较小。但从式(6.3-2)可以看出，这将使数字滤波器有很高的增益，然而，增益太高常常是不希望的。为了使数字滤波器的增益不随采样频率变化，在高采样频率的情况下，一般不用式(6.3-8)，而采用下式

$$H(z) = \sum_{k=1}^{N}\frac{TA_k}{1-e^{s_k T}z^{-1}} \qquad (6.3-9)$$

这就相当于把冲激响应不变法公式修改为

$$h[n] = T \cdot h_a(nT)$$

而上述过程可用下列 Matlab 函数实现。

[**numz**,**denz**] = **impinvar**(**num**,**den**,**fs**); 该函数利用冲激响应不变法求数字滤波器的传递函数中的分子与分母向量。

输入参数：num——模拟滤波器(系统)传递函数的分子向量；
　　　　　den——模拟滤波器(系统)传递函数的分母向量；
　　　　　fs——采样频率。

输出参数：numz——数字滤波器传递函数的分子向量；
　　　　　denz——数字滤波器传递函数的分母向量。

[**例 6-1**] 一模拟滤波器的传递函数为

$$H_a(s) = \frac{2}{s^2+4s+3}$$

使用冲激不变法求数字滤波器的系统函数。

解 将 $H_a(s)$ 展开成部分分式

$$H_a(s) = \frac{2}{s^2+4s+3} = \frac{1}{s+1} - \frac{1}{s+3}$$

其中两个极点分别为 $s_1=-1, s_2=-3$，直接使用式(6.3-9)，并设 $T=0.166\ 7$ s，即采样频率

为 $f_s = 6$ Hz,则

$$H(z) = \frac{0.040\ 0z^{-1}}{1 - 1.452\ 9z^{-1} + 0.513\ 3z^{-2}}$$

因此,数字滤波器的频响为

$$H(e^{j\Omega}) = \frac{0.040\ 0e^{-j\Omega}}{1 - 1.452\ 9e^{-j\Omega} + 0.513\ 3e^{-j2\Omega}}$$

而模拟滤波器的频响为

$$H_a(j\omega) = \frac{2}{(3 - \omega^2) + 4j\omega}$$

其幅度响应如图 6-15(a)所示,数字滤波器的幅度响应如图 6-15(b)所示。从图中看出,数字滤波器频响在较高频段有较大的失真,而在低频段则很逼近于模拟滤波器的频响。具体的 Matlab 实现见脚本 6-5。

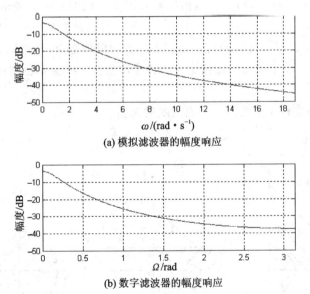

(a) 模拟滤波器的幅度响应

(b) 数字滤波器的幅度响应

图 6-15 模拟和数字滤波器的幅度响应(图(a)中的 $\frac{f_s}{2} \times 2\pi$ 对应于图(b)中的 π)

Matlab 实现:
T=0.1667; num=2; den=[1 4 3];
[numd,dend]=impinvar(num,den,1/T); %采用冲激不变法求数字滤波器的系统函数

脚本 6-5 例 6-1 的 Matlab 实现程序

在冲激响应不变法设计中,由于映射 $z = e^{sT}$ 不是简单代数映射,故造成数字滤波器频率响应失真。然而,模拟滤波器和数字频率之间的关系是线性关系,即 $\Omega = T\omega$,所以除了混叠区

外,低频区的幅频特性的形状能保持不变。但必须明确,冲激响应不变法仅适用于带限滤波器,对于高通或带阻滤波器必须附加适当的限带要求,以避免严重的混叠失真,即加一个限制滤波器滤掉高于折叠频率以上的部分,再用冲激响应不变法。

如果以模拟滤波器的阶跃响应的采样作为数字滤波器的阶跃序列响应,则称为阶跃响应不变法,它与冲激响应不变法类似。

2. 双线性变换法

冲激响应不变变换法的缺点是数字频响的混叠效应。若模拟频响 $H(j\omega)$ 是带限的,则采样周期 T 足够小时可避免混叠;若模拟频谱是非带限的($-\infty\sim+\infty$),则数字频响 $H(e^{j\Omega})$ 产生混叠效应。

频响超过了折叠频率,就互相交叠产生频响混叠。如能找到一种变换关系,将非带限($-\infty\sim+\infty$)的模拟频响压缩到折叠频率 $-\pi/T\sim+\pi/T$ 以内,混叠即被消除。根据这种想法,人们找到了一种双线性变换法,可以消除频响混叠。如图 6-16 所示,首先将 s 平面压缩到 s_1 平面带域为 $[(2m-1)\pi/T\sim(2m+1)\pi/T]$ 互相平行的横带里(m 为整数),其中 $[-\pi/T\sim\pi/T]$ 的横带称为基带,s 平面无限频带压缩到 s_1 平面有限频带内;再用标准变换 $z=e^{sT}$ 将各条横带转到 z 平面上去。s_1 平面每一条横带左半横带映射到 z 平面单位圆内,右半横带映射到 z 平面单位圆外。

用双曲正切函数实现 s 平面到 s_1 平面的映射关系

$$s = \frac{2}{T}\tanh\frac{s_1 T}{2} \tag{6.3-10}$$

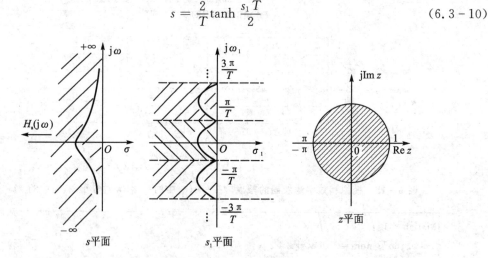

图 6-16 双线性变换影射关系

先考虑虚轴,令 $\sigma_1=0$,即 $s_1=\sigma_1+j\omega_1=j\omega_1$,代入上式得

$$s = \frac{2}{T}\tanh\frac{j\omega_1 T}{2} = \frac{2}{T}\frac{e^{j\omega_1 T/2}-e^{-j\omega_1 T/2}}{e^{j\omega_1 T/2}+e^{-j\omega_1 T/2}} = j\frac{2}{T}\tan\frac{\omega_1 T}{2}$$

由 $s = \mathrm{j}\omega$ 得

$$\omega = \frac{2}{T}\tan\left(\frac{\omega_1 T}{2}\right) \tag{6.3-11}$$

当 ω_1 由 $-\pi/T$ 经过零变化到 $+\pi/T$，ω 由 $-\infty$ 经过零变化到 $+\infty$，即映射了整个 $\mathrm{j}\omega$ 轴，由于双曲正切函数 $\tanh \mathrm{j}(\omega_1 T)/2$ 的周期性，所有区间 $[(2m-1)\pi/T \sim (2m+1)\pi/T]$ 内的 ω_1 值都对应整个 $\mathrm{j}\omega$ 轴。如 $\sigma_1 \neq 0$，则 s_1 平面的各条横带分别对应整个 s 平面。

再将 s_1 平面通过标准变换 $z = \mathrm{e}^{s_1 T}$ 映射到 z 平面，由式(6.3-10)得到 s 与 z 的变换关系

$$s = \frac{2}{T}\tanh\frac{s_1 T}{2} = \frac{2}{T}\frac{\mathrm{e}^{s_1 T/2} - \mathrm{e}^{-s_1 T/2}}{\mathrm{e}^{s_1 T/2} + \mathrm{e}^{-s_1 T/2}} = \frac{2}{T}\frac{1 - \mathrm{e}^{-s_1 T}}{1 + \mathrm{e}^{-s_1 T}} = \frac{2}{T}\frac{1 - z^{-1}}{1 + z^{-1}} \tag{6.3-12}$$

这一映射关系式也可写成

$$z = \frac{1 + \frac{T}{2}s}{1 - \frac{T}{2}s} \tag{6.3-13}$$

按式(6.3-13)将 s 平面中的虚轴 $\mathrm{j}\omega$ 映射成 z 平面单位圆时，实际上要使频率按下式进行畸变（不是线性变化），即式(6.3-12)为

$$\mathrm{j}\omega = \frac{2}{T}\frac{1 - \mathrm{e}^{-\mathrm{j}\Omega}}{1 + \mathrm{e}^{-\mathrm{j}\Omega}} = \frac{2}{T}\mathrm{j}\tan(\Omega/2)$$

因此，得

$$\Omega = 2\arctan\left(\frac{T\omega}{2}\right) \tag{6.3-14}$$

式(6.3-14)表明，数字域频率 Ω 与模拟频率 ω 之间的关系是非线性关系，如图 6-17 所示。可以看出，当 ω 从 0 变到 $+\infty$ 时，Ω 从 0 变到 π。这意味着模拟滤波器的全部频率特性，被压缩成等效于数字滤波器在频率 $0 < \Omega < \pi$ 之间的特性。

从图 6-17 还可看出，这种频率标度之间的非线性畸变在频率的高频段较为严重，称为频率畸变，这是双线性变换的不足之处；而在频率较低的区域内，接近于线性，T 值越小，即采样频率越高，则线性范围越大，因此数字滤波器的频率特性能模拟滤波器的频率特性。

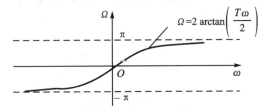

图 6-17 双线性变换模拟和数字频率之间的关系

双线性变换的频率标度的非线性失真可以通过预畸变的方法来补偿。采用这种方法的理由是因为大量的低通、带通、高通等滤波器，它们在通带或阻带内的衰减，要求逼近于恒定常数。这称为分段恒定特性。这类滤波器经双线性变换后，虽然其通带和阻带边缘频率以及峰

点和谷点频率发生了频率非线性变换,但通带和阻带内仍保留原模拟滤波器相同的起伏特性,如图6-18所示。设所求的数字滤波器的通带和阻带的截止频率分别为 Ω_c 和 Ω_r,如果按式(6.3-14)的频率变换求出对应的模拟滤波器的临界频率 ω_c 和 ω_r,则

$$\left.\begin{array}{l}\omega_c = \dfrac{2}{T}\tan\left(\dfrac{\Omega_c}{2}\right)\\ \omega_r = \dfrac{2}{T}\tan\left(\dfrac{\Omega_r}{2}\right)\end{array}\right\} \qquad (6.3-15)$$

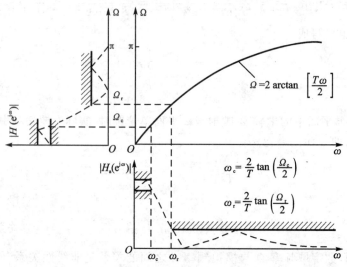

图6-18 双线性变换频率非线性畸变的补偿方法

模拟滤波器就按这两个预畸变了的频率 ω_c 和 ω_r 来设计。这样,用双线性变换所得到的数字滤波器便具有所希望的截止频率特性。

已经说明过,冲激不变法是一种稳定的变换,也就是如果模拟滤波器是稳定的,那么采用冲激不变法得到的数字滤波器也是稳定的。从以下的分析,将看到双线性变换也是一种稳定的变换。

对于式(6.3-13),令 $s=\sigma+j\omega$ 得

$$|z| = \sqrt{\dfrac{\left(1+\dfrac{\sigma T}{2}\right)^2+\left(\dfrac{\omega T}{2}\right)^2}{\left(1-\dfrac{\sigma T}{2}\right)^2+\left(\dfrac{\omega T}{2}\right)^2}} \qquad (6.3-16)$$

从式(6.3-16)可以看出,当 $\sigma=0$ 时,$|z|=1$;当 $\sigma<0$ 时,$|z|<1$;当 $\sigma>0$ 时,$|z|>1$。这就说明 s 平面的 $j\omega$ 轴映射到 z 平面的单位圆周上,左半平面映射到单位圆内部,右半平面映射到单位圆外部,如图6-19所示。这种映射是简单的代数映射,因此变换后的数字滤波器在幅度响应方面不存在混叠失真。从双线性变换的这种映射关系可以得出结论,如果模拟滤

波器是稳定的,即 $H_a(s)$ 的所有极点都在 s 平面的左半平面内,那么经映射后极点都在 z 平面的单位圆内,因此相应的数字滤波器也是稳定的。

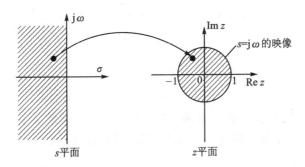

图 6-19 双线性变换的映射关系

在双线性变换中,由于数字域频率 Ω 和模拟频率 ω 之间的非线性关系,使它的使用存在一定的局限性。只有当这种非线性失真是容许的或能被补偿时,才能采用双线性变换来设计滤波器。如低通、高通、带通和带阻滤波器可以采用预畸变的方法来补偿频率畸变。而对于频率响应起伏较大的系统,如模拟微分器,就不能使用双线性变换使之数字化。另外,若希望得到具有严格线性相位特性的数字滤波器,就不能用双线性变换方法设计。

双线性变换的 Matlab 实现可用 Bilinear 和 c2d 函数实现。其具体的用法如下:

[numz,denz]＝bilinear(num,den,fs); 该函数利用双线性变换求数字滤波器的传递函数中的分子与分母向量。

输入参数:num——模拟滤波器(系统)传递函数的分子向量;
　　　　　den——模拟滤波器(系统)传递函数的分母向量;
　　　　　fs——采样频率(Hz)。
输出参数:numz——数字滤波器传递函数的分子向量;
　　　　　denz——数字滤波器传递函数的分母向量。

sysd＝c2d(sysc,ts,method); 将线性时不变连续系统传递函数 sysc 转换为离散模型传递函数 sysd。

输入参数:sysc——连续系统传递函数 sysc,tf 格式,具体应用见脚本 6-6;
　　　　　ts——采样时间(s);
　　　　　method——转换的方法,如 tustin 表示采用双线性变换进行转换。
输出参数:sysd——离散系统传递函数形式,tf 格式。

下面通过例子来说明设计数字滤波器的步骤。

[例 6-2] 采用双线性变换法设计一个数字巴特沃斯低通滤波器,假设采样频率 $f_s=10\ \text{kHz}$,在通带截止频率 $f_c=1\ \text{kHz}$ 处的衰减不大于 1.8 dB,在阻带截止频率 $f_r=1.5\ \text{kHz}$ 处的衰减不小于 12 dB。

解 ① 根据条件，将 f_c 和 f_r 转换为数字频率 Ω_c 和 Ω_r。

$$\omega_c = 2\pi f_c = 2\pi \times 1\,000 \text{ rad/s} = 2\,000\pi \text{ rad/s}$$

$$\omega_r = 2\pi f_r = 2\pi \times 1\,500 \text{ rad/s} = 3\,000\pi \text{ rad/s}$$

$$T = \frac{1}{f_s} = \frac{1}{10 \times 10^3} \text{ s} = 10^{-4} \text{ s}$$

$$\Omega_c = T\omega_c = 10^{-4} \times 2\,000\pi \text{ rad} = 0.2\pi \text{ rad}$$

$$\Omega_r = T\omega_r = 10^{-4} \times 3\,000\pi \text{ rad} = 0.3\pi \text{ rad}$$

② 根据滤波器的指标，求阶数 N 和从巴特沃斯模拟低通滤波器的 -3 dB 截止频率 $\omega_{3\text{dB}}$。当给出数字域指标时，T 采样周期是一个无关的量，因此设 $T=1$ s，根据式(6.3-15)得到预畸变的频率 ω_c 和 ω_r，即

$$\left.\begin{array}{l}\omega_c = \dfrac{2}{T}\tan\left(\dfrac{\Omega_c}{2}\right) = 2\tan\dfrac{0.2\pi}{2} \text{ rad/s} = 2\tan(0.1\pi) \text{ rad/s} = 0.649\,841 \text{ rad/s} \\ \omega_r = \dfrac{2}{T}\tan\left(\dfrac{\Omega_r}{2}\right) = 2\tan\dfrac{0.3\pi}{2} \text{ rad/s} = 2\tan(0.15\pi) \text{ rad/s} = 1.019\,053\,7 \text{ rad/s}\end{array}\right\}$$

因此，模拟低通滤波器的指标为

$$\left.\begin{array}{l}20\lg |H_a(j\omega_c)| = 20\lg |H_a(j0.649\,841)| \geqslant -1.8 \\ 20\lg |H_a(j\omega_r)| = 20\lg |H_a(j1.019\,053\,7)| \leqslant -12\end{array}\right\} \quad (6.3-17)$$

由巴特沃斯滤波器的幅度平方函数得

$$20\lg |H_a(j\omega)| = -10\lg \left|1 + \left(\frac{\omega}{\omega_{3\text{dB}}}\right)^{2N}\right| \quad (6.3-18)$$

将式(6.3-18)代入式(6.3-17)得

$$20\lg |H_a(j\omega_c)| = -10\lg \left|1 + \left(\frac{0.649\,841}{\omega_{3\text{dB}}}\right)^{2N}\right| \geqslant -1.8 \quad (6.3-19\text{a})$$

$$20\lg |H_a(j\omega_r)| = -10\lg \left|1 + \left(\frac{1.019\,053\,7}{\omega_{3\text{dB}}}\right)^{2N}\right| \leqslant -12 \quad (6.3-19\text{b})$$

联立求解式(6.3-19a)和式(6.3-19b)得

$$N \geqslant \frac{\lg\left[\dfrac{10^{0.1\times1.8}-1}{10^{0.1\times12}-1}\right]}{\lg\left(\dfrac{0.649\,841}{1.019\,053\,7}\right)} = \frac{-0.730\,551\,5}{-0.195\,389\,9} = 3.738\,942$$

取 $N=4$。

将 $N=4$ 分别代入式(6.3-19a)和式(6.3-19b)得

$$\omega_{3\text{dB}} \geqslant 0.649\,841(10^{0.1\times1.8}-1)^{-\frac{1}{2\times4}} = \omega_{c1} = 0.706\,3$$

$$\omega_{3\text{dB}} \geqslant 1.019\,053\,7(10^{0.1\times12}-1)^{-\frac{1}{2\times4}} = \omega_{c2} = 0.727\,4$$

取 $\omega_{3\text{dB}} = 1/2(\omega_{c1}+\omega_{c2}) = 0.716\,8$。

③ 求 $H_a(s)$ 的极点：

$$s_k = \omega_{3\text{ dB}} e^{j\left(\frac{\pi}{2N} + \frac{k\pi}{N} + \frac{\pi}{2}\right)} = 0.716\,8 e^{j\left(\frac{5\pi}{8} + \frac{k\pi}{8}\right)} \quad (k = 0, 1, \cdots, 7)$$

式中，左半 s 平面的两对极点为

$$s_0 = 0.716\,8 e^{j\frac{5}{8}\pi} = -0.274\,3 + j0.662\,3$$
$$s_1 = 0.716\,8 e^{j\left(\frac{5}{8}\pi + \frac{\pi}{4}\right)} = -0.662\,3 + j0.274\,3$$
$$s_2 = s_1^* = -0.662\,3 - j0.274\,3$$
$$s_3 = s_0^* = -0.274\,3 - j0.662\,3$$

④ 求相应的传递函数 $H_a(s)$：

$$H_a(s) = \frac{\omega_c^N}{\prod_{k=0}^{N/2-1}(s-s_k)(s-s_k^*)} = \frac{0.264}{(s^2 + 0.548\,6 s + 0.513\,9)(s^2 + 1.324\,6 s + 0.513\,9)} =$$

$$\frac{0.264}{s^4 + 1.873\,2 s^3 + 1.754\,5 s^2 + 0.962\,6 s + 0.264}$$

使用双线性变换求数字巴特沃斯滤波器的传递函数为

$$H(z) = H_a(s)\Big|_{s=\frac{2}{T}\frac{1-z^{-1}}{1+z^{-1}}} = \frac{0.006\,568 z^4 + 0.026\,27 z^3 + 0.039\,41 z^2 + 0.026\,27 z + 0.006\,568}{z^4 - 2.216 z^3 + 2.079 z^2 - 0.916\,2 z + 0.158\,5} =$$

$$0.006\,568 \times \left[\frac{1 + 2z^{-1} + z^{-2}}{1 - 0.973\,5 z^{-1} + 0.260\,4 z^{-2}} \times \frac{1 + 2z^{-1} + z^{-2}}{1 - 1.242\,4 z^{-1} + 0.608\,8 z^{-2}}\right]$$

其相应模拟滤波器与数字滤波器的幅频响应如图 6-20 所示。

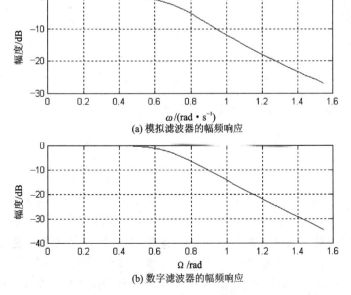

(a) 模拟滤波器的幅频响应

(b) 数字滤波器的幅频响应

图 6-20 例 6-2 计算的幅频特性（采样频率 $f_s = 1$ Hz）

通过过程②中的 $\omega_{3\,\text{dB}}$,可以求出模拟滤波器的 -3 dB 所对应的模拟截止频率为

$$f_{3\,\text{dB}} = \frac{\omega_{3\,\text{dB}} \cdot f_s}{2\pi} = 1.14 \text{ kHz}$$

因此可以得到实际滤波器的 $H_a(s)$ 为

$$H_a(s) = \frac{2.64e15}{s^4 + 1.873e4s^3 + 1.754e8s^2 + 9.626e11s + 2.64e15}$$

具体的 Matlab 实现见脚本 6-6。

Matlab 实现:
[N,wn]=buttord(0.2,0.3,1.8,12);　　%直接得出数字巴特沃斯滤波器的阶数与 -3 dB 所对应双线
　　　　　　　　　　　　　　　　　　　　性变换的频率值
[numd,dend]=butter(N,wn);　　　　　%得出数字巴特沃斯滤波器传递函数分子、分母的系数
[sos,G]=tf2sos(numd,dend);　　　　　%把传递函数分解为二阶连乘形式
● 所求结果有点差别,原因是在求 ω_c 时,例子中采用的是平均值,而 Matlab 函数中采用的是阻带特性计
　算的 ω_{c2}。
● 如果采用双线性变换把模拟滤波器转换为数字滤波器,则采用下列语句:
num=0.264;　　　　　　　　　　　　　　%例中 $H_a(s)$ 的分子向量
den=[1 1.8732 1.7545 0.9626 0.264];　　%例中 $H_a(s)$ 的分母向量
sysc=tf(num,den);　　　　　　　　　　　%建立模拟滤波器的传递函数
sysd=c2d(sysc,T,'tustin')　　　　　　　%采用双线性变换,将线性时不变连续系统传递函数 sysc 转换
　　　　　　　　　　　　　　　　　　　　为离散模型传递函数 sysd,T 为采样时间;$T=1$ s(见步骤2)
或[numz,denz]=bilinear(num,den,1/T);
%求出巴特沃斯模拟滤波器(N=4)
[nums,dens]=butter(N,2*pi*1140.82,'s');

脚本 6-6　例 6-2 的 Matlab 实现程序

6.3.2　有限冲激响应(FIR)数字滤波器设计

若一个离散时间系统具有下列形式:

$$H(z) = b_0 + b_1 z^{-1} + \cdots + b_M z^{-M} = \sum_{i=0}^{M} b_i z^{-i}$$

那么该系统称为 FIR 系统。显然系数 $b_0, b_1, \cdots, b_M$ 即为该系统的冲激响应 $h[0], h[1], \cdots,$ $h[M]$,且当 $i > M$ 时,$h[i]=0$。

FIR 滤波器的设计涉及到有限长度序列的选择,以最好地描述理想滤波器的冲激响应。FIR 滤波器具有稳定性。更为重要的是,FIR 滤波器具有完美的线性相位(纯延时),这意味着无相位失真。然而,对给定的技术指标,FIR 滤波器比 IIR 滤波器需要更高的阶数或长度,有

时必须通过增加长度来确保线性相位。

1. FIR 滤波器的线性相位频率特性

6.3.1 节讨论了无限冲激响应滤波器的设计方法。这类滤波器一般都可得到较理想的幅频特性,但是它们的相位频率特性总是非线性,因此会使通带内的信号形状产生畸变。与此相反,有限冲激响应滤波器却可以得到线性相位频率特性,从而可以保证通带内的信号不发生畸变。

一个线性相位特性的因果有限冲激响应系统应具有中心对称特性,即
$$h[n] = h[N-1-n] \qquad (6.3-20)$$
式中,N 为冲激响应序列的总点数,现证明其一定是线性相位。

① N 为偶数时:
$$H(z) = \sum_{n=0}^{N-1} h[n]z^{-n} = \sum_{n=0}^{N/2-1} h[n]z^{-n} + \sum_{n=N/2}^{N-1} h[n]z^{-n}$$

令 $m = N-1-n$,则 $n = N-1-m$,并代入上式的第二项得
$$H(z) = \sum_{n=0}^{N/2-1} h[n]z^{-n} + \sum_{m=0}^{N/2-1} h[N-1-m]z^{-(N-1-m)}$$

现再令第二项的 $m=n$,并考虑式(6.3-20)的条件得
$$H(z) = \sum_{n=0}^{N/2-1} h[n][z^{-n} + z^{-(N-1-n)}] \qquad (6.3-21)$$

令式(6.3-21)中 $z = e^{j\Omega}$,即可得到该系统的频率响应为
$$H(e^{j\Omega}) = \sum_{n=0}^{N/2-1} h[n]e^{-j\Omega(N-1)/2}\{e^{j\Omega[(N-1)/2-n]} + e^{-j\Omega[(N-1)/2-n]}\} =$$
$$e^{-j\Omega(N-1)/2}\left\{\sum_{n=0}^{N/2-1} 2h[n]\cos\left[\Omega\left(\frac{N-1}{2}-n\right)\right]\right\} \qquad (6.3-22)$$

② N 为奇数时:
$$H(z) = \sum_{n=0}^{(N-3)/2} h[n][z^{-n} + z^{-(N-1-n)}] + h\left(\frac{N-1}{2}\right)z^{-\frac{N-1}{2}}$$

令上式 $z = e^{j\Omega}$,即可得到该系统的频率响应为
$$H(e^{j\Omega}) = e^{-j\Omega(N-1)/2}\left\{\sum_{n=0}^{(N-3)/2} 2h[n]\cos\left[\Omega\left(\frac{N-1}{2}-n\right)\right] + h\left[\frac{N-1}{2}\right]\right\} \qquad (6.3-23)$$

式(6.3-22)和式(6.3-23)中大括号里的和是实数,相当于滤波器的幅频响应。相位频率特性为
$$\theta(\Omega) = \alpha\Omega, \qquad \alpha = (N-1)/2 \qquad (6.3-24)$$
即系统的相位响应是 Ω 的线性函数。

如果其对称特性是
$$h[n] = -h[N-1-n] \qquad (6.3-25)$$

读者可仿照式(6.3-21)、式(6.3-22)的推导方法求得对应于式(6.3-25)的频率响应。表6-2综合了线性相位 FIR 滤波器在各种对称状态下的 N 点冲激响应的频率特性。

表6-2 线性相位 FIR 滤波器频率特性和序列对称的关系

类别		关系式
I 类	N 为奇数,偶对称 $h[n]=h[N-1-n]$ $n=0,1,\cdots,\dfrac{N-3}{2}$ $h\left[\dfrac{N-1}{2}\right]$ 为任意值	$H(\mathrm{e}^{\mathrm{j}\Omega})=\mathrm{e}^{-\mathrm{j}\Omega(N-1)/2}\left\{\sum\limits_{n=0}^{(N-3)/2}2h[n]\cos\left[\Omega\left(\dfrac{N-1}{2}-n\right)\right]+h\left[\dfrac{N-1}{2}\right]\right\}$
II 类	N 为偶数,偶对称 $h[n]=h[N-1-n]$ $n=0,1,\cdots,\dfrac{N}{2}-1$	$H(\mathrm{e}^{\mathrm{j}\Omega})=\mathrm{e}^{-\mathrm{j}\Omega(N-1)/2}\left\{\sum\limits_{n=0}^{N/2-1}2h[n]\cos\left[\Omega\left(\dfrac{N-1}{2}-n\right)\right]\right\}$
III 类	N 为奇数,奇对称 $h[n]=-h[N-1-n]$ $n=0,1,\cdots,\dfrac{N-3}{2}$ $h\left[\dfrac{N-1}{2}\right]=0$	$H(\mathrm{e}^{\mathrm{j}\Omega})=-\mathrm{j}\mathrm{e}^{-\mathrm{j}\Omega(N-1)/2}\left\{\sum\limits_{n=0}^{(N-3)/2}2h[n]\cos\left[\Omega\left(\dfrac{N-1}{2}-n\right)\right]\right\}$
IV 类	N 为偶数,奇对称 $h[n]=-h[N-1-n]$ $n=0,1,\cdots,\dfrac{N}{2}-1$	$H(\mathrm{e}^{\mathrm{j}\Omega})=\mathrm{j}\mathrm{e}^{-\mathrm{j}\Omega(N-1)/2}\left\{\sum\limits_{n=0}^{N/2-1}2h[n]\sin\left[\Omega\left(\dfrac{N-1}{2}-n\right)\right]\right\}$

FIR 数字滤波器的设计方法与 IIR 数字滤波器的设计方法不大相同,FIR 滤波器不能利用模拟滤波器的设计技术来设计。FIR 滤波器设计的基本方法有窗函数法、频率采样法和等波纹逼近法等。在这里介绍窗函数法和频率采样设计法。

2. 窗函数法

考虑图 6-21(a)和(b)理想低通数字滤波器,其频率特性为 $H_\mathrm{d}(\mathrm{e}^{\mathrm{j}\Omega})$,即

$$H_\mathrm{d}(\mathrm{e}^{\mathrm{j}\Omega})=\begin{cases}1 & (|\Omega|\leqslant\Omega_\mathrm{c}) \\ 0 & (\Omega_\mathrm{c}<|\Omega|<\pi)\end{cases}$$

相频特性为 $\theta(\Omega)=0$。其冲激响应序列为

$$h_\mathrm{d}[n]=\frac{1}{2\pi}\int_{-\Omega_\mathrm{c}}^{+\Omega_\mathrm{c}}\mathrm{e}^{\mathrm{j}\Omega n}\mathrm{d}\Omega=\frac{\sin\Omega_\mathrm{c}n}{\pi n} \qquad (6.3-26)$$

从式(6.3-26)和图 6-21 看出,理想低通滤波器的冲激响应序列 $h_\mathrm{d}[n]$ 是无限长的,且是非因果的,因此是物理不可实现的。但是可以对理想低通滤波器进行逼近,方法是截断无限持

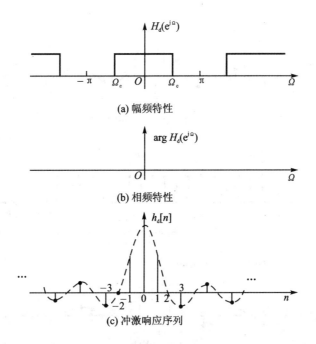

图 6-21 理想低通滤波器的频率响应和冲激响应

续时间冲激响应序列得到一个有限长序列,也就是用有限长的冲激响应来逼近无限长的冲激响应序列,这就是利用窗函数设计 FIR 数字滤波器的基本原理。

在以上分析中,没有考虑理想低通滤波器的时延,现在设一理想低通滤波器的截止频率为 Ω_c,时延为 α,即

$$H_d(e^{j\Omega}) = \begin{cases} e^{-j\Omega\alpha} & (|\Omega| \leqslant \Omega_c) \\ 0 & (\Omega_c < |\Omega| < \pi) \end{cases}$$

于是

$$h_d[n] = \frac{1}{2\pi}\int_{-\Omega_c}^{+\Omega_c} e^{-j\Omega\alpha} e^{j\Omega n} d\Omega = \frac{\sin \Omega_c(n-\alpha)}{\pi(n-\alpha)} \qquad (6.3-27)$$

显然,$h_d[n]$ 是以 α 为中心的无限长非因果序列,如图 6-22 所示。现在需要寻找一个有限长序列 $h[n]$ 来逼近 $h_d[n]$。这个有限长序列 $h[n]$ 应满足 FIR 滤波器的基本条件:$h[n]$ 应为偶对称或奇对称序列以满足线性相位的要求;$h[n]$ 应为因果序列。因此,可用下面的序列来逼近 $h_d[n]$,即

$$h[n] = \begin{cases} h_d[n] & (0 \leqslant n \leqslant N-1) \\ 0 & (\text{其他}) \end{cases}$$

$$\alpha = \frac{N-1}{2}$$

测试信号处理与分析

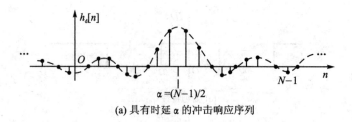
(a) 具有时延 α 的冲击响应序列

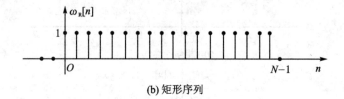
(b) 矩形序列

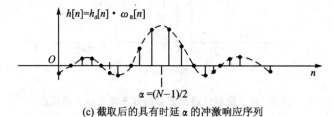
(c) 截取后的具有时延 α 的冲激响应序列

图 6-22 理想冲激响应的直接截取

显然，$\alpha = \dfrac{N-1}{2}$ 是为了满足偶对称。其实 $h[n]$ 可以看作 $h_d[n]$ 与一矩形序列 $w_R[n]$（见图 6-22(b)）相乘的结果，即

$$h[n] = h_d[n] \cdot w_R[n] \tag{6.3-28}$$

式中

$$w_R[n] = \begin{cases} 1 & (0 \leqslant n \leqslant N-1) \\ 0 & (其他) \end{cases}$$

如图 6-22(c)所示，$w_R[n]$ 像一个窗口一样，因而称为窗函数，可以说 $h[n]$ 是由 $h_d[n]$ 加窗的结果。一般来说，窗函数并不一定采用矩形窗函数，还可以使用其他窗函数，因此一般可表示为

$$h[n] = h_d[n] \cdot w[n] \tag{6.3-29}$$

$w[n]$ 为窗函数。根据傅里叶变换的卷积性质，$h[n]$ 的频谱为

$$H(e^{j\Omega}) = \dfrac{1}{2\pi} H_d(e^{j\Omega}) * W(e^{j\Omega}) \tag{6.3-30}$$

上式表明，FIR 数字滤波器的频谱是理想低通滤波器的频谱与窗函数的频谱的卷积。采用不

同的窗函数，$H(e^{j\Omega})$ 就有不同的形状。对此，必须首先考察窗函数的频谱。现以矩形窗来说明。

矩形窗 $w_R(n)$ 的频谱表示为

$$W_R(e^{j\Omega}) = \sum_{n=0}^{N-1} e^{-j\Omega n} = \frac{\sin(\Omega N/2)}{\sin(\Omega/2)} e^{-j\Omega\left(\frac{N-1}{2}\right)} = W_R(\Omega) e^{-j\Omega\alpha} \qquad (6.3-31)$$

式中

$$W_R(\Omega) = \frac{\sin(\Omega N/2)}{\sin(\Omega/2)}$$

$$\alpha = \frac{N-1}{2}$$

$w_R[n]$ 的图形如图(6-23)所示。图中 $-2\pi/N \sim +2\pi/N$ 之间的部分成为窗函数频谱的主瓣，主瓣两侧呈衰减振荡的部分称为旁瓣。下面来看主瓣和旁瓣的作用。

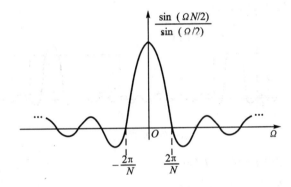

图 6-23 矩形窗 $w_R(n)$ 的频谱

理想低通滤波器的频响可表示为

$$H_d(e^{j\Omega}) = H_d(\Omega) e^{-j\Omega\alpha}$$

其幅度函数 $H_d(\Omega)$ 为

$$H_d(\Omega) = \begin{cases} 1 & (|\Omega| \leqslant \Omega_c) \\ 0 & (\Omega_c < |\Omega| < \pi) \end{cases}$$

数字滤波器的频率响应表示为

$$H(e^{j\Omega}) = \frac{1}{2\pi} H_d(e^{j\Omega}) * W_R(e^{j\Omega}) = \frac{1}{2\pi} \int_{-\pi}^{+\pi} H_d(e^{j\theta}) \cdot W_R[e^{j(\Omega-\theta)}] d\theta =$$

$$e^{-j\Omega\alpha} \left[\frac{1}{2\pi} \int_{-\pi}^{+\pi} H_d(\theta) \cdot W_R(\Omega-\theta) d\theta \right]$$

因此，根据 $H_d(e^{j\Omega})$ 的表达式 FIR 滤波器的幅度函数为

$$H(\Omega) = \frac{1}{2\pi} \int_{-\pi}^{+\pi} H_d(\theta) \cdot W_R(\Omega-\theta) d\theta \qquad (6.3-32)$$

上式表明，由理想低通滤波器的时间函数加窗函数后所得到的 FIR 滤波器的幅度函数是

理想低通滤波器的幅度函数与窗函数幅度函数的周期卷积,卷积过程如图6-24所示。从图中看出,理想低通滤波器加窗处理后,主要产生两方面的影响:第一,使滤波器的频率响应在不连续点处出现了过渡带,它主要是由窗函数的主瓣引起的,其宽度取决于主瓣的宽度,而主瓣的宽度与 N 成反比;第二,使滤波器在通带和阻带产生了一些起伏振荡的波纹,这种现象称为吉布斯现象,它们主要是由窗函数的旁瓣造成的。因此,窗函数频谱的主瓣和旁瓣是使滤波器频谱产生"变形"的主要因素。对于不同的窗函数,它的频谱的主瓣和旁瓣是不同的,对滤波器频响的影响也不一样。在一般的情况下,对窗函数的要求是:

① 尽量减少窗函数频谱的旁瓣高度,也就是使能量集中在主瓣中,减少通带和阻带的波纹。

② 主瓣的宽度尽量窄,以便获得较陡的过渡带。

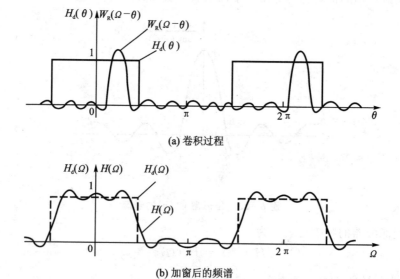

图 6-24 卷积过程和加窗后的频谱

但是,以上两条标准是相互矛盾的。因为增加主瓣的宽度,旁瓣才能变低;反之,若使主瓣变窄、变高,旁瓣也将增高。

从图6-23看出,增大窗函数的长度 N,则主瓣变窄,幅度增高,但旁瓣幅度也增高,即它们之间的相对比例无多大变化,只是振荡加快而已。也就是 N 增大虽然使过渡带变窄,但通带和阻带中的波纹没有减少。这是因为

$$W_R(\Omega) = \frac{\sin(\Omega N/2)}{\sin(\Omega/2)} \approx \frac{\sin(\Omega N/2)}{\Omega/2} = N\frac{\sin(\Omega N/2)}{N\Omega/2} = N\frac{\sin x}{x}$$

上式中 $x=N\Omega/2$,这说明窗函数长度 N 的改变,只能改变 Ω 坐标的比例和 $W_R(\Omega)$ 的绝对大小,而不能改变主瓣和旁瓣的相对比例。这个相对比例是由 $\sin x/x$ 决定的,与 N 无关。

现采用矩形窗截取无限长序列 $h_d[n]$ 而获得有限长序列 $h[n]$ 作为 FIR 滤波器的冲激响应。由于突然将 $h_d[n]$ 截短,就破坏了序列 $h_d[n]$ 的均匀收敛性,也就是人为地强迫 $h_d[n]$ 收敛。这种不均匀收敛,在频谱中以吉布斯现象反映出来。对于矩形窗,所形成的 FIR 滤波器的频响的波纹幅度是相当大的。为了减少波纹振幅,一方面可以加长窗的长度 N,但由以上分析可知,效果是不显著的;另一方面可以采用不同的窗函数来截取 $h_d[n]$,从而改善不均匀收敛性。为此,介绍一些常用的窗函数,它们的图形示于图 6-25 中。

(1) 矩形窗

$$w_R[n] = \begin{cases} 1 & (0 \leqslant n \leqslant N-1) \\ 0 & (\text{其他}) \end{cases}$$

其频谱函数为

$$W_R(\Omega) = \frac{\sin(\Omega N/2)}{\sin(\Omega/2)}$$

(2) 巴特利特(Bartlett)窗(三角形窗)

$$w[n] = \begin{cases} \dfrac{2n}{N-1} & \left(0 \leqslant n \leqslant \dfrac{N-1}{2}\right) \\ 2 - \dfrac{2n}{N-1} & \left(\dfrac{N-1}{2} \leqslant n \leqslant N-1\right) \end{cases}$$

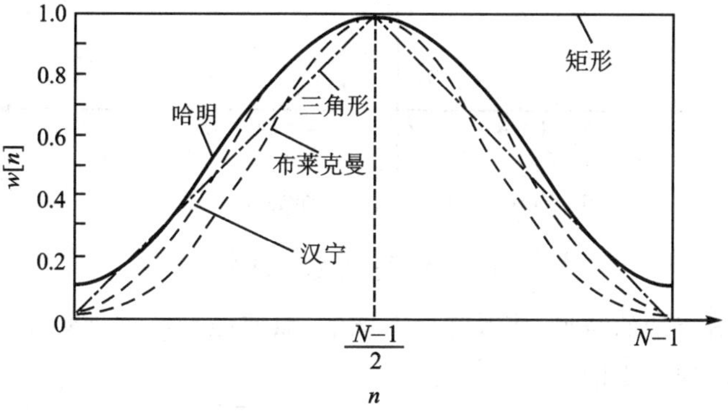

图 6-25 一些常用的窗函数

其频谱函数为

$$W(\Omega) = \frac{1}{M}\left|\frac{\sin(\Omega N/2)}{\sin(\Omega/2)}\right|^2 \quad \left(M = \frac{N-1}{2}\right)$$

(3) 汉宁(Hanning)窗(升余弦窗)

$$w[n] = \frac{1}{2}\left[1 - \cos\left(\frac{2\pi n}{N-1}\right)\right] \quad (0 \leqslant n \leqslant N-1)$$

其频谱函数为

$$W(e^{j\Omega}) = W(\Omega)e^{-j\Omega a}$$

可以利用矩形窗的频谱函数来表示其频谱函数。其中

$$W(\Omega) = 0.5W_R(\Omega) + 0.25\left[W_R\left(\Omega - \frac{2\pi}{N-1}\right) + W_R\left(\Omega + \frac{2\pi}{N-1}\right)\right]$$

当 $N \gg 1$ 时,$2\pi/(N-1) \approx 2\pi/N$,因此上式可表示为

$$W(\Omega) = 0.5W_R(\Omega) + 0.25\left[W_R\left(\Omega - \frac{2\pi}{N}\right) + W_R\left(\Omega + \frac{2\pi}{N}\right)\right]$$

汉宁窗的频谱由三部分组成,如图 6-26 所示。

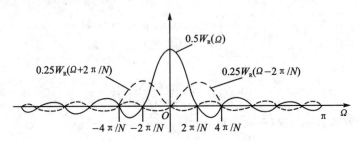

(a) 组成Hanning窗的三个矩形窗的频谱示意图

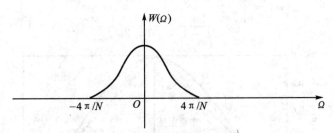

(b) 图(a)中三部分频谱相加的结果示意图

图 6-26 汉宁窗的频谱

由这三部分频谱相加的结果,使旁瓣大大抵消,而使能量有效地集中在主瓣内,然而它的代价使主瓣的宽度增加了 1 倍。

(4) 哈明(Hamming)窗

$$w[n] = \left[0.54 - 0.46\cos\left(\frac{2\pi n}{N-1}\right)\right]w_R[n]$$

其频谱函数为

$$W(\Omega) = 0.54W_R(\Omega) + 0.23\left[W_R\left(\Omega - \frac{2\pi}{N-1}\right) + W_R\left(\Omega + \frac{2\pi}{N-1}\right)\right]$$

可见哈明窗对汉宁窗作了一点调整,可以进一步抑制旁瓣。

(5) 布莱克曼(Blackman)窗

$$w[n] = \left[0.42 - 0.5\cos\left(\frac{2\pi n}{N-1}\right) + 0.08\cos\left(\frac{4\pi n}{N-1}\right)\right]w_R[n]$$

其频谱函数为

$$W(\Omega) = 0.42W_R(\Omega) + 0.25\left[W_R\left(\Omega - \frac{2\pi}{N-1}\right) + W_R\left(\Omega + \frac{2\pi}{N-1}\right)\right] + \\ 0.04\left[W_R\left(\Omega - \frac{4\pi}{N-1}\right) + W_R\left(\Omega + \frac{4\pi}{N-1}\right)\right]$$

图 6-27 描绘了 $N=51$ 时五种窗函数的频谱,图中以相对衰减 $A=20\lg|W(\Omega)/W(0)|$ dB 为纵坐标。从图中看出,这五种窗函数的旁瓣衰减依次逐步增大,但主瓣宽度相应加宽。

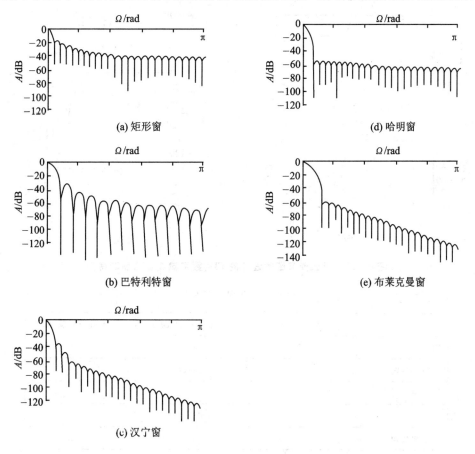

图 6-27 窗函数的频谱

图 6-28 表示的是用这五种窗函数设计的低通 FIR 数字滤波器的频响特性。窗函数的长度 $N=51$,理想低通滤波器的截止频率 $\Omega_c=\pi/2$。从图中看出,用矩形窗设计的滤波器的过渡带最窄,但阻带衰减最差,仅有 -21 dB 左右;而用布莱克曼窗设计的阻带衰减最好,可达 -74 dB,但过渡带最宽,约为矩形窗的 3 倍。

这五种窗的特性如表 6-3 所列。

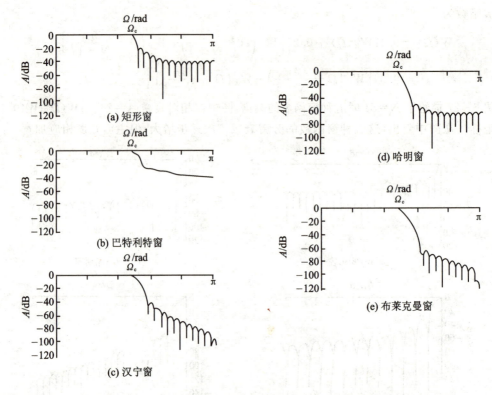

图 6-28 用五种窗函数设计的 FIR 数字滤波器的频响特性

表 6-3 五种窗的特性

窗函数	最大旁瓣高度/dB	过渡带宽度($\Delta\Omega$)	阻带最小衰减/dB
矩形窗	-13	$4\pi/N$	-21
巴特利特窗	-25	$3\pi/N$	-25
汉宁窗	-31	$8\pi/N$	-44
哈明窗	-41	$8\pi/N$	-53
布莱克曼窗	-57	$12\pi/N$	-74

现在把用窗函数设计 FIR 数字滤波器的步骤归纳如下:
① 给出所希望的滤波器的频率响应函数 $H_d(e^{j\Omega})$;
② 根据允许的过渡带宽度及阻带衰减,初步确定所采用的窗函数和 N 值;
③ 计算以下积分,求出 $h_d[n]$。

$$h_d[n] = \frac{1}{2\pi}\int_{-\pi}^{+\pi} H_d(e^{j\Omega}) e^{j\Omega n} d\Omega$$

或
$$h_d[n] = \frac{1}{2\pi}\int_0^{2\pi} H_d(e^{j\Omega})e^{j\Omega n} d\Omega \qquad (6.3-33)$$

④ 将 $h_d[n]$ 与窗函数 $w[n]$ 相乘得 FIR 滤波器的冲激响应。

⑤ 计算 FIR 滤波器的频率响应,验证是否达到所要求的指标,即
$$H(e^{j\Omega}) = \frac{1}{2\pi} H_d(e^{j\Omega}) * W(e^{j\Omega})$$

或
$$H(e^{j\Omega}) = \sum_{n=0}^{N-1} h[n]e^{-j\Omega n}$$

以上说明了窗函数设计 FIR 数字滤波器的一般步骤。在实际设计中,还有许多具体问题要处理。尽管加窗法设计有明显的优点而受到重视,但是,由于以下两个原因而使它的应用受到限制。其一是采用加窗法很难准确控制滤波器的通带边缘;其二是如果 $H_d(e^{j\Omega})$ 不能用简单函数表示时,则计算式(6.3-33)的积分将非常困难或者非常麻烦。

对于第一个问题,只有通过多次设计来解决。如图 6-29 所示,理想低通滤波器的截止频率为 Ω_c(见图 6-29(a)),由窗函数主瓣的作用而产生过渡带(见图 6-29(b)),出现了通带截止频率 Ω_c 和阻带截止频率 Ω_r。Ω_c 和 Ω_r 是否就是所需要的通带和阻带的截止频率是不一定的。因此,为了达到满意的结果,有时必须假设不同的 Ω_c 进行重复多次的设计。对于第二个问题可用频率采样设计法来克服。

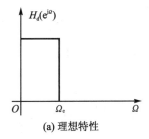
(a) 理想特性

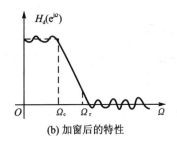
(b) 加窗后的特性

图 6-29 加窗对频率特性的畸变

利用窗函数法设计 FIR 滤波器的 Matlab 实现可用 fir1 函数来完成。其具体的用法如下:

h = fir1(N,wc,'noscale'); 该函数求出具有截止频率 ω_c 的 N 阶 FIR 低通滤波器的系数,即单位冲激响应。

输入参数:N——FIR 滤波器的阶数;

wc——低通滤波器的截止频率,0<wc<1.0;

'noscale'——无尺度变换,如不加此项,则得出的结论就是有尺度变换后的系数,即加窗后,第一个通带的中点所对应的幅度为 1。

输出参数:h——FIR 低通滤波器的系数。

[**例 6-3**] 用窗函数法设计一个 FIR 线性相位低通数字滤波器,逼近截止频率为 $f_c=125\ \text{Hz}$ 的理想低通模拟滤波器。设采样频率 $f_s=1\ \text{kHz}$,时延 $a=10$,采用哈明窗,求所设计的 FIR 线性相位低通数字滤波器的单位脉冲响应。

解 将理想低通模拟滤波器的截止频率换算成数字域频率

$$\Omega_c = T\omega_c = 2\pi f_c T = \frac{2\pi f_c}{f_s} = \frac{2\pi \times 125\ \text{Hz}}{1\ 000\ \text{Hz}} = 0.25\pi$$

因此,理想低通线性相位数字滤波器的频率特性为

$$H_d(e^{j\Omega}) = \begin{cases} e^{-j\Omega a} & (|\Omega| \leqslant 0.25\pi) \\ 0 & (0.25\pi < |\Omega| \leqslant \pi) \end{cases}$$

相应的单位脉冲响应为

$$h_d[n] = \frac{1}{2\pi}\int_{-\pi}^{+\pi} H_d(e^{j\Omega}) e^{j\Omega n} d\Omega = \frac{1}{2\pi}\int_{-0.25\pi}^{0.25\pi} (e^{-j\Omega a}) e^{j\Omega n} d\Omega = \frac{\sin[0.25\pi(n-a)]}{\pi(n-a)} = \frac{\sin[0.25\pi(n-10)]}{\pi(n-10)}$$

根据时延要求,哈明窗的宽度应为 $N=2a+1=21$,所以要设计的 FIR 线性相位低通滤波器的单位脉冲响应为

$$h[n] = \frac{\sin[0.25\pi(n-10)]}{\pi(n-10)} w[n]$$

式中,$w[n]$ 是哈明窗函数。

由于设计的 FIR 低通数字滤波器具有线性相位,所以 $h[n]$ 关于 $a=\dfrac{N-1}{2}=10$ 是偶对称的。因

$$H(z) = \sum_{n=0}^{20} h[n] z^{-n} = \sum_{n=0}^{20} \frac{\sin[0.25\pi(n-10)]}{\pi(n-10)} w[n] z^{-n} = \sum_{n=0}^{20} a_n z^{-n}$$

故

$$a_n = \frac{\sin[0.25\pi(n-10)]}{\pi(n-10)}\left[0.54 - 0.46\cos\left(\frac{\pi}{10}n\right)\right] \quad (0 \leqslant n \leqslant 20)$$

利用上式可计算出设计的 FIR 滤波器的系数如下:

$a_0 = a_{20} = 0.002\ 546\ 48$ $a_6 = a_{14} = 0$

$a_1 = a_{19} = 0.002\ 563\ 75$ $a_7 = a_{13} = 0.060\ 799\ 95$

$a_2 = a_{18} = 0$ $a_8 = a_{12} = 0.145\ 172\ 83$

$a_3 = a_{17} = 0.008\ 669\ 36$ $a_9 = a_{11} = 0.220\ 011\ 65$

$a_4 = a_{16} = 0.021\ 106\ 71$ $a_{10} = 0.25$

$a_5 = a_{15} = 0.024\ 308\ 54$

具体的 Matlab 实现见脚本 6-7。

第6章 信号滤波

```
Matlab 实现：
clear all
n=0:20;
W=0.54-0.46*cos(pi/10*n);          %计算哈明窗
Hd=0.25*sinc(0.25*(n-10));         %计算 Hd(n)
H=Hd.*W;                            %计算 H(n)
    也可以用下列命令进行求解
H=fir1(20,0.25,'noscale');          %计算 H(n)
```

脚本 6-7　例 6-3 的 Matlab 实现程序

而其他窗函数的求解函数如表 6-4 所列。

3. 频率采样设计法

表 6-4　Matlab 窗函数求解函数

窗函数	相应的 Matlab 函数
三角窗	triang
巴特利特窗	bartlett
汉宁窗	hanning
哈明窗	hamming
布莱克曼窗	blackman

窗函数法是在时域以加权的有限长序列 $h[n]$，逼近指标要求的数字滤波器单位脉冲响应 $h_d[n]$ 来设计数字滤波器。而频率采样法是在频域直接在要求的频响 $H_d(e^{j\Omega})$ 曲线上取离散值 $H[k]$，根据 $H[k]$ 来设计 FIR 数字滤波器，以逼近指标所要求的滤波器。

设计思路（见图 6-30）是：指标要求的频响 $H_d(e^{j\Omega})$ 反映在 z 平面为单位圆上连续取值，若在单位圆上等间隔采样（即频率采样），就是序列 $h_d[n]$ 的离散谱 $H[k]$，其离散傅里叶逆变换为 $h[n]$；而用采样得来的 $h[n]$ 求出所设计滤波器的频响 $H(e^{j\Omega})$，以逼近要求的频响 $H_d(e^{j\Omega})$。

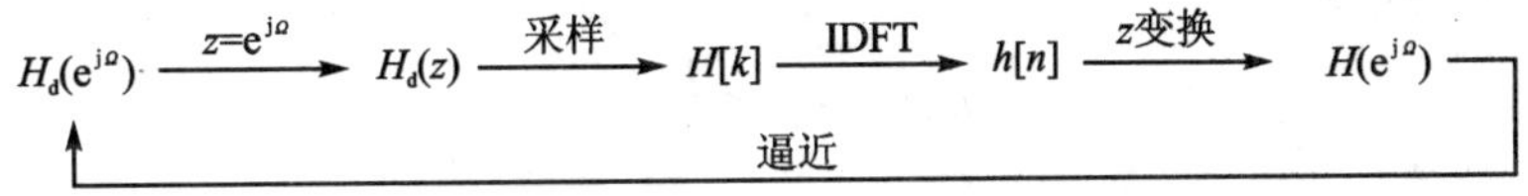

$$H_d(e^{j\Omega}) \xrightarrow{z=e^{j\Omega}} H_d(z) \xrightarrow{\text{采样}} H[k] \xrightarrow{\text{IDFT}} h[n] \xrightarrow{z\text{变换}} H(e^{j\Omega})$$

逼近

图 6-30　设计思路

在采样频率上，逼近误差等于零；在采样频率之间，逼近误差是有限的。所逼近的频响愈平滑，则各采样点之间的误差愈小。

FIR 滤波器的系数函数是单位脉冲响应的 z 变换，即

$$H(z) = \sum_{n=0}^{N-1} h[n] z^{-n} \qquad (6.3-34)$$

如果长度为 N 的序列 $h[n]$ 用 IDFT$\{H[k]\}$ 表示，则可写成

$$h[n] = \frac{1}{N} \sum_{k=0}^{N-1} H[k] \cdot W_N^{-nk} \qquad (6.3-35)$$

式中，$H[k]$ 实际上是系统频率响应 $H(e^{j\Omega})$ 的采样值，频率采样间隔为 $2\pi/N$，或写成

$$H[k] = H(z)\Big|_{z=W_N^{-k}} = \sum_{n=0}^{N-1} h[n] W_N^{nk} \qquad (6.3-36a)$$

式中，$W_N^{nk} = e^{-j2\pi nk/N}$。将式(6.3-35)和式(6.3-36a)代入式(6.3-34)，即可得到 FIR 的系统函数为

$$H(z) = \sum_{n=0}^{N-1} \left[\frac{1}{N} \sum_{k=0}^{N-1} H[k] W_N^{-nk}\right] z^{-n} = \frac{1}{N} \sum_{k=0}^{N-1} H[k] \sum_{k=0}^{N-1} [W_N^{-k} z^{-1}]^n =$$

$$\frac{1}{N} \sum_{k=0}^{N-1} H[k] \frac{1-z^{-N}}{1-W_N^{-k} z^{-1}} \qquad (6.3-36b)$$

如用 $z = e^{j\Omega}$ 代入式(6.3-36(b))，就得到系统在单位圆上的频率响应

$$H(e^{j\Omega}) = \sum_{k=0}^{N-1} H[k] \frac{1}{N} \cdot \frac{1-e^{-j\Omega N}}{1-e^{j2\pi k/N} e^{-j\Omega}} = \frac{1-e^{-j\Omega N}}{N} \sum_{k=0}^{N-1} \frac{H[k]}{1-e^{j2\pi k/N} e^{-j\Omega}} \qquad (6.3-37)$$

因设计的是 FIR 线性相位滤波器，频率采样必须满足线性相位条件，即要求每一采样点的相位延迟 $\alpha = (N-1)/2$ 点，当 $h(n)$ 为偶函数时，则连续谱为

$$H(e^{j\Omega}) = H(\Omega) e^{-j\Omega \frac{N-1}{2}} \qquad (6.3-38)$$

对应的离散谱为

$$H[k] = |H[k]| e^{-j\theta(k)} \qquad (6.3-39)$$

由于幅频特性 $H(\Omega)$ 是偶函数，所以具有连续偶对称，即

$$H(\Omega) = H(2\pi - \Omega)$$

则离散偶对称为

$$|H[k]| = \begin{cases} H[0] & (k=0) \\ |H[N-k]| & (k=1, \cdots, N-1) \end{cases} \qquad (6.3-40)$$

相频特性 $\theta(\Omega)$ 是奇函数

$$\theta(\Omega) = -\Omega \frac{N-1}{2} \qquad (6.3-41)$$

则相对应 $\theta[k]$ 为

N 为奇数时：
$$\theta[k] = \begin{cases} -\dfrac{2\pi}{N} k \left(\dfrac{N-1}{2}\right) & \left(k = 0, 1, \cdots, \dfrac{N}{2} - 1\right) \\ \dfrac{2\pi}{N}(N-k)\left(\dfrac{N-1}{2}\right) & \left(k = \dfrac{N}{2} + 1, \cdots, N-1\right) \\ 0 & \left(k = \dfrac{N}{2}\right) \end{cases} \qquad (6.3-42)$$

N 为偶数时：
$$\theta[k] = \begin{cases} -\dfrac{2\pi}{N} k \left(\dfrac{N-1}{2}\right) & \left(k = 0, 1, \cdots, \dfrac{N-1}{2}\right) \\ \dfrac{2\pi}{N}(N-k)\left(\dfrac{N-1}{2}\right) & \left(k = \dfrac{N+1}{2}, \cdots, N-1\right) \end{cases} \qquad (6.3-43)$$

同理 $h[n]$ 为奇函数，则相对应 $\theta(k)$ 为

N 为奇数时：$\theta[k] = \begin{cases} -\dfrac{2\pi}{N}\left(k+\dfrac{1}{2}\right)\left(\dfrac{N-1}{2}\right) & \left(k = 0,1,\cdots,\dfrac{N-3}{2}\right) \\ 0 & \left(k = \dfrac{N-1}{2}\right) \\ \dfrac{2\pi}{N}\left(N-k-\dfrac{1}{2}\right)\left(\dfrac{N-1}{2}\right) & \left(k = \dfrac{N+1}{2},\cdots,N-1\right) \end{cases}$ (6.3-44)

N 为偶数时：$\theta[k] = \begin{cases} -\dfrac{2\pi}{N}\left(k+\dfrac{1}{2}\right)\left(\dfrac{N-1}{2}\right) & \left(k = 0,1,\cdots,\dfrac{N}{2}-1\right) \\ \dfrac{2\pi}{N}\left(N-k-\dfrac{1}{2}\right)\left(\dfrac{N-1}{2}\right) & \left(k = \dfrac{N}{2},\cdots,N-1\right) \end{cases}$ (6.3-45)

最后有

$$h[n] = \text{IDFT}[H[k]] \qquad (6.3\text{-}46)$$

[例 6-4] 设计一个数字滤波器，其技术指标如下：

$$\Omega_c = 0.2\pi, \qquad \alpha_c = 0.25 \text{ dB}$$
$$\Omega_r = 0.3\pi, \qquad \alpha_r = 30 \text{ dB}$$

利用频率采样途径设计一个 FIR 滤波器。

解 选 $M=40$，以使有一个样本在过渡带 $0.2\pi < \Omega < 0.3\pi$ 内。因为采样间隔为 $2\pi/40$，所以在 Ω_c 有一个频率样本，$k=4$；而在 Ω_r 也有一个样本，$k=6$。这样过渡带内的样本是在 $k=5$ 和 $k=40-5=35$。现用 $T1$ 表示这些样本值，且 $0 < T1 < 1$，那么已采样的振幅响应是

$$|H[k]| = [1,1,1,1,1,T1,\underbrace{0,\cdots,0}_{29\text{个零}},T1,1,1,1,1]$$

由于 $M=40$，相位响应样本是

$$\theta[k] = \begin{cases} -19.5\dfrac{2\pi}{40}k = -0.975\pi k & (0 \leqslant k \leqslant 19) \\ 0.975\pi(40-k) & (21 \leqslant k \leqslant 39) \\ 0 & (k = 20) \end{cases}$$

可以通过变化 $T1$ 以得到最好的最小阻带衰减。看看当 $T1=0.5$ 时结果如何。采用 Matlab 函数实现上述滤波器，得到的结果如图 6-31 所示。

从图 6-31 中可以看出，这个设计的阻带衰减是 30 dB，满足设计要求；如果阻带衰减要求更高，可以改变过渡带中的采样值或采样点数进行调整。其具体的 Matlab 的实现过程及相关的函数见脚本 6-8,6-9,6-10。

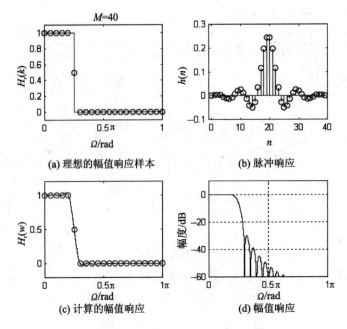

图 6-31 例 6-4 计算的各类响应特性图

Matlab 实现：

```
T1=0.5;                                                    %设过渡带采样值为 T1=0.5；
M=40;alpha=(M-1)/2;l=0:M-1;w1=(2*pi/M)*l;                  %计算 α
Hrs=[ones(1,5),0.5,zeros(1,29),0.5,ones(1,4)];             %理想幅值响应的采样点
Hdr=[1,1,0,0];wdl=[0,0.25,0.25,1];                         %理想幅值响应（实线）
k1=0:floor((M-1)/2);k2=floor((M-1)/2)+1:M-1;               %计算 k 值
angH=[-alpha*(2*pi)/M*k1,alpha*(2*pi)/M*(M-k2)];           %求相频特性
H=Hrs.*exp(j*angH);                                        %求频率响应
h=real(ifft(H,M));                                         %进行反 FFT 变换，求解 h
[db,mag,pha,grd,w]=freqz_m(h,1);                           %计算频响及幅度响应
[Hr,ww,a,L]=Hr_type2(h);                                   %计算对称脉冲响应,M 为偶数时
%FIR 滤波器的幅值响应
%以下语句主要是画图（见图 6-30）
subplot(2,2,1);plot(w1(1:21)/pi,Hrs(1:21),'o',wdl,Hdr);
axis([0,1,-0.1,1.1]);title('frequency sample:M=40');
xlabel('frequency in pi Units');ylabel('Hr(k)');
subplot(2,2,2);stem(l,h);axis([-1,M,-0.1,0.3]);
```

```
title('Impulse Response');
xlabel('n');ylabel('h(n)');
subplot(2,2,3);plot(ww/pi,Hr,w1(1:21)/pi,Hrs(1:21),'o');
axis([0,1,-0.2,1.2]);title('Amplitude Response');
xlabel('frequency in pi Units');ylabel('Hr(w)');
subplot(2,2,4);plot(w/pi,db);
axis([0,1,-60,10]);grid;
title('Magnitude Response');
xlabel('frequency in pi Units');ylabel('dB');
```

脚本 6-8　例 6-4 Matlab 的实现程序

```
function [db,mag,pha,grd,w]=freqz_m(b,a);
% 计算 z 变换的频响及幅度响应(dB)
% db=相对幅度响应(dB)
% mag=绝对幅度响应
% pha=相位响应
% grd=群时延
[H,w]=freqz(b,a,1000,'whole');% 该函数计算数字滤波器的频响
H=(H(1:1:501))';w=(w(1:1:501))';
mag=abs(H);
db=20*log10((mag+eps)/max(mag));
pha=angle(H);
grd=grpdelay(b,a,w);        % 计算群时延
```

脚本 6-9　计算 z 变换的频响及幅度响应

```
——function [Hr,w,b,L]=Hr_type2(h);
% 计算 II 型 FIR 滤波器幅值响应
% [Hr,w,b,L]=Hr_type2(h)
% Hr=幅值响应
% b=II 型 FIR 低通滤波器系数
% L=Hr 的阶数
% h=II 型 FIR 滤波器的脉冲响应
N=length(h);
```

测试信号处理与分析

```
L=N/2;
b=2*[h(L:-1:1)];
n=[1:1:L];n=n-0.5;
w=[0:1:500]'*pi/500;
Hr=cos(w*n)*b';
```
注:对于Ⅱ类线性相位 FIR 滤波器,见表 6-2。

脚本 6-10　计算Ⅱ型 FIR 滤波器幅值响应

4. IIR 与 FIR 数字滤波器的比较

在前几节里,讨论了几种 IIR 和 FIR 数字滤波器系统函数的设计方法。为了使读者在实际工作中能正确地选用,现将这两类滤波器的优缺点归纳如下。

IIR 滤波器的主要优点是:

① 可以利用一些现成的公式和系数表设计各类选频滤波器。通常只要将技术指标代入设计方程组就可以设计出原型滤波器,然后再利用相应的变换公式求得所要求的滤波器系统函数的系数,因此设计方法简单。

② 在满足一定技术要求和幅频响应的情况下,IIR 滤波器设计成具有递归运算的环节,所以它的阶次一般比 FIR 滤波器低,所用存储单元少,滤波器体积也小。

IIR 滤波器的缺点是:

① 只能设计出有限频段的低、高、带通和带阻等选频滤波器。除幅频特性能够满足技术要求外,它们的相频特性往往是非线性的,这就会使信号产生失真。

② 由于 IIR 滤波器采用了递归型结构,系统存在极点,因此设计系统函数时,必须把所有的极点置于单位圆内,否则系统不稳定,而且有限字长效应带来的运算误差,有时会使系统产生寄生振荡。

FIR 滤波器的主要优点是:

① 可以设计出具有线性相位的 FIR 滤波器,从而保证信号在传输过程中不会产生失真。

② 由于 FIR 滤波器没有递归运算,因此不论在理论上或实际应用中,均不会因有限字长效应所带来的运算误差使系统不稳定。

③ FIR 滤波器可以采用快速傅里叶变换实现快速卷积运算,在相同阶数的条件下运算速度快。

FIR 滤波器的缺点是:

① 虽然可以采用加窗方法或频率采样等方法设计 FIR 滤波器,但往往在过渡带上和阻带衰减上难以满足要求,因此不得不采用多次迭代或采用计算机辅助设计,从而使设计过程变得复杂。

② 在相同的频率特性情况下,FIR 滤波器阶次比较高,因而所需要的存储单元多,从而提

高了硬件设计成本。

从以上简单比较可以看出,IIR 和 FIR 滤波器各有优缺点,因此在选用时,应根据技术要求和所处理信号的特点予以考虑。例如对一些检测信号、语言通信信号等,它们对信号的相位不十分敏感,这时以选用 IIR 较合适。而对于图像、数据传输等以波形携带信息的信号,在处理或滤波时不应有波形失真,这时以选用具有线性相位特性的 FIR 滤波器为宜。当然在硬件设计时,还应根据信号处理芯片的特点和经济效益等多方面的因素来选择滤波器的类型。另外,IIR 数字滤波器主要是设计规格化的、频率特性为分段常数的标准低通、高通、带通、带阻和全通滤波器,而 FIR 数字滤波器可设计出理想正交变换器、理想微分器和线性调频器等各种网络,适应性较广。

6.3.3 其他数字滤波器设计

上述两节所讨论的数字滤波器 IIR 和 FIR 的设计方法可以给出性能相当好的滤波器,但它们的系数一般为非整数。在实际工作中,特别是对信号作实时滤波处理时,有时对滤波器的性能要求并不很高,但要求计算速度快,滤波器的设计也应简单易行。当用汇编语言编写程序时,更希望滤波器的系数为整数。设计整系数数字滤波器有两种方法:一是建立在多项式拟合基础上的简单整系数滤波器设计,二是建立在极、零点抵消基础上的简单整系数滤波器设计。具体的设计方法详见参考文献[1]。

6.4 数字滤波的 Matlab 实现

在前几节中,介绍了各种数字滤波器的设计过程,从中可以看到,数字滤波器的形式有以下两种:单位冲激响应 $h[n]$ 和数字滤波器的传递函数 $H(z)$。下面介绍如何用上述两种形式对信号进行滤波。

6.4.1 根据单位冲激响应实现

数字滤波器的输出 $y[n]$ 与输入 $x[n]$ 之间的关系是单位冲激响应 $h[n]$,定义系统输出

$$y[n] = \sum_{m=-\infty}^{+\infty} h[n-m]x[n] \qquad (6.4-1)$$

即滤波器的输出等于滤波器单位冲激响应与输入信号的卷积,若数字滤波器的脉冲响应为有限长度,且输入也是有限长度,则可以用卷积公式来进行滤波。具体的卷积公式请参阅参考文献[2]。在 Matlab 中有专门计算卷积的函数 conv。下面介绍该卷积函数的使用方法。

y＝conv(h,x)

输入参数:h——滤波器单位冲激响应向量 $h[n]$;

x——输入信号向量 $x[n]$。

输出参数：y——滤波器的输出向量。

脚本 6-11 给出了对两者进行卷积的实现过程。

```
Matlab 实现：
x=randn(5,1);      %长度为 5 的随机向量
h=[1 1 1 1]/4;
y=conv(h,x);
```
脚本 6-11 卷积函数的使用

6.4.2 根据离散传递函数实现

一般来说，数字滤波器的输出 $y[n]$ 的 z 变换与输入 $x[n]$ 的 z 变换有如下的关系：

$$Y(z) = H(z)X(z) = \frac{b_1 + b_2 z^{-1} + \cdots + b_{nb+1} z^{-nb}}{1 + a_2 z^{-1} + \cdots + a_{na+1} z^{-na}} X(z) \quad (6.4-2)$$

式中，$H(z)$ 是滤波器的传递函数，常数 a_i 与 b_i 是滤波器系数，滤波器阶次是 na 和 nb 中较大的数。注意：滤波器系数的下标从 1 开始，而不是 0。滤波器的名称一定程度上反映了滤波系数 a_i 和 b_i 的数目。

① 当 $nb=0$，即 b 是标量时，滤波器是一个无限冲激响应（IIR）、全极点、回归或自回归（AR）滤波器。

② 当 $na=0$，即 a 是标量时，滤波器是一个有限冲激响应（FIR）、全零点、非回归或移动平均（MA）滤波器。

③ 当 na 和 nb 均大于零时，滤波器是零极点、回归、自回归移动平均（ARMA）滤波器。

将式(6.4-2)中 $Y(z)$ 表达式的分母移到左边并进行 z 反变换，则

$$y[n] + a_2 y[n-1] + \cdots + a_{na+1} y[n-na] = b_1 x[n] + b_2 x[n-1] + \cdots + b_{nb+1} x[n-nb]$$

根据当前和过去的输入，输出 $y(n)$ 为

$$y[n] = b_1 x[n] + b_2 x[n-1] + \cdots + b_{nb+1} x[n-nb] - a_2 y[n-1] - \cdots - a_{na+1} y[n-na]$$

这是数字滤波器在时域的标准表示。在假设的零初始条件下，从 $y(1)$ 开始计算，这一过程是

$$\left. \begin{array}{l} y[1] = b_1 x[1] \\ y[2] = b_1 x[2] + b_2 x[1] - a_2 y[1] \\ y[3] = b_1 x[3] + b_2 x[2] + b_3 x[1] - a_2 y[2] - a_1 y[1] \\ \vdots \end{array} \right\} \quad (6.4-3)$$

上面这种形式的滤波器很容易用计算机语言编写程序来完成，在 Matlab 中有专门的函数来实

现该功能,即 filter。下面介绍 filter 的使用方法。

y＝filter(b,a,x);

输入参数:b——$H(z)$ 的分子;

　　　　　a——$H(z)$ 的分母;

　　　　　x——输入向量 $x[n]$,都是行向量形式。

输出参数:y——滤波器的输出向量。

若 a 的第一个元素不是 1,则 filter 函数先将各系数除以 a_1。

6.4.3 频率域滤波的实现

频域和时域的对偶性使得滤波器在时域及频域中的设计具有对等性,只是有时在频域中进行设计方便一些,而有时在时域中方便一些。在频域中执行一般 IIR 滤波,将输入序列的离散傅里叶变换(DFT)与滤波器的 DFT 相乘,然后得到输出序列再进行反傅里叶变换。可用下列语句来完成上述过程,即

n＝length(x);

y＝ifft(fft(x).＊fft(b,n)./fft(a,n));

计算的结果与 filter 是完全相同的,只是上升行为不一样(边缘效应)。对于长序列,这一算法效率较低,因为当点数 n 增加时,FFT 算法变得较慢。

[例 6-5] 信号由频率为 3 Hz 和 40 Hz 的正弦信号组成,即

$$x(t) = \sin(2\pi \cdot 3 \cdot t) + 0.25\sin(2\pi \cdot 40 \cdot t)$$

设采样频率为 100 Hz,试用巴特沃斯滤波器消除 40 Hz 的信号,并画图表示不同阶数 N 对结果的影响。具体的实现见脚本 6-12。

```
Matlab 实现:
Fs＝100;
T＝0:1/Fs:1;                          %采样时间点
X＝sin(2＊pi＊t＊3)+sin(2＊pi＊t＊40);    %原始波形
%设计巴特沃斯数字低通滤波器
[b,a]＝butter(3,20/(Fs/2));           %采用双线性变换设计巴特沃斯数字低通滤波器
                                      $N=3, N=20$
                                      %截止频率为 20 Hz
y＝filter(b,a,x);                     %进行滤波
plot([x' y']);                        %画图
```

脚本 6-12　例 6-5 的 Matlab 实现程序

原始波形与滤波结果如图 6-32 所示。滤波后的效果消除了原信号中频率 40 Hz 分量。

从图中可以看到阶数 N 对滤波结果的影响，$N=20$ 滤波后的波形比 $N=3$ 滤波后的波形更光滑，但群延迟随阶数的增大而增大。

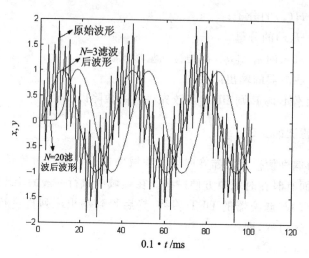

图 6-32 原始波形与滤波结果

读者可以根据不同的要求进行练习，可以体会到不同滤波器具有不同的滤波特性。Matlab 的其他相关的函数可以用以下命令获取帮助：

① help signal；

它罗列介绍《信号处理工具箱》的各种功能及相应的函数。

② sptool；

sptool 是信号处理工具的图形用户介面，打开后可以输入、分析和操作信号、滤波器及频谱。

参考文献

[1] 胡广书. 数字信号处理——理论、算法与实现. 北京:清华大学出版社,1997.
[2] 朱明武,李永新主编. 动态测量原理. 北京:北京理工大学出版社,1993.
[3] 徐科军主编. 信号处理技术. 武汉:武汉理工大学出版社,2001.
[4] 姜常珍主编. 信号分析与处理. 天津:天津大学出版社,2000.
[5] 姚天任. 数字信号处理学习指导与题解. 武汉:华中科技大学出版社,2002.
[6] 恩格尔 V K,普罗克斯 J G. 数字信号处理——使用 Matlab. 刘树棠,译. 西安:西安交通大学出版社,2002.
[7] 陈立民. 数字信号处理基础. 北京:机械委兵工教材编审室,1988.
[8] (美)Ashok Ambardar. 信号、系统与信号处理. 下册. 冯博琴,等,译. 北京:机械工业出版社,2001.
[9] 俞卞章主编. 数字信号处理. 2 版. 西安:西北工业大学出版社,2002.
[10] 施阳,李俊,等. Matlab 语言工具箱——Toolbox 实用指南. 西安:西北工业大学出版社,1998.

第 7 章 现代滤波技术及信号重构简介

第 6 章已经介绍了经典线性滤波器的设计和应用原理,但是经典线性滤波器有其固有的局限性。首先,它只适用于叠加噪声的滤波,即信号 $x(t)$ 是有用信号 $f(t)$ 和噪声 $n(t)$ 相加情况下的滤波,对于乘积噪声($x(t)=f(t)n(t)$)和卷积噪声($x(t)=f(t)*n(t)$)的情况则完全无能为力;其次,它只能根据事先的设计一成不变地滤掉规定频带内的信号,而不能根据有用信号的特点实现最佳滤波。

本章前三节介绍叠加噪声的最佳滤波技术。这些技术都建立在对有用信号的先验知识的基础上。这些先验知识越准确,滤波效果越好。其中以滤波器的输出达到最大的信噪比为准则的匹配滤波技术适用于已知有用(确定性)信号的频谱和干扰噪声的功率谱的情况;维纳滤波和卡尔曼滤波都是针对随机信号,并以最小均方误差为准则的最优滤波技术。第 7.4 节介绍乘积噪声和卷积噪声的同态滤波技术。

本章最后介绍动态系统的补偿和信号重构问题。这是与滤波相反的问题,主要讨论当测试系统不够理想,导致有用信号被不适当地滤波而失真时的补救技术。

7.1 已知信号的最佳滤波——匹配滤波

假设测试所得信号为
$$x(t) = f(t) + n(t) \tag{7.1-1}$$

其中被测信号 $f(t)$ 的波形已知,或者至少其频谱函数 $F(j\omega)$ 已知;噪声 $n(t)$ 的功率谱 $G_n(\omega)$ 也假设已知。现在的任务是找一个频响函数为 $H(j\omega)$ 的系统,使输出信号 $y(t)$ 的信噪比最大限度地改善。设系统的冲激响应为 $h(t)$,则

$$y(t) = x(t) * h(t) = y_f(t) + y_n(t) \tag{7.1-2}$$

式中,$y_f(t) = f(t) * h(t)$ 是与被测信号 $f(t)$ 有关的输出分量;$y_n(t) = n(t) * h(t)$ 是与噪声 $n(t)$ 有关的输出分量。

噪声 $n(t)$ 通过系统后的功率谱 $G_{y_n}(\omega)$ 为

$$G_{y_n}(\omega) = G_n(\omega)|H(j\omega)|^2$$

因而噪声的总功率 P_{y_n}(也即噪声的均方值 $\overline{y_n^2}$)为

$$\overline{y_n^2} = P_{y_n} = \frac{1}{2\pi}\int_{-\infty}^{+\infty} G_n(\omega)|H(j\omega)|^2 d\omega$$

而被测信号 $f(t)$ 通过系统后的输出 $y_f(t)$ 为

$$y_f(t) = \frac{1}{2\pi}\int_{-\infty}^{+\infty} F(j\omega)H(j\omega)e^{j\omega t}d\omega$$

因而滤波器在 t_0 时刻的信噪比的平方为

$$\left(\frac{S}{N}\right)^2 = \frac{y_f^2(t_0)}{\overline{y_n^2}} = \frac{\left|\frac{1}{2\pi}\int_{-\infty}^{+\infty} F(j\omega)H(j\omega)e^{j\omega t_0}d\omega\right|^2}{\frac{1}{2\pi}\int_{-\infty}^{+\infty} G_n(\omega)|H(j\omega)|^2 d\omega} \qquad (7.1-3)$$

根据 Cauchy-Schwartz 不等式,证明得

$$\left|\int_{-\infty}^{+\infty} F(j\omega)H(j\omega)e^{j\omega t_0}d\omega\right|^2 \leqslant \int_{-\infty}^{+\infty} \frac{|F(j\omega)e^{j\omega t_0}|^2}{G_n(\omega)}d\omega \int_{-\infty}^{+\infty} G_n(\omega)|H(j\omega)|^2 d\omega \qquad (7.1-4)$$

将式(7.1-4)代入式(7.1-3)并化简可得

$$\left(\frac{S}{N}\right)^2 \leqslant \frac{1}{2\pi}\int_{-\infty}^{+\infty} \frac{|F(j\omega)e^{j\omega t_0}|^2}{G_n(\omega)}d\omega \qquad (7.1-5)$$

上述不等式只有满足下列条件

$$\sqrt{G_n(\omega)}H(j\omega) = k\frac{F^*(j\omega)}{\sqrt{G_n^*(\omega)}}e^{-j\omega t_0} \qquad (7.1-6)$$

时取等号,即 S/N 取最大值,因此由式(7.1-5)可得最佳频响函数为

$$H_{opt}(j\omega) = k\frac{F^*(j\omega)}{G_n(\omega)}e^{-j\omega t_0} \qquad (7.1-7)$$

在多数情况下被测信号 $f(t)$ 的峰值往往是最受重视的,为了最大限度地提高峰值的信噪比,式(7.1-5)中的 t_0 取峰值时间 t_m,即令 $t_0 = t_m$。

1. 白噪声的匹配滤波器

若噪声是白噪声,即 $G_n(\omega) = N_0$(常数),则匹配滤波器的频响函数为

$$H(j\omega) = \frac{k}{N_0}F^*(j\omega)e^{-j\omega t_0} \qquad (7.1-8)$$

其冲激响应

$$h(t) = \mathscr{F}^{-1}[H(j\omega)] = \frac{k}{N_0}f(t_0 - t) \qquad (7.1-9)$$

由式(7.1-9)可知,白噪声的匹配滤波器的冲激响应的波形就是被测信号 $f(t)$ 的反转移位后的波形,即被测信号的一镜像信号,如图 7-1 所示。

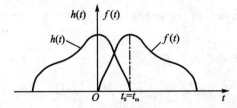

图 7-1 白噪声匹配滤波器的冲激响应

而 $y_f(t)$ 和 $y_n(t)$ 可表示为

$$y_f(t) = \int_{-\infty}^{+\infty} f(t-\tau)h(\tau)\mathrm{d}\tau = \int_{-\infty}^{+\infty} f(t-\tau) \cdot \frac{k}{N_0} f(t_0-\tau)\mathrm{d}\tau =$$

$$\frac{k}{N_0}\int_{-\infty}^{+\infty} f(\xi)f[\xi-(t-t_0)]\mathrm{d}\xi = \frac{k}{N_0} R_{ff}(t-t_0) \tag{7.1-10}$$

$$y_n(t) = \int_{-\infty}^{+\infty} n(t-\tau)h(\tau)\mathrm{d}\tau = \frac{k}{N_0}\int_{-\infty}^{+\infty} n(\xi)f[\xi-(t-t_0)]\mathrm{d}\xi =$$

$$\frac{k}{N_0} R_{nf}(t-t_0) \tag{7.1-11}$$

从式(7.1-10)可以看出,白噪声匹配滤波器的时域响应与被测信号的自相关函数有关;而对于式(7.1-11),如果 $n(t)$ 与 $f(t)$ 是不相关的,那么它们的互相关函数 $R_{nf}(t-t_0)$ 将趋于零。由以上分析可以清楚地看到,白噪声的匹配滤波器实质上是一个相关器,可以称为相关滤波器。

匹配滤波器设计的前提是对被测信号 $f(t)$ 的波形或其频谱 $F(j\omega)$ 具有先验知识。然而实际测试遇到的信号可能与设计时的 $f(t)$ 略有差异,这种情况下就要考虑匹配滤波器的效果是否能基本保持的问题。

2. 白化匹配滤波器

若噪声是有色噪声,即功率谱 $G_n(\omega)$ 不等于常数,那么为了利用上述白噪声匹配滤波器,应首先利用一个所谓白化滤波器使有色噪声转化为白噪声。其中白化滤波器的频响函数 $H_1(j\omega)$ 可取为

$$H_1(j\omega) = \frac{1}{N_1(\omega)}$$

式中

$$N_1(\omega) \cdot N_1^*(\omega) = G_n(\omega)$$

经过白化滤波器后噪声将变成白色噪声;但被测信号 $f(t)$ 也畸变了,其频谱变成 $F(j\omega)/N_1(\omega)$,因而后边的匹配滤波器的频响函数也应对式(7.1-8)稍作改进,即

$$H_2(j\omega) = k \frac{F^*(j\omega)}{N_1^*(\omega)} \mathrm{e}^{-j\omega t_0}$$

这样,最终滤波器的频响函数为

$$H(j\omega) = H_1(j\omega) \cdot H_2(j\omega) = k \frac{F^*(j\omega)}{G_n(j\omega)} \mathrm{e}^{-j\omega t_0}$$

这就是式(7.1-7)所给的最佳滤波器的频响函数。有时为了简单,而又容许 $f(t)$ 有一定畸变,则将白化滤波器频响函数直接取为 $G_n(\omega)$ 的倒数,即

$$H_1(j\omega) = \frac{1}{G_n(\omega)}$$

在本节中,计算匹配滤波器频响特性式(7.1-5),需要计算信号 $f(t)$ 的傅里叶变换,还要知道噪声的功率谱。在 Matlab 函数中相应的函数有 fft 及 psd,具体的使用方法见第4章。

7.2 随机信号的最佳滤波(Ⅰ)——维纳滤波

上述讨论的是 $f(t)$ 为确定性信号,因而可以用匹配滤波器最大限度地改善其信噪比。本节则要讨论随机信号如何通过滤波的方法获得最佳处理。1942 年 N. Wiener 提出了按照最小均方误差原则建立滤波系统,被称为维纳滤波。维纳滤波问题的提法如下:

考虑对观测数据 $x(t)=f(t)+n(t)$,通过具有冲激响应为 $h(t)$ 的滤波系统,其输出信号为

$$y(t) = x(t) * h(t) = \int_{-\infty}^{+\infty} h(\tau) x(t-\tau) d\tau \tag{7.2-1}$$

式中 $h(t) \not\equiv 0 \quad (-\infty < t < +\infty)$

要求 $y(t)$ 与期望的输入 $f(t)$ 之间有最小均方误差,即

$$J = \lim_{T \to \infty} \frac{1}{2\pi} \int_{-T}^{+T} [f(t) - y(t)]^2 dt \tag{7.2-2}$$

达到最小。由此来确定最佳的滤波器冲激响应函数 $h_{\text{opt}}(t)$。

1. 均方误差 J

根据式(7.2-2)的定义,将式(7.2-1)代入并化简,则

$$
\begin{aligned}
J &= \lim_{T \to \infty} \frac{1}{2T} \int_{-T}^{+T} \Big[f(t) - \int_{-\infty}^{+\infty} h(\tau) x(t-\tau) d\tau \Big]^2 dt = \\
&\lim_{T \to \infty} \frac{1}{2T} \int_{-T}^{+T} \Big[f^2(t) - 2f(t) \int_{-\infty}^{+\infty} h(\tau) x(t-\tau) d\tau + \\
&\int_{-\infty}^{+\infty} \int_{-\infty}^{+\infty} h(\tau) h(\mu) x(t-\tau) x(t-\mu) d\tau d\mu \Big] dt = \\
&R_{ff}(0) - 2 \int_{-\infty}^{+\infty} h(\tau) R_{fx}(\tau) d\tau + \int_{-\infty}^{+\infty} \int_{-\infty}^{+\infty} h(\tau) h(\mu) R_{xx}(\tau - \mu) d\tau d\mu
\end{aligned} \tag{7.2-3}
$$

式(7.2-3)说明均方误差只与 $f(t)$ 的平均功率 $R_{ff}(0)$、输出信号 $x(t)$ 的自相关函数 R_{xx}、$x(t)$ 与 $f(t)$ 的互相关函数 R_{fx} 和系统的冲激响应 $h(t)$ 有关,而与输入的具体波形无关。

2. 维纳滤波的频响函数

最优滤波器的冲激响应 $h_{\text{opt}}(t)$ 可以通过令 $\dfrac{\partial J}{\partial h}=0$ 得到,但这一优化过程比较复杂。现在考虑将它转化为另一个参数的优化。为此,令

$$h(t) = h_{\text{opt}} + eg(t) \tag{7.2-4}$$

式中,e 为标量参数,把式(7.2-4)代入到式(7.2-3)得

$$
\begin{aligned}
J(e) =& R_{ff}(0) - 2\int_{-\infty}^{+\infty} h_{\text{opt}}(\tau) R_{fx}(\tau) d\tau - 2e \int_{-\infty}^{+\infty} g(\tau) R_{fx}(\tau) d\tau + \\
& \int_{-\infty}^{+\infty} \int_{-\infty}^{+\infty} h_{\text{opt}}(\tau) h_{\text{opt}}(\mu) R_{xx}(\tau-\mu) d\tau d\mu + 2e \int_{-\infty}^{+\infty} \int_{-\infty}^{+\infty} h_{\text{opt}}(\tau) g(\mu) R_{xx}(\tau-\mu) d\tau d\mu + \\
& e^2 \int_{-\infty}^{+\infty} \int_{-\infty}^{+\infty} g(\tau) g(\mu) R_{xx}(\tau-\mu) d\tau d\mu
\end{aligned} \tag{7.2-5}
$$

显然,均方误差 $J(e)$ 是 $e, h_{opt}(t), g(t)$ 三者的函数。现在,固定 $e, h_{opt}(t), g(t)$,则当

$$\frac{\partial J(e)}{\partial e}\Big|_{e=0} = 0 \tag{7.2-6}$$

时,均方误差函数 $J(e)$ 也能实现最小化。计算式(7.2-6),并在 $e=0$ 时,可得到

$$\int_{-\infty}^{+\infty}\int_{-\infty}^{+\infty} h_{opt}(\tau)g(\mu)R_{xx}(\tau-\mu)\mathrm{d}\tau\mathrm{d}\mu - \int_{-\infty}^{+\infty} g(\tau)R_{fx}(\tau)\mathrm{d}\tau = 0 \tag{7.2-7}$$

即

$$\int_{-\infty}^{+\infty} g(\mu)\left[\int_{-\infty}^{+\infty} h_{opt}(\tau)R_{xx}(\tau-\mu)\mathrm{d}\tau - R_{fx}(\mu)\right]\mathrm{d}\mu = 0 \tag{7.2-8}$$

由于 $g(t)$ 是任意函数,为保证式(7.2-8)恒成立,必有

$$\int_{-\infty}^{+\infty} h_{opt}(\tau)R_{xx}(\tau-\mu)\mathrm{d}\tau - R_{fx}(\mu) = 0$$

考虑到 R_{xx} 是偶函数,$R_{xx}(\tau-\mu)=R_{xx}(\mu-\tau)$,故上式即为

$$h_{opt}(\tau) * R_{xx}(\tau) = R_{fx}(\tau) \tag{7.2-9}$$

这就是第 I 类维纳滤波器冲激响应函数 $h(t)$ 应满足的方程,称为维纳-霍夫(Wiener-Hopf)方程。

对式(7.2-9)两边都进行傅里叶变换,并注意到相关函数的傅里叶变换为功率谱密度,即 $R_{xx}(\tau) \to G_{xx}(\omega)$ 和 $R_{fx}(\tau) \to G_{fx}(\omega)$,得

$$H_{opt}(j\omega) = \frac{G_{fx}(\omega)}{G_{xx}(\omega)} \tag{7.2-10}$$

式(7.2-10)的 $H_{opt}(j\omega)$ 就是维纳滤波器所应具有的最佳频响函数。它由输入信号 $x(t)$ 与被测信号 $f(t)$ 的互功率谱 $G_{fx}(\omega)$ 和 $x(t)$ 的自功率谱 $G_{xx}(\omega)$ 所决定。求解式(7.2-9)或式(7.2-10)可利用的 Matlab 函数有:计算自相关函数和互相关函数的 xcorr 和计算功率谱密度函数 psd,csd。具体的使用方法见第 4 章。

式(7.2-10)表示的滤波器称为非因果关系维纳滤波器,因为滤波器的冲激响应在 $(-\infty, \infty)$ 内取值,而非因果关系的滤波器是物理不可实现的。

任何一个非因果线性系统都可看作是由因果和反因果两部分组成的。因此从式(7.2-10)中将因果部分单独分离出来,以便得到可实现的因果滤波器。其过程如下:

首先,将有理式功率谱分解为

$$G_{xx}(\omega) = A_{xx}^+(\omega)A_{xx}^-(\omega) \tag{7.2-11}$$

式中,$A_{xx}^+(\omega)$ 的零极点全部位于左边平面,而 $A_{xx}^-(\omega)$ 的零极点全部位于右边平面,并且把位于 ω 轴上的零极点对半分给 $A_{xx}^+(\omega)$ 和 $A_{xx}^-(\omega)$。

其次,进行以下的分解:

$$\frac{G_{fx}(\omega)}{A_{xx}^-(\omega)} = B^+(\omega) + B^-(\omega) \tag{7.2-12}$$

式中，$B^+(\omega)$ 的零极点全部位于左边平面，而 $B^-(\omega)$ 的零极点全部位于右边平面；同理，把位于 ω 轴上的零极点对半分给 $B^+(\omega)$ 和 $B^-(\omega)$。

最终，有

$$H(\omega) = \frac{G_{fx}(\omega)}{A_{xx}^+(\omega)A_{xx}^-(\omega)} = \frac{1}{A_{xx}^+(\omega)}\frac{G_{fx}(\omega)}{A_{xx}^-(\omega)} = \frac{1}{A_{xx}^+(\omega)}[B^+(\omega) + B^-(\omega)]$$

显然

$$H_{\text{opt}} = \frac{B^+(\omega)}{A_{xx}^+(\omega)} \tag{7.2-13}$$

只包含了左边平面的零极点，所以是物理可实现的。同理，对于离散信号，$A_{xx}^+(z)$ 和 $B^+(z)$ 的零极点全部位于单位圆内，而 $A_{xx}^-(z)$ 和 $B^-(z)$ 的零极点全部位于单位圆外。

[例 7-1] 观测数据 $x[n] = f[n] + n[n]$，期望信号 $f[n]$ 的相关函数 $R_f(k) = 0.8^{|k|}$，并且 $n[n]$ 是一个均值为 0、方差为 1 的白噪声。另外期望信号是一个 AR(1) 过程：

$$f[n] = 0.8f[n-1] + w[n]$$

式中，$w[n]$ 是一白噪声，其均值为 0，方差 $\sigma_w^2 = 0.36$。期望信号 $f[n]$ 与噪声 $n[n]$ 不相关，噪声 $n[n]$ 与 $w[n]$ 不相关，并且观测数据 $x[n]$ 为实信号。

用维纳滤波器对 $x[n]$ 进行滤波，滤波器输出作为期望信号 $f[n]$ 的估计 $\hat{f}[n]$，求 $\hat{f}[n]$ 的表达式。

解 由题知，期望信号 $f[n]$ 的功率谱为 AR 功率谱，即

$$P_{ff}(z) = \frac{\sigma_w^2}{(1-0.8z^{-1})(1-0.8z)} = \frac{0.36}{(1-0.8z^{-1})(1-0.8z)}$$

观测过程 $x[n]$ 的功率谱，即

$$P_{xx}(z) = P_{ff}(z) + P_{nn}(z) = \frac{0.36}{(1-0.8z^{-1})(1-0.8z)} + 1 =$$

$$1.6\frac{(1-0.5z^{-1})(1-0.5z)}{(1-0.8z^{-1})(1-0.8z)} = A_{xx}^+(z)A_{xx}^-(z)$$

由此得谱分解形式：

$$A_{xx}^+ = \sqrt{1.6}\frac{1-0.5z^{-1}}{1-0.8z^{-1}}, \qquad A_{xx}^- = \sqrt{1.6}\frac{1-0.5z}{1-0.8z}$$

注意，A_{xx}^+ 的零极点均位于单位圆内，对应为系统的最小相位和非因果部分；而 A_{xx}^- 的零极点则全部在单位圆外，对应为系统的最大相位和因果部分。

又因为

$$R_{fx}[k] = E\{f[n]x[n-k]\} = E\{f[n][f[n-k] + n[n-k]]\} =$$
$$E\{f[n]f[n-k]\} = R_{ff}[k]$$

故有 $P_{fx}(z) = P_{ff}(z)$，从而得

$$\frac{P_{fx}(z)}{A_{xx}^{-}(z)} = \frac{P_{ff}(z)}{A_{xx}^{-}(z)} = \frac{\frac{0.36}{(1-0.8z^{-1})(1-0.8z)}}{\sqrt{1.6}\frac{1-0.5z}{1-0.8z}} =$$

$$\frac{0.36}{\sqrt{1.6}(1-0.8z^{-1})(1-0.5z)} = B^{+}(z) + B^{-}(z)$$

故有

$$B^{+}(z) = \frac{1}{\sqrt{1.6}}\frac{0.6}{1-0.8z^{-1}}, \quad B^{-}(z) = \frac{1}{\sqrt{1.6}}\frac{0.3z}{1-0.5z}$$

因此最终的因果维纳滤波器的传递函数为

$$H(z) = \frac{B^{+}(z)}{A_{xx}^{+}(z)} = \frac{\frac{1}{\sqrt{1.6}}\frac{0.6}{1-0.8z^{-1}}}{\sqrt{1.6}\frac{1-0.5z^{-1}}{1-0.8z^{-1}}} = \frac{0.375}{1-0.5z^{-1}}$$

由于估计值 $\hat{f}[n]$ 是观测数据 $x[n]$ 通过维纳滤波器的输出，所以其频谱 $\hat{F}(z)$ 等于滤波器传递函数 $H(z)$ 与输入信号频谱 $X(z)$ 的乘积，即有

$$\hat{F}(z) = H(z)X(z) = \frac{0.375}{1-0.5z^{-1}}X(z)$$

做 z 反变换，即得

$$\hat{f}[n] = 0.5\hat{f}[n-1] + 0.375x[n]$$

维纳滤波从理论上完美地解决了在最小均方误差条件下的平稳信号的最佳估计问题。但从实际应用角度来看，却存在着不足之处。首先就是为了得到维纳滤波器的单位脉冲响应，必须知道观测信号的自相关函数和互相关函数。对于前者，可以利用观测信号对其值进行估计；对于后者，则要给出信号的更多信息。即使求出上述两项，求解 Wiener - Hoff 方程仍然是一个较复杂的过程。另外维纳滤波器是频域对 $H(j\omega)$ 或在时域对 $h(t)$ 进行设计的。但是，按 $H(j\omega)$ 或 $h(t)$ 进行系统综合在许多情况下是很复杂的，特别对于非线性系统，更是难以应用。

7.3 随机信号的最佳滤波(Ⅱ)——卡尔曼滤波

20 世纪 60 年代卡尔曼(R·E·Kalman)等人发展了按照系统的状态方程和状态转移的概念设计最小均方误差的滤波器的方法，被称为现代的滤波理论。卡尔曼滤波不要求保留全部过去的观测数据，而可以用递推的方法进行信号处理，而且克服了维纳滤波只适用于线性系统和平稳随机过程等弱点，可适用于某些非平稳信号的滤波。这是维纳滤波所难以做到的，因而卡尔曼滤波在自动控制、遥测遥控、导航、地质物理、生物物理和医学等许多方面得到了成功的应用。

卡尔曼滤波有效地克服了维纳滤波的缺点。当信号的模型参数给定后，它可以避免求解Wiener-Hoff方程，并在时域中采取递推计算的方式得到在最小均方误差条件下信号的最佳估计。

卡尔曼滤波是用状态空间法描述系统的，由状态方程和观测方程所组成。卡尔曼滤波用前一个状态估计值和最近一个观测数据来估计状态变量的当前值，并以状态变量的估计值的形式给出，很适合于递推计算。

当然，卡尔曼滤波仍然以均方误差最小为判据，因此必须预知信号的一、二阶统计量，同时要把对信号的先验知识用于建立参数模型，以确定模型的阶次和参数。

7.3.1 连续时间系统的卡尔曼滤波

用状态变量描述一个系统时，把输入/输出间的关系分为两段描述：一段为系统输入引起的系统内部状态的变化；一段为系统内部的变化引起的系统输出的变化。前者为状态方程，后者为输出方程。

对于连续系统，其系统状态向量的线性动力学模型总可表示为

$$\frac{d\boldsymbol{X}(t)}{dt} = \boldsymbol{F}(t)\boldsymbol{X}(t) + \boldsymbol{B}(t)\boldsymbol{U}(t) + \boldsymbol{G}(t)\boldsymbol{W}(t) \tag{7.3-1}$$

式中　$\boldsymbol{X}(t)$——状态向量；

　　　$\boldsymbol{U}(t)$——控制（输入）向量，它是确定的非随机向量；

　　　$\boldsymbol{F}(t),\boldsymbol{B}(t),\boldsymbol{G}(t)$——分别为状态矩阵、输入矩阵和噪声矩阵；

　　　$\boldsymbol{W}(t)$——随机噪声。

而观测数据的线性观测模型可表示为

$$\boldsymbol{Y}(t) = \boldsymbol{H}(t)\boldsymbol{X}(t) + \boldsymbol{V}(t) \tag{7.3-2}$$

式中　$\boldsymbol{Y}(t)$——观测向量；

　　　$\boldsymbol{H}(t)$——量测矩阵；

　　　$\boldsymbol{V}(t)$——随机噪声。

随机噪声 $\boldsymbol{W}(t)$ 和 $\boldsymbol{V}(t)$ 是不相关的零均值的白噪声，其方差应为已知，分别为 Q 和 R。

卡尔曼与布赛（Kalman-Bucy）提出采用下列滤波方程，根据实际的输入 $\boldsymbol{U}(t)$ 和输出 $\boldsymbol{Y}(t)$ 求出状态向量的估计值 $\hat{\boldsymbol{X}}(t)$，能保证残差的协方差最小，即

$$\frac{d\hat{\boldsymbol{X}}}{dt} = \boldsymbol{F}(t)\hat{\boldsymbol{X}}(t) + \boldsymbol{B}(t)\boldsymbol{U}(t) + \boldsymbol{L}(t)[\boldsymbol{Y}(t) - \boldsymbol{H}(t)\hat{\boldsymbol{X}}(t)] \tag{7.3-3}$$

式中，增益矩阵为

$$\boldsymbol{L}(t) = \boldsymbol{P}(t)\boldsymbol{H}^{\mathrm{T}}(t)\boldsymbol{V}^{-1}(t) \tag{7.3-4}$$

估计（滤波）的残差记为

$$\Delta\boldsymbol{X}(t) = \boldsymbol{X}(t) - \hat{\boldsymbol{X}}(t)$$

则残差的协方差为

$$P(t) = \text{cov}[\Delta X(t), \Delta X(t)] = E[\Delta X(t) \Delta X(t)^{\mathrm{T}}] \quad (7.3-5)$$

可以证明(略)，$P(t)$是下列所谓的黎卡地(Riccati)方程的解：

$$\frac{\mathrm{d}P(t)}{\mathrm{d}t} = F(t)P(t) + P(t)F^{\mathrm{T}}(t) + G(t)W(t)G^{\mathrm{T}}(t) - P(t)H^{\mathrm{T}}(t)V^{-1}(t)H(t)P(t) \quad (7.3-6)$$

对于稳态过程的卡尔曼滤波只需将$F(t), B(t), H(t), G(t)$都改为常数矩阵F, B, H, G，相应的滤波增益矩阵$L(t)$和残差协方差矩阵$P(t)$也成为常数矩阵L和P，则式(7.3-6)的左端也自然为零。

7.3.2 离散系统的卡尔曼滤波

在实际测量中，由于观测量通常是离散采样值，叩将上述连续型状态和观测方程转化为离散型，具体的过程请参见参考文献[1]，其结果总能转换为如下形式的差分方程：

$$x[k] = A_k x[k-1] + B_k u[k-1] + \Gamma_k w[k-1] \quad (7.3-7)$$
$$y[k] = C_k x[k] + v[k] \quad (7.3-8)$$

其中，式(7.3-7)、式(7.3-8)称为状态方程和观测方程(也称为输出方程)，k表示时刻t_k，这里也指第k步迭代时相应信号的取值；$x[k]$是状态变量，也是被估计的矢量；$u[k]$是输入信号；$y[k]$是观测数据；A表示状态变量之间的状态矩阵，可以随时间发生变化，用A_k表示第k步迭代时状态矩阵A的取值；信号$w[k]$表示系统白噪声，Γ_k表示系统噪声影响各个状态的程度；C表示状态变量与输出信号之间的量测矩阵，可以随时间变化，第k步迭代时，取值用C_k表示；$u[k]$表示系统确定性输入矢量，B为输入矩阵。噪声信号w和v是相互无关的零均值白噪声，且

$$w[k]: E[w[k]] = 0, \quad \sigma_w^2 = Q_k$$
$$v[k]: E[v[k]] = 0, \quad \sigma_v^2 = R_k \quad (7.3-9)$$

离散卡尔曼滤波是采用递推算法实现的。其基本思想是：第一步先不考虑观测噪声$w[k]$的影响，由$k-1$时刻的状态变量估计值$\hat{x}[k-1]$代入状态方程和观测方程，得到状态变量和输出信号的初步估计值$\hat{x}[k,k-1]$：

$$\hat{x}[k,k-1] = A_k \hat{x}[k-1] + B_k u[k-1] \quad (7.3-10)$$
$$\hat{y}[k] = C_k \hat{x}[k,k-1] \quad (7.3-11)$$

显然，这样的初步估计所得的输出值与实测的输出具有误差($y[k] - \hat{y}[k]$)，第二步再用这个输出信号的估计误差加权后校正状态变量的估计值，按以下卡尔曼滤波方程求得滤波结果，即

$$\hat{x}[k] = \hat{x}[k,k-1] + L_k(y[k] - \hat{y}[k]) \quad (7.3-12)$$

式中,加权矩阵(又称增益矩阵)为

$$L_k = P[k,k-1]C_k^T(C_k P[k,k-1]C_k^T + R_k)^{-1} \quad (7.3-13)$$

式(7.3-13)中。预测误差的方差矩阵定义为

$$P[k,k-1] = E\{(x[k] - \hat{x}[k,k-1])(x[k] - \hat{x}[k,k-1])^T\} \quad (7.3-14)$$

可以证明

$$P[k,k-1] = A_k P[k-1]A_k^T + \Gamma_{k-1} Q_{k-1} \Gamma_{k-1}^T \quad (7.3-15)$$

其中 k 时刻的误差方差矩阵定义为

$$P[k] = E\{(x[k] - \hat{x}[k])(x[k] - \hat{x}[k])^T\} \quad (7.3-16)$$

而它与 $P[k,k-1]$ 的关系为

$$P[k] = [I - L_k C_k]P[k,k-1] \quad (7.3-17)$$

卡尔曼滤波的关键是计算出加权矩阵(又称增益矩阵)L_k 的最佳值,使状态变量估计误差的均方值最小。可以证明,L_k 满足式(7.3-13),能够达到这个要求。

递推流程图如图7-2所示。

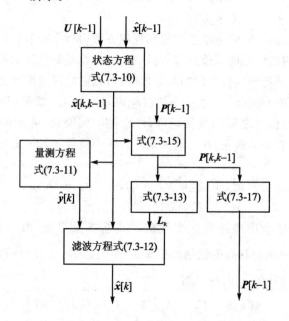

图7-2 卡尔曼滤波的递推流程

7.3.3 卡尔曼滤波的 Matlab 实现

调用 Matlab 函数 dlqe,这个函数即适用于离散系统的卡尔曼滤波。该函数是根据系统特

性过程噪声协方差 Q_k 和观测噪声协方差 R_k 来确定系统的最佳稳态滤波器的增益 $L[k]$ 及预测方差矩阵 $P[k,k-1]$ 和误差的方差矩阵 $P[k]$。其形式如下:

$[L,P,Z,E] = \text{dlqe}(A,G,C,Q,R)$

输入参数:各系数 A,G,C 源自系统模型:

$$x[n+1] = Ax[n] + Bu[n] + Gw[n]$$
$$y[n] = Cx[n] + Du[n] + v[n]$$

Q,R 分别为 w 和 v 的方差。

输出参数:L 是卡尔曼滤波方程的增益,P 是 Riccati 方程的解,即式(7.3-16)的 $P[k,k-1]$;E 是状态变量估计结果的协方差,即式(7.3-17)的 $P[k]$。

除了上述函数外,与卡尔曼滤波器设计相关的函数还有:DLQEW,LQE,LQED,LQEW,KALMAN,KALMD 及演示示例 KALMDEMO。

「例 7-2」 假定随机信号 $x[n]$ 是由一个 0 均值白噪声序列 $v[n]$ 激励一个一阶递归系统而产生的广义马尔可夫过程,其信号模型为

$$x[n] = 0.8x[n-1] + v[n-1]$$

观测测量模型为

$$y[n] = x[n] + n[n]$$

$v[n]$ 和 $n[n]$ 为统计独立的白噪声序列,有

$$\sigma_v^2[n] = 0.36, \quad \sigma_n^2[n] = 1$$

试描述最佳递推估计运算过程。

解 本题过程较复杂,因此采用 Matlab 函数 dlqe 来实现,见脚本 7-1。

```
Matlab 实现:
a=0.8;G=1;
c=1;
Qk=0.36;Rk=1;
[Lk,Pk1,Pk]=dlqe(a,G,c,Qk,Rk);     %计算稳态后的卡尔曼滤波器的状态方程
```

脚本 7-1 例 7-2 的 Matlab 的实现程序

计算后的最终结果为

$$P[k,k-1] = 0.6, \quad L[k] = 0.375, \quad P[k] = 0.375$$

因此,最佳递推估计方程为

$$\hat{x}[k] = 0.8\hat{x}[k-1] + \frac{3}{8}(y[k] - 0.8\hat{x}[k-1]) = 0.5\hat{x}[k-1] + \frac{3}{8}y[k]$$

上式就是通过卡尔曼滤波器得到的 $x[k]$ 估计式。对于该系统,有了输出信号,就可以根据上式进行 $x[k]$ 的估计运算。

从理论上讲，卡尔曼滤波的递推算法可以无限地继续下去。然而在实际问题中的某些条件下，可能产生发散问题。也就是说，实际应用中发现估计误差大大地超过了理论误差预测值，而且误差不但不减小，反而越来越大，即不收敛。

导致发散的一个原因是舍入误差的影响以及递推算法使得舍入误差积累的影响。计算机存储单元的长度有限，使得舍入误差不可避免地存在，它相当于在状态方程和观测方程中又加入了噪声，带来的后果是有可能改变某些矩阵的性质，引起误差矩阵失去正定性和对称性。如果均方误差阵受到扰动而离开稳定解，只要它没有失去正定性，那么仍可能返回稳定解。

舍入误差引起的发散现象可以采用双精度运算得以改善，但运算量要增加许多。目前多采用平方根法，即把递推公式中的均方误差阵 P 改用其平方根 $P^{1/2}$ 实现。具体的分析参见参考文献[2]。

另一种类型的发散问题是由于待估计过程模型的不精确引起的。人们在设计卡尔曼滤波时，认为分析过程是按某一规律发展的，但实际上是按另一规律演变的。如假定待分析过程的模型是一随机数，而实际过程是一个随机斜面，这样滤波器将连续地试着用错误曲线去拟合观测数据，结果导致发散。

当选择系统模型不准确时，由于新观测值对估计值的修正作用下降，陈旧观测值的修正作用相对上升，是引发滤波发散的一个重要因素。因此逐渐减小陈旧观测值的权重，相应增大新观测值的权重，是抑制这类发散的一个可行途径。常用的方法有衰减记忆法、限定记忆法和限定下界法等。另外，通过人为地增加模型输入噪声方差，用扩大了的系统噪声来补偿模型误差，抑制模型不准确所造成的发散现象，也是一种常见的策略。常用的方法有伪随机噪声法等。

还存在第三种发散问题，它是由于系统不可观察引起的。所谓不可观察，是指系统有一个或几个状态变量是隐含的，现有的观测数据不能提供足够的信息来估计所有的状态变量。这种发散问题表现为估计值误差不稳定或者均方误差阵的主对角线上有一项或几项无限增长。

如果出现了这种情况，且防止舍入误差引起发散的措施也采取了，那么一定有观察性问题存在。该问题与舍入误差以及系统模型的不准确的性质不同。在某种意义上，问题不能归结为发散，因为此时滤波器在不利的环境下还是找出了可能范围内的良好估值。

卡尔曼滤波还有一些变形，包括激励信号和观测噪声是有限带宽的有色噪声，以及激励信号是确定性输入信号和白噪声共同产生的响应。有关内容读者可参阅参考文献[2]。

7.4 乘积和卷积噪声的滤波问题

前面所讨论的各种线性滤波器对于叠加于被测信号的噪声可起到有效的抑制作用，但是对于与被测信号相乘或卷积的噪声却无能为力。为此，人们提出了一种非线性滤波方法来解决该类问题，即同态滤波。

该方法的基本思路是将相乘或相互卷积的信号先变换成相加的信号,然后再利用前面所讨论的各种线性滤波的方法去抑制噪声。

7.4.1 乘积噪声的同态滤波

当接收到的信号 $x(t)$(或 $x[n]$)是由真正的被测信号 $f(t)$(或 $f[n]$)与噪波 $n(t)$(或$n[n]$)按以下方式混合而成的,即

$$x(t) = f^\alpha(t) \cdot n^\beta(t) \quad \text{或} \quad x[n] = f^\alpha[n] \cdot n^\beta[n] \tag{7.4-1}$$

则称之为乘积噪声信号,因为有用信号与噪声是相乘(含乘方和开方)的关系。显然,对 $x(t)$(或 $x[n]$)进行对数运算就可以将有用信号与噪声变为相加的关系,即

$$\ln x(t) = \alpha \ln f(t) + \beta \ln n(t)$$

或

$$\ln x[n] = \alpha \ln f[n] + \beta \ln n[n] \tag{7.4-2a}$$

记

$$\hat{x} = \ln x, \quad \hat{f} = \ln f, \quad \hat{n} = \ln n$$

则有

$$\hat{x}(t) = \alpha \hat{f}(t) + \beta \hat{n}(t)$$

或

$$\hat{x}[n] = \alpha \hat{f}[n] + \beta \hat{n}[n] \tag{7.4-2b}$$

常见的时域信号通常都是有正有负的,但由于负数的对数是没有定义的,所以式(7.4-2)在信号处理的应用中还要解决负值信号的处理问题。为此,所有的信号均需要改用复数来表示,即

$$f(t) = |f(t)| e^{j\varphi(t)} \quad \text{或} \quad f[n] = |f[n]| e^{j\varphi[n]} \tag{7.4-3}$$

上式对于实信号也是适用的,例如

若 $A \geqslant 0$,则 $A = |A|$(即 $\varphi=0$),$-A = |A| e^{j\pi}$(即 $\varphi=\pi$),因而

$$\ln(-A) = \ln|A| + j\pi$$

对于负的复数

$$-A e^{j\theta} = |A| e^{j(\theta-\pi)}$$

其对数为

$$\ln(-A e^{j\theta}) = \ln|A| + j(\theta-\pi)$$

通过上述求对数的过程得到 $\hat{x}$ 以后,就可以用通常的线性滤波器抑制噪声 $\hat{n}$,令线性滤波器的输出为 $\hat{y}$。然后再对 $\hat{y}$ 进行对数的反运算,即指数运算,得到整个同态滤波系统的输出为

$$y(t) = e^{\hat{y}(t)} = e^{\hat{y}_f(t)+\hat{y}_n(t)} = e^{\hat{y}_f(t)} \cdot e^{\hat{y}_n(t)} \tag{7.4-4}$$

式中,$\hat{y}_f(t)$ 和 $\hat{y}_n(t)$ 分别为 $\hat{f}(t)$ 和 $\hat{n}(t)$ 通过线性滤波器的输出。整个上述同态滤波系统可以用图 7-3 所示的框图表示。

图 7-3 乘积同态滤波系统框图

通常将由 $x \to \hat{x}$ 的变换系统称为同态滤波的特征系统；而将由 $\hat{y} \to y$ 的变换系统称为逆特征系统。

7.4.2 卷积信号的同态滤波

当接收到的信号 x 是由 f 和 n 相互卷积而成的，即

$$x(t) = f(t) * n(t) \quad \text{或} \quad x[n] = f[n] * n[n] \qquad (7.4-5)$$

则称之为卷积信号。对这样的时域信号先进行傅里叶变换（或 z 变换），使卷积关系变为频域的乘积关系，然后再利用对数分解成为频域的相加关系。如果希望得到的是时域的相加信号，则可以对上述结果再作一次傅里叶反变换或 z 反变换而得到 $\hat{x}(t)$（或 $\hat{x}[n]$）。考虑到上述运算过程若不依靠现代的计算机技术是难以完成的，故下面只讨论离散信号。如上所述，$\hat{x}[n]$ 可定义如下：

$$\hat{x}[n] = \mathscr{Z}^{-1}\{\ln X(z)\} \qquad (7.4-6)$$

显然
$$\hat{x}[n] = \mathscr{Z}^{-1}\{\ln [z\{x[n]\}]\} = \mathscr{Z}^{-1}\{\ln\{z\{f[n] * n[n]\}\}\} =$$
$$\mathscr{Z}^{-1}\{\ln[F(z) \cdot N(z)]\} = \mathscr{Z}^{-1}\{\ln F(z) + \ln N(z)\} =$$
$$\hat{f}[n] + \hat{n}[n] \qquad (7.4-7)$$

式中，$X(z)$，$F(z)$ 和 $N(z)$ 分别为 $x[n]$，$f[n]$ 和 $n[n]$ 的 z 变换，$\mathscr{Z}^{-1}[\cdot]$ 为 z 的反变换。由 $x \to \hat{x}$ 的变换系统称为卷积同态滤波的特征系统，其组成可以由图 7-4 所示的框图表示。$\hat{x}$，$\hat{f}$ 和 $\hat{n}$ 分别称为 x，f 和 n 的复时谱（complex cepstrum）或倒频谱（参阅 4.7 节）。其自变量称为时率或倒频率（quefrency），它与 $x[n]$ 等的自变量是不同的变量，但其量纲是一样的。

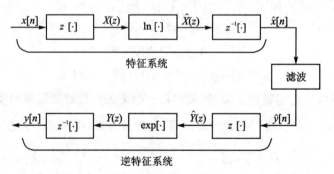

图 7-4 卷积同态系统框图

在具体进行上述计算中，由于 $X(z)$ 通常是复函数，而复函数的对数是多值函数，例如
$$-A\mathrm{e}^{\mathrm{j}\theta} = |A|\mathrm{e}^{\mathrm{j}(\theta+k\pi)} \qquad (k = \text{整数})$$
而
$$\ln(-A\mathrm{e}^{\mathrm{j}\theta}) = \ln|A| + \mathrm{j}(\theta + k\pi)$$

其虚部含有不确定的 k 值,因而呈现某种模糊性。为了确定 k 值,应附加一定的条件。一般当 $z=\mathrm{e}^{\mathrm{j}\Omega T}$ 时,要求 $X(z)$ 的幅角 $\arg X(z)$ 应为 Ω 的连续函数,根据这个限制来确定 k 值,从而消除模糊性。与复时谱相似,还可以定义功率时谱(power cepstrum)为

$$\hat{x}_{\mathrm{pc}}[n] = \{\mathscr{Z}^{-1}[\ln |X(z)|^2]\}^2 \qquad (7.4-8)$$

功率时谱计算时由于 $|X(z)|^2$ 肯定是正实数,故其对数不存在模糊性。然而功率时谱也因此不再含有信号的相位信息。经过卷积同态系统的特征系统后,得到了时域的叠加信号

$$\hat{x}[n] = \hat{f}[n] + \hat{n}[n]$$

原则上可以根据具体的需要用适当的线性滤波器对 $\hat{x}[n]$ 进行滤波,滤波器的输出记为 $\hat{y}[n]$。对 $\hat{y}[n]$ 进行一系列与特征系统相反的运算过程而得到

$$y[n] = \mathscr{Z}^{-1}\{\exp[\hat{Y}(z)]\} \qquad (7.4-9)$$

式中,$\hat{Y}(z)$ 是 $\hat{y}[n]$ 的 z 变换。

时谱分析在许多技术和工程领域得到广泛的应用。凡是遇到要分解相互卷积的信号时,时谱分析方法就可以大显身手。下面仅举几例说明自然界的信号是如何产生卷积的,又为什么要将其分解。

(1) 声音混响

在一个声学设计不佳的大房间里,常因四壁的回声产生混响而使人们听不清语音信号。设声源发出的信号是 $s[n]$,而不同部位反射的信号为 $\beta_i s[n-n_i],(i=1,2,\cdots,M)$。最后听觉器官或声传感器接收到的信号 $x[n]$ 为

$$x[n] = s[n] + \beta_1 s[n-n_1] + \beta_2 s[n-n_2] + \cdots = s[n] * p[n] \qquad (7.4-10)$$

式中

$$p[n] = \delta[n] + \sum_{i=1}^{M} \beta_i \delta[n-n_i]$$

$p[n]$ 称为环境函数,把环境当作线性系统,则 $p[n]$ 也就是系统的冲激响应。如果目的是设法得到声源的真实信号 $s[n]$,例如在一个混响严重的房间里录音,或对某台设备的噪声进行测试和分析等都属于这一类目的。为此可以在进行卷积同态特征系统的处理后,设法通过滤波尽量抑制各个 β_i 系数,也就是设法使 $p[n]$ 在滤波后尽可能成为理想的冲激响应 $k\delta[n]$。然后经过图 7-4 所示的逆特征系统,即可得到与 $s[n]$ 更接近的、更真实的声源信号。在另一些情况下,人们对 $s[n]$ 的特点并无兴趣,而对环境函数 $p[n]$ 所反映的环境条件的特点有兴趣,那么就可以利用卷积同态滤波抑制 $s[n]$ 而提取 $p[n]$,这在下例中是最常用的。

(2) 地震勘探

地震法地质勘探,通常在地面某一点设置炸药,在其周围不同距离上设置若干个地震波探测器并记录所接收到的由于爆炸引起的地震信号。这些信号中,除了直接传播过来的信号之外,还有在地壳的各地层界面上反射过来的信号。这些信号的叠加与声音信号混响过程十分

相似,也可以用式(7.4-10)那样的源信号 $s[n]$ 与环境函数 $p[n]$ 的卷积来表示。而地震勘探的主要目的是要在环境函数 $p[n]$ 中得到地层状况的信息,因而卷积同态滤波的目的是消除 $s[n]$ 而保留 $p[n]$。

7.5 动态系统的补偿和信号重构

前面讨论的各种滤波问题,归根结底是通过限制测量系统的通频带,或者改变通频带的波形来提高信噪比,或达到某些特定的分析目的。而本节要讨论的问题则恰好相反,如测量系统中有些环节其工作频带不够,不能保证被测信号以足够小的动态误差得到传输。遇到这种情况,最简便的解决办法是更换不合要求的测量系统或其部分环节。然而有些环节(例如传感器)的动态特性受到许多限制,以致难以获得完全符合需要的系统(或环节)。在这种情况下,可以通过在二次仪表中增加动态特性补偿环节以拓宽整个测量系统的工作频带,使之满足测试的要求;也可以对测试信号进行动态误差修正。

例如用热电偶测量瞬变的高温,为了得到足够小的时间常数,热电偶丝必须非常细,然而太细的热偶丝遇到振动或者热气流(或液流)冲击时很容易损坏,以致根本不能使用。而采用动态特性补偿,或动态误差修正的方法可以把热电偶测温系统的时间常数降低两个数量级,极大地缓和了上述矛盾。在传感器设计中遇到的类似热电偶设计中那样的问题比比皆是。

动态补偿可以用硬件来实现,也可以把系统的输出信号记录下来再通过软件实现,后者又称为动态误差修正。本书只讨论软件实现的方法。

动态补偿和修正可以在频域对系统的频响特性的缺陷进行针对性的补偿(称为频域补偿或修正);也可在时域进行补偿或修正。这种补偿可以用硬件来实现,也可以用软件来实现;可以是实时的,也可以是事后的补偿或修正。

为了有效地进行测量系统的动态特性补偿或修正,首先应当掌握原系统的动态特性。实际的测试系统的真实模型必须通过实验与分析相结合的方法进行辨识,因而系统辨识是进行动态特性补偿工作的一个不可缺少的前奏;但系统辨识的问题超出了本书的范围,本节将假设在已经获得测量系统的动态特性的基础上,讨论如何进行动态误差修正的问题。

7.5.1 测量系统的频域补偿

设已知测量系统的传递函数为 $H_1(s)$,如果串联一个传递函数为 $K/H_1(s)$ 的补偿系统,那么整个系统的传递函数为常数 K。这是一个理想系统。然而实际构成所需要的补偿系统往往会遇到很多困难。企图通过补偿而获得一个完全的理想系统是不可能的。如果补偿系统的传递函数改为 $KH_2(s)/H_1(s)$,那么串联后的传递函数变成 $KH_2(s)$;如果 $H_2(s)$ 比 $H_1(s)$ 更符合动态测试的要求,就可以获得比较满意的结果。下面用几个实例来进一步说明。

1. 一阶系统的动态特性补偿

对于补偿系统的传递函数 $H_2(s)$，可以利用关于离散和模拟系统相互模仿的方法，找到具有相似的动态响应特性的离散系统传递函数 $H_2(z)$[3]，并利用软件在计算机中实现这个离散系统。这种补偿方法一般难以实现实时补偿，但却有经济、灵活和适应性强等突出的优点。例如对于一阶系统的传递函数为

$$H_1(s) = \frac{1}{1 + \tau s} \tag{7.5-1}$$

用双线性变换法可得其相似的离散系统传递函数应为

$$H_1(z) = \frac{b_0 + b_1 z^{-1}}{1 + a_1 z^{-1}} \tag{7.5-2}$$

式中

$$b_0 = b_1 = \frac{1}{1 + 2T_c}, \qquad a_1 = \frac{1 - 2T_c}{1 + 2T_c}$$

$$T_c = \frac{\tau}{T} \quad (T \text{ 为采样间隔（下同）})$$

显然，所要求的补偿系统的离散传递函数应为

$$H_2(z) = \frac{1}{H_1(z)} = \frac{1 + a_1 z^{-1}}{b_0 + b_1 z^{-1}} = \frac{1}{b_0} \frac{z + a_1}{z + b_1/b_0} \tag{7.5-3}$$

然而这样得到的 $H_2(z)$ 却很可能是不收敛的（系统是不稳定的）。因为 $H_1(z)$ 收敛的条件是其极点必须在 z 平面的单位圆内，而其零点却容许在单位圆外。在这种情况下，由于 $H_2(z)$ 的极点（就是 $H_1(z)$ 的零点）就可能在单位圆外，必然是不收敛的。

即使如上例中的 $H_2(z)$ 的极点为 $z = -b_0/b_1 = -1$，刚好在单位圆上，如果在实现过程中稍有误差，极点就有可能偏出单位圆，而导致补偿系统不稳定。所以，合理的办法是放弃对理想系统的盲目追求，而设法使补偿后的系统较原来的系统在动态响应特性上有足够的改善，以满足实际的测试要求。例如取补偿系统的离散传递函数为

$$H_3(z) = \frac{1 + a_1 z^{-1}}{b'_0 + b_1 z^{-1}} \frac{b_2 + b_3 z^{-1}}{1 + a_2 z^{-1}} \tag{7.5-4}$$

式中，b'_0 应略大于 b_1，以保证极点在单位圆内并有适当的稳定余量，且

$$b_2 = b_3 = \frac{1}{1 + 2T'_c}, \qquad a_2 = \frac{1 - 2T'_c}{1 + 2T'_c}, \qquad T'_c = T_c/K \quad (\text{一般取} 3 \leqslant K \leqslant 10)$$

这样的系统与原系统串联后其传递函数为

$$H(z) = \frac{b_0 + b_1 z^{-1}}{b'_0 + b_1 z^{-1}} \left(\frac{b_2 + b_3 z^{-1}}{1 + a_2 z^{-1}} \right) \tag{7.5-5}$$

其中第一项的分子、分母虽不相等，但很接近，故其频率特性主要由第二项决定，等效的模拟系统传递函数近似为

$$H(s) \approx \frac{1}{1 + \tau' s}$$

式中，$\tau' = \tau/K$，即时间常数减小为原来的 K 分之一，工作频带则扩展了 K 倍。

2. 二阶系统的动态特性补偿

设已知二阶系统的传递函数为

$$H_1(s) = \frac{K}{\dfrac{s^2}{\omega_n^2} + \dfrac{2\zeta}{\omega_n}s + 1} \tag{7.5-6}$$

理想的补偿系统传递函数应为

$$H_2(s) = K_2 \left(\frac{s^2}{\omega_n^2} + \frac{2\zeta}{\omega_n}s + 1 \right) \tag{7.5-7}$$

这两个系统串联后的传递函数为 $H(s) = H_1(s)H_2(s) = K_1 K_2$（假设两个系统相互的负载效应可以忽略）。记二阶系统的输出为 $y_1(t)$，补偿系统的输出为 $y_2(t)$，由式(7.5-7)可导出补偿系统应满足的微分方程为

$$y_2(t) = K_2 \left(\frac{1}{\omega_n^2}D^2 + \frac{2\zeta}{\omega_n}D + 1 \right) y_1(t) \tag{7.5-8}$$

显然，最终的输出 $y_2(t)$ 与输入信号 $x(t)$ 满足

$$y_2(t) = K_1 K_2 x(t)$$

它是一个理想的无失真系统，并不能实际实现。

对于二阶系统，其传递函数改写为

$$H_1(s) = \frac{\omega_n^2}{s^2 + 2\zeta\omega_n s + \omega_n^2}$$

通过双线性变换得

$$H(z) = \frac{b_0 + b_1 z^{-1} + b_2 z^{-2}}{1 + a_1 z^{-1} + a_2 z^{-2}} \tag{7.5-9}$$

式中

$$b_0 = b_2 = \frac{T^2 \omega_n^2}{4 + 4\zeta T\omega_n + T^2 \omega_n^2}$$

$$b_1 = \frac{2T^2 \omega_n^2}{4 + 4\zeta T\omega_n + T^2 \omega_n^2}$$

$$a_1 = \frac{2T^2 \omega_n^2 - 8}{4 + 4\zeta T\omega_n + T^2 \omega_n^2}$$

$$a_2 = \frac{4 - 4\zeta T\omega_n + T^2 \omega_n^2}{4 + 4\zeta T\omega_n + T^2 \omega_n^2}$$

有了 $H_1(z)$ 就可按上述思路去寻找"理想"补偿系统的离散传递函数 $H_2(z)$，以及设计可用的补偿系统的传递函数 $H_3(z)$，这里不再详述。

高阶系统可以看成是若干个低阶系统的串联，因而可以通过对每个低阶系统的补偿来实现对高阶系统的补偿。当然前面提到的各种矛盾和困难会随着补偿环节的增多而更趋严重。

补偿系统传递函数的软件实现与数字滤波器的实现是一样的，可以参阅第 6 章。

7.5.2 测量信号的重构

对于动态测量过程来讲,如果测试系统的动态响应特性不够理想,那么输出信号的波形就会产生畸变。在已知测量系统频率响应特性的前提下,可以设法修正畸变,重构输入信号波形。

1. 频域修正方法

在已知系统频响函数 $H(j\omega)$ 的前提下,通过对输出信号进行傅里叶变换而得 $Y(j\omega)$,则不难得到输入信号的傅里叶变换

$$X(j\omega) = \frac{Y(j\omega)}{H(j\omega)}$$

对上式进行傅里叶反变换即得输入的时域信号

$$x(t) = \mathscr{F}^{-1}[X(j\omega)] = \mathscr{F}^{-1}[Y(j\omega)/H(j\omega)] \qquad (7.5-10)$$

式中,$\mathscr{F}^{-1}[\ ]$ 为反傅里叶变换。从理论上讲,这个 $x(t)$ 就是系统的输入信号。具有动态误差的输出信号 $y(t)$ 经过正、逆两个傅里叶变换运算后得到了修正。

下面给出应变式压力传感器特性补偿和应用的例子。

爆炸冲击波压力信号测量对研究爆炸物质的性能和冲击波的产生、传播与相互作用是重要的。研究该压力信号的测量是一项很有意义的工作。通过爆炸冲击波的频谱分析可知,其主要分布在 0~100 kHz 的频域内;而应变式测量系统由于传感器固有频率低(几十 kHz),故测量结果不可靠。图 7-5 给出了实测的爆炸冲击波信号,很显然,信号中包含了传感器引起的共振信号,使测得的信号引起了失真。为了减小和消除这个失真,采用了上述修正方法并进行信号重构。

首先,对该测量系统进行动态标定实验,求出其传递函数,利用式(7.5-10)对实测冲击波信号进行修正,得到的结果如图 7-6 所示。从结果上看,通过修正可使测量精度大大提高。由实验数据可知,修正前过冲值相对误差大于 50 %,而修正后小于 7 % 或更小。

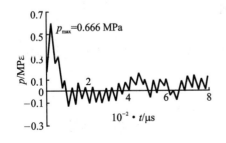

图 7-5 实测的爆炸冲击波信号

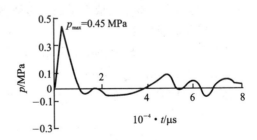

图 7-6 修正后重构信号

分析式(7.5-10)可知,当分母 $H(j\omega) \to 0$ 时,就没有意义了。换句话讲,进行动态误差修正工作只有在频响函数 $H(j\omega) \neq 0$ 的频率域里才是可行的。从物理上来讲,通过系统后完全消失掉的那些频率分量就再也无法修正了。事实上即使没有完全消失,但幅度衰减到被噪声淹没的程度,修正就已经难以进行。

另外这种频率修正要求进行正、逆两次傅里叶变换,尽管可以采用 FFT 算法,但是计算量仍然显得较大,而计算误差也随之增大。还有,离散傅里叶变换所固有的混叠、泄漏和栅栏效应都会在这个修正过程中反映,并形成修正误差,在恶劣的情况下甚至可能越修正越糟糕。

2. 时域修正法

时域修正可以有多种方法,现介绍其基本思路。

(1) 数值微分法

若已知系统的微分方程,且输入信号 $x(t)$ 没有导数项,就可以用数值微分法进行修正。例如已知系统微分方程如下:

$$(a_n D^n + a_{n-1} D^{n-1} + \cdots + a_1 D + a_0) y(t) = bx(t) \tag{7.5-11}$$

式中,a_i 和 b 都是已知常数。通过测试得到了 $y(t)$ 的曲线,只要对某个 t_i 值求出 $y(t)$ 的 $1 \sim n$ 阶的导数代入上式,就可以直接求得输入信号 $x(t_i)$。这个运算过程实际就是把下式作为 $y(t_i)$ 的修正值,即

$$(a_n D^n + a_{n-1} D^{n-1} + \cdots + a_1 D + a_0) y(t_i) = \Delta y(t_i) \tag{7.5-12}$$

因为 $y(t)$ 并没有函数式,只是一条曲线或者是一个序列 $y[n]$,因而只能作数值微分。通常是取连续 k 点的数据用最小二乘法拟合一条 $k-1$ 阶的多项式

$$\hat{y}(t) = a_0 + a_1 t + a_2 t^2 + \cdots + a_{k-1} t^{k-1} = \sum_{j=0}^{k-1} a_j t^j \tag{7.5-13}$$

利用这个多项式就可以求出在 k 点的各阶导数(显然 $k \geq n$ 才行)。然后向后移动一个采样间隔,再取 k 点数据再拟合一个多项式,以此类推。这样除了曲线首尾的 k 个数据点之外,其他各点都参与了 k 条拟合曲线,从而可以得到 k 个各阶导数的计算值,这些值即可以互相印证其正确性,也可以通过取平均值而得到更为精确的数据。

(2) 反叠加积分法

这种方法并不需要事先知道系统的模型(传递函数、微分方程等),而只要得到系统的阶跃响应曲线 $y_u(t)$ 或 $y_u[n]$,即可进行修正。

任意被测信号 $x[t]$ 总可以用一系列阶跃信号的叠加来近似,即

$$x[n] = \sum_{k=1}^{N} \{x[k] - x[k-1]\} u[n-k] \quad (n = 1, 2, \cdots, N) \tag{7.5-14}$$

式中,$u[n]$ 是阶跃信号,系统的响应则可以表示为一系列阶跃响应之和,即

$$y[n] = \sum_{k=1}^{N} \{x[k] - x[k-1]\} c[n-k] \tag{7.5-15}$$

式中，$y[n]$，$x[n]$ 和 $c[n]$ 分别为系统的输出、输入和阶跃响应信号的抽样序列，为了书写方便分别改用 y_n，x_n 及 c_n 代替。由式(7.5-15)可得

$$\left.\begin{aligned}
y_1 &= x_1 c_1 \\
y_2 &= x_1 c_2 + (x_2 - x_1) c_1 \\
&\vdots \\
y_N &= x_1 c_N + (x_2 - x_1) c_{N-1} + \cdots + (x_N - x_{N-1}) c_1
\end{aligned}\right\} \quad (7.5-16)$$

由式(7.5-16)解出 x_i：

$$\left.\begin{aligned}
x_1 &= \frac{y_1}{c_1} \\
x_2 &= x_1 + \frac{y_2 - x_1 c_2}{c_1} \\
&\vdots \\
x_N &= x_{N-1} + \frac{1}{c_1}[y_N - x_1 c_N - (x_2 - x_1) c_{N-1} - \cdots - (x_{N-1} - x_{N-2}) c_2]
\end{aligned}\right\} \quad (7.5-17)$$

式(7.5-17)就是反叠加积分的递推算法，由 $y[n]=y_n$ 推导输入序列 $x[n]=x_n$ 的计算式。利用式(7.5-17)可以对线性系统动态误差进行修正。但是这个方法也有一定的限制。首先 $c_1=c[1]\neq 0$，也就是阶跃响应曲线在第一个采样间隔内就必须有足够幅度，否则式(7.5-17)中的各 $1/c_1$ 项将使计算结果发散。因此阶跃响应曲线的上升前沿必须足够陡，以保证在第一个采样间隔里达到足够的幅度。由于采样间隔 T 要满足采样定理 $T \ll \frac{1}{2f_H}$，这里 f_H 需要考虑信号频率的上限，因此被测信号的频带越宽，T 就必须越小，要求 $y_u(t)$ 的前沿也越陡。这就是修正的一个根本限制。这与频域修正的限制一样，说明任一种动态误差修正方法的效果都有一定限度，不可能无限制地提高。

(3) 反卷积法

对于线性时不变系统的输入、输出具有以下的卷积关系：

$$y(t) = h(t) * x(t) \quad (7.5-18)$$

通过 $y(t)$ 和 $h(t)$ 的反卷积可以求得输入信号 $x(t)$，实际实现的技术不再详述。研究表明，维纳滤波技术实际上就是一种反卷积技术。

经验证明，各种动态特性的补偿方法和修正方法，最终能使系统的等效工作带宽增加若干倍(少则二三倍，多则几十倍甚至更高)。总之动态特性的补偿修正技术近年来有了相当的发展，方法也很多，只是各种方法都还存在着一些问题和限制。但是这些方法确实在补救现有仪器不足方面发挥了重要作用，也给测试系统的设计提出了一些新思路，今后必然将继续得到发展。

参考文献

[1]　黄俊钦. 静动态数学模型的实用建模方法. 北京:机械工业出版社,1988.

[2]　陈丙和. 随机信号处理. 北京:国防工业出版社,1995.

[3]　朱明武,李永新. 动态测量原理. 北京:北京理工大学出版社,1993.

[4]　丁玉美,阔永红,高新波. 数字信号处理——时域离散随机信号处理. 西安:西安电子科技大学出版社,2002.

[5]　王欣,王德隽. 离散信号的滤波. 北京:电子工业出版社,2002.

[6]　俞卞章主编. 数字信号处理. 西安:西北工业大学出版社,2002.

[7]　张贤达. 现代信号处理. 2版. 北京:清华大学出版社,2002.

[8]　张贤达. 现代信号处理习题与解答. 北京:清华大学出版社,2003.

[9]　陈锦荣,卜雄洙. 应变式压力传感器特性补偿和应用. 兵工学报,1995(1).

[10]　邹谋炎. 反卷积和信号复原. 北京:国防工业出版社,2001.

第 8 章 信号处理新技术简介

随着科学技术的发展,数字信号处理的理论也相应地得到了发展。其中,小波分析和人工神经网络的产生和发展尤为突出。下面就这两方面的技术进行简要介绍。

8.1 小波分析原理

8.1.1 小波分析的由来

小波分析作为时频分析方法的一种,是在傅里叶分析的基础上发展起来的。小波分析比傅里叶分析有着许多本质性的进步。由于傅里叶分析使用的是一种全局的变换,要么完全在时域,要么完全在频域,因此无法表述信号的时频局域性质,而这种性质恰恰是非平稳信号最根本和最关键的性质。为了分析和处理非平稳信号,人们对傅里叶分析进行了推广乃至根本性的革命,提出并发展了一系列新的信号分析理论:短时傅里叶变换、Gabor 变换、时频分析、小波变换、Randon – Wigner 变换、分数阶傅里叶变换、线调频小波变换、循环统计量理论和调幅-调频信号分析等。其中,短时傅里叶变换和小波变换也是因传统的傅里叶变换不能够满足信号处理的要求而产生的。短时傅里叶变换分析的基本思想是:假定非平稳信号在分析窗函数 $g(t)$ 的一个短时间隔内是平稳(伪平稳)的,并移动分析窗函数,使 $f(t)g(t-\tau)$ 在不同的有限时间宽度内是平稳信号,从而计算出各个不同时刻的功率谱。但从本质上讲,短时傅里叶变换是一种单一分辨率的信号分析方法,因为它使用一个固定的短时窗函数。因而短时傅里叶变换在信号分析上还是存在着不可逾越的缺陷。小波分析提供了一种自适应的时域和频域同时局部化的分析方法,无论分析低频或高频局部信号,它都能自动调节时频窗,以适应实际分析的需要,具有很强的灵活性,能聚焦到信号时段和频段的任意细节,很适合于探测正常信号中夹带的瞬态反常现象并展示其成分,被喻为时频分析的显微镜。

现在小波分析方法已广泛应用于信号处理、图像处理、模式识别、语音识别、地震勘探、CT 成像、计算机视觉、航空航天技术、故障诊断及通信与电子系统等众多的学科和相关技术的研究中。其研究正在向纵深发展。下面将对小波分析的基本思想、方法和用途作简单的介绍,尽管已经省略了复杂的推导、证明和分析,但其中许多专门的数学概念可能还是读者所陌生的,建议参照 8.3 节的"名词注释"来阅读。

1. 短时傅里叶变换

由于标准傅里叶变换只在频域里有局部分析的能力,而在时域里不存在这种能力,所以

Gabor 于 1946 年引入了短时傅里叶变换(short-time Fourier transform)。短时傅里叶变换的基本思想是：把信号划分成许多小的时间间隔，用傅里叶变换分析每一个时间间隔，以便确定该时间间隔存在的频率。其表达式为

$$S(\omega,\tau) = \int_R f(t)g(t-\tau)\mathrm{e}^{-\mathrm{j}\omega t}\mathrm{d}t \tag{8.1-1}$$

式中，$g(t)$是有紧支集的函数，即定义域（非零域）有限的函数；$f(t)$是被分析的信号。在这个变换中，$\mathrm{e}^{\mathrm{j}\omega t}$起着频限的作用，$g(t)$起着时限的作用。随着时间$\tau$的变化，$g(t)$所确定的时间窗在$t$轴上移动，使$f(t)$被逐段进行分析。因此，$g(t)$往往被称为窗口函数。$S(\omega,\tau)$大致反映了$f(t)$在时刻$\tau$时频率为$\omega$的信号成分的相对含量。这样信号在窗函数上的展开就可以表示为在$[\tau-\delta,\tau+\delta]$，$[\omega-\varepsilon,\omega+\varepsilon]$这一区域内的状态，并把这一区域称为窗口。其中$\delta$为时窗函数的半时宽，$\varepsilon$为时窗函数傅里叶变换所对应的半频宽。它们表示了时频分析中的分辨率，窗宽越小，则分辨率就越高。很显然，希望δ和ε都非常小，以便有更好的时频分析效果。但海森堡(Heisenberg)测不准原理(uncertainty principle)指出δ和ε是互相制约的，两者不可能同时都任意小（事实上，$\delta\varepsilon \geqslant 1/2$，且仅当$g(t) = \dfrac{1}{\delta\sqrt{2\pi}}\mathrm{e}^{-\frac{t^2}{2\delta^2}}$为高斯函数时，等号成立），如图 8-1 所示。

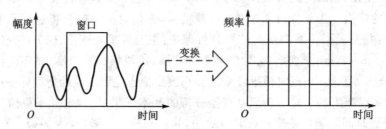

图 8-1　短时傅里叶变换时频分析窗

由此可见，短时傅里叶变换虽然在一定程度上克服了标准傅里叶变换不具有局部分析能力的缺陷，但它也存在着自身不可克服的缺陷，即当窗函数$g(t)$确定后，矩形窗口的形状就确定了，τ,ω只能改变窗口在相平面上的位置，而不能改变窗口的形状。可以说短时傅里叶变换实质上是具有单一分辨率的分析；若要改变分辨率，则必须重新选择窗函数$g(t)$。因此，短时傅里叶变换用来分析平稳信号犹可。但对非平稳信号，在信号波形变化剧烈的时刻，主频是高频，要求有较高的时间分辨率（即δ要小）；而波形变化比较平缓的时刻，主频是低频，则要求有较高的频率分辨率（即ω要小）。而短时傅里叶变换不能兼顾两者。

2. 小波分析

小波分析方法是一种窗口大小（即窗口面积）固定，但其形状可改变，时间窗和频率窗都可改变的时频局部化分析方法，即在低频部分具有较高的频率分辨率和较低的时间分辨率，在高频部分具有较高的时间分辨率和较低的频率分辨率，所以被誉为数学显微镜。正是这种特性，使小波变换具有对信号的自适应性。原则上讲，传统上使用傅里叶分析的地方，都可以用小波

分析取代。小波分析优于傅里叶变换的地方是,它在时域和频域同时具有良好的局部化性质。

小波函数的定义:设 $\psi(t)$ 为平方可积函数,即 $\psi(t) \in L^2(R)$,若其傅里叶变换 $\hat{\psi}(\omega)$ 满足

$$C_\psi = \int_R \frac{|\hat{\psi}(\omega)|^2}{|\omega|} d\omega < \infty \tag{8.1-2}$$

则称 $\psi(t)$ 为一个基本小波,又称为小波基(函数)、小波核(函数)或母小波(mother wavelet),并称式(8.1-2)为小波函数的允许条件(admissible condition)。

由于基本小波 $\psi(t)$ 生成的小波 $\psi_{a,b}(t)$ 在小波变换中对被分析的信号起着观测窗的作用,所以 $\psi(t)$ 还应该满足一般函数的约束条件

$$\int_{-\infty}^{+\infty} |\psi(t)| dt < \infty \tag{8.1-3}$$

故 $\hat{\psi}(\omega)$ 是一个连续函数。这意味着,为了满足容许条件式(8.1-2),$\hat{\psi}(\omega)$ 在 $\omega=0$ 时必须等于零,即

$$\hat{\psi}(0) = \int_{-\infty}^{+\infty} \psi(t) dt = 0 \tag{8.1-4}$$

上式说明 $\psi(t)$ 围绕时间轴的面积必须为零,故 $\psi(t)$ 必须是一个振荡波形;同时,又希望有局部化的时窗,因此 $\psi(t)$ 应该选用快速衰减的短小波形。根据这两点,故称 $\psi(t)$ 为小波。将基本小波 $\psi(t)$ 经伸缩和平移后,就可以得到一个小波序列。

对于连续伸缩、平移的情况,小波序列为

$$\psi_{a,b}(t) = \frac{1}{\sqrt{|a|}} \psi\left(\frac{t-b}{a}\right) \quad (a,b \in R, \quad a \neq 0) \tag{8.1-5}$$

式中,a 为伸缩因子,b 为平移因子。

对于离散伸缩、平移的情况,小波序列为

$$\psi_{j,k}(t) = 2^{-j/2} \psi(2^{-j}t - k) \quad (j,k \in Z) \tag{8.1-6}$$

对于任意函数 $f(t) \in L^2(R)$ 的连续小波变换定义为

$$W_f(a,b) \stackrel{\text{def}}{=\!=\!=} \langle f, \psi_{a,b} \rangle \stackrel{\text{def}}{=\!=\!=} |a|^{-1/2} \int_R f(t) \psi^*\left(\frac{t-b}{a}\right) dt \tag{8.1-7}$$

其中 ψ^* 是 ψ 的共轭函数。小波逆变换为

$$f(t) = \frac{1}{C_\psi} \int_{R^+} \int_R \frac{1}{a^2} W_f(a,b) \psi\left(\frac{t-b}{a}\right) da db \tag{8.1-8}$$

小波变换的时频窗口特性与短时傅里叶的时频窗口不一样,其窗口形状为两个矩形 $[b-a\Delta\psi, b+a\Delta\psi] \times [(\omega_0 - \Delta\hat{\psi})/a, (\omega_0 + \Delta\hat{\psi})/a]$,窗口中心为 $(b, \omega_0/a)$,时窗和频窗宽分别为 $a\Delta\psi$ 和 $\Delta\hat{\psi}/a$。其中 $\Delta\psi$ 是母小波函数 $\psi(t)$ 的半时宽;$\Delta\hat{\psi}$ 是 $\hat{\psi}(\omega)$ 的半频宽;b 仅仅影响窗口在相平面时间轴上的位置;而 a 不仅影响窗口在频率轴上的位置,也影响窗口的形状。这样小波变换对不同的频率在时域上的取样步长是调节性的,即在低频时小波变换的时间分辨率较差,

而频率分辨率较高;在高频时小波变换的时间分辨率较高,而频率分辨率较低,如图 8-2 所示。这正符合低频信号变化缓慢而高频信号变化迅速的特点。这就是它优于经典的傅里叶变换与短时傅里叶变换的地方。从总体上来说,小波变换比短时傅里叶变换具有更好的时频窗口特性。

3. 小波分析与傅里叶变换的比较

小波分析是傅里叶分析思想方法的发展与延拓。它自产生以来,就一直与傅里叶分析密切相关。它的存在性证明、小波基的构造以及结果分析都依赖于傅里叶分析。小波分析与傅里叶变换是相辅相成的,两者相比较主要有以下不同:

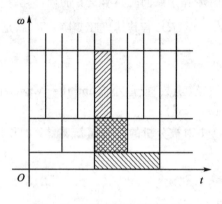

图 8-2 小波变换的时频分析窗

① 傅里叶变换的实质是把能量有限的 $f(t)$ 分解到以 $\{e^{j\omega t}\}$ 为正交基的空间上去;小波变换的实质是把能量有限信号 $f(t)$ 分解到 $W_j(j=1,2,\cdots,J)$ 和 V_j 所构成的空间上去,其中 W_j 和 V_j 的定义见 8.1.5 节。

② 傅里叶变换用到的基本函数只有正弦波一种($\sin(\omega t)$,$\cos(\omega t)$ 或 $e^{j\omega t}$)具有唯一性;小波分析用到的函数(即小波函数)则具有不唯一性。同一个工程问题用不同的小波函数进行分析有时结果相差甚远。小波函数的选用是小波分析应用到实际中的一个难点问题,也是小波分析研究的一个热点问题,目前往往是通过经验或不断的试验(对结果进行对照分析)来选择小波函数。

③ 在频域中,傅里叶变换具有较好的局部化能力,特别是对于那些频率成分比较简单的确定性信号,傅里叶变换很容易把信号表示成各频率成分叠加的形式。但在时域中,傅里叶变换没有局部化能力,即无法从信号 $f(t)$ 的傅里叶变换 $\mathscr{F}(\omega)$ 中看出 $f(t)$ 在任一时间点附近的性态。事实上,$\mathscr{F}(\omega)d\omega$ 表达了信号 $f(t)$ 中频率为 ω 的谐波分量的振幅,它是由 $f(t)$ 的整体性态所决定的。

④ 在小波分析中,尺度 a 的值越大,相当于傅里叶变换中 ω 的值越小。

⑤ 在短时傅里叶变换中,变换系数 $S(\omega,\tau)$ 主要依赖于信号在 $[\tau-\delta,\tau+\delta]$ 片段中的情况,时间宽度是 2δ(因为 δ 是由窗函数 $g(t)$ 唯一确定,所以 2δ 是一个定值)。在小波变换中,变换系数 $W_f(a,b)$ 主要依赖于信号在 $[b-a\Delta\psi,b+a\Delta\psi]$ 片段中的情况,时间宽度是 $2a\Delta\psi$。该时间宽度是随着尺度 a 变化而变化的,所以小波变换具有时间局部分析能力。

⑥ 若用信号通过滤波器来解释,小波变换与短时傅里叶变换的不同之处在于:对短时傅里叶变换来说,带通滤波器的带宽 Δf 与中心频率 f 无关;相反,小波变换带通滤波器的带宽 Δf 则正比于中心频率 f,即

$$Q = \frac{\Delta f}{f} = C \quad (C \text{ 为常数}) \tag{8.1-9}$$

亦即滤波器有一个恒定的相对带宽,称之为恒 Q 结构(Q 为滤波器的品质因数,且有 $Q=$ 中心频率/带宽)。

8.1.2 常用小波函数介绍

与标准傅里叶变换相比,小波分析中所用到的小波函数具有不唯一性,即小波函数 $\psi(t)$ 具有多样性。但小波分析在工程应用中一个十分重要的问题是最优小波基的选择问题,这是因为用不同的小波基分析同一个问题会产生不同的结果。目前主要是通过用小波分析方法处理信号的结果与理论结果的误差来判定小波基的好坏,并由此选定小波基。

但在众多小波基函数的家族中,有一些小波函数被实践证明是非常有用的。在本节中,主要介绍 Matlab 中常用到的小波函数。

1. Haar 小波

Haar 函数是在小波分析中最早用到的一个具有紧支撑的正交小波函数,同时也是最简单的一个函数,如图 8-3 所示。Haar 函数的定义为

$$\psi_H = \begin{cases} 1 & (0 \leqslant x < 1/2) \\ -1 & (1/2 \leqslant x < 1) \\ 0 & (\text{其他}) \end{cases} \tag{8.1-10}$$

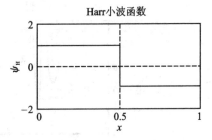

图 8-3 Harr 函数

2. Daubechies(db$N$)小波系

对于正交小波,希望它是有限支撑的,以便使小波变换的快速算法更快捷;希望它是光滑的,以便高精度地模拟和分析信号;希望它的时域和频域的局部化能力是强劲的,以便在信号分析处理中发挥突出的作用。Daubechies 小波为此做出了杰出的贡献。除了一阶 Daubechies 小波(即 Haar 小波)外,其他 Daubechies 小波没有明确的表达式,但转换函数 $H_0(\omega)$ 的平方模是很明确的,即

$$|H_0(\omega)|^2 = \left(\cos^2 \frac{\omega}{2}\right)^N P\left(\sin^2 \frac{\omega}{2}\right) \tag{8.1-11}$$

式中

$$H_0(\omega) = \frac{1}{\sqrt{2}} \sum_{k=0}^{2N-1} h_k \mathrm{e}^{-\mathrm{j}k\omega}$$

$$P(y) = \sum_{k=0}^{N-1} C_k^{N-1+k} y^k$$

式中,C_k^{N-1+k} 为二项式的系数。

小波函数 ψ 和尺度函数 ϕ 的有效支撑长度为 $2N-1$,参看 8.1.5 节的介绍。Daubechies

小波函数提供了比 Haar 函数更有效的分析和综合能力。Daubechies 系中的小波基记为 db$N$,N 为序号,且 $N=1,2,\cdots,10$。db$N$ 大多数不具有对称性;对于有些小波函数,不对称性是非常明显的。正则性随着序号 N 的增加而增加,函数具有正交性。

在这里,画出 db1,db4,db8,db10 四个小波函数,如图 8-4 所示。

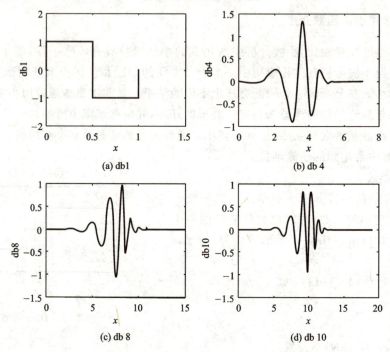

图 8-4 Daubechies 小波函数

3. Morlet(Morl)小波

Morlet 函数(见图 8-5)定义为

$$\psi(x) = Ce^{-x^2/2}\cos \omega_0 x, \qquad \omega_0 \geqslant 5 \tag{8.1-12}$$

它的尺度函数不存在,故不具有正交性。

4. Mexican Hat(Mexh)小波

Mexican Hat 函数为

$$\psi(x) = \frac{2}{\sqrt{3}}\pi^{-1/4}(1-x^2)e^{-x^2/2} \tag{8.1-13}$$

它是 Gauss 函数的二阶导数,因为它像墨西哥帽的截面,所以有时称这个函数为墨西哥帽函数(见图 8-6)。墨西哥帽函数在时间域与频率域都能很好地局部化,并且满足

$$\int_{-\infty}^{+\infty} \psi(x)\mathrm{d}x = 0 \tag{8.1-14}$$

由于它的尺度函数不存在,所以不具有正交性。

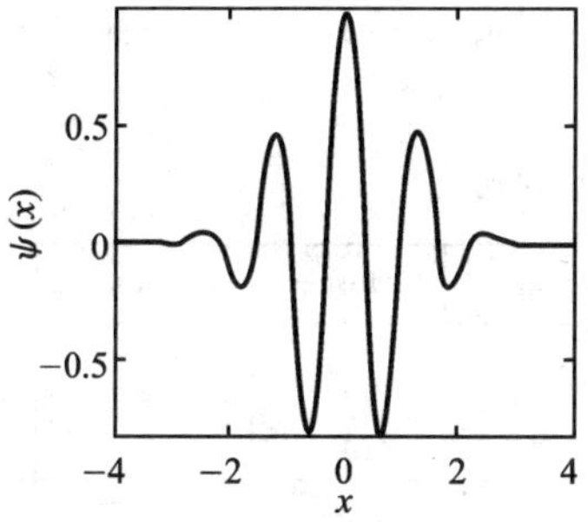

图 8-5 Morlet 函数

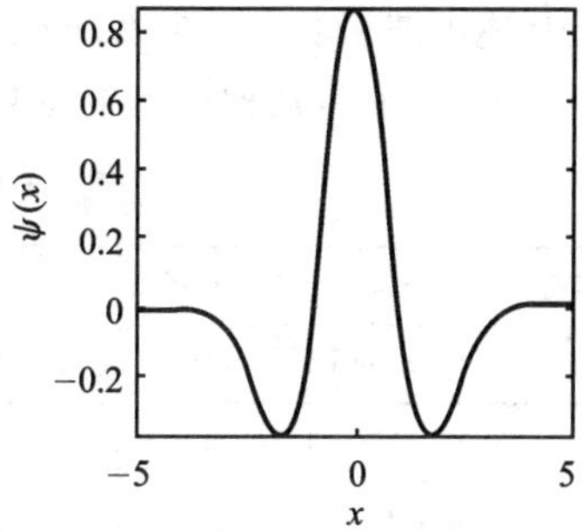

图 8-6 墨西哥帽函数

5. Meyer 函数

Meyer 小波的小波函数 ψ(见图 8-7(a))和尺度函数 ϕ(见图 8-7(b))都是在频率域中进行定义的,是具有紧支撑的正交小波。

$$\hat{\psi}(\omega) = \begin{cases} (2\pi)^{-1/2} e^{j\omega/2} \sin\left[\frac{\pi}{2} v\left(\frac{3}{2\pi}|\omega|-1\right)\right] & \left(\frac{2\pi}{3} \leqslant |\omega| < \frac{4\pi}{3}\right) \\ (2\pi)^{-1/2} e^{j\omega/2} \cos\left[\frac{\pi}{2} v\left(\frac{3}{2\pi}|\omega|-1\right)\right] & \left(\frac{4\pi}{3} \leqslant |\omega| < \frac{8\pi}{3}\right) \\ 0 & \left(|\omega| \notin \left[\frac{2\pi}{3}, \frac{8\pi}{3}\right]\right) \end{cases} \quad (8.1-15)$$

式中,$v(a)$ 为构造 Meyer 小波的辅助函数,且有

$$v(a) = a^4(35 - 84a + 70a^2 - 20a^3) \quad (a \in [0,1]) \quad (8.1-16)$$

$$\hat{\phi}(\omega) = \begin{cases} (2\pi)^{-1/2} & \left(|\omega| \leqslant \frac{2\pi}{3}\right) \\ (2\pi)^{-1/2} \cos\left[\frac{\pi}{2} v\left(\frac{3}{2\pi}|\omega|-1\right)\right] & \left(\frac{2\pi}{3} \leqslant \omega \leqslant \frac{4\pi}{3}\right) \\ 0 & \left(|\omega| > \frac{4\pi}{3}\right) \end{cases} \quad (8.1-17)$$

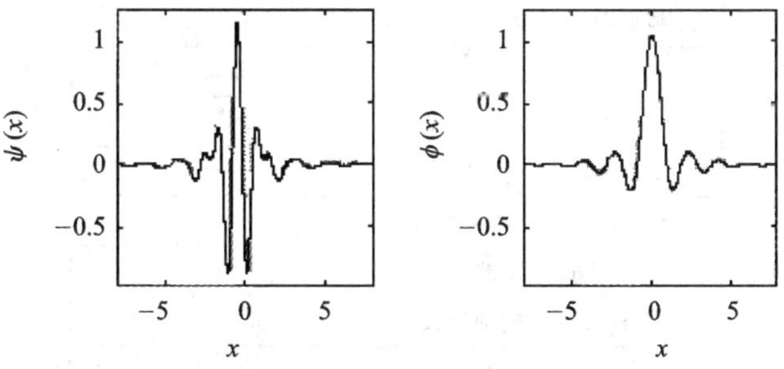

(a) Meyer小波函数

(b) Meyer尺度函数

图 8-7 Meyer 小波函数和尺度函数

除了上述小波函数外,常用的还有双正交小波(Biorthogonal)、Coiflet 小波系和 Symlet 小波系等。表 8-1 为八种小波的主要性质对比。

表 8-1 八种小波的主要性质对比

小波函数	Haar	Daubechies	Biorthogonal	Coiflet	Symlet	Morler	Mexican Hat	Meyer
表示形式	haar	db$N$	biorN_r,N_d	coif$N$	sym$N$	morl	mexh	meyr
正交性	有	有	无	有	有	无	无	有
双正交性	有	有	有	有	有	无	无	有
紧支撑性	有	有	有	有	有	无	无	无
连续小波变换	可以	可以	可以	可以	可以	可以	可以	可以
离散小波变换	可以	可以	可以	可以	可以	不可以	不可以	可以但无FWT
支撑长度	1	$2N-1$	重构:$2N_r+1$ 分解:$2N_d+1$	$6N-1$	$2N-1$	有限长度	有限长度	有限长度
滤波器长度	2	$2N$	$\max(2N_r, 2N_d)+2$	$6N$	$2N$	$[-4,4]$	$[-5,5]$	$[-8,8]$
对称性	对称	近似对称	不对称	近似对称	近似对称	对称	对称	对称
小波函数 ψ 消失矩阶数	1	N	N_r-1	$2N$	N	—	—	—
尺度函数 ϕ 消失矩阶数	—	—	—	$2N-1$	—	—	—	—

相应的小波函数的求解算法可参见表 8-2 中的 Matlab 函数。

表 8-2 小波滤波器的 Matlab 函数表

小波函数	Matlab 函数
小波函数和尺度函数的求解	wavefun
双正交样条小波滤波器	biowavf
Coiflets 小波滤波器	coifwavf
Daubechie 小波滤波器	dbwavf
Mexian Hat 小波滤波器	mexihat
Meyer 小波	meyer
Meyer 小波辅助函数	meyeraux
Morlet 小波	morlet
Symlet 小波滤波器	symwavf

8.1.3 连续小波变换

连续小波变换 CWT(Continuous Wavelet Transform)也称积分小波变换 IWT(Integral Wavelet Transform)。连续小波变换和重构按式(8.1-2)~式(8.1-8)给出。从其定义上看,连续小波变换定量地表示与小波函数系中的每个小波相关或近似的程度。如果把小波看成是 $L^2(R)$ 空间的基函数,那么,连续小波变换就是在基函数系上分解和投影。

连续小波变换具有以下重要性质。

① 叠加性:一个多分量信号的小波变换等于各个分量的小波变换之和。

② 时移不变性:若 $f(t)$ 的小波变换为 $W_f(a,b)$,则 $f(t-\tau)$ 的小波变换为 $W_f(a,b-\tau)$。

③ 伸缩共变性:若 $f(t)$ 的小波变换为 $W_f(a,b)$,则 $f(ct)$ 的小波变换为 $\frac{1}{\sqrt{c}}W_f(ca,cb)$,其中 $c>0$。

④ 自相似性:对应不同尺度参数 a 和不同平移参数 b 的连续小波变换之间是自相似的。

⑤ 冗余性:连续小波变换中存在信息表述的冗余度(redundancy)。

详细内容请参见参考文献[1]。在 Matlab 函数中相对应的函数是 cwt。

8.1.4 离散小波变换

1. 离散小波变换

在实际运用中,尤其是在计算机上实现时,连续小波必须加以离散化。因此,有必要讨论连续小波 $\psi_{a,b}(t)$ 和连续小波变换 $W_f(a,b)$ 的离散化。需要强调指出的是,这一离散化是针对连续的尺度参数 a 和连续平移参数 b 的,而不是针对时间变量 t 的。这一点与人们以前习惯的时间离散化不同,希望引起注意。

在连续小波中,考虑式(8.1-5)函数:

$$\psi_{a,b}(t) = |a|^{-1/2}\psi\left(\frac{t-b}{a}\right)$$

式中,$b\in R, a\in R_+$,且 $a\neq 0$,ψ 是容许的。为方便起见,在离散化中,总限制 a 只取正值,这样相容性条件就变为

$$C_\psi = \int_0^\infty \frac{|\hat{\psi}(\omega)|}{|\omega|}d\omega < \infty \tag{8.1-18}$$

通常,把连续小波变换中尺度参数 a 和平移参数 b 的离散化公式分别取作 $a=a_0^j, b=ka_0^jb_0$,这里 $j\in Z$,扩展步长 $a_0\neq 1$,是固定值。为方便起见,总是假定 $a_0>1$。所以对应的离散小波函数 $\psi_{j,k}(t)$ 即可写作

$$\psi_{j,k}(t) = a_0^{-j/2}\psi\left(\frac{t-ka_0^jb_0}{a_0^j}\right) = a_0^{-j/2}\psi(a_0^{-j}t - kb_0) \tag{8.1-19}$$

而离散化小波变换系数则可表示为

$$C_{j,k} = \int_{-\infty}^{+\infty} f(t)\psi_{j,k}^*(t)\mathrm{d}t = \langle f(t), \psi_{j,k}(t)\rangle \tag{8.1-20}$$

其重构公式为

$$f(t) = K \sum_{j=-\infty}^{+\infty} \sum_{k=-\infty}^{+\infty} C_{j,k}\psi_{j,k}(t) \tag{8.1-21}$$

式中,K 是一个与信号无关的常数。

然而,怎样选择 a_0 和 b_0,才能够保证重构信号的精度呢?显然,网格点应尽可能密(即 a_0 和 b_0 尽可能小)。因为如果网格点越稀疏,使用的小波函数 $\psi_{j,k}(t)$ 和离散小波系数 $C_{j,k}$ 就越少,信号重构的精确度也就会越低。

2. 二进制小波变换

上面是对尺度参数 a 和平移参数 b 进行离散化的要求。为了使小波变换具有可变化的时间和频率分辨率,适应待分析信号的非平稳性,很自然地需要改变 a 和 b 的大小,以使小波变换具有变焦距的功能。换言之,在实际中采用的是动态的采样网格。最常用的是二进制的动态采样网格,即 $a_0 = 2$,每个网格点对应的尺度为 2^j,而平移为 b。由此得到的小波

$$\psi_{2^j,b}(t) = 2^{-j/2}\psi[2^{-j}(t-b)] \qquad (j,b \in Z) \tag{8.1-22}$$

称为二进小波(dyadic wavelet)。

二进小波对信号的分析具有变焦距的作用。假定有一放大倍数 2^{-j},它对应为观测到信号的某部分内容。如果想进一步观看信号更小的细节,就需要增加放大倍数,即减小 j 值;反之,若想了解信号更粗的内容,则可以减小放大倍数,即加大 j 值。在这个意义上,小波变换被称为数学显微镜。

利用二进小波对信号 $f(t)$ 进行小波变换得到的函数

$$W_{2^j}f(b) = 2^{-j/2}\langle f(t), \psi_{2^j,b}(t)\rangle = \frac{1}{2^j}\int_{-\infty}^{+\infty} f(t)\psi^*[2^{-j}(t-b)]\mathrm{d}t$$

称为 $f(t)$ 的二进小波变换,相应的逆变换为[2]

$$f(t) = \sum_{j=-\infty}^{+\infty} \int_{-\infty}^{+\infty} W_{2^j}f(b)\frac{1}{2^j}x[2^{-j}(t-b)]\mathrm{d}b \tag{8.1-23}$$

其中 $x(t)$ 是与二进小波相对应的重构小波,其傅里叶变换满足 $\sum_{j=-\infty}^{+\infty}\hat{\psi}^*(2^j\omega)\hat{x}(2^j\omega) = 1$

二进小波不同于连续小波的离散小波,它只是对尺度参数进行了离散化,而对时间域上的平移参量保持连续变化,因此二进小波不破坏信号在时间域上的平移不变量。这也正是它同正交小波基相比所具有的独特优点。通常,二进小波中取 $b_0 = 1$。在 Matlab 函数中相对应的函数是:单尺度一维离散小波变换 dwt 和单尺度一维离散小波逆变换 idwt。

8.1.5 多分辨分析

关于多分辨分析的理解,在这里以一个三层的分解进行说明。其小波分解树如图 8-8 所示。

从图 8-8 可以明显看出，对信号所占的总频带 S 进行多分辨分析，只是对低频部分进行进一步分解，而高频部分则不予以考虑。分解具有关系 $S=A3+D3+D2+D1$，其中 A_j，D_j 分别表示有关频带内的低频段和高频段。强调一点，这里只是以一个层分解进行说明，如果要进行进一步的分解，则可以把低频部分 $A3$ 分解成低频部分 $A4$ 和高频部分 $D4$，以下再分解以此类推。

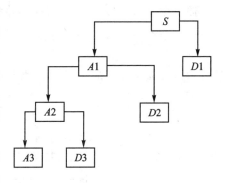

图 8-8　三层多分辨分析树结构图

在理解多分辨分析时，必须牢牢把握一点，即分解的最终目的是力求构造一个在频率上高度逼近 $L^2(R)$ 空间的正交小波基（或正交小波包基），这些频率分辨率不同的正交小波基相当于带宽各异的带通滤波器。从上面的多分辨分析树形结构图 8-8 可以看出，多分辨分析只对低频空间进行进一步的分解，使频率的分辨率变得越来越高。下面分析多分辨分析是如何构造正交小波基的。

定义：空间 $L^2(R)$ 中的多分辨分析是构造该空间内一个子空间列 $\{V_j\}_{j\in Z}$，使其具有以下性质。

① 单调性：$V_j \subset V_{j-1}$，对任意 $j \in Z$。

② 逼近性：$\bigcap_{j\in Z} V_j = \{0\}$，$\text{close}\{\bigcup_{-\infty}^{+\infty} V_j\} = L^2(R)$。

③ 伸缩性：$f(t) \in V_j \Leftrightarrow f(2t) \in V_{j-1}$。伸缩性体现了尺度的变化，逼近正交小波函数的变化和空间的变化具有一致性。

④ 时移不变性：对任意 $k \in Z$，有 $\phi_j(2^{-j/2}t) \in V_j \Rightarrow \phi_j(2^{-j/2}t-k) \in V_j$。

⑤ Riesz 基存在性：存在 $\phi(t) \in V_0$，使得 $\{\phi(2^{-j/2}t-k)|k \in Z\}$ 构成 V_j 的 Riesz 基。

对于条件⑤，可以证明，存在函数 $\phi(t) \in V_0$，使它的整数平移系 $\{\phi(2^{-j/2}t-k)|k \in Z\}$ 构成 V_j 的规范正交基，称 $\phi(t)$ 为尺度函数（scaling function）。定义函数

$$\phi_{j,k}(t) = 2^{-j/2}\phi(2^{-j}t-k) \qquad (j,k \in Z) \qquad (8.1-24)$$

则函数系 $\{\phi_{j,k}(t)|k \in Z\}$ 是规范正交的。

设以 V_j 表示图 8-8 分解中的低频部分 A_j，W_j 表示分解中的高频部分 D_j，则 W_j 是 V_j 在 V_{j-1} 的正交补，即

$$V_j \oplus W_j = V_{j-1} \qquad (j \in Z) \qquad (8.1-25)$$

式中，$\oplus$ 表示子空间正交和，显然

$$V_j \oplus W_j \oplus W_{j-1} \oplus \cdots \oplus W_{j-m+1} = V_{j-m} \qquad (8.1-26)$$

则多分辨分析的子空间 V_0 可以用有限个子空间来逼近，即有

$$V_0 = V_1 \oplus W_1 = V_2 \oplus W_2 \oplus W_1 = \cdots = \cdots =$$
$$V_N \oplus W_N \oplus W_{N-1} \oplus \cdots \oplus W_2 \oplus W_1 \qquad (8.1-27)$$

假设把测试信号 $S[n]$ 所占据的总频带 $(0\sim\pi)$ 定义为空间 V_0，经第一级分解后，V_0 被划分成两个子空间：低频的 $V_1\left(\text{频带 }0\sim\dfrac{\pi}{2}\right)$ 和高频的 $W_1\left(\text{频带 }\dfrac{\pi}{2}\sim\pi\right)$；经第二级分解后，$V_1$ 又被分解成低频 $V_2\left(\text{频带 }0\sim\dfrac{\pi}{4}\right)$ 和高频 $W_2\left(\text{频带 }\dfrac{\pi}{4}\sim\dfrac{\pi}{2}\right)$ 等。过程示意图如图 8-9 所示。

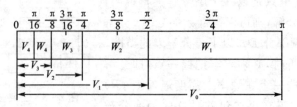

图 8-9 频带的逐级分解

子空间列 $\{W_j|j\in Z\}$ 具有下列性质。

① 时移不变性： $f(t)\in W_j \Leftrightarrow f(t-2^j n)\in W_j \quad (j,n\in Z)$

② 伸缩性： $f(t)\in W_j \Leftrightarrow f(2t)\in W_{j-1} \quad (j\in Z)$

和 V_j 一样，希望找出一个确定的函数 $\psi(t)\in W_0$，使得对每个 $j\in Z$，函数系 $\{\psi_{j,n}|n\in Z\}$ 构成空间 W_j 的规范正交基。其中 $\psi_{j,n}(t)=2^{-j/2}\psi(2^{-j}t-n)$。

若令 $f_j\in V_j$ 代表分辨率为 2^{-j} 的函数 $f\in L^2(R)$ 的逼近（即函数 f 的低频部分或粗糙像），而 $d_j\in W_j$ 代表逼近的误差（即函数 f 的高频部分或细节部分），则式(8.1-27)意味着

$$f_0 = f_1 + f_d = f_2 + d_2 + d_1 = \cdots = f_N + d_N + d_{N-1} + \cdots + d_2 + d_1 \quad (8.1-28)$$

注意到 $f=f_0$，所以上式可简写为

$$f = f_N + \sum_{i=1}^{N} d_i \quad (8.1-29)$$

这表明，任何函数 $f\in L^2(R)$ 都可以根据分辨率为 2^{-N} 时 f 的低频部分（粗糙像）和分辨率 $2^{-j}(1\leqslant j\leqslant N)$ 下 f 的高频部分（细节部分）完全重构。这恰好是著名的 Mallat 塔式重构算法的思想。

从包容关系 $V_0\subset V_{-1}$，很容易得到尺度函数 $\phi(t)$ 的一个极为有用的性质。注意到 $\phi_{0,0}(t)\in V_0\in V_{-1}$，所以 $\phi(t)=\phi_{0,0}(t)$ 可以用 V_{-1} 子空间的基函数 $\phi_{-1,k}(t)=2^{1/2}\phi(2t-k)$ 展开。令展开系数为 $h[k]$，则

$$\phi(t) = \sqrt{2}\sum_{-\infty}^{+\infty} h[k]\phi(2t-k) \quad (8.1-30)$$

这就是尺度函数的双尺度方程。

另一方面，由于 $V_{-1}=V_0\oplus W_0$，故 $\psi(t)=\psi_{0,0}(t)\in W_0\in W_{-1}$。这意味着小波基函数 $\psi(t)$ 可以用 V_{-1} 子空间的正交基 $\phi_{-1,k}(t)=2^{1/2}\phi(2t-k)$ 展开。令展开系数为 $g[k]$，即有

$$\psi(t) = \sqrt{2} \sum_{-\infty}^{+\infty} g[k] \phi(2t-k) \qquad (8.1-31)$$

这就是小波函数的双尺度方程。

双尺度方程式(8.1-30)和式(8.1-31)表明，小波基 $\psi_{j,k}(t)$ 可由尺度函数 $\phi(t)$ 的平移和伸缩的线性组合获得，其构造归结为滤波器 $H(\omega)$ ($h[k]$ 的频域表示) 和 $G(\omega)$ ($g[k]$ 的频域表示) 的设计。

综合以上分析,可以归纳出为了使 $\phi_{j,k}(t) = 2^{-j/2} \phi(2^{-j}t-k)$ 构成 V_j 子空间的正交基,生成元 $\phi(t)$ (尺度函数) 应该具有下列基本性质。

① 尺度函数的容许条件: $\int_{-\infty}^{+\infty} \phi(t) \mathrm{d}t$。

② 能量归一化条件: $\|\phi\|_2^2 = 1$。

③ 尺度函数 $\phi(t)$ 具有正交性,即
$$\langle \phi(t-l), \phi(t-k) \rangle = \delta(k-l) \qquad (\forall k,l \in Z)$$

④ 尺度函数 $\phi(t)$ 与基小波函数 $\psi(t)$ 正交,即 $\langle \phi(t), \psi(t) \rangle = 0$。

⑤ 跨尺度的尺度函数 $\phi(t)$ 与 $\phi(2t)$ 相关,满足双尺度方程式(8.1-30)。

⑥ 基小波函数 $\psi(t)$ 和 $\psi(2t)$ 相关,即满足小波函数的双尺度方程式(8.1-31)。

将尺度函数的容许条件与小波的容许条件 $\int_{-\infty}^{+\infty} \psi(t) \mathrm{d}t = 0$ 作一比较可知,尺度函数的傅里叶变换 $\hat{\phi}(\omega)$ 具有低通滤波特性(相当于一个低通滤波器),而小波的傅里叶变换 $\hat{\psi}(\omega)$ 则具有高通滤波特性(相当于一个带通滤波器)。

8.1.6 小波分析的 Matlab 实现

1. 小波函数和尺度函数

[**phi**, **psi**, **Xval**] = **wavefun**('wname', iter); 该函数计算小波函数 $\psi(t)$ 和相应的尺度函数 $\phi(t)$ 的近似值。

输入参数: 'wname'——小波函数,以字符串形式给出,如'db1'表示一阶 Daubechies;
    iter——迭代次数。

输出参数: phi——小波函数 $\psi(t)$;
    psi——尺度函数 $\phi(t)$;
    Xval——在支撑区间上有 2^{iter} 个点。

2. 小波重构函数

X = **waverec**(**C**, **L**, 'wname'); 该函数是用指定的小波函数对小波分解结构[C, L]进行多尺度一维小波重构。

输入参数: C——表示 1~N 尺度下所有低频系数组合,是向量;

L——表示 1~N 尺度下所用高频系数组合,是向量,在向量里已包含信号 X 的长度;

'wname'——表示小波函数,以字符串形式给出。

输出参数:X——表示被重构的离散信号。

3. 提取低频系数函数

A = appcoef(C,L,'wname',N); 该函数是一个一维小波分析函数,它用于从小波分解结构[C,L]中提取尺度 N 指定的一维信号的低频系数。

输入参数:参数参见 waverec 函数;

N——指定的尺度。

输出参数:A——被提取尺度 N 指定的一维信号的低频系数。

4. 提取高频系数函数

D=detcoef(C,L,N); 该函数是一个一维小波分析函数,它用于从小波分解结构[C,L]中提取尺度 N 指定的一维信号的高频系数。

输入参数:参见 appcoef 函数。

输出参数:D——被提取尺度 N 指定的一维信号的高频系数。

5. 获取消噪中默认阈值的函数

[THR,SORH,KEEPAPP] = ddencmp(IN1,'wv',X); 该函数是一个获取在消噪或压缩过程中的默认阈值的函数。

输入参数:IN1——消噪或压缩的选择,是字符串,'den'表示消噪,'cmp'表示压缩;

'wv'——小波;

X——一维信号。

输出参数:THR——阈值;

SORH——为软阈值 s 和硬阈值 h 选择参数;

KEEPAPP——让操作者保存低频信号。

6. 消除噪声函数

[XC,CXC,LXC]=wdencmp('gbl',C,L,'wname',N,THR,SORH,KEEPAPP); 是一个一维消噪或压缩函数。它用小波对信号进行消噪或压缩。

输入参数:'gbl'——各层都是用同一阈值处理;

C,L,'wname',N——参见 appcoef 函数;

THR,SORH,KEEPAPP——参见函数 ddencmp 函数。

输出参数:XC——消噪后的结果,是向量;

CXC,LXC——是 XC 的小波分解结构,CXC 表示 1~N 尺度下所有低频系数组合,是向量;LXC 表示 1~N 尺度下所用高频系数组合,是向量。

7. 利用给定阈值进行消噪处理函数

Y = wthresh(X,SORH,T); 该函数用于对向量 X 进行软阈值处理或硬阈值处理。

输入参数:X——被处理的向量;

SORT——用于软阈值 s 还是硬阈值 h 处理,是字符串;

T——阈值大小。

输出参数:Y——X 被进行软阈值处理或硬阈值处理的结果。

除了上述函数外,Matlab 小波函数工具箱提供了图形用户界面,可以在图形方式下实现小波分析的绝大部分功能。它不需要编程,只要通过菜单操作和各种参数的选择就可对一维或二维信号进行分析。进入该程序的命令为:wavemenu,回车。

8.1.7 小波包分析

多分辨分析可以对信号进行有效的时频分解,但由于其尺度是按二进制变化的,所以在高频频段其频率分辨率较差,而在低频频段其时间分辨率较差,即对信号的频带进行指数等间隔划分(具有等 Q 结构)。小波包分析(wavelet packet analysis)能够为信号提供一种更加精细的分析方法。它将频带进行多层次划分,对多分辨分析没有细分的高频部分进一步分解,并能够根据被分析信号的特征,自适应地选择相应频带,使之与信号频谱相匹配,从而提高时-频分辨率,因此小波包具有更广泛的应用价值。

关于小波包分析的理解,在这里以一个三层的分解进行说明。其小波包分解树如图 8-10 所示。

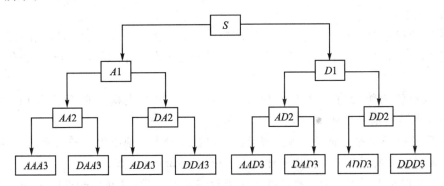

图 8-10 三层小波包分解树示意图

图 8-10 中,A 表示低频,D 表示高频,末尾的序号数表示小波包分解的层数(也即尺度数)。分解具有关系:$S = AAA3 + DAA3 + ADA3 + DDA3 + AAD3 + DAD3 + ADD3 + DDD3$,即原始信号 S 被分解为若干大大小小的包,根据所需要分析的信号的各频段里的特性,可以适当选取不同大小的包来组装原始信号,使对信号有一定的自适应性。还可以采用某些准则来选择所谓最佳小波包基。有时在信号分析中,信号的主要特征可能只体现在某一个

或几个小包上,因而可只注意这几个小包。这在故障诊断、数据压缩等技术中通常是很有用处的。由于篇幅有限,对其理论分析有兴趣的读者请参见参考文献[3]。小波包算法在 Matlab 中也有相应的函数,如:

① 一维小波包分解 wpdec;

② 一维小波包重构 wprec;

③ 计算完整最佳小波包树 bestlevt。

8.1.8 小波分析在测试信号分析中的应用

在前几节中,已经介绍了小波变换的概念及其基本的分解算法。随着小波理论的日益成熟,人们对小波分析的实际应用越来越重视,它已经广泛地应用于信号处理、图像处理、量子场论、地震勘探、语音识别与合成、音乐、雷达、CT 成像、彩色复印、流体湍流、天体识别、机器视觉、机械故障诊断与监控、分形以及数字电视等科技领域。在本节,主要介绍如何利用小波分析函数处理实际的工程问题。

运用小波分析进行一维信号消噪和识别信号中的发展趋势是小波分析的一个重要应用之一。在实际的工程应用中,所分析的信号可能包含噪声和一些不应有的趋势项。对这种信号,首先需要作信号的预处理,将信号的噪声和趋势项去除,提取有用信号。

[例 8-1] 利用小波分析方法对具有噪声的电网电压值进行消噪处理,并分析用电故障原因。

解 首先选择小波函数 db4,然后确定小波分解的层数 N(在这里,取 N 为 3)。从小波消噪处理的方法上说,一般有三种。

① 强制消噪处理。该方法把小波分解结构中的高频系数全部变为 0,即把高频部分全部滤除掉,然后再对信号进行重构处理。该方法的优点是比较简单,缺点是容易丢失信号的有用成分。

② 默认阈值消噪处理。该方法利用 ddencmp 函数产生信号的默认阈值,然后利用 wdencmp 函数进行消噪处理。

③ 给定软(或硬)阈值消噪处理。阈值往往通过经验人为地给出。一般来讲,该阈值比默认阈值更具有可信度。在进行阈值量化处理中可用 wthresh 函数。

下面的程序给出了用上面三种消噪方法进行的消噪处理,并对消噪的结果加以对比。具体的实现见脚本 8-1。

从图 8-11 可以看出,强制消噪处理后的信号比较光滑,但同时也去掉了故障信号的某些有用成分。而默认阈值消噪处理和给定阈值消噪处理则能妥善地解决消噪和保留故障信号方面的要求。

Matlab 实现:

```
%数据文件名为 leleccum.mat
load leleccum;                          %将信号装入 Matlab 工作环境
s=leleccum(1:3920);                     %取采样信号的前 1~3 920 个采样点
ls=lengsth(s);                          %数据序列长度
subplot(221);plot(s);                   %画出原始信号波形
title('原始信号');
[c,l]=wavedec(s,3,'db4');               %采用 db4 小波并对信号进行三层分解
ca3=appcoef(c,l,'db4',3);               %提取小波分解的低频系数
cd3=detcoef(c,l,3);                     %提取第三层的高频系数
cd2=detcoef(c,l,2);                     %提取第二层的高频系数
cdl=detcoef(c,l,1);                     %提取第一层的高频系数
%下面对信号进行强制消噪处理。
cdd3=zeros(1,length(cd3));              %把第三层高频系数 cd3 全部设置为 0
cdd2=zeros(1,length(cd2));              %把第二层高频系数 cd3 全部设置为 0
cddl=zeros(l,length(cd1));              %把第一层高频系数 cd3 全部设置为 0
c1=[ca3,cdd3,cdd2,cddl];                %建立新的系数矩阵
s1=waverec(c1,l,'db4');                 %[cl,l]为新的分解结构
slubplot(222);plot(s1);                 %画出对信号进行强制消噪的波形图
title('强制消噪波形图');grid;
    %下面利用默认阈值进行消噪处理
    %用函数获得信号的默认值,使用命令函数来实现消噪过程
[thr,sorh,keepapp]=ddencmp('den','wv',s);
s2=wdencmp('gbl',c,l,'db4',3,thr,sorh,keepapp);
subplot(223);plot(s2);
title('默认阈值消噪后的信号');grid;
    %下面利用给定的软阈值进行消噪
cdlsoft=wthresh(cdl,'s',1.456);         %对第一层的高频系数,阈值取为 1.456
cd2soft=wthresh(cd2,'s',1.832);         %对第二层的高频系数,阈值取为 1.832
cd3soft=wthresh(cd3,'s',2.886);         %对第三层的高频系数,阈值取为 2.886
c2=[ca3,cd3soft,cd2soft,cd1soft];       %建立新的系数矩阵
s3=waverec(c2,l,'db4');                 %[c2,l]为给定阈值量化后的分解结构
subplot(224);plot(s3);
title('给定软阈值消噪后的信号');grid;
```

脚本 8-1　例 8-1 的 Matlab 实现程序

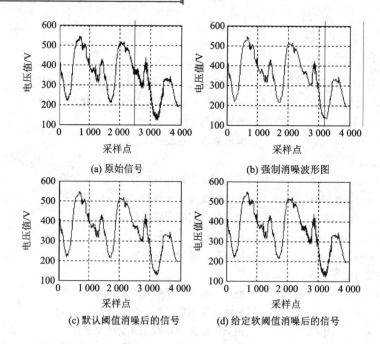

图 8-11 例 8-1 输出结果

在用一维小波进行信号的消噪和压缩过程中,都要用阈值进行小波分解系数的量化处理,那么如何选取阈值和如何进行阈值的量化呢？根据基本的噪声模型,阈值的选取原则一般有以下几种,具体见表 8-3。

表 8-3 参数 tptr 的四种选项

序 号	阈值选择规则
1	是一种基于史坦(stein)的无偏似然估计(二次方程)原理的自适应阈值选择
2	采用的是固定的阈值形式,产生的阈值大小是 $\sqrt{2\lg N}$,其中 N 为信号 s 的采样点数
3	是前两种阈值的综合,是最优预测变量阈值选择
4	用极大、极小原理选择的阈值

8.2 人工神经网络(ANN)简介

古今中外,许许多多科学家为了揭开大脑机能的奥秘,从不同角度进行着长期的不懈努力和探索,逐渐形成了一个多学科交叉的前沿技术领域——神经网络(neural network)。今天随着科学技术的迅猛发展,它正以极大的魅力吸引着世界上众多专家、学者为之奋斗,在世界范围内再次掀起了神经网络的研究热潮。难怪有关国际权威人士评论时指出,目前对神经网络研究的重要意义,不亚于第二次世界大战时对原子弹的研究。

神经网络由许多并行运算的简单单元组成,这些单元类似于生物神经系统的单元。神经网络是一个非线性动力学系统,其特色在于信息的分布式存储和并行协同处理。虽然单个神经网络的结构极其简单,功能有限,但大量神经元构成的网络系统所能实现的行为却极其丰富多彩。和数字计算机相比,神经网络系统具有集体运算的能力和自适应的学习能力;此外它还具有很强的容错性和鲁棒性,善于联想、综合和推广。

8.2.1 神经网络的发展概况

1943 年,心理学家 W. McCulloch 和数理逻辑学家 W. Pitts 首先提出了一个简单的神经网络模型,其神经元的输入/输出关系为

$$y_i = \text{sign}\left(\sum_i w_{ji} x_i - \theta_j\right) \tag{8.2-1}$$

式中,输入、输出均为二值量,w_{ji} 为固定的权值。利用该简单网络可以实现一些逻辑关系。虽然该模型过于简单,但它为进一步的研究打下了基础。

1949 年,D. O. Hebb 首先提出了一种调整神经网络连接权值的规则,通常称为 Hebb 学习规则。其基本思想是,当两个神经元同时兴奋或同时抑制时,它们之间的连接强度便增加。这可表示为

$$w_{ji} = \begin{cases} \sum_{k=1}^{n} x_i^{(k)} x_j^{(k)} & (i \neq j) \\ 0 & (i = j) \end{cases} \tag{8.2-2}$$

这种学习规则的意义在于,连接权值的调整正比于两个神经元活动状态的乘积,连接权值是对称的,神经元到自身的连接权值为零。现在仍有不少神经网络采用这种学习规则。

1958 年,F. Rosenblatt 等人研究了一种特殊类型的神经网络,即主要用于模式分类的感知器(perceptron)。1969 年,M. Miskey 和 S. Papert 发表了名为《感知器》的专著。他们在专著中指出,简单的线性感知器的功能是有限的,它无法解决线性不可分的两类样本的分类问题。典型的例子如"异或"运算,即简单的线性感知器不可能实现"异或"的逻辑关系。要解决这个问题,必须加入隐层节点。但是对于多层网络,如何找到有效的学习算法尚是难以解决的问题,因此它使整个 80 年代神经网络的研究处于低潮。

美国物理学家 J. J. Hopfield 在 1982 年和 1984 年发表了两篇神经网络的文章,引起了很大的反响。他提出一种反馈互联网络,并定义了一个能量函数,它是神经元的状态和连接权值的函数。利用该网络可以求解联想记忆和优化计算的问题。这种网络后来被称为 Hopfield 网络。

1986 年,D. E. Rumelhart 和 J. L. Mcclelland 等人提出了多层前馈网络的反向传播算法 BP(Back Propagation),简称 BP 网络或 BP 算法。这种算法解决了感知器所不能解决的问题。

神经网络理论是在现代神经科学研究成果的基础上提出来的,它反映了人脑功能的若干

特性,但并非神经系统的逼真描述,而只是其简化、抽象和模拟。换言之,人工神经网络是一种抽象的数学模型。出自不同的研究目的和角度,它可用作大脑结构模型、认识模型、计算机信息处理方式或算法结构。迄今为止的神经网络研究,大体上可分为三个大的方向:

① 探求人脑神经系统的生物结构和机制,这实际上是神经网络理论的初衷;

② 用微电子学或光学器件形成特殊功能网络,这主要是新一代计算机制造领域所关注的问题;

③ 将神经网络理论作为一种解决某些问题的手段和方法,这类问题在利用传统方法时或者无法解决,或者在具体处理技术上尚存困难。

8.2.2 神经网络的结构及类型

一般而言,神经网络是一个并行和分布式的信息处理网络结构,它一般由许多个神经元组成,每个神经元只有一个输出,它可以连接到很多其他的神经元;每个神经元输入有多个连接通路,每个连接通路对应于一个连接权系数。

严格地说,神经网络是一个具有下列性质的有向图,如图 8-12 所示。

① 每个节点有一个状态变量 x_j;

② 节点 i 到节点 j 有一个连接权系数 w_{ji};

③ 每个节点有一个阈值 θ_j;

④ 每个节点定义一个变换函数 $f_j[x_i, w_{ji}, \theta_j (i \neq j)]$,最常见的情形为

$$y_j = f\left(\sum_i w_{ji} x_i - \theta_j\right) \quad (8.2-3)$$

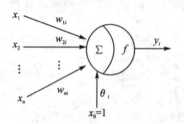

图 8-12 神经元示意图

传递函数 $f(x)$ 可为线性函数,或为 S 型的非线性函数,或具有任意阶导数的非线性函数。常见的传递函数有如下形式。

① 线性传递函数:

$$f(x) = x \quad (8.2-4)$$

② 阶跃函数:

$$f(x) = \begin{cases} 1 & (x \geq 0) \\ 0 & (x < 0) \end{cases} \quad (8.2-5)$$

③ 饱和线性传递函数:

$$f(x) = \begin{cases} 0 & (x \leq 0) \\ x & (0 < x < 1) \\ 1 & (x \geq 1) \end{cases} \quad (8.2-6)$$

④ sigmoid 型函数(对数 S 型)

$$f(x) = \frac{1}{1 + \exp(-x)} \quad (8.2-7)$$

⑤ sigmoid 型函数（双曲正切 S 型）
$$f(x) = \tanh(x) \qquad (8.2-8)$$
⑥ 高斯型函数（径向基传递函数）
$$f(x) = \exp\left[-\frac{1}{2\sigma_i^2}\sum_j(x_j - w_{ji})^2\right] \qquad (8.2-9)$$
式中，σ_i^2 为标准化参数，也就是 $f(\cdot)$ 取高斯型函数形式。

⑦ 竞争层传递函数
$$f(x_j) = \begin{cases} 1 & (\max[f(x_j)], \quad i = j) \\ 0 & (i \neq j) \end{cases} \qquad (j = 1, 2, \cdots, n) \qquad (8.2-10)$$

上述传递函数对应的 Matlab 函数如表 8-4 所列。

表 8-4 传递函数

传递函数	Matlab 对应的函数	备注
线性传递函数	a＝purelin(n)	a＝n
阶跃函数	a＝hardlim(n) a＝hardlims(n)	硬限幅传递函数 对称硬限幅传递函数
饱和线性传递函数	a＝satlin(n) a＝satlins(n)	饱和线性传递函数 对称饱和线性传递函数
sigmoid 型函数（对数 S 型）	a＝logsig(n)	输入范围$(-\infty, +\infty)$映射到$(0, +1)$
sigmoid 型函数（双曲正切 S 型）	a＝tansig(n)	输入范围$(-\infty, +\infty)$映射到$(-1, +1)$
高斯型函数（径向基传递函数）	a＝radbas(n)	
竞争层传递函数	a＝compet(n)	

神经网络模型各种各样，它们是从不同的角度对生物神经系统不同层次进行的描述和模拟。有代表性的网络模型有感知器、多层映射 BP 网络、RBF 网络、双向联想记忆（BAM）和 Hopfield 模型等。利用这些网络模型可实现函数逼近、数据聚类、模式分类和优化计算等功能。因此，神经网络广泛应用于人工智能、自动控制、机器人和统计学等领域的信息处理中。

8.2.3 感知器

感知器（perceptron）是由美国学者 F. Rosenblatt 于 1958 年提出的。它是一个具有单层计算神经元的神经网络，并由线性阈值单元组成。感知器特别适用于简单的模式分类问题，也可用于基于模式分类的学习控制和多模态控制中。

感知器的基本功能是对外部神经元的状态进行感知与识别。这就是当外部的 n 个神经元处于一定的状态时，感知器就呈现兴奋状态；而当外部的 n 个神经元处于另一些状态时，感知器就呈现抑制状态。如果用公式表示感知器的运算函数，那么，它的传递函数为阶跃函数。

图 8-13 描述了一个线性阈值元件(hardlim)组成的感知器神经元及感知器的神经网络结构。

单层感知器神经网络可通过两种不同的方式加以描述,如图 8-14 所示。网络有 R 个输入,通过权值 $W(i,j)$ 与 S 个感知器神经元连接。

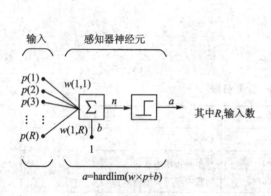

图 8-13 感知器神经元模型

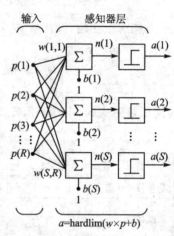

图 8-14 感知器神经网络模型

从图 8-14 可以看出,感知器神经网络只有一层神经元。这是由感知器学习规则造成的,感知器学习规则只能训练单层网络。感知器神经网络这种结构上的局限性也在一定程度上限制了其应用范围。具体的过程及相应的函数如表 8-5 所列。

表 8-5 感知器神经网络函数

步 骤	Matlab 函数	备 注
初始化	[w,b]=initp(p,t)	感知器层初始化
学习规则	[dw,db]=learnp(p,e)	感知器学习规则
训练	[w,b,te]=trainp(w,b,p,t,tp)	利用感知器规则训练感知器
仿真	a=simup(p,w,b)	感知器仿真

8.2.4 线性神经网络

线性神经网络是最简单的一种神经元网络,由一个或多个线性神经元构成。20 世纪 50 年代末,Widrow 提出的 Adaline 是线性神经网络最早的典型代表。线性神经网络不同于感知器神经网络,其中每个神经元的传递函数为线性函数,因此线性神经网络的输出可以取任意值,而感知器神经网络的输出只能是 0 或 1。线性神经网络可采用 Widrow-Hoff 学习规则或者 LMS(Least Mean Square)算法来调整网络的权值和阈值。图 8-15 描述了一个由纯线性函数(purelin)组成的线性神经元。

图 8-16 以两种形式给出了具有 R 个输入的单层(有 S 个神经元)线性神经元网络,其权值矩阵为 W,这种神经网络为 Madaline 网络。

图 8-16 中的 p,w,b 是下列矩阵的元素,即

$$W = \begin{bmatrix} w(1,1) & w(2,1) & \cdots & w(R,1) \\ w(1,2) & w(2,2) & \cdots & w(R,2) \\ \vdots & \vdots & & \vdots \\ w(1,S) & w(2,1) & \cdots & w(R,S) \end{bmatrix}$$

$$P = \begin{bmatrix} p(1) & p(2) & \cdots & p(R) \end{bmatrix}^T$$

$$b = \begin{bmatrix} b(1) & b(2) & \cdots & b(S) \end{bmatrix}^T$$

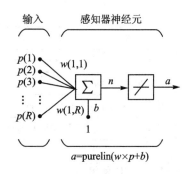

图 8-15 线性神经元

Widreow-Hoff 学习规则只能训练单层的线性网

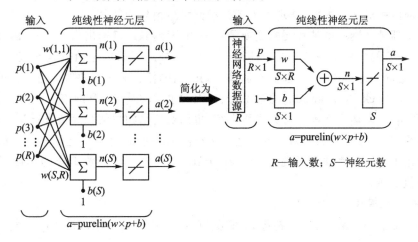

图 8-16 线性神经元网络

络,但这并不影响单层线性神经网络的应用,因为对多层线性神经网络而言,可以设计出一个性能完全相当的单层线性神经网络。具体的过程及相应的函数如表 8-6 所列。

表 8-6 线性神经元网络函数

步骤	Matlab 函数	备注
初始化	[w,b]=initlin(p,t)	线性层初始化
学习规则	[dw,db]=learnwh(p,e,lr)	Widreow-Hoff 学习规则

续表 8-6

步骤	Matlab 函数	备注
训练	[w,b,te]=trainwh(w,b,p,t,tp)	利用 Widreow-Hoff 学习规则训练线性层
自适应网络	[a,e,w,b]=adaptwh(w,b,p,t,lr)	利用 Widreow-Hoff 学习规则自适应训练线性层
仿真	A=simlin(p,w,b)	线性网络层仿真
其他	[w,b]=solvelin(p,t)	直接求解线性网络误差最小的权值矩阵

8.2.5 BP 网络

该网络是对非线性可微分函数进行权值训练的多层前向网络。在人工神经网络的实际应用中,80%~90%的人工神经网络模型是采用 BP 网络或它的变化形式。它主要用于以下几个方面。① 函数逼近:用输入矢量和相应的输出矢量训练一个网络逼近一个函数;② 模式识别:用一个特定的输出矢量将它与输入矢量联系起来;③ 分类:把输入矢量以所定义的合适方式进行分类;④ 数据压缩:减少输出矢量维数以便于传输或存储。可以说,BP 网络是人工神经网络中前向网络的核心内容,体现了人工神经网络最精华的部分。

由于感知器神经网络中神经元的变换函数采用符号函数,其输出为二值量,因此它主要用于模式分类。BP 网络也是一种多层前馈神经网络,其神经元的传递函数是 S 型函数,因此输出量为 0~1 之间的连续量,它可以实现从输入到输出的任意非线性映射。由于权值的调整采用反向传播 BP(Back Propagation)的学习算法,因此也常称其为 BP 网络。在确定了 BP 网络的结构后,利用输入/输出样本集对其进行训练,也即对网络的权值和阈值进行学习和调整,以使网络实现给定的输入/输出映射关系。经过训练的 BP 网络,对于不是样本集中的输入也能给出合适的输出。这种性质称为泛化(generalization)功能。从函数拟合的角度看,说明 BP 网络具有插值功能。

1. BP 神经元模型

图 8-17 给出一个基本的 BP 神经元,它具有 R 个输入,每个输入都通过一个适当的权值 W 与下一层相连,网络输出可表示成

$$a = f(w \times p, b)$$

式中,$f(\cdot)$ 可以是 log_Sigmoid 型函数,也可以是 tan_Sigmoid 型函数。典型的 BP 网络的结构如图 8-18 所示。

BP 网络通常有一个或多个隐层,隐层中的神经元均采用 S 型变换函数,输出层的神经元采用纯线性变换函数。图 8-19 描述了具有一个隐层的 BP 网络。该网络可以用来逼近非线性函数。

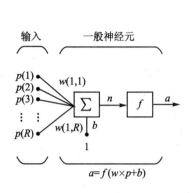

图 8-17　BP 神经元

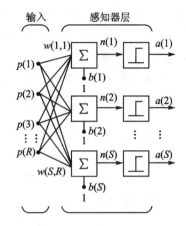

图 8-18　BP 网络结构

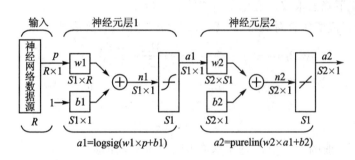

图 8-19　具有一个隐层的 BP 网络

2. BP 算法

BP 网络的产生归功于 BP 算法的获得。BP 算法是一种监督式的学习算法。其主要思想为:对于 R 个输入学习样本 $p(1),p(2),\cdots,p(R)$,已知与其对应的输出样本为 $T(1)$, $T(2),\cdots,T(R)$,学习的目的是用网络的实际输出 $a(1),a(2),\cdots,a(R)$ 与目标矢量 $T(1)$, $T(2),\cdots,T(R)$ 之间的误差来修改其权值,使 $a(n=1,2,\cdots,R)$ 与期望的 T 尽可能地接近,即使网络输出层的误差平方和达到最小。它是通过连续不断地在相对于误差函数斜率下降的方向上计算网络权值和偏差的变化而逐渐逼近目标的。每一次权值和偏差的变化都与网络误差的影响成正比,并以反向传播的方式传递到每一层。

BP 算法由两部分组成:信息的正向传递与误差的反向传播。在正向传播过程中,输入信息从输入经隐含层逐层计算传向输出层,每一层神经元的输出作用于下一层神经元的输入。如果在输出层没有得到期望的输出,则计算输出层的误差变化值,然后转向反向传播,通过网络将误差信号沿原来的连接通路反传回来修改各层神经元的权值,直至达到期望目标。

为了明确起见,现以图 8-19 所示的两层网络为例进行 BP 算法推导。

设输入为 p,输入神经元有 R 个,隐含层内有 $S1$ 个神经元,传递函数为 $f1$,输出层内有 $S2$ 个神经元,对应的传递函数为 $f2$,输出为 $a2$,目标矢量为 T。

(1) 信息的正向传递

① 隐含层中第 i 个神经元的输出为

$$a1_i = f1\left(\sum_{j=1}^{R} w1_{ij} p_j + b1_i\right) \quad (i = 1, 2, \cdots, S1) \tag{8.2-11}$$

② 输出层第 k 个神经元的输出为

$$a2_k = f2\left(\sum_{j=1}^{S1} w2_{ki} a1_i + b2_k\right) \quad (k = 1, 2, \cdots, S2) \tag{8.2-12}$$

③ 定义误差函数为

$$E(W, B) = \frac{1}{2} \sum_{k=1}^{S2} (t_k - a2_k)^2 \tag{8.2-13}$$

(2) 利用梯度下降法求权值变化及误差的反向传播

① 输出层的权值变化。对从第 i 个输入到第 k 个输出的权值有

$$\Delta w2_{ki} = -\eta \frac{\partial E}{\partial w2_{ki}} = -\eta \frac{\partial E}{\partial a2_k} \cdot \frac{\partial a2_k}{\partial w2_{ki}} =$$
$$\eta(t_k - a2_k) \cdot f2' \cdot a1_i = \eta \cdot \delta_{ki} \cdot a1_i \tag{8.2-14}$$

式中
$$\delta_{ki} = (t_k - a2_k) \cdot f2' = e_k \cdot f2'$$
$$e_k = t_k - a2_k$$

η 为学习速率。在一般的运用中,η 通常取 $0.01 \sim 0.9$ 之间的数。

同理可得

$$\Delta b2_{ki} = -\eta \frac{\partial E}{\partial b2_k} = -\eta \frac{\partial E}{\partial a2_k} \cdot \frac{\partial a2_k}{\partial b2_k} =$$
$$\eta(t_k - a2_k) \cdot f2' = \eta \cdot \delta_{ki} \tag{8.2-15}$$

② 隐含层权值变化。对从第 j 个输入到第 i 个输出的权值,有

$$\Delta w1_{ij} = -\eta \frac{\partial E}{\partial w1_{ij}} = -\eta \frac{\partial E}{\partial a2_k} \cdot \frac{\partial a2_k}{\partial a1_i} \cdot \frac{\partial a1_i}{\partial w1_{ij}} =$$
$$\eta \sum_{k=1}^{S2} (t_k - a2_k) \cdot f2' \cdot w2_{ki} \cdot f1' \cdot p_j =$$
$$\eta \cdot \delta_{ij} \cdot p_j \tag{8.2-16}$$

式中
$$\delta_{ij} = e_i \cdot f1', \quad e_i = \sum_{k=1}^{S2} \delta_{ki} \cdot w2_{ki}$$

同理可得

$$\Delta b1_i = \eta \delta_{ij} \tag{8.2-17}$$

从上面的计算过程来看,误差反向传播过程实际上是通过计算输出层的误差 e_k,将其与输出层传递函数的一阶导数 $f2'$ 相乘来求得 δ_{ki}。由于隐含层中没有直接给出目标矢量,所以利用输出层的 δ_{ki} 进行误差反向传递来求出隐含层权值的变化量 $\Delta w2_{ki}$。然后计算 $e_i = \sum_{k=1}^{S2} \delta_{ki} \cdot w2_{ki}$,并同样通过 e_i 将其与该层传函数的一阶导数 $f1'$ 相乘,而求得 δ_{ij},以此求出前层权值的变化量 $\Delta w1_{ij}$。如果前面还有隐含层,沿用上述同样方法类推,一直将输出误差 e_k 一层一层地反推算到第一层为止。

3. BP 网络的设计

在进行 BP 网络的设计时,一般应从网络的层数、每层中的神经元个数、传递函数、初始值以及学习速率等几个方面进行考虑。下面讨论它们各自选取的原则。

(1) 网络的层数

理论上已经证明:具有偏差和至少一个 S 型隐含层加上一个线性输出层的网络,能够逼近任何有理函数。这实际上已经给出了一个基本的设计 BP 网络的原则。增加层数主要可以更进一步地降低误差,提高精度,但同时也使网络复杂化,从而增加了网络权值的训练时间。而误差精度的提高实际上也可以通过增加隐含层中的神经元数目来获得,其训练效果也比增加层数更容易观察和调整。所以一般情况下,应优先考虑增加隐含层中的神经元数。

另外还有一个问题:能不能仅用具有非线性传递函数的单层网络来解决问题呢?结论是:没有必要或效果不好。因为能用单层非线性网络完美解决的问题,用自适应线性网络一定也能解决,而且自适应线性网络的运算速度还更快。而对于只能用非线性函数解决的问题,单层精度又不够高,也只有增加层数才能达到期望的结果。这主要还是因为一层网络的神经元数被所要解决的问题本身限制造成的。对于一般可用一层解决的问题,应当首先考虑用感知器,或自适应线性网络来解决,而不采用非线性网络,因为单层不能发挥出非线性传递函数的特长。输入神经元数可以根据需要求解的问题和数据所表示的方式来确定。如果输入的是电压波形,那么可根据电压波形的采样点数来决定输入神经元的个数;也可以用一个神经元,使输入样本为采样的时间序列。如果输入为图像,则输入可以用图像的像素,也可以为经过处理后的图像特征来确定其神经元个数。总之问题确定后,输入与输出层的神经元数就随之确定了。在设计中应当注意尽可能地减少网络模型的规模,以便减少网络的训练时间。

(2) 隐含层的神经元数

网络训练精度的提高,可以通过采用一个隐含层,而增加其神经元数的方法来获得。这在结构实现上,要比增加更多的隐含层要简单得多。那么究竟选取多少个隐含层节点才合适呢?这在理论上并没有一个明确的规定。在具体设计时,比较实际的做法是通过对不同神经元数进行训练对比,然后适当地加上一点余量。

(3) 初始权值的选取

由于系统是非线性的,初始值对于学习是否达到局部最小、是否能够收敛以及训练时间的长短的关系很大。如果初始权值太大,则使得加权后的输入和 x 落在了 S 型传递函数的饱和区,从而导致其导数 $f'(x)$ 非常小,而在计算权值修正公式中 $\delta \propto f'(x)$。因为,当 $f'(x) \to 0$ 时,则有 $\delta \to 0$。这使得 $\Delta w_{ij} \to 0$,从而使得调节过程几乎停顿下来。所以,一般总是希望经过初始加权后的每个神经元的输出值都接近于零,这样可以保证每个神经元的权值都能够在它们的 S 型传递函数变化最大之处进行调节。所以,一般取初始权值在 $(-1,1)$ 之间的随机数。另外,为了防止上述现象的发生,威得罗等人在分析了两层网络是如何对一个函数进行训练后,提出一种选定初始权值的策略:选择权值的量级为 $\sqrt[r]{S1}$,其中 S1 为第一层神经元数目。利用他们的方法可以在较少的训练次数下得到满意的训练结果,其方法仅需要使用在第一隐含层的初始值的选取上,后面层的初始值仍然采用随机取数。

(4) 学习速率

学习速率决定每一次循环训练中所产生的权值变化量。大的学习速率可能导致系统的不稳定;但小的学习速率导致较长的训练时间,可能收敛很慢,不过能保证网络的误差值不跳出误差表面的低谷而最终趋于最小误差值。所以在一般情况下,倾向于选取较小的学习速率以保证系统的稳定性。学习速率的选取范围在 0.01~0.9 之间。

和初始权值的选取过程一样,在一个神经网络的设计过程中,网络要经过几个不同的学习速率的训练,通过观察每一次训练后的误差平方和 $\sum e^2$ 的下降速率,来判断所选定的学习速率是否合适。若 $\sum e^2$ 下降很快,则说明学习速率合适;若 $\sum e^2$ 出现振荡现象,则说明学习速率过大。对于每一个具体的网络都存在一个合适的学习速率。但对于较复杂的网络,在误差曲面的不同部位可能需要不同的学习速率。为了减少寻找学习速率的训练次数以及训练时间,比较合适的方法是采用变化的自适应学习速率,使网络的训练在不同的阶段自动设置不同学习速率的大小。

(5) 期望误差的选取

在设计网络的训练过程中,期望误差值也应当通过对比训练后确定一个合适的值。这个所谓的合适,是相对于所需要的隐含层的节点数来确定的,因为较小的期望误差值是要靠增加隐含层的节点,以及训练时间来获得的。一般情况下,作为对比,可以同时对两个不同期望误差值的网络进行训练,最后通过综合因素的考虑来确定采用其中一个网络。

4. BP 网络的限制与不足

虽然反向传播法得到广泛的应用,但它也存在自身的限制与不足。其主要表现在它的训练过程的不确定上。具体说明如下。

(1) 需要较长的训练时间

对于一些复杂的问题,BP 算法可能要进行几小时甚至更长时间的训练。这主要是由于学习速率太小所造成的。可采用变化的学习速率或自适应的学习速率来加以改进。

（2）完全不能训练

这主要表现在网络出现的麻痹现象上。在网络的训练过程中，当其权值调得过大时，可能使得所有的或大部分神经元的加权总和偏大。这使得传递函数的输入工作在S型传递函数的饱和区，导致其导数 $f'(x)$ 非常小，从而使得对网络权值的调节过程几乎停顿下来。通常为了避免这种现象的发生，一是选取较小的初始权值；二是采用较小的学习速率，但这又增加了训练时间。

（3）局部极小值

BP算法可以使网络权值收敛到一个解，但它并不能保证所求为误差超平面的全局最小解，很可能是一个局部极小解。这是因为BP算法采用的是梯度下降法，训练是从某一起始点沿误差函数的斜面逐渐达到误差的最小值。对于复杂的网络，其误差函数为多维空间的曲面，就像一个碗，其碗底是最小值点。但是这个碗的表面是凹凸不平的，因而在对其训练过程中，可能陷入某一小谷区，而这一小谷区产生的是一个局部极小值。由此点向各方向变化均使误差增加，以至于使训练无法逃出这一局部极小值。

解决BP网络的训练问题还需要从训练算法上下工夫。

5. BP算法的改进

由于BP网络的上述限制与不足，在实际应用中往往难以令人满意，因此出现了许多改进算法。标准BP算法实质上是一种简单的最速下降静态寻优算法，在修正 $w(k)$ 时，只是按照 k 时刻的负梯度方式进行修正，而没有考虑到以前积累的经验，即以前时刻的梯度方向，从而常常使学习过程发生振荡，收敛缓慢。为此有人提出了改进算法：

$$w(k+1) = w(k) + \eta[(1-mc)D(k) + mcD(k-1)] \tag{8.2-18}$$

式中，$w(k)$ 既可表示单个的权值，也可表示权值向量。$D(k) = -\partial E/\partial W(k)$ 为 k 时刻的负梯度。$D(k-1)$ 为 $k-1$ 时刻的负梯度。η 为学习率，$\eta > 0$。mc 为动量因子，$0 \leqslant mc < 1$。这种方法所加入的动量项实质上相当于阻尼项，它减小了学习过程的振荡趋势，从而改善了收敛性。

自适应调整学习率有利于缩短学习时间。标准BP算法收敛速度慢的一个重要原因是学习率选择不当。学习率选得太小，收敛太慢；学习率选得太大，则有可能修正过头，导致振荡甚至发散。因此出现了自适应调整学习率的改进算法：

$$w(k+1) = w(k) + \eta(k)D(k) \tag{8.2-19a}$$

$$\eta(k) = 2^\lambda \eta(k-1) \tag{8.2-19b}$$

$$\lambda = \mathrm{sign}[D(k)D(k-1)] \tag{8.2-19c}$$

当连续两次迭代其梯度方向相同时，表明下降太慢，这时可使步长加倍；当连续两次迭代其梯度方向相反时，表明下降过头，这时可使步长减半。BP网络具体的计算过程及相应的函数如表8-7所列。

表 8－7 BP 网络函数

步骤	Matlab 函数	备注
初始化	[w1,b1,...]= initff(p,s1,'f1',...,sn,'fn')	至多三层的前向网络初始化
学习规则	[dw,db]=learnbp(p,d,lr)	反向传播学习规则
训练	[w,b,te]=trainbp(w,b,'F',p,t,tp)	利用 BP 算法训练前向网络
仿真	A=simuff(p,w,b)	前向网络仿真
其他	[w,b]=deltalin(a,e)	计算反向传播误差的导数
	[a,b,c,d,e,f,g,h]= trainbpx(i,j,k,l,m,n,o,p,q,r,s,t)	利用快速 BP 算法训练前向网络（采用动量法）
	[net,tr]= trainlm(net,Pd,Tl,Ai,Q,TS,VV)	利用 Levenberg – Marquardt 规则训练前向网络

8.2.6 BP 神经网络的 Matlab 实现

1. 对前向网络进行初始化

[w1,b1,w2,b2]＝initff(p,S1,f1,S2,f2)； 该函数得到第一层 S1 个神经元和第二层 S2 个神经元的神经网络的权值和阈值。

输入参数：p——输入向量；

　　　　　f1,f2——神经层传递函数名，是字符串；

　　　　　S1,S2——神经元的个数，是标量。

输出参数：w1,w2——神经网络中第一层和第二层的权值矩阵；

　　　　　b1,b2——神经网络中第一层和第二层的阈值向量。

initff 可对至多三层神经网络进行初始化，可得到每层的权值和阈值。

2. 用 BP 算法对前向网络进行训练

[w1,b1,w2,b2,te,tr]＝trainbp(w1,b1,'f1',w2,b2,'f2',p,t,tp)； 该函数采用双层网络，利用初始化的权值和阈值，根据训练参数 tp 指示进行训练，重新获取各层的权值和阈值，使当输入向量为 p 时，网络的输出为目标向量矩阵 t。

输入参数：w1,w2——神经网络中第一层和第二层的初始权值矩阵；

　　　　　b1,b2——神经网络中第一层和第二层的初始阈值向量；

　　　　　f1,f2——神经层传递函数名，是字符串；

　　　　　p——输入向量；

　　　　　t——目标向量；

tp——可选的训练参数,如训练次数、训练最大次数等。
输出参数:w1,w2——重新获取的神经网络中第一层和第二层的权值矩阵;
　　　　 b1,b2——重新获取的神经网络中第一层和第二层的阈值向量;
　　　　 te——实际的训练次数;
　　　　 tr——网络训练误差平方。

3. 对前向网络进行仿真

a=simuff(p,w1,b1,'f1',w2,b2,'f2');　该函数可仿真至多三层的前向网络。

输入参数:参见函数 trainbp。

输出参数:a——仿真结果。

8.2.7 神经网络在信号处理中的应用

由于神经网络技术自身的特点,随着科学技术的发展,神经网络的应用范围越来越广,各类应用实例层出不穷。为此不妨将分散在各工程应用领域中的各方面的应用情况加以归纳与分类,可以清楚地看到,神经网络主要用于解决下述几类问题。

① 模式信息处理与模式识别:如手写体签字证实系统、纸币真伪鉴别系统和连续语音识别等;

② 最优化问题计算:如任务分配、旅行商问题等;

③ 信息的智能化处理:如专家系统等;

④ 复杂控制:如模糊控制系统等;

⑤ 信号处理:如函数逼近等。

限于篇幅,众多的应用领域与例子不可能一一介绍,这里仅介绍有关信号处理中的问题,以达到穿针引线的目的。

[例 8-2]　应用两层 BP 网络来完成函数逼近的任务,其中隐层的神经元个数选为五个。网络结构如图 8-19 所示。

解　首先定义输入样本和目标矢量:

$$p = [-1:0.1:1]$$

$$t = [-0.9602 \quad -0.5880 \quad -0.0829 \quad 0.3881 \quad 0.6405 \quad 0.6600 \quad 0.4609 \cdots$$
$$0.1336 \quad -0.2013 \quad -0.4344 \quad -0.5000 \quad -0.3930 \quad -0.1648 \quad 0.0988 \cdots$$
$$0.3082 \quad 0.3960 \quad 0.3449 \quad 0.1816 \quad -0.0312 \quad -0.2189 \quad -0.3201]$$

上述数据的图形如图 8-20 所示,具体的实现见脚本 8-2。求得的结果如图 8-21、图 8-22 所示。图 8-21 给出了仿真曲线(实线)与实际样本值之间的拟合程度,图 8-22 给出了残差平方和随迭代次数增加而衰减的情况。

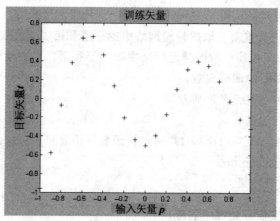

图 8-20 p-t 曲线

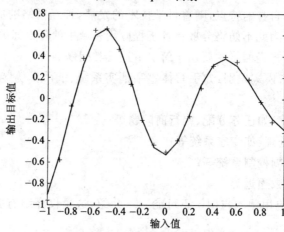

图 8-21 仿真曲线与实际曲线

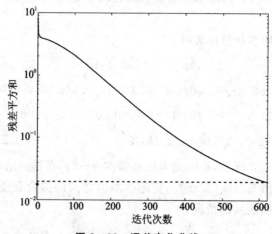

图 8-22 误差变化曲线

Matlab 实现：
```
    clc                        %清屏
    p=[-1:0.1:1];
    t=[-0.9602  -0.5880  -0.0829  0.3881  0.6405  0.6600  0.4609…
        0.1336  -0.2013  -0.4344  -0.5000  -0.3930  -0.1648  0.0988…
        0.3082   0.3960   0.3449   0.1816  -0.0312  -0.2189  -0.3201];
    plot(p,t,'+');
    title('训练矢量');
    xlabel('输入矢量 p')
    ylabel('目标矢量 t');pause
    S1=5 ;                     %隐层的神经元个数选为五个
    [w1,b1,w2,b2]=initff(p,S1,'tansig',t,'purelin');%对网络进行初始化
    k=pickic ;                 %初始条件的选择,k=1 表示用 initff 函数来确定;k=2 表示人工定义初始条件
    if k=2
    %定义初始条件
    w1=[3.5000;3.5000;3.5000;3.5000;3.5000];
    b1=[-2.8562;1.0884;-0.5880;1.4083;2.8822];
    w2=[0.2622  -0.2385  -0.4525  0.2361  -0.1818];
        b2=[0.1326];
        end
        echo on
        df=10;                 %学习过程显示频率
        me=8000;               %最大训练步数
        es=0.02;               %误差指标
        lr=0.01;               %学习率
        tp=[df me eg lr];      %建立一维矢量 tp
        [w1,b1,w2,b2,ep,tr]=trainbp(w1,b1,'tansig',w2,b2,'purelin',p,t,tp);%对网络进行 BP 训
                                练
        pause
        ploterr(tr,eg);        %画误差曲线图
        pause
        p=0.5 ;
        a=simuff(p,w1,b1,'tansig',w2,b2,'purelin')%计算网络输出
echo off
```

脚本 8-2　例 8.2 的 Matlab 实现程序

8.3 名词注释

小波分析的知识介绍要涉及泛函分析等方面的一些基本概念和名词,在此作一简介以便于读者在阅读时参考。

8.3.1 函数空间

在泛函分析中的一个重要概念是"泛函空间",它是指由函数构成的集合。根据函数空间的一些特征又可以加上不同的定语,派生出各种函数空间。在介绍几种常见的定义前,先介绍几个符号:N 代表自然数集,Z 代表整数集,R 代表实数集,C 代表复数集,x,y 的内积为 $\langle x,y \rangle = \int_R x(t) \cdot y^*(t) dt$,其中 $y^*(t)$ 是 $y(t)$ 的共轭。

1. 距离空间

任一集合 X 中的任意两个元素 x,y 都对应一个实数 $\rho(x,y)$,而且满足以下条件
① 非负性:$\rho(x,y) \geqslant 0$,当且仅当 $x=y$ 时,$\rho(x,y)=0$;
② 对称性:$\rho(x,y)=\rho(y,x)$;
③ 三角不等式:任意的 $x,y,z \in X$,有 $\rho(x,y) \leqslant \rho(x,z)+\rho(z,y)$;

则称 $\rho(x,y)$ 为 x 与 y 之间的距离,而称 X 为以 $\rho(x,y)$ 为距离的距离空间。例如以下几个空间都属于距离空间。

(1) n 维欧氏空间 R^n

$$R^n = \{x = (x_1, x_2, \cdots, x_n)\}$$

其中 $x_i,(i=1,2,\cdots,n)$ 都是实数,对于任意的 $x=(x_1,x_2,\cdots,x_n), y=(y_1,y_2,\cdots,y_n) \in R^n$,定义

$$\rho(x,y) = \left[\sum_{i=1}^{n}(x_i-y_i)^2\right]^{1/2} \tag{8.3-1}$$

为 R^n 空间的距离,故 R^n 是以 $\rho(x,y)$ 为距离的距离空间。

(2) 平方可积函数空间 $L^2(R)$

$$L^2(R) = \left\{x(t): \int_R |x(t)|^2 dt < \infty \right\} \tag{8.3-2}$$

并定义函数 x,y 的距离为

$$\rho(x,y) = \left(\int_R (x(t)-y(t))^2 dt\right)^{1/2}, \quad x,y \in L^2(R)$$

则称 $L^2(R)$ 为平方可积函数空间,且 $L^2(R)$ 是一个距离空间。

(3) 平方可和离散序列空间 l^2

令
$$l^2 = \{x = (x_1, x_2, \cdots, x_n, \cdots) : \sum_{i=1}^{\infty} |x_i|^2 < \infty\} \quad (8.3-3)$$

则称 l^2 为平方可和序列空间。若 $x=(x_1,x_2,\cdots,x_n), y=(y_1,y_2,\cdots,y_n) \in l^2$，定义
$$\rho(x,y) = \left(\sum |x_i - y_i|^2\right)^{1/2} \quad (8.3-4)$$

则 l^2 为以 $\rho(x,y)$ 为距离的距离空间。

2. 线性空间

在一个非空集合 X 中，元素的运算满足加法及数乘的结合律和分配律，则称 X 为线性空间，对其中的任一向量，用它的范数来定义其长度。

3. 线性赋范空间

设 X 为一个线性空间，对于任意 $x \in X$ 有一个确定的非负实数 $\|x\|$，并满足

① 非负性：$\|x\| \geqslant 0$，当且仅当 $x=0$ 时，$\|x\|=0$；

② 齐次性：$\|\lambda x\| = |\lambda| \cdot \|x\|, \lambda \in R$；

③ 三角不等式：$\|x+y\| \leqslant \|x\| + \|y\|$；

则称 $\|x\|$ 为 x 的范数，X 则称为线性赋范空间，并令 $\rho(x,y) = \|x+y\|$，因此线性赋范空间一定是距离空间。

4. 完备空间

若空间 X 中的任一柯西序列 $\{x_i\}_{i \in z}$ 都有极限，且此极限都在 X 中，则该空间为完备的。其中柯西序列 $\{x_i\}_{i \in z}$ 是指当 $m, n \to \infty$ 时，$\|x_n - x_m\| \to 0$。

5. 巴拿赫空间

完备的线性赋范空间称为巴拿赫空间。

6. 内积空间（酉空间）

设 X 为复数域 C 上的线性空间，若定义一个内积（数量积）函数 $\langle \cdot, \cdot \rangle$，使对任意 $x, y, z \in X$ 满足

① 非负性：$\langle x,x \rangle \geqslant 0$，当且仅当 $x=0$ 时，有 $\langle x,x \rangle = 0$；

② 对称性：$\langle x,y \rangle = \langle y,x \rangle^*$；

③ 线性：$\langle (ax+by), z \rangle = a\langle x,z \rangle + b\langle y,z \rangle$，其中 $a,b \in C$；

则称 X 为内积空间（酉空间），在内积空间中定义范数 $\|x\| = \langle x,x \rangle^{1/2}$，定义 x,y 的距离
$$\rho(x,y) = \|x-y\| = \langle (x-y),(x-y) \rangle^{1/2}$$

则内积空间必为线性赋范空间。

7. Hilbert 空间

完备的内积空间称为 Hilbert 空间。

8.3.2 基底

1. 由函数序列张成的空间

设 $e_k(t)$ 为一函数序列，X 表示 $e_k(t)$ 所有可能的线性组合构成的集合，即

$$X = \left\{ \sum_R a_k e_k(t); t, a_k \in R, k \in Z \right\} \tag{8.3-5}$$

称 X 为由序列 $e_k(t)$ 张成的线性空间，记作

$$X = \text{span}(e_k) \tag{8.3-6}$$

即对任意 $g(t) \in X$，有

$$g(t) = \sum_k a_k e_k(t) \tag{8.3-7}$$

2. 基底、基

若 $e_k(t)$ 是线性无关的，使得对任意 $g(t) \in X$，式(8.3-7)中的系数 a_k 取唯一的值，则称 $\{e_k(t)\}_{k \in Z}$ 为空间 X 的一个基底，或简称为基。

3. 正 交

x, y 为内积空间 X 的两个元素，若 $\langle x, y \rangle = 0$ 则称 x, y 为正交的。

4. 标准正交系

若内积空间 X 中元素列 $\{e_n\}$ 满足

$$\langle e_m, e_n \rangle = \delta_{m,n} = \begin{cases} 0 & (m \neq n) \\ 1 & (m = n) \end{cases} \tag{8.3-8}$$

则称 $\{e_n\}$ 为 X 中的标准正交系，其中 $\delta_{m,n}$ 称为 Konecker 符号。

5. 完全的标准正交系（规范正交系）

在内积空间 X 中的一个标准正交系 $\{e_n\}$，$(n=1,2,\cdots)$，如果在 X 中不存在任何其他非零元素能与每一个 e_n 正交，则称 $\{e_n\}$ 为完全的标准正交系。

可以证明：在 Hilbert 空间 X 中的一个标准正交系 $\{e_n\}$ 具有以下特点：

① $\{e_n\}$ 是 X 的完全标准正交系；

② $\text{span}\{e_n, n=1,2,\cdots\} = X$；

③ 对于 $\forall x \in X$，$\|x\|^2 = \sum_{n=1}^{\infty} |\langle x, e_n \rangle|^2$，此为 Parseval 等式；

④ 对于 $\forall x \in X$，有

$$x = \sum_{n=1}^{\infty} \langle x, e_n \rangle e_n \tag{8.3-9a}$$

这是一个对函数 x 的展开式，即 x 等于它的分量 $\langle x, e_n \rangle e_n$ 的向量和。若记 $a_n = \langle x, e_n \rangle$，称为展开系数，则式(8.3-9a)改为

$$\forall x \in X, x = \sum_{n=1}^{\infty} a_n e_n \tag{8.3-9b}$$

6. 双正交基

有时,基底 $e_k(t)$ 不满足标准正交条件,就不能按式(8.3-9b)展开 $x(t)$,但如果能找到一个对偶基 $\tilde{e}_k(t)$,并将 $x(t)$ 按下式展开,即

$$\forall x \in X, x(t) = \sum_{k=1}^{\infty} \langle x(t), \bar{e}_k(t) \rangle e_k(t) \tag{8.3-10}$$

则称基底 $e_k(t)$ 和 $\tilde{e}_k(t)$ 为双正交基。

8.3.3 框架、Riesz 基

如上所述,在空间 X 内,任意函数 $f(t) \in X$ 可以用一组正交基按式(8.3-9a)展开;也可以用一组双正交基按式(8.3-10)展开。在这两种情况下可以证明其展开系数是唯一的,因为正交基或双正交基的基元素相互之间都是不相关的。

如果,在空间 X 内的一个函数序列 $\psi_k(t)$ 是相关的,但仍然能按式(8.3-10)将 $f(t)$ 展开,则称这个函数序列 $\psi_k(t)$ 为框架。下面介绍框架的定义。

1. 框 架

设 H 为一 Hilbert 空间,$\{\psi_k(t)\}_{k \in Z}$ 为 H 中的一个函数序列。若对于任意 $f \in H$ 存在 $0 < A < B < \infty$,使得下述不等式成立,即

$$A \|f\|^2 \leqslant \sum_{k \in Z} |\langle f, \psi_k \rangle|^2 \leqslant B \|f\|^2 \tag{8.3-11}$$

则称 $\{\psi_k(t)\}_{k \in Z}$ 为一个框架,称 A, B 分别为框架的上下界。

2. 紧框架

如式(8.3-11)中 $A = B$,则称此框架是一个紧框架,而式(8.3-11)应改为

$$\sum_{k \in Z} |\langle f, \psi_k \rangle|^2 = A \|f\|^2 \tag{8.3-12}$$

并由此推导出:$f = A^{-1} \sum_{k \in Z} |\langle f, \psi_k \rangle|^2 \psi_k$。应当指出的是,满足此式的紧框架一般并非正交。

3. Reisz 基

数学上除了正交基,还有一种 Reisz 基,它的定义如下。

设有 $\{\psi_k(t)\}_{k \in Z}$ 满足下列要求:

$$A \sum_{k \in Z} c_k^2 \leqslant \left\| \sum_{k \in Z} c_k \psi_k \right\| \leqslant B \sum_{k \in Z} c_k^2 \quad (0 < A < B < \infty) \tag{8.3-13}$$

则称 $\{\psi_k(t)\}_{k \in Z}$ 为一组 Reisz 基。比较式(8.3-11)和式(8.3-13)可以发现,Reisz 基与框架很相似。但如果注意到:当 $\sum_{k \in Z} c_k \psi_k = 0$ 时,便意味着 $c_k = 0$,也就是说 $\{\psi_k(t)\}_{k \in Z}$ 是一组线性独立族。这是与框架的重要区别。

参考文献

[1] 张贤达,保铮. 非平稳信号分析与处理. 北京:国防工业出版社,1998.
[2] 皇甫堪,陈建文,楼生强. 现代数字信号处理. 北京:电子工业出版社,2003.
[3] 杨福生. 小波变换的工程分析与应用. 北京:科学出版社,2001.
[4] 丛爽. 神经网络、模糊系统及其在运动控制中的应用. 合肥:中国科学技术大学出版社,2001.
[5] 胡昌华,张军波,夏华,等. 基于 Matlab 的系统分析与设计——小波分析. 西安:西安电子科技大学出版社,2000.
[6] 徐长发,李国宽. 实用小波方法. 武汉:华中科技大学出版社,2001.
[7] 楼顺天,施阳. 基于 Matlab 的系统分析与设计——神经网络. 西安:西安电子科技大学出版社,1998.